U0688036

中国科学院优秀教材
普通高等教育“十一五”规划教材

C 语言程序设计

（第二版）

王曙燕　主　编

曹　锰　王春梅　王小银　王　燕　副主编

科 学 出 版 社

北　京

内 容 简 介

本书共 13 章，主要内容包括 C 语言的基本概念、基本语法和基本数据结构、C 和汇编语言的混合编程、编译预处理等知识，并给出了一个小型超市管理的综合实例，介绍了 C 语言图形程序设计的基本方法，还简单介绍了 C++、Visual C++和 C#等面向对象程序设计语言。

本书注重应用性和实践性，通过一些典型算法的解题分析及其实现给读者一些解题示范和启发。每章后面配有习题，并提供配套教材《C 程序设计习题与实验指导》。

本书可作为高等院校各专业 C 语言程序设计课程的教材，也可供准备参加计算机等级考试和考研的读者阅读参考，同时也可作为工程技术人员和计算机爱好者的参考用书。

图书在版编目（CIP）数据

C 语言程序设计/王曙燕主编. —2 版. —北京：科学出版社，2011

ISBN 978-7-03-022663-1

Ⅰ.C… Ⅱ.王… Ⅲ.C 语言–程序设计–高等学校–教材 Ⅳ.TP312

中国版本图书馆 CIP 数据核字（2008）第 116428 号

责任编辑：陈晓萍／责任校对：刘彦妮

责任印制：吕春珉／封面设计：耕者设计工作室

科学出版社 出版

北京东黄城根北街 16 号

邮政编码：100717

http://www.sciencep.com

新科印刷有限公司 印刷

科学出版社发行 各地新华书店经销

*

2005年2月第 一 版 开本：787×1092 1/16

2008年8月第 二 版 印张：24 3/4

2019年7月第十九次印刷 字数：584 000

定价：59.50元

（如有印装质量问题，我社负责调换〈新科〉）

销售部电话 010-62142126 编辑部电话 010-62135120-8003

前　言

C 语言程序设计是理工科各专业计算机应用能力培养的重要技术基础。C 语言既具有低级语言可直接访问内存地址、能进行位操作、程序运行效率高的优点，又具有高级语言运算符和数据类型丰富、结构化控制语句功能强、可移植性好的优点，因此成为程序设计语言的常青树。通过本课程的学习，学生可以掌握 C 语言的程序结构、语法规则和编程方法，达到独立编写常规 C 语言应用程序的能力，同时为设计大型应用程序和系统程序打下坚实的基础。本课程是数据结构、面向对象程序设计、操作系统和软件工程等课程的基础，并可为这些课程提供实践工具。

本书以程序设计为主线，全面介绍 C 语言的基本概念、基本语法和基本数据结构。第 1、2 章介绍了 C 语言的特点和 C 语言的基本概念；第 3～5 章介绍了算法的描述和结构化程序设计的基本方法及三种基本结构（顺序结构、选择结构和循环结构）；第 7 章介绍了函数的定义和使用；第 6、8、9 章介绍了数据的构造类型（包括数组、字符串、结构体和共同体等）和指针类型；第 10 和 11 章介绍了 C 和汇编语言的混合编程、编译预处理和文件的概念，并给出了一个小型超市管理的综合实例；第 12 章介绍了 C 语言图形程序设计；第 13 章介绍了面向对象程序设计语言 C++、Visual C++和 C#等。

C 语言是一门实践性很强的课程，对训练学生的编程和调试能力非常重要。在第 3 章和附录Ⅴ、附录Ⅵ中，专门介绍了 C 语言的上机步骤和 C 程序的调试技术，并重点介绍了 Turbo C 2.0 集成环境。在第 13 章中也介绍了 C++的上机步骤和环境，便于有能力和兴趣的读者在 Windows 环境下编写 C 程序。本书中的例题均经过 Turbo C 2.0 运行环境的调试。

本书讲授时数为 60～70 学时，其中实验课占 24 学时。学习完本教材后，建议安排两周的“课程设计”，以完成一个小型应用系统的设计与实现。

本书是作者根据多年从事 C 语言的教学经验编写的，在第一版的基础上，根据学生、教师和广大读者使用中提出的要求和意见，进行了精心的修改，增加了总结与提高部分。为配合读者学习，作者另外编写了《C 程序设计习题与实验指导》作为本书的配套教材，已在科学出版社出版。

本书由王曙燕任主编，并编写了第 1、3 和 5 章，曹锰编写了第 6、8 和 9 章，王春梅编写了第 4、11 章和附录，王小银编写了第 2、7 章，王燕编写了第 12、13 章，王春梅和刘鹏辉编写了第 10 章。王春梅、王小银和王燕老师参与了审校，最后由王曙燕统稿。陈莉君对教材的编写也提出了很好的建议。作者在此一并向他们表示衷心的感谢。

本书可作为大专院校各专业 C 语言程序设计课程的教材，也可供准备参加计算机等级考试和考研的读者阅读参考，同时也可作为工程技术人员和计算机爱好者的参考用书。

由于编者水平有限，书中难免存在缺点和错误，恳请专家和读者批评指正。

作者邮件地址：wsylxj@126.com。

目　　录

前言
第 1 章　概述 …… 1
1.1　程序设计语言 …… 1
1.1.1　计算机语言 …… 1
1.1.2　程序设计语言的发展 …… 1
1.2　C 程序设计语言 …… 2
1.2.1　C 语言的发展历史 …… 2
1.2.2　C 语言的标准与版本 …… 3
1.2.3　C 语言的特点 …… 4
1.3　C 语言的基本语法成分 …… 4
1.3.1　字符集 …… 4
1.3.2　标识符 …… 5
1.3.3　运算符 …… 6
1.4　C 语言程序的组成 …… 6
1.4.1　简单的 C 程序介绍 …… 6
1.4.2　C 语言程序的结构 …… 8
1.4.3　C 程序的书写 …… 9
习题 1 …… 11
第 2 章　基本数据类型、运算符及表达式 …… 12
2.1　C 语言的基本数据类型 …… 12
2.1.1　数据类型 …… 12
2.1.2　C 语言数据类型简介 …… 12
2.1.3　C 语言的基本数据类型 …… 13
2.2　常量 …… 14
2.2.1　整型常量 …… 14
2.2.2　实型常量 …… 15
2.2.3　符号常量 …… 15
2.2.4　字符型常量 …… 16
2.3　变量 …… 18
2.3.1　变量名 …… 18
2.3.2　变量类型 …… 18
2.3.3　变量值 …… 19

2.4 运算符及表达式……19
2.4.1 C 运算符简介……19
2.4.2 算术运算符与算术表达式……20
2.4.3 赋值运算符与赋值表达式……23
2.4.4 逗号运算符和逗号表达式……25
2.4.5 不同类型数据间的混合运算与类型转换……25
2.5 总结与提高……27
2.5.1 重点与难点……27
2.5.2 典型题例……27
习题 2……28
第 3 章 算法和基本程序设计……30
3.1 算法……30
3.1.1 算法的概念……30
3.1.2 算法的评价标准……31
3.1.3 算法的表示……32
3.2 结构化程序设计的方法……34
3.3 程序的基本结构……35
3.3.1 顺序结构……35
3.3.2 选择结构……35
3.3.3 循环结构……36
3.4 顺序结构程序设计……37
3.5 数据的输入与输出……39
3.5.1 C 语言中数据的输入与输出……39
3.5.2 字符数据的输入与输出……39
3.5.3 格式的输入与输出……41
3.6 总结与提高……47
3.6.1 典型题例……47
3.6.2 C 程序的上机步骤……48
3.6.3 Turbo C 2.0 简介……49
3.6.4 C 程序的基本调试技术……51
习题 3……52
第 4 章 选择分支结构程序设计……53
4.1 关系运算……53
4.1.1 关系运算符……53
4.1.2 关系表达式……53
4.2 逻辑运算……54
4.2.1 逻辑运算符……54

4.2.2　逻辑表达式……55
4.3　二路分支——if 语句……56
4.3.1　if 语句的一般形式……56
4.3.2　if 语句的嵌套……64
4.4　条件运算符与表达式……66
4.5　多路分支——switch 语句……68
4.5.1　switch 语句的一般形式……68
4.5.2　switch 语句的嵌套……70
4.6　选择分支结构程序举例……70
4.7　总结与提高……74
4.7.1　重点与难点……74
4.7.2　典型题例……74
习题 4……77
第 5 章　循环结构程序设计……78
5.1　while 语句……78
5.2　do-while 语句……80
5.3　for 语句……82
5.4　goto 语句……85
5.5　循环的嵌套……86
5.6　break 和 continue 语句……88
5.6.1　continue 语句……88
5.6.2　break 语句……90
5.7　总结与提高……90
5.7.1　重点与难点……90
5.7.2　典型题例……91
习题 5……95
第 6 章　数组……97
6.1　一维数组……97
6.1.1　一维数组的定义和初始化……97
6.1.2　一维数组元素的引用……99
6.1.3　一维数组应用举例……99
6.2　二维数组……104
6.2.1　二维数组的定义和初始化……104
6.2.2　二维数组元素的引用……106
6.3　字符数组……111
6.3.1　字符数组的定义和引用……111
6.3.2　字符数组的输入与输出……112

6.3.3 字符串处理函数……114
6.4 总结与提高……120
6.4.1 重点与难点……120
6.4.2 典型题例……121
习题 6……126
第 7 章 函数……130
7.1 概述……130
7.1.1 C 程序的基本结构……130
7.1.2 函数分类……132
7.2 函数的定义……133
7.3 函数的参数和函数的返回值……134
7.3.1 形式参数和实际参数……135
7.3.2 函数与数组……136
7.3.3 函数的返回值……139
7.4 函数的调用……141
7.4.1 函数调用的一般形式……141
7.4.2 函数调用的方式……141
7.5 函数声明和函数原型……142
7.6 函数的嵌套调用……144
7.7 函数的递归调用……145
7.8 变量的作用域……149
7.8.1 局部变量……149
7.8.2 全局变量……150
7.9 变量的存储类型……152
7.9.1 静态存储方式和动态存储方式……152
7.9.2 静态局部变量……152
7.9.3 自动变量……153
7.9.4 寄存器变量……154
7.9.5 静态全局变量和非静态全局变量……155
7.9.6 存储类型小结……156
7.10 内部函数和外部函数……157
7.10.1 内部函数……157
7.10.2 外部函数……157
7.11 多文件程序的运行……158
7.12 总结与提高……159
7.12.1 重点与难点……159
7.12.2 典型题例……160

习题 7 …… 164
第 8 章　结构体与共用体 …… 168
8.1　结构体类型定义 …… 168
8.2　结构体变量 …… 169
8.2.1　结构体变量的定义与初始化 …… 169
8.2.2　结构体变量的引用 …… 171
8.3　结构体数组 …… 173
8.3.1　结构体数组的定义与初始化 …… 173
8.3.2　结构体数组元素的引用 …… 174
8.4　结构体和函数 …… 176
8.4.1　结构体作函数参数 …… 176
8.4.2　返回值为结构体类型的函数 …… 177
8.5　共用体 …… 179
8.5.1　共用体类型定义 …… 179
8.5.2　共用体变量定义与引用 …… 179
8.5.3　共用体应用举例 …… 181
8.6　枚举类型 …… 183
8.7　typedef 语句 …… 185
8.8　总结与提高 …… 186
习题 8 …… 188
第 9 章　指针 …… 191
9.1　地址和指针的概念 …… 191
9.1.1　变量的内容和变量的地址 …… 191
9.1.2　直接访问和间接访问 …… 192
9.1.3　指针的概念 …… 193
9.2　指针变量 …… 193
9.2.1　指针变量的定义 …… 193
9.2.2　指针变量的引用 …… 194
9.2.3　实现引用传递 …… 196
9.3　指针与数组 …… 199
9.3.1　指向数组元素的指针 …… 199
9.3.2　字符指针、字符数组和字符串 …… 204
9.3.3　地址越界问题 …… 207
9.3.4　指针数组 …… 208
9.3.5　多维数组和指向分数组的指针 …… 210
9.4　结构体与指针 …… 215
9.4.1　指向结构体的指针变量 …… 215

9.4.2 用指向结构体的指针作函数参数……216

9.5 返回值为指针类型的函数……217

9.6 指针与链表……219

9.6.1 存储空间的分配和释放……219

9.6.2 动态数据结构——链表……220

9.7 总结与提高……226

9.7.1 重点与难点……226

9.7.2 典型题例……227

9.7.3 指向函数的指针和函数参数……228

习题9……231

第10章 编译预处理和位运算及混合编程……234

10.1 文件包含处理——#include……234

10.2 宏定义——#define……236

10.2.1 不带参数的宏定义……236

10.2.2 带参数的宏定义……238

10.3 条件编译……239

10.4 位运算符和位运算……241

10.5 位段……243

10.6 位运算举例……245

10.7 C语言与汇编语言的混合编程……246

10.7.1 内嵌汇编代码……247

10.7.2 模块化连接方法……249

习题10……254

第11章 文件……257

11.1 文件的概述……257

11.1.1 数据流……257

11.1.2 文件……257

11.1.3 文件的操作流程……259

11.1.4 文件和内存的交互处理……260

11.2 文件类型的指针……261

11.3 标准输入/输出函数……261

11.3.1 打开文件……262

11.3.2 关闭文件……264

11.3.3 获取文件的属性……264

11.3.4 文件的顺序读写……266

11.3.5 文件的随机读写……277

11.3.6 出错检查……280

11.4 系统输入/输出函数 ······ 282
11.5 总结与提高 ······ 282
11.5.1 重点与难点 ······ 282
11.5.2 典型题例 ······ 283
习题 11 ······ 293
第 12 章 C 语言图形程序设计 ······ 295
12.1 图形显示的坐标和像素 ······ 295
12.1.1 图形显示的坐标 ······ 295
12.1.2 像素 ······ 295
12.2 Turbo C 支持的图形适配器和图形模式 ······ 296
12.3 图形模式的初始化 ······ 298
12.3.1 图形系统的初始化函数 ······ 298
12.3.2 图形系统的自动检测函数 ······ 299
12.3.3 关闭图形模式函数 ······ 300
12.3.4 屏幕颜色的设置 ······ 300
12.3.5 清屏函数 ······ 301
12.4 基本绘画 ······ 301
12.4.1 画点 ······ 301
12.4.2 画直线函数 ······ 302
12.4.3 画矩形和多边形函数 ······ 304
12.4.4 画圆和椭圆函数 ······ 305
12.4.5 设定线形函数 ······ 306
12.5 图形填充 ······ 307
12.5.1 画填充图函数 ······ 308
12.5.2 设定填充方式函数 ······ 309
12.5.3 可对任意封闭图形填充的函数 ······ 311
12.6 图形模式下的文本输出 ······ 312
12.6.1 文本输出函数 ······ 312
12.6.2 字体格式和输出方式的设置 ······ 313
12.7 视口和视口函数 ······ 315
12.8 屏幕操作 ······ 318
12.8.1 设置显示页函数 ······ 318
12.8.2 屏幕图像处理存储和显示函数 ······ 319
12.8.3 键盘对屏幕的控制操作 ······ 321
12.9 总结与提高 ······ 323
12.9.1 重点与难点 ······ 323
12.9.2 典型题例 ······ 324

习题 12 ······ 327
第 13 章 C++面向对象程序设计 ······ 330
13.1 面向对象程序设计 ······ 330
13.1.1 面向对象程序设计的产生背景 ······ 330
13.1.2 类和对象 ······ 331
13.1.3 构造函数和析构函数 ······ 333
13.1.4 继承 ······ 333
13.1.5 多态性 ······ 334
13.2 C++ ······ 336
13.2.1 C++语言的特点 ······ 336
13.2.2 输出流、输入流 ······ 336
13.2.3 函数内联 ······ 340
13.2.4 函数重载 ······ 341
13.2.5 引用 ······ 344
13.2.6 C++增加的运算符、数据类型、注释 ······ 346
13.2.7 C++程序的集成开发环境 ······ 347
13.3 C#语言 ······ 348
13.3.1 C#简介 ······ 348
13.3.2 C#的特点 ······ 348
13.4 总结与提高 ······ 349
13.4.1 重点与难点 ······ 349
13.4.2 典型题例 ······ 349
习题 13 ······ 352
附录 ······ 354
附录 I 常用字符与 ASCII 码对照表 ······ 354
附录 II C 语言中的关键字表 ······ 357
附录III C 语言中的运算符的优先级与结合性一览表 ······ 357
附录 IV C 库函数 ······ 358
附录 V Turbo C 2.0 菜单介绍 ······ 367
附录 VI Turbo C 2.0 编译错误信息介绍 ······ 375
主要参考文献 ······ 382

第 1 章　概　　述

1946 年，世界上第一台电子数字式计算机在美国宾夕法尼亚大学诞生，这就是 ENIAC(Electronic Numerical Integrator and Calculator)，电子数值积分计算机。ENIAC 奠定了电子计算机的发展基础，开辟了一个计算机科学技术的新纪元。在此后短短的几十年间，计算机技术发展突飞猛进。伴随着硬件的发展，计算机软件、计算机网络技术也得到了迅速的发展，计算机的应用领域也由最初的数值计算扩展到人类生活的各个领域，现在计算机已成为最基本的信息处理工具。

人们使用计算机解决问题时，必须用某种“语言”来和计算机进行交流。具体地说，就是利用某种计算机语言提供的命令来编制程序，并把程序存储在计算机的存储器中，然后利用这个程序来控制计算机的运行，以达到解决问题的目的。这种用于编写计算机可执行程序的语言称为程序设计语言。目前已发明的计算机程序设计语言有上千种，无论什么样的计算机语言，其程序设计的基本方法都是相同的。本书将以国际上广泛流行的 C 程序设计语言为例，介绍程序设计的基本概念和基本方法。

1.1　程序设计语言

1.1.1　计算机语言

计算机语言是人们描述计算过程（即程序）的规范书写语言。程序是对计算机处理对象和计算规则的描述。语言的基础是一组记号和语法规则。根据语法规则由记号构成记号串的全体就是语言。

人类是使用像英语、汉语这样的自然语言相互交流和表达思想的。人与计算机如何“交流”呢？人和计算机交流也要用人和计算机都容易接受和理解的语言，这就是计算机语言。计算机语言是根据计算机的特点而编制的，是计算机能够“理解”的语言，它是有限规则的集合。计算机语言不像自然语言那样包含复杂的语义和语境，而是用语法来表达程序员的思想，所以编写程序时必须严格遵守语法规则。

1.1.2　程序设计语言的发展

计算机是一种具有内部存储能力、由程序自动控制的电子设备。人们将需要计算机做的工作写成一定形式的指令，并把它们存储在计算机的内部存储器中。当人们需要结果时就向计算机发出一条简单的命令，计算机就按指令顺序自动进行操作。人们把这种可以连续执行的一条条指令的集合称为程序。也就是说，程序是计算机指令的序列，编制程序的工作就是为计算机安排指令序列。

程序设计语言伴随着计算机技术的发展层出不穷，从机器语言到高级语言，从面向过程的语言到面向对象的语言。至目前为止，计算机语言的发展大致经历了五代。

第一代也称机器语言，它将计算机指令中的操作码和操作数均以二进制代码形式表示，是计算机能直接识别和执行的语言。它在形式上是由“0”和“1”构成的一串二进制代码，每种计算机都有自己的一套机器指令。机器语言的优点是无需翻译、占用内存少、执行速度快。缺点是随机而异，通用性差，并且因指令和数据都是二进制代码形式，难于阅读和记忆，编码工作量大，难以维护。

第二代语言也叫汇编语言，是用助记符号来表示机器指令的符号语言。如用 ADD 表示加法，用 SUB 表示减法，用变量取代各类地址，这样构成的计算机符号语言称为汇编语言。用汇编语言编写的程序称为汇编语言源程序。这种程序必须经过翻译（称为汇编），变成机器语言程序才能被计算机识别和执行。汇编语言在一定程度上克服了机器语言难于辨认和记忆的缺点，但对于大多数用户来说，仍然不便于理解和使用。

第三代语言即高级语言，也称为面向过程的语言。高级语言是具有国际标准的，描述形式接近自然语言的计算机语言。它采用了完全符号化的描述形式，用类似自然语言的形式描述对问题的处理过程，用数学表达式的形式描述对数据的计算过程。常用的计算机高级语言有 Basic、Fortran、Cobol、Pascal 和 C 语言等。由于高级语言只是要求人们关心计算机描述问题的求解过程，而不关心计算机的内部结构，所以把高级语言称为面向过程的语言。使用面向过程的语言编程时，编程者的主要精力放在算法过程的设计和描述上。

第四代语言又叫非过程化语言，是一种功能更强的高级语言。主要特点是：非过程性、采用图形窗口和人机对话形式、基于数据库和“面向对象”技术。易编程、易理解、易使用、易维护。但是，程序的运行效率和语言的灵活性不如过程化语言高。常用的非过程化语言有 Visual Basic、Java、C++和 Delphi 等。

如果说第三代语言要求人们告诉计算机“怎么做”，那么第四代语言只要求人们告诉计算机“做什么”。

第五代语言也称智能化语言，主要使用在人工智能领域，帮助人们编写推理、演绎程序。

目前，国内外大多数计算机上运行的程序，大多是用第三代或第四代计算机语言编写的。因此，应当熟练地掌握用高级语言编写程序的方法和技巧。

由于面向过程的语言是程序设计的基础，所以，本书将以面向过程的 C 语言为背景，介绍程序设计的基本概念和基本方法。在本书最后一章，将简单介绍面向对象程序设计的基本方法及流行的面向对象程序设计语言 C++和 C#。

1.2 C 程序设计语言

1.2.1 C 语言的发展历史

C 语言是国际上流行的，使用最广泛的高级程序设计语言。它既可用来写系统软件，也可用来写应用软件。C 语言具有语言简洁紧凑，使用方便灵活及运算符丰富等特点，它具有现代化语言的各种数据结构，有结构化的控制语句，并且语法限制不太严格，程序设计自由度大，能实现汇编语言的大部分功能。另外，C 语言生成目标代码质量高，不仅程序执行效率高，而且程序可移植性好。

C 语言的产生基于两个方面的需要。一是为满足 UNIX 操作系统开发的需要。UNIX 操作系统是一个通用的、复杂的计算机管理系统。二是为接近硬件的需要，即直接访问物理地址、直接对硬件进行操作的需要。C 语言集高级语言与汇编语言优点于一身。C 语言面对实际应用的需要而产生，直至今日仍不改初衷。C 语言是从 BCPL（Basic Combined Programming Language）语言和 B 语言演化而来的。1960 年出现的 ALGOL 语言是一种面向问题的高级语言，远离硬件，但不适于开发系统软件。1963 年，英国剑桥大学推出 CPL 语言，CPL 语言比 ALGOL 语言接近硬件一些，但规模较大，难以实现。1969 年，剑桥大学的 M.Richards 对 CPL 语言进行简化，推出 BCPL 语言。1970 年，贝尔实验室的 K.Thompson 为 DEC 公司 PDP-7 计算机上运行的一种早期 UNIX 操作系统设计了一种类 BCPL 语言，称为 B 语言。B 语言规模小，接近硬件，1971 年在 PDP-11 计算机上实现，并用 B 语言编写了 UNIX 操作系统和绝大多数实用程序。由于 B 语言面向字存取、功能过于简单、数据无类型和描述问题的能力有限，而且编译程序产生的是解释执行的代码，运行速度慢，因此没有流行起来。1972～1973 年，贝尔实验室的 D.M.Ritchie 在保留 B 语言优点的基础上，设计出一种新的语言。这种新语言克服了 B 语言功能过于简单、数据无类型和描述问题的能力有限的缺点，扩充了很多适合于系统设计和应用开发的功能。因为这种新语言是在 B 语言的基础上开发出来的，不管是在英文字母序列中也好，还是在 BCPL 这个名字中也好，排在 B 后面的均为 C，因此将这种语言命名为 C 语言。1973 年，UNIX 操作系统被用 C 语言改写，称为 UNIX 第五版。最初的 C 语言只是一种 UNIX 操作系统的工作语言，依附于 UNIX 系统，主要在贝尔实验室内部使用。

UNIX 以后的第六版、第七版、SYSTEM Ⅲ和 SYSTEM Ⅴ都是在第五版的基础上发展起来的，C 语言也做了多次改进。到 1975 年，随着 UNIX 第六版的公布，C 语言越来越受到人们的普遍注意。

UNIX 操作系统的广泛使用，促进了 C 语言的迅速发展与普及。同时，C 语言的发展与普及也促进了 UNIX 操作系统的推广。到 1978 年出现了独立于 UNIX 和 PDP 计算机的 C 语言，从而，C 语言被迅速移植到大、中、小与微型机上。当年，B.W.Kernighan 和 D.M.Ritchie 以 UNIX 第七版的 C 编译程序为基础，出版了影响深远的名著《C 程序设计语言》。如今，C 语言已经风靡全球，成为世界上应用最广泛的程序设计语言之一。

1.2.2　C 语言的标准与版本

随着 C 语言的普及，各机构分别推出了自己的 C 语言版本。某些执行过程的微小差别不时引起 C 程序之间的不兼容，给程序的移植带来很大的困难。美国国家标准协会（ANSI）从 1983 年开始，经过长达 5 年的努力，制定了 C 语言的新标准——ANSI C。现在提及 C 语言的标准就是指该标准。ANSI C 比原标准 C 有很大的发展，解决了经典定义中的二义性，给出了 C 语言的新特点。任何 C 程序都必须遵循 ANSI C 标准，本教材也以 ANSI C 作为基础。尽管这样，各种版本的 C 编译系统还是略有差异，因此，读者在使用具体的 C 语言编译系统时，还应参考相关的手册以了解具体的规定。

C 语言环境有多种版本：TC 2.0，BC 3.1，BC 5.0 和 VC 6.0 等，最新的是为 Windows 和 Web 应用程序提供动态开发环境的 Visual C++、.NET（C#）。

1.2.3 C 语言的特点

C 语言的主要特点有如下几方面。

（1）C 语言简洁、紧凑，编写的程序短小精悍

C 编译程序的代码量较小，便于在微型机上应用。

（2）运算符丰富，数据结构丰富

C 的数据类型有：整型、实型、字符型、数组类型、指针类型、结构体类型和共用体类型等，能实现各种复杂数据类型的数据进行运算，并引入了指针概念，使程序效率更高。另外 C 语言具有强大的图形功能。

（3）C 语言是一种结构化程序设计语言，具有结构化语言所要求的三种基本结构

这种结构化方式可使程序层次清晰，便于使用、维护和调试。C 语言是以函数形式提供给用户的，这些函数可方便地调用，并具有多种循环、条件语句控制程序流向，从而使程序完全结构化。

（4）C 语言允许直接访问物理地址

C 语言能进行位运算，能实现汇编语言的大部分功能，能直接对硬件进行操作。这使 C 语言既具有高级语言的功能，又具有低级语言的许多特点，可以用来写系统程序。

（5）C 语言预处理机制

C 语言提供预处理机制，有利于大程序的编写和调试。

（6）C 语言可移植性好

编写的程序不需要做很多改动就可从一种机型上移到另一种机型上运行。C 语言有一个突出的优点就是适合于多种操作系统，如 DOS、UNIX，也适用于多种机型。

（7）C 语言语法限制不太严格，程序设计自由度大，对程序员要求不高

一般的高级语言语法检查比较严格，能够检查出几乎所有的语法错误。而 C 语言允许程序编写者有较大的自由度。

（8）C 语言程序生成代码质量高，程序执行效率高

一般只比汇编程序生成的目标代码效率低 10%～20%。

C 语言也存在某些缺点，例如，运算符较多，某些运算符优先顺序与习惯不完全一致，类型转换比较随便等。

1.3 C 语言的基本语法成分

1.3.1 字符集

字符是可以区分的最小符号，是构成程序的基础。C 语言字符集是 ASCII 字符集的

一个子集，包括英文字母、数字及特殊字符。

1）英文字母：a～z 和 A～Z。

2）数字：0～9。

3）特殊字符：空格 ! # % ^ & * — - + = ～ < > /\ | ., :; ? ′ ″ ( ) [ ] { } 。

由字符集中的字符可以构成 C 语言的语法成分，如标识符、关键字和特殊的运算符等。

1.3.2 标识符

标识符在程序中是用来标识各种程序成分，命名程序中的一些实体，如变量、常量、函数、类型和标号等对象的名字。

C 语言规定，合法的标识符必须由英文字母或下划线开头，是字母、数字和下划线的序列，不能跨行书写，自定义的标识符不能与关键字同名。

以下是合法的标识符:

x， a1， wang， num_1， radius， _1， PI

以下是不合法的标识符:

a.1， 1sum， x+y， !abc， 123， π， 3-c

在 C 语言中，大写字母和小写字母被认为是两个不同的字符，因此标识符 SUM 与标识符 sum 是不同的标识符。习惯上符号常量名用大写字母表示，变量名用小写字母表示。

在标准 C 中，标识符的长度（即一个标识符允许的字符个数）可以是任意的。一般的计算机系统规定取前 8 个字符有效，如果多于 8 个字符，则多余的字符将不被识别。如 name_of_student 和 name_of_teacher，就被认为是同一个标识符。

C 语言的标识符分为以下三类。

1. 关键字

关键字又称为保留字，是 C 语言中用来表示特殊含义的标识符，由系统提供。如类型名称 int、float，语句特征字 if、switch、while、for，运算符号 sizeof 等，是构成 C 语言的语法基础。

C 语言的关键字有 32 个，它们是：

auto	break	case	char	const	continue	default
do	double	else	enum	extern	float	for
goto	if	int	long	register	return	short
signed	sizeof	static	struct	switch	typedef	union
unsigned	void	volatile	while			

关键字有特定的语法含义，不允许用户重新定义。关键字在程序中不允许随意书写，绝对不能拼错。关键字也不能用作变量名或函数名。

2. 预定义标识符

C 语言预先定义了一些标识符，它们有特定的含义，通常用作固定的库函数名或预编译处理中的专门命令。如 C 语言提供的库函数名 scanf、printf、sin 等，预编译处理命令 define、include 等。C 语言语法允许用户标识符取名与预定义标识符同名，但这将使这些标识符失去系统规定的原意。为了避免引起误解，建议用户为标识符取名时不要与系统预先定义的标准标识符（如标准函数）同名。

3. 用户标识符

用户标识符是由用户自己定义的标识符，例如定义一个变量名或一个函数名。用户标识符一般用来给变量、函数、数组或文件等命名，命名时应遵守标识符的命名原则，另外最好做到“见名知义”，以提高程序的可读性。一般选用相应英文单词或拼音缩写的形式，如求和用 sum，而尽量不要使用简单代数符号，如 x、y、z 等。

如果用户标识符与关键字相同，程序在编译时将给出出错信息；如果与预定义标识符相同，系统编译正确，只是该预定义的标识符失去原定含义，代之以用户确认的含义，或者运行时发生错误。

1.3.3 运算符

运算符实际上可以认为是系统定义的函数名字，这些函数作用于运算对象，得到一个运算结果。运算符通常由 1 个或多个字符构成。

根据运算对象的个数不同，运算符可分为单目运算符（如!、~、++、--和*）、双目运算符（如+、-、* 和 /）和三目运算符（如 ? :），又称为一元运算符、二元运算符和三元运算符。C 语言运算符非常丰富，详见第 2 章。

1.4 C 语言程序的组成

1.4.1 简单的 C 程序介绍

下面通过介绍几个简单的 C 程序，来了解 C 程序的基本结构。

【例 1.1】 在计算机屏幕上输出一行文字：“Hello，world!”。

```
/* 该程序在屏幕上输出 Hello，world!  */
#include <stdio.h>
main()
{ printf ("Hello，world!\n") ;
}
```

程序运行结果：

```
Hello，world!
```

该程序非常简单，其中 main 表示“主函数”。每一个 C 程序都必须有且仅有一个 main 函数，函数体由一对大括号{}括起来，表示函数的开始和结束。

本例中主函数内只有一条输出语句，即标准输出库函数 printf（详见第 3 章）。C 语言的每条语句均以分号“；”为结束标志。双引号内的字符串照原样输出。“\n”是转义字符常量，表示回车换行，即在输出“Hello，world!”后回车换行，使屏幕上的光标在下一行的行首。

程序开始的第 1 行为注释行，注释行分别以“/*”开头，以“*/”结尾，其间的内容为程序员对程序的注解，可以出现在程序的任何地方，用来说明程序段的功能和变量的作用及程序员认为应该向程序阅读者说明的任何内容。在将 C 程序编译成目标代码时，所有的注释都会被忽略掉。因此即使使用了很多注释也不会影响目标代码的效率。恰当的使用注释可以使程序清晰易懂，便于阅读和调试。在编写每个程序时，应养成撰写注解的良好编程习惯。但要注意，注释不能嵌套。

【例 1.2】　求三个整数之和。

```
/*求三个整数之和 */
#include "stdio.h"
main()
{ int x, y, z;
  int sum;
  printf ("请输入三个整数 x, y, z:");
  scanf ("%d, %d, %d", &x, &y, &z);
  sum=x+y+z;
  printf ("sum=%d\n", sum);
}
```

输入数据: 3，5，8

运行结果:

```
sum=16
```

本程序的作用是求三个整数之和 sum。程序的第 1 行为注释行，说明本程序的作用。第 2 行是一条预编译命令，在编译程序之前，凡是以＃开头的代码行都要由预处理程序处理。该行是通知预处理程序把标准输入/输出头文件（stdio.h）中的内容包含到该程序中。头文件 stdio.h 中包含了编译器在编译标准输出函数 printf 时要用到的信息和声明，还包含了帮助编译器确定对库函数调用的编写是否正确的信息。在 C 语言中，如果仅用到标准输入/输出函数 scanf 和 printf，可以省略该行，C 语言默认包含。但建议每个用到标准输入/输出函数的程序均写上该命令。关于预编译命令详见第 10 章。第 4 和 5 行是两条变量说明语句。在变量说明语句中，int 是一个关键字，说明后面的标识符 x、y、z 和 sum 是整型变量。C 语言规定，程序中所有使用的变量都必须先定义后使用，关于变量的定义详见第 2 章。

第 6 行是一条标准输出语句，在屏幕上显示“请输入三个整数 x，y，z:”的提示语。第 7 行是一条标准输入语句，scanf 是输入函数的名字，该 scanf 函数的作用是输入三个整数值到变量 x、y 和 z 中。&x 中“&”的含义是“取地址”，也就是说将三个整数值分别输入到变量 x、y 和 z 的地址所标志的单元中，即输入给变量 x、y、z。“%d”是输入的“格式字符串”，用来指定输入/输出时数据类型和格式，“%d”表示“十进制整数类型”。

第 8 行是一条赋值语句，先计算表达式 x+y+z 的值，然后将计算结果赋给变量 sum。第 9 行是标准输出语句，其中的函数 printf 有两个参数，分别为“sum=%d\n”和 sum。第一个参数表示输出格式的控制信息，表示“sum=”照原样输出，类似“%d”的输出转换说明的位置用后面相应参数的值按指定的类型和格式依次代替输出。“\n”是换行符，在屏幕上没有显示，只是使光标移到下一行。

【例 1.3】 求三个数的平均值。

```
/* 该程序求三个数的平均值，这是一个自定义函数示例程序 */
#include "stdio.h"
/*定义函数 average()*/
float  average ( float x,  float y,  float z)
{ float aver;               /* 定义变量 aver 类型为单精度实型*/
  aver=(x+y+z)/3;           /* 求三个数的平均值*/
  return (aver);            /* 返回 aver 值，通过 average 带回调用处*/
}
main()                      /*主函数*/
{ float a, b, c, ave;
  a=6.5;b=4.2;c=25.4;
  ave=average(a,b,c);                      /* 调用自定义函数 average()*/
  printf("average=%f",ave);                /* 输出 a,b,c 的平均值*/
}
```

在这个程序中，共定义了两个函数，一个是主函数 main，还有一个自定义函数 average。程序的第 4 行到第 8 行定义了函数 average。

程序的第 4 行是函数 average 的首部说明。因为在 average 后紧跟一对圆括号，说明 average 是一个函数名。在 average 的前面有一个类型关键字 float，说明该函数的返回值类型为单精度实型。在 average 后面的圆括号中是“形参表”，说明 average 函数有三个形式参数 x、y 和 z。

main 函数的第 4 行为调用 average 函数，在调用时将实际参数 a、b 和 c 的值分别一一对应地传给 average 函数中的形式参数 x、y 和 z。经过执行 average 函数得到一个返回值（即三个数的平均值），然后把这个值赋给变量 ave，最后输出 ave 的值。

这里用到了函数调用等概念，读者可能不大理解，等到学习后面的章节时问题自然迎刃而解。

1.4.2 C 语言程序的结构

由以上几个例子可以看到，C 语言程序的一般组成如下：

```
头文件              /* 是C系统中特有的文件或用户自定义的文件 */
全局变量说明        /* 用于定义在整个程序中有效的变量 */
main()              /* 主函数说明 */
{ 局部变量说明      /* 主函数体 */
```

```
  执行语句组
}
子函数名 1（参数）        /* 子函数说明 */
{ 局部变量说明            /* 子函数体 */
  执行语句组
}
子函数名 2（参数）        /* 子函数说明 */
{ 局部变量说明            /* 子函数体 */
  执行语句组
}
…
子函数名 n（参数）        /* 子函数说明 */
{ 局部变量说明            /* 子函数体 */
  执行语句组
}
```

其中，子函数名 1 至子函数名 n 是用户自定义的函数。

由此可见，C 语言是一种函数式语言，它的一个函数实际上就是一个功能模块。一个 C 程序是由一个固定名称为 main 的主函数和若干个其他函数（可没有）组成。

注意：一个 C 程序必须有一个也只能有一个主函数。主函数在程序中的位置可以任意，但程序执行时总是从主函数开始，并且在主函数内结束。主函数可以调用其他各种函数（包括用户自己编写的），但其他函数不能调用主函数。

函数是由函数说明和函数体两部分组成。函数说明部分包含对函数名、函数类型和形式参数等的定义和说明；函数体包括局部变量说明和执行语句组两部分，由一系列语句和注释组成。整个函数体由一对花括号括起来。

说明部分，用于变量的类型定义，简单程序可以没有此部分，如例 1.1。所有变量必须先定义（规定数据类型）后使用。

语句由一些基本字符和定义符按照 C 语言的语法规定组成，每条语句必须用分号“;”结束（注意是“每条语句”而不是“每行语句”），编译预处理命令不是语句（行末不能用分号结束）。

C 语言本身没有输入/输出语句，其输入/输出功能须通过调用标准函数来实现。使用系统提供的标准库函数或其他文件提供的现成函数时，必须使用“文件包含”（除了 printf 和 scanf 语句）。

1.4.3　C 程序的书写

C 程序书写格式自由，但一般应遵循以下原则，可使程序结构清晰，便于阅读。

1. 一行一般写一条语句

当然一行可以写多条语句，一条语句也可以分写在多行上。

2. 整个程序采用缩进格式书写

表示同一层次的语句行对齐，缩进同样多的字符位置。如循环体中的语句要缩进对齐，选择体中的语句要缩进对齐。

3. 花括号对齐的书写方式

花括号的书写方法较多，本书采用花括号对齐的书写方式，左边花括号处于第一条语句的开始位置，右边花括号独占一行，与左边花括号对齐。

4. 在程序中恰当地使用空行，分隔程序中的语句块，增加程序的可读性

本章的最后，给出两个例子，使读者对 C 语言程序的结构及书写格式有进一步地了解。

【例 1.4】 求两个数的较大值。

```
#include  <stdio.h>    /* 编译预处理—文件包含（标准输入/输出函数） */
main()
{
    int a,b;
    printf（"请输入两个整数 a，b:"）;
    scanf（"%d，  %d"，  &a，  &b ）;
    if （a>b)
        printf("%d",a);  /* 如果 a 大于 b,则输出 a 的值 */
    else
        printf("%d",b);  /* 否则，如果 a 不大于 b,则输出 b 的值 */
}
```

【例 1.5】 求圆面积程序。

```
/* 求圆面积程序 area.c */
#define  PI 3.14159    /* 编译预处理—宏替换 */
#include  <stdio.h>    /* 编译预处理—文件包含（标准输入/输出函数） */
#include  <math.h>     /* 编译预处理—文件包含（数学函数） */
#include  <stdlib.h>   /* 编译预处理—文件包含（常用函数） */
#include  <conio.h>    /* 编译预处理—文件包含（文本窗口函数） */
main()
{
    float r, s;
    clrscr();               /* 清屏，在 conio.h 中定义 */
    printf（"请输入半径 R="）; /* 人机对话提示语 */
    scanf（"%f"，&r）;        /* 将键盘输入值存放在变量 r 对应的存储单元中 */
    if（r<0）               /* 如果输入的半径值为负值 */
    {   printf （"输入出错，半径不能为负值！"）;     /* 显示出错提示 */
        exit（0）;            /* 停止程序执行，返回操作系统 */
```

```
    }
    s=PI*pow(r, 2);
    printf("半径R=%.3f时，面积S=%.3f\n", r, s); /*限制R、S小数位数*/
}
```

习 题 1

1.1 计算机语言的发展经历了哪几个阶段？

1.2 C 语言的主要特点是什么？

1.3 C 语言程序由哪几部分组成？

1.4 C 语言的标识符是怎样组成的？

1.5 一个 C 程序是由若干个函数构成的，其中有且只能有一个（　　　）函数。

1.6 指出以下标识符哪些是合法的？哪些是不合法的？

CD12　sum_3　a*b2　7stu　D.K.Jon　ab3_3　_2count

Pas　if　for　XYZ32L6　abc#xy　_78　#_f5　c.d

1.7 编写一个 C 语言程序，要求输出以下信息：

```
***************
How are you!
***************
```

1.8 编写一个 C 语言程序，从键盘输入 x、y、z 三个整型变量，并输出其中的最小值。

第 2 章　基本数据类型、运算符及表达式

程序处理的对象是数据，编写程序也就是对数据的处理过程，而运算符是对数据进行处理的具体描述。在学习用 C 语言编程之前，必须掌握一些关于数据和运算符的基础知识。

2.1　C 语言的基本数据类型

2.1.1　数据类型

数据是计算机程序加工处理的对象。抽象地说，数据是对客观事物所进行的描述，而这种描述是采用了计算机能够识别、存储和处理的形式进行的。程序所能够处理的基本数据对象被划分成一些集合。属于同一集合的各数据对象都具有同样的性质，例如，对它们能做同样的操作，它们都采用同样的编码方式等。把程序中具有这样性质的集合，称为数据类型。

在程序设计的过程中，计算机硬件也把被处理的数据分成一些类型。CPU 对不同的数据类型提供了不同的操作指令，程序设计语言中把数据划分成不同的类型也与此有着密切的关系。在程序设计语言中，都是采用数据类型来描述程序中的数据结构、数据表示范围和数据在内存中的存储分配等。可以说数据类型是计算机领域中一个非常重要的概念。

2.1.2　C 语言数据类型简介

在程序中对所有的数据都要先指定其数据结构，然后才可以使用。数据结构是数据的组织形式。C 语言的数据结构是以数据类型的形式出现的。C 语言的数据类型有基本类型、构造类型、指针类型和空类型等，如图 2.1 所示。

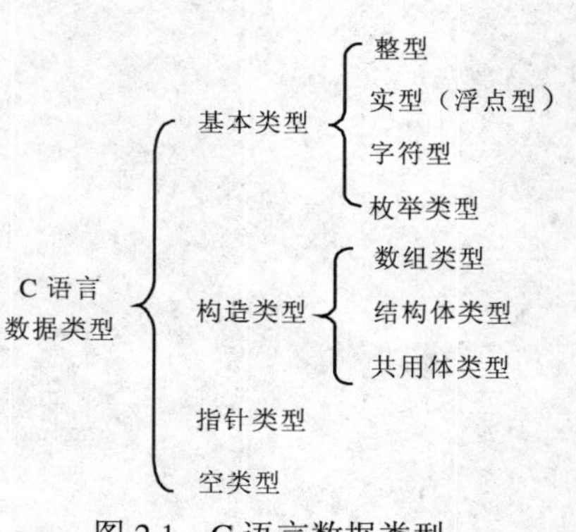

图 2.1　C 语言数据类型

1. 基本类型

基本类型是其他数据类型的基础，由它可以构造出其他复杂的数据类型。基本数据类型的值不可以再分解为其他类型。

2. 构造类型

构造数据类型是用已定义的一个或多个数据类型构造定义的。一个构造类型的值可以分解成若干个“成员”或“元素”。每个“成

员”或“元素”都是一个基本数据类型或另一个已定义过的构造类型。在 C 语言中，构造类型有数组、结构体和共用体三种。

3. 指针类型

指针是 C 语言中一种既特殊又具有重要作用的数据类型，其值表示某个量在内存中的地址。虽然指针变量的取值类似于整型量，但这两个类型是完全不同的量：指针变量用来存放地址值，整型变量用来存放数值。

4. 空类型

在 C 语言中允许定义空类型的数据，并用 void 类型说明符进行声明。

2.1.3 C 语言的基本数据类型

C 语言的数据类型有多种多样，而基本的数据类型是其他各种数据类型的基础。因此，本节主要介绍基本数据类型，其他数据类型将在后续章节中逐步介绍。

C 语言的基本数据类型包括整型、单精度型、双精度型和字符型四种，其声明的关键字分别为 int（整型）、float（单精度型）、double（双精度型）和 char（字符型）。

除了这四种基本数据类型关键字外，还有一些数据类型修饰符，用来扩充其基本类型的意义，以便准确地适应各种情况的需要。修饰符有 long（长型）、short（短型）、signed（有符号）和 unsigned（无符号）。这些修饰符与基本数据类型的关键字组合，可以表示不同的数值范围及数据所占内存空间的大小。表 2.1 给出了基本数据类型和基本类型加上修饰符组合之后，各种类型的数据所占内存空间字节数和所表示的数值范围（以 16 位计算机为例，即按标准 ANSI C 描述）。

表 2.1 基本数据类型描述

类 型	字 节	说 明	数值范围
[signed] int	2	整型	−32768～32767 即-2^{15}～($2^{15}-1$)
unsigned [int]	2	无符号整型	0～65535 即 0～($2^{16}-1$)
[signed] short [int]	2	短整型	−32768～32767 即-2^{15}～($2^{15}-1$)
unsigned short [int]	2	无符号短整型	0～65535 即 0～($2^{16}-1$)
long [int]	4	长整型	−2147483648～2147483647 即-2^{31}～($2^{31}-1$)
unsigned long [int]	4	无符号长整型	0～4294967295 即 0～($2^{32}-1$)
float	4	单精度型	-3.4×10^{38}～3.4×10^{38} 7 位有效位
double	8	双精度型	-1.7×10^{308}～1.7×10^{308} 15 位有效位
long double	10	长双精度型	-3.4×10^{4932}～3.4×10^{4932} 19 位有效位
[signed] char	1	有符号字符型	−128～127 即-2^{7}～($2^{7}-1$)
unsigned char	1	无符号字符型	0～255 即 0～($2^{8}-1$)

2.2 常　　量

在程序运行过程中，其值不能改变的量称为常量。在基本数据类型中，常量可分为：整型常量、实型常量、符号常量和字符型常量（包括字符常量和字符串常量两种），现分别介绍如下。

2.2.1 整型常量

整型常量即为整常数。

1. 整型常量的基本类型

C 语言中整常数可用十进制、八进制和十六进制 3 种形式表示。

1）十进制整数。由 0 至 9 的数字组成，如-123，0，10，但不能以 0 开始。

以下各数是合法的十进制整常数：

237，-568，1627

以下各数是不合法的十进制整常数：

023（不能有前缀 0），35D（不能有非十进制数码 D）

2）八进制整数。以 0 为前缀，其后由 0 至 7 的数字组成，如 0456 表示八进制数 456，即$(456)_8$，其值为：$4\times8^2+5\times8^1+6\times8^0$，即十进制数 302；-011 表示八进制数-11，即十进制数-9。

以下各数是合法的八进制数：

015（十进制为 13），0101（十进制为 65），0177777（十进制为 65535）

以下各数是不合法的八进制数：

256（无前缀 0），0283（不能有非八进制数码 8）

3）十六进制整数。以 0x 或 0X 开头，其后由 0 至 9 的数字和 a 至 f 字母或 A 至 F 字母组成，如 0x7A 表示十六进制数 7A，即$(7A)_{16}$，其值为 $7\times16^1+A\times16^0=122$，即十进制 122；－0x12 即十进制数-18。

以下各数是合法的十六进制数：

0x1f（十进制为 31），0xFF（十进制为 255），0x201（十进制为 513）

以下各数是不合法的十六进制数：

8C（无前缀 0x），0x3H（不能有非十六进制数码 H）

注意：在 C 程序中是根据前缀来区分各种进制数的，因此在书写常数时不要把前缀弄错，造成结果不正确。

2. 整型常量的后缀

在 16 位字长的机器上，基本整型的长度也为 16 位，因此用整型常量表示数的范围也是有限定的。十进制无符号整常数的范围为 0～65535，有符号数为-32768～+32767。八进制无符号数的表示范围为 0～0177777。十六进制无符号数的表示范围为 0X0～

0XFFFF。

如果使用的数超过了上述范围，就必须用长整型数来表示。长整型数是用后缀“L”或“l”来表示的。

例如：

十进制长整型常数 123L（十进制为 123）、358000L（十进制为 358000）。

八进制长整型常数 012L（十进制为 10）、0200000L（十进制为 65536）。

十六进制长整型常数 0X37L（十进制为 55）、0XA6L（十进制为 166）、0X10000L（十进制为 65536）。

长整数 123L 和基本整常数 123 在数值上并无区别。但数 123L 因为是长整型量，C 语言编译系统将给它占 4 个字节存储空间。而对 123，因为是基本整型，只占 2 个字节的存储空间。因此在运算和输出格式上要予以注意，避免出错。

无符号数也可用后缀表示，整型常数的无符号数用后缀为“U”或“u”来表示。例如：345u，0x38Au，235Lu 均为无符号数。前缀、后缀可同时使用以表示各种类型的数。如 0XA5Lu 表示十六进制无符号长整数 A5，即十进制为 165。

2.2.2 实型常量

C 语言中，实数又称浮点数，一般有两种表示形式：

1）十进制小数形式。由数字和小数点组成（必须有小数点），如 1.2、.24、2.、0.0 等。

2）指数形式。如，123.4e3 和 123.4E3 均表示 123.4×10^3。用指数形式表示实型常量时要注意，e 和 E 前面必须有数字，后面必须是整数。15e2.3、e3 和.e3 都是错误的指数形式。

一个实数可以有多种指数表示形式，例如 123.456 可以表示为 123.456e0、12.3456e1、1.23456e2、0.123456e3 和 0.0123456e4 等多种形式。把其中 1.23456e2 称为规范化的指数形式，即在字母 e 或 E 之前的小数部分中，小数点左边的部分应有且只有一位非零的数字。一个实数在用指数形式输出时，是按规范化的指数形式输出的。

2.2.3 符号常量

用一个标识符表示一个常量，称为符号常量，即标识形式的常量。例如，用 PI 代表圆周率π，即 3.14。

【例 2.1】 符号常量的使用。

```
#define  PI  3.14
main()
{  int r=2;
   float s,l;
   l=2*PI*r;
   s = PI*r*r;
   printf("l=%f,s=%f\n",l,s);
}
```

程序中用#define 命令行定义 PI 代表常量 3.14，对此程序进行编译时，预处理首先将出现 PI 的地方用 3.14 字符串替换。

定义符号常量的目的是提高程序的可读性，便于程序调试、修改和纠错。当某个常量值在程序中被多次使用时，可用符号常量来代替常量值。例如，上面的程序为了提高精度，需取圆周率的值为 3.1415926 时，若使用符号常量，则只需要修改 define 中的常量值，程序中的其他部分都不需要改变，否则就要到程序体中，将圆周率的值逐一改变。因此定义符号常量可以做到"一改全改"的效果。

在使用符号常量时要注意，虽然它是用标识符来标识的，但它本质上是常量，具有常量值不能改变的性质。例如，假设在一个程序中有如下两个定义：

```
#define  PI  3.14
#define  PI  3.1415926
```

则是错误的，因为在一个程序中不能对同一个符号常量定义两次。习惯上，为了与程序中的其他标识符相区别，符号常量名一般用大写字母表示。

2.2.4 字符型常量

字符型常量包括字符常量和字符串常量两类。

1. 字符常量

字符常量又称为字符常数，C 语言中的字符常量是用一对单引号括起来的一个字符。例如：'a'，'A'，'x'，'3'和'#'等都是字符常量。注意其中'a'和'A'是不同的字符常量。

除了以上形式的字符常量外，对于常用的但却难以用一般形式表示的不可显示字符，C 语言提供了一种特殊形式的字符常量，即用一个转义标识符"\"（反斜线）开头的字符序列，如表 2.2 所示。

表 2.2 转义字符及其含义

字符形式	含 义	ASCII 码
\n	回车换行，将当前位置移到下一行开头	10
\t	横向跳到下一制表位置（Tab）	9
\b	退格，将当前位置退回到前一列	8
\r	回车，将当前位置移到当前行开头	13
\f	走纸换页，将当前位置移到下页开头	12
\\	反斜线符"\"	92
\'	单引号符	39
\"	双引号符	34
\ddd	1～3 位 8 进制数所代表的字符	1～3 位 8 进制数
\xhh	1～2 位 16 进制数所代表的字符	1～2 位 16 进制数

使用转义字符时要注意：

1）转义字符多用于 printf()函数中，而在 scanf()函数中通常不使用。

2）转义字符常量，如'\n'，'\x86'等只能代表一个字符。

3）反斜线后的八进制数可以不用 0 开头。如'\101'代表字符常量'A'，'\134'代表字符常量'\'。

4）反斜线后的十六进制数只能以小写字母 x 开头，不允许用大写字母 X 或 0x 开头。

【例 2.2】 转义字符的使用。

```
main()
{  int a,b,c;
   a=1;
   b=2;
   c=3;
   printf("\t%d\n%d%d\n%d%d\t\b%d\n",a,b,c,a,b,c);
}
```

程序的运行结果为：

```
□□□□□□□□1
23
12□□□□□3
```

在 printf 函数中，首先遇到第一个“\t”，它的作用是让光标到下一个“制表位置”，即光标往后移动 8 个单元，到第 9 列，然后在第 9 列输出变量 a 的值 1。接着遇到“\n”，表示回车换行，光标到下行首列的位置，连续输出变量 b 和 c 的值 2 和 3。再遇到“\n”，光标到第三行的首列，输出变量 a 和 b 的值 1 和 2，再遇到“\t”光标到下一个制表位即第 9 列。然后遇到“\b”,它的作用是让光标往回退一列，因此光标移到第 8 列，然后输出变量 c 的值 3。

2. 字符串常量

字符串常量是用一对双引号括起来的一串字符。例如："a"，"china"，"I am a student."和"123.0"等。

C 语言规定字符串常量的存储方式为：字符串中的每个字符以其 ASCII 码值（见附录 I ）的二进制形式存放在内存中，并且系统自动在该字符串末尾加一个“字符串结束标志”（'\0'，即 ASCII 码值为 0 的字符，它不引起任何控制动作，也是一个不可显示的字符），以便系统据此判断字符串是否结束。例如，字符串"system"，实际在内存中是：

s	y	s	t	e	m	\0

它占内存不是 6 个字节，而是 7 个字节，最后一个字节是'\0'，在输出时并不输出，仅作为处理时的结束标志。注意，在输入字符串时不必加'\0'，'\0'字符是系统自动加上的。字符串"a"，实际占 2 个字节，第一个字节存'a'，第二个字节存'\0'。包含'a'和'\0'。如果把它赋给只能容纳一个字符的字符变量 c：

```
char c;
c="a";
```

显然是错误的。

在 C 语言中，没有专门的字符串变量。如果想把一个字符串保存起来，必须使用字符数组，而数组中每一个元素存放一个字符。这部分内容会在数组一章中详细介绍。

2.3 变　量

所谓变量，就是在程序运行过程中其值可以改变的量，通常是用来保存程序运行过程中的输入数据、计算的中间结果和最终结果等。每个变量一旦被定义，就具备了 3 个基本的要素：变量名、变量类型和变量值。

2.3.1 变量名

C 语言中，变量名是用标识符来表示的。用来标识变量名、符号常量名、函数名、类型名和文件名等的有效字符序列称为标识符。C 语言规定标识符只能由字母、数字和下划线三种字符组成，且第一个字符必须为字母或下划线。

下面列出的是合法的标识符，也是合法的变量名：

```
Sum，day，_total，CLASS，name12
```

下面是不合法的变量名和标识符：

```
case，23name，$45，a<b，ab#
```

注意：C 语言中大写和小写字母被认为是两个不同的字符，例如，Sum 和 sum 是两个不同的变量名。变量名一般用小写字母表示，命名时应尽量做到“见名知义”，可以增加可读性，同时 C 系统中规定的关键字（见附录Ⅱ），不能作为变量名使用。为了程序的可移植性及阅读程序的方便性，建议变量名的长度不要超过 8 位。

2.3.2 变量类型

C 语言中的变量遵循“先定义后使用的原则”。变量定义的一般形式为：

变量类型　变量名表；

其中，变量类型即为变量中所存储数据的类型，如整型（int）、单精度实型（float）和字符型（char）等。变量表的形式是：变量名 1，变量名 2，…，变量名 n，最后用分号结束定义。例如，下面是对某程序中的变量说明：

```
int  a, b, c;              /*说明 a, b, c 为整型变量*/
float  f;                  /*说明 f 为单精度实型变量*/
char  d, cc;               /*说明 d, cc 为字符型变量*/
```

注意：C 语言规定，所有变量先定义后使用是为了在编译时为该变量分配相应的存储单元（不同类型的变量所占用的存储单元大小不同）及检查该变量名使用的正确性和该变量所进行运算的合法性。

2.3.3 变量值

变量的值，即为其存储的数据值。在程序中，一个变量必须先有确定的值后才能参与各种相应的操作。变量可以通过赋值语句或输入语句获得一个值，也可以用初始化的方法获得一个值。

赋值语句：程序运行阶段将值赋给变量，允许在一条语句中为多个变量同时赋值。例如：

```
int  a;                    /*定义整型变量 a*/
a=2;                       /*使变量 a 的值为 2*/
```

初始化：编译时将变量的值存放到系统为变量分配的内存单元中去，必须逐个变量逐一赋初值。例如：

```
int  a=2;                  /*定义整型变量 a，并使 a 值为 2*/
```

2.4 运算符及表达式

2.4.1 C 运算符简介

C 语言提供了丰富的运算符和表达式，这些丰富的运算符使 C 语言具有很强的表达能力。

1. 运算符

C 语言的运算符按照它们的功能可分为：

1）算术运算符（ +、-、*、/、%、++、-- ）。
2）关系运算符（ >、<、==、>=、<=、!= ）。
3）逻辑运算符（ !、&&、|| ）。
4）位运算符（ <<、>>、~、|、^、& ）。
5）赋值运算符（ =、复合赋值运算符 ）。
6）条件运算符（ ? :）。
7）逗号运算符（ , ）。
8）指针运算符（ *、& ）。
9）求字节数运算符（ sizeof ）。
10）强制类型转换运算符（ (类型)）。
11）分量运算符（ .、-> ）。
12）下标运算符（ [ ] ）。
13）其他（如函数调用运算符（））。

若按其在表达式中与运算对象的关系（连接运算对象的个数）可分为：

1）单目运算符（一个运算符连接一个运算对象）：

!、~、++、--、-（取负号）、*、&、sizeof（类型）

2）双目运算符（一个运算符连接两个运算对象）：

+、–、*、/、%、>、<、= =、>=、<=、!=、&&、||、<<、>>、|、^、&、=、复合赋值运算符

3）三目运算符（一个运算符连接三个运算对象）：

? :

4）其他：

( )、[ ]、.、->

2. C 运算符的优先级和结合性

C 语言中的运算具有一般数学运算的概念，即具有优先级和结合性（也称为结合方向）。

1）优先级：指同一个表达式中不同运算符进行运算时的先后次序。通常所有单目运算的优先级高于双目运算。

2）结合性：指在表达式中各种运算符优先级相同时，由运算符的结合性决定表达式的运算顺序。它分为两类：一类运算符的结合性为从左到右，称为左结合性；另一类运算符的结合性是从右到左，称为右结合性。通常单目、三目和赋值运算符是右结合性，其余均为左结合性。

关于 C 语言运算符的种类、优先级和结合性见附录III。

3. 表达式

表达式就是用运算符将操作数连接起来所构成的式子。操作数可以是常量、变量和函数。各种运算符能够连接的操作数的个数、数据类型都有各自的规定，要书写正确的表达式就必须遵循这些规定。例如，下面是一个合法的 C 表达式：

```
10+'a'+d/e-i*f
```

每个表达式不管多复杂，都有一个值。这个值是按照表达式中运算符的运算规则计算出来的结果。求表达式的值是由计算机系统来完成的，但程序设计者必须明白其运算步骤、优先级、结合性和数据类型转换这几方面的问题，否则就得不到正确的结果。

2.4.2 算术运算符与算术表达式

算术运算符用于各类数值运算，包括+、–、*、/、%、++和--七种。表 2.3 列出了各种算术运算符的属性。

1. 基本的算术运算符

基本的算术运算符包括+、–、*、/和%。在基本的算术运算符中，单目运算符（+、–）的优先级高于双目（+、–、*、/、%）的。双目运算符的优先级从高到低为：（*、/、%）、（+、–）。其中，*、/、%处于同一级别；+、–处于同一级别，如图 2.2 所示。

表 2.3　算术运算符

运算符号	操作数数目	名 称	运算规则	适用的数据类型	举　例
+	单目	正	取原值	int，float	+5
-	单目	负	取负值	int，float	-5
+	双目	加	加法	int，char，float	a+b
-	双目	减	减法	int，char，float	a-b
*	双目	乘	乘法	int，char，float	a*b
/	双目	除	除法	int，char，float	a/b
%	双目	模	求余数	int	5%7
++	单目	自增	自增 1	int，float	a++
--	单目	自减	自减 1	int，float	a--

运算符　+、-（单目求正、求负）　*、/、%　+、-

同级　同级　同级

优先级　高 → 低

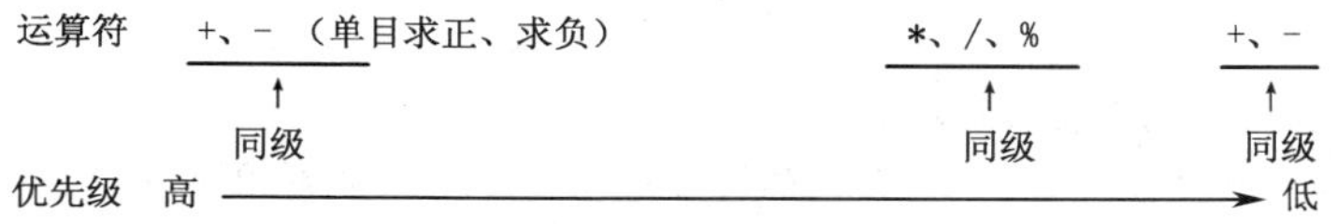

图 2.2　算术运算符的优先级

【例 2.3】　基本算术运算符运算。

```
2+8/4            结果为 4
2+8/5            结果为 3
2+8.0/5          结果为 3.6
(2+8)%5          结果为 0
2+8%5            结果为 5
5%3              结果为 2
-5%3             结果为-2
5%-3             结果为 2
5.0%3            编译有问题，提示小数使用非法
```

从以上例子可以看出，进行基本的算术运算时应该注意的是：

1）除法运算的两个操作数如果都是整数，则结果为整数，小数部分一律舍去；如果其中一个操作数是实数，则结果为实数。

2）取余数运算的两个操作数必须是整数，其结果也为整数。

3）圆括号（）的优先级最高。

【例 2.4】　整数相除的问题。

```
main()
{ float  f;
  f=3/5;
  printf("%f\n",f);
}
```

运行结果为：

```
0.000000
```

若改为 3.0/5.0 或 3.0/5，则运行结果均为：

```
0.600000
```

2. 自增、自减运算符（++、--）

自增（++）和自减（--）运算是单目运算，其作用是使变量的值增 1 或减 1，其优先级高于所有的双目运算。自增、自减运算的应用形式有两种。

1）前缀形式：运算符在变量前面，表示对变量先自动加 1 或自动减 1，然后再参与其他运算，即先改变变量的值，然后使用，如++k；--k；。

2）后缀形式：运算符在变量后面，表示变量先参与其他运算，再对变量自动加 1 或自动减 1，即先使用变量的值，然后再改变，如 k++；k--；。

【例 2.5】 自增、自减运算符的使用。

```
main()
{   int i=3,j=10,m,n,p,q;
    m=++i;              /*先执行 i=i+1，再将 i 值赋给 m*/
    n=i++;              /*先将 i 的值赋给 n，再执行 i=i+1*/
    p=--j;              /*先执行 j=j-1，再将 j 值赋给 p*/
    q=j--;              /*先将 j 的值赋给 q，再执行 j=j-1*/
    printf("i=%d,m=%d,n=%d\n",i,m,n);
    printf("j=%d,p=%d,q=%d\n",j,p,q);
}
```

运行结果为：

```
i=5,m=4,n=4
j=8,p=9,q=9
```

自增、自减运算符使用中应注意的问题：

1）++和- -只能用于变量，不能用于常量和表达式。例如 8++或(a+b)- -都是不合法的。

2）++和- -运算符的优先级别是一样的，它们的结合方向是“自右向左”。如果有-k++，因负号和++运算符的优先级一样，那么表达式的计算就要按结合方向，这两个运算符的结合方向均为“自右向左”。所以整个表达式可被看作-(k++)，即从右开始执行，如果 k 的初值为 3，则整个表达式的值为-3，k 的值最后为 4。

自增和自减运算符经常用于循环语句中，对循环变量增 1 或减 1，用以控制循环的执行次数。

3. 算术表达式

用算术运算符将运算对象（操作数）连接起来，符合 C 语言语法规则的式子，称为算术表达式。运算对象包括常量、变量和函数等。例如：

```
3+a*b/5-2.3+'b'
```

就是一个算术表达式。该表达式的求值是先求 a*b，然后让其结果再和 5 相除。之后再从左至右计算加法和减法运算。如果表达式中有括号，则应该先计算括号内的运算，再计算括号外的运算。

2.4.3 赋值运算符与赋值表达式

赋值运算符构成了 C 语言最基本、最常用的赋值语句，同时 C 语言还允许赋值运算符与其他的 10 种运算符结合使用，形成复合的赋值运算符，使 C 语言编写的程序简单、精练。

1. 赋值运算符

赋值运算符用“=”表示，它的作用是将一个数据赋给一个变量。例如：“a=3”的作用是把常量 3 赋给变量 a。也可以将一个表达式赋给一个变量，例如：“a=x%y”的作用是将表达式 x%y 的结果赋给变量 a。

赋值运算符“=”是一个双目运算符，其结合方向为从右至左。

2. 赋值表达式

由赋值运算符“=”将一个变量和一个表达式连接起来的式子称为赋值表达式，其一般形式为：

变量 = 表达式

对赋值表达式的求解过程为：计算赋值运算符右边“表达式”的值，并将计算结果赋给其左边的“变量”。例如：x=(y+2)/3。在赋值表达式的一般形式中，表达式仍可以是一个赋值表达式。例如：x=(y=8)，其运算过程为先将常量 8 赋给 y，赋值表达式 y=8 的结果为 8，再将这个表达式的结果赋给变量 x。因此运算结果 x 和 y 值均为 8，整个表达式的结果也为 8。

3. 类型转换

在对赋值表达式求解过程中，如果赋值运算符两边的数据类型不一致，赋值时要进行类型转换。其转换过程由 C 编译系统自动实现，转换原则以“=”左边的变量类型为准。

【例 2.6】 赋值运算符的应用。

```
main()
{ int i=5;
  float a=242.15,b;
  double c=123456789.456123;
  char d='B';
  unsigned char e;
  printf("i=%d,a=%f,c=%f,d=%c,d=%d\n",i,a,c,d,d);
  b=i;      /*整型变量 i 的值赋给实型变量 b*/
  i=a;      /*实型变量 a 的值赋给整型变量 i，*/
```

```
    a=c;      /*双精度实型 c 的值赋给实型变量 a，*/
    d=i;      /*整型变量 i 的值赋给字符变量 c*/
    e=d;
    printf("i=%d,a=%f,b=%f,d=%c,d=%d,e=%c,e=%d\n",i,a,b,d,d,e,e);
}
```

运行结果为：

```
i=5,a=242.149994, c=123456789.456123,d=B,d=66
i=242,a=123456792.000000,b=5.000000,d=≥,d=-14,e=≥,e=242
```

由以上运行结果可以看出：

1）将 float 型数据赋给 int 型变量时，先将 float 型数据舍去小数部分，然后再赋给 int 型变量。

2）将 int 型变量赋给 float 型变量时，先将 int 型数据转换为 float 型数据，并以浮点数的形式存储到变量中，其值不变。

3）double 型变量赋给 float 型变量时，先截取 double 型实数的前 7 位有效数字，然后再赋值给 float 型变量。对于此时 float 变量输出的第 8 位以后的数字就是不可信的数据了。例如：上例中第 2 次输出的 a 值，有效值为 7 位。

4）int 型数据赋给 char 型变量时，由于 int 型数据用 2 个字节表示，而 char 型数据用 1 个字节表示，所以先截取 int 型数据的低 8 位，然后赋值给 char 型变量。因此，char 型变量只能精确接受小于 256 的 int 变量。

5）有符号字符型数据的范围是-128～127，而无符号字符型数据的范围是 0～255。

4. 复合的赋值运算符

C 语言规定，赋值运算符“＝”与 5 种算术运算符（+、-、*、/、%）和 5 种位运算符（<<、>>、&、^、|）结合构成 10 种复合的赋值运算符。它们分别是：+=、-=、*=、/=、%=、<<=、>>=、&=、^=和|=，结合方向为自右至左。

例如：

```
a+=3        等价于    a=a+3
a*=a+3      等价于    a=a*(a+3)
a%=3        等价于    a=a%3
```

注意：“a*=a+3”与“a=a*a+3”是不等价的，“a*=a+3”等价于“a=a*(a+3)”，这里括号是必需的。

赋值表达式也可以包含复合的赋值运算符。例如：

```
a+=a-=a*a
```

也是一个赋值表达式。如果 a 的初值为 12，此赋值表达式的求解步骤为：

1）先进行“a-=a*a”的运算，它相当于 a=a-a*a=12-12*12=-132。

2）再进行“a+=-132”的运算，它相当于 a=a+（-132）=-132-132=-264。

C 语言提供了赋值表达式，它使赋值操作不仅可以出现在赋值语句中，同时也可以以表达式的形式出现在其他语句（如输出语句、循环语句）中。

【例 2.7】 复合的赋值运算符的应用。

```
main()
{ int a=2,b=3,c=4,d=5,x;
  a+=b*c;
  b-=c/b;
  printf ("%d,%d,%d,%d\n",a,b,c*=2* (a+c) ,d%=a) ;
                          /*在一个语句中完成赋值和输出的双重功能*/
  printf ("x=%d\n",x=a+b+c+d) ;
}
```

运行结果为：

```
14,2,144,5
x=165
```

2.4.4 逗号运算符和逗号表达式

“,”是 C 语言的一种特殊运算符，称为逗号运算符。用逗号将多个表达式连接起来的式子称为逗号表达式。逗号表达式的一般形式为：

表达式 1，表达式 2，…，表达式 n

逗号表达式的值为表达式 n 的值。逗号运算符的结合方向为“从左至右”，运算级别是所有运算符中最低的一种。

例如：

```
a=3*5,a*4             /*变量 a 的值为 15，逗号表达式的值为 60*/
a=1,b=2,c=3           /*变量 a,b,c 的值依次是 1,2,3,逗号表达式的值为 3*/
(a=3*5,a*3) ,a+5      /*变量 a 的值为 15,逗号表达式的值为 20*/
```

【例 2.8】 求逗号表达式“a=5,a*=a,a+5”的值。

求该表达式的值应从左至右进行求解，整个表达式的值为最后一个表达式的值。

先求赋值表达式“a=5”的值，表达式的值为 5，a 的值为 5；接着求复合赋值运算“a*=a”的值，表达式的值为 25，a 的值为 25；最后求算术表达式“a+5”的值，表达式的值为 30，a 的值为 25。因此，整个逗号表达式的值为 30。

逗号表达式经常出现在 for 循环语句中的第 1 个表达式中，用来给多个变量赋初值。

但是，并不是任何地方出现的逗号都是逗号运算符，例如：printf(“%d,%d,%d”,a,b,c); printf()函数中的“a,b,c”并不是一个逗号表达式，它是 printf()函数的 3 个参数，逗号是这 3 个参数的分隔符。如果写成：

```
printf ("%d,%d,%d", (a,b,c) ,b,c) ;
```

则其中的“(a,b,c)”就是一个逗号表达式，其值为变量 c 的值。

因此，如果出现以上情况，必须认真分析，才能正确理解程序的运行结果。

2.4.5 不同类型数据间的混合运算与类型转换

1. 自动类型转换

当一个表达式中有不同数据类型的数据参加运算时，就要进行类型转换。转换规则为：先将低级别类型的运算对象向高级别类型的运算进行转换，然后再进行同类型运算。这种转换是由编译系统自动完成的，因此称为自动类型转换。转换规则如图 2.3 所示。

图 2.3 中横向的箭头表示必定的转换，即 char 型、short 型数据运算时必定先转换为 int 型，float 型数据运算时一律先转换成 double 型，以提高运算的精度。即使是两个 float 型数据相加，也要都先转换成 double 型，然后再相加。

```
高   double ← float
 ↑     ↑
 |    long
 |     ↑
 |   unsigned
 |     ↑
低    int ← char,short
```

图 2.3　自动类型转换规则

纵向箭头表示当运算对象为不同类型时转换的方向，转换由低向高进行。如 int 型和 long 型运算时，先将 int 型转换成 long 型（注意是直接转换成 long 型，并不需要先转换成 unsigned 型，再转换成 long 型），然后再进行运算，最后结果为 long 型。float 和 int 型运算时，先将 float 型转换成 double 型，int 型转换成 double 型，然后再进行运算，最后结果为 double 型。由此可见，转换按数据长度增加的方向进行，以保证精度不降低。

2. 强制类型转换

系统除了进行自动类型转换外，还提供了使用强制类型转换运算将一个表达式转换成所需类型的功能。强制类型转换的一般形式为：

（类型名）（表达式）

例如：

```
(double) a                    /*将 a 的值转换成 double 类型*/
(int)(x+y)                    /*将 x+y 的值转换成整型*/
(float)(5%3)                  /*将 5%3 的值转换成 float 型*/
```

注意：表达式应该用括号括起来。如果写成

```
(int) x+y
```

则只将 x 转换成整型，再与 y 相加。

需要说明的是在强制类型转换时，得到一个所需类型的中间变量，原来变量的值并没有发生改变。

【例 2.9】　强制类型转换不改变对该变量说明的类型。

```
main()
{  int a=5;
   float b=3.15;
   printf("(float)a=%f,a=%d\n",(float)a,a);
   printf("(int)b=%d,b=%f\n",(int)b,b);
}
```

运行结果为：

```
(float)a=5.000000,a=5
(int)b=3,b=3.150000
```

从上例可以看出，a 和 b 虽然经过强制类型转换为 float 和 int 型，但只在运算中起作用，是临时的，a 和 b 本身的类型并没有发生改变。

2.5 总结与提高

2.5.1 重点与难点

1）C 语言的基本数据类型通常可分为整型、实型、字符型和枚举型四类。

2）常量是指在程序运行过程中，值不能改变的量。在基本数据类型中，常量可分为整型常量、实型常量、符号常量和字符型常量。

3）变量是指在程序运行过程中值可以改变的量。C 语言规定，变量必须“先定义后使用”。

4）算术运算符：用于各类算术运算，包括+、-、*、/、%、++和--七种。算术表达式是指用算术运算符将操作数（运算对象）连接起来，符合 C 语言语法规则的式子。

5）赋值运算符：用“=”表示，作用是将一个数据赋给一个变量。

6）“,”是 C 语言的一种特殊运算符，称为逗号运算符。用逗号将多个表达式连接起来的式子称为逗号表达式。

7）当一个表达式中有不同数据类型的数据参加运算时，就要进行类型转换。转换方式有自动转换和强制类型转换两种。

2.5.2 典型题例

ANSI C 中对表达式求值的顺序并无统一规定，在求解一般表达式时不会发生歧义，但在求含有++和--运算符时则有可能出现歧义，在不同的系统中得到的结果不同。

【例 2.10】 多个自增、自减运算符的使用。

```
main()
{  int x=3,y,z;
   y=(++x)+(x++)+(++x);
   z=(--x)+(x--)+(++x);
   printf("y=%d,z=%d\n",y,z);
}
```

运行结果为：

```
y=15,z=18
```

分析：大多数人认为，上面程序经过运算后 y 的值是 14，z 的值是 15；但在 Turbo C 系统中，上面程序经过运算，y 的值为 15，z 的值为 18。为什么？这是因为当在表达式中含有自增或自减运算符时，Turbo C 语言系统一般按以下三步完成计算：

1）将所有先自增、自减运算抽出进行计算。

2）将第 1）步计算的结果带入表达式中，计算表达式的值。

3）再将所有后自增、自减运算抽出进行计算。

上例中的表达式 y=(++x)+(x++)+(++x) 先进行前自增(++x)2 次，再进行后自增(x++)1 次。即 Turbo C 语言系统先进行 2 次 x 的前自增计算，使 x 的值由 3 变为 5。

然后将 5 带入表达式中计算（即“x+x+x”），得结果 15，并赋给变量 y。最后再进行 1 次 x 的后自增计算，使变量 x 的值由 5 变为 6。

对于上例中表达式 z=(--x)+(x--)+(--x)的计算方法分析同上，请读者自己分析。

注意： 当自增、自减运算出现在函数的参数中时，它们不按该方法进行计算。函数的计算方法，由 C 语言系统采用扫描格式决定。

例如，设 x 的初值为 3，则执行语句“printf("y=%d",(++x)+(x++)+(++x));”，结果为：y=14。

编程过程中，应该避免出现这种歧义性。如果编程者的原意是想得到结果为 12，则可以写成下列语句：

```
x=3;  a=x++;  b=x++;  c=x++;  d=a+b+c;
```

执行完上述语句后，d 的值为 12，i 的值为 6。程序无论移植到哪一种 C 编译系统，结果都一样。

在有++和--的表达式中，尽量不要使用难于理解或容易出错的表达方式，尤其是具有二义性的表达式。

习　题　2

2.1　选择题。

（1）下列标识符中，不合法的用户标识符为（　　）。

A．Pad　　B．CHAR　　C．a_10　　D．a≠b

（2）在 C 语言中，以下合法的字符常量是（　　）。

A．'\0824'　　B．'\x243'　　C．'0'　　D．"\0"

（3）C 语言中，运算对象必须是整型数的运算符是（　　）。

A．%　　B．/　　C．&和/　　D．*

（4）若有定义：int a=7;float x=2.5,y=4.7；则表达式 x+a%3*(int)(x+y)%2/4 的值是（　　）。

A．2.500000　　B．3.500000　　C．0.000000　　D．2.750000

（5）已知 int i,a;执行语句 i=（a=2*3,a*5），a+6 后，变量 i 的值是（　　）。

A．6　　B．12　　C．30　　D．36

（6）设 int a=4；则执行了 a+=a-=a*a 后，变量 a 的值是（　　）。

A．24　　B．－24　　C．4　　D．16

（7）在 C 语言中，若下面的变量都是 int 类型的，则输出的结果是（　　）。

```
sum=pad=5;
PAD=sum++;PAD++;++PAD;
printf("%d,%d",pad,PAD);
```

A．7，7　　B．6，5　　C．5，7　　D．4，5

2.2 分析以下程序的输出结果。

(1)
```
#include <stdio.h>
main()
{ int i,j,m,n;
  i=3;j=5;
  m=++i;n=j++;
  printf("%d,%d,%d,%d\n",i,j,m,n);
}
```

(2)
```
main()
{ int c1,c2;
  c1=97;c2=98;
  printf("%c,%c\n",c1,c2);
  printf("%d,%d\n",c1,c2);
}
```

(3)
```
main()
{ char c1='a',c2='b',c3='c',c4='\101',c5='\116';
  printf("a%cb%c\tc%c\tabc\n",c1,c2,c3);
  printf("\t\b%c%c",c4,c5);
}
```

(4)
```
main()
{ int x=4,y=0,z;
  x*=3+2;
  printf("%d\n",x);
  x*=(y=(z=4));
  printf("%d",x);
}
```

第 3 章　算法和基本程序设计

在第 2 章中，介绍了常量、变量和表达式等，它们是组成C语言程序的基本成分。从本章开始，将系统地介绍C语言程序的模块化和结构化程序设计方法。首先介绍算法的概念及表示方法，然后简单介绍C语言的三种基本程序设计的结构，再结合输入、输出语句的使用，着重介绍顺序结构程序设计的设计方法。

3.1　算　　法

开发程序的目的，就是要解决实际问题。然而，面对各种复杂的实际问题，如何编制程序，往往令初学者感到茫然。程序设计语言只是一个工具，只懂得语言的规则并不能保证编制出高质量的程序。程序设计的关键是设计算法，算法与程序设计和数据结构密切相关。简单地讲，算法是解决问题的策略、规则和方法。算法的具体描述形式很多，但计算机程序是对算法的一种精确描述，而且可在计算机上运行。

3.1.1　算法的概念

算法就是解决问题的一系列操作步骤的集合。比如，厨师做菜时，都经过一系列的步骤——洗菜、切菜、配菜、炒菜和装盘。用计算机解题的步骤就叫算法，编程人员必须告诉计算机先做什么，再做什么，这可以通过高级语言的语句来实现。通过这些语句，一方面体现了算法的思想，另一方面指示计算机按算法的思想去工作，从而解决实际问题。程序就是由一系列的语句组成的。

著名的计算机科学家沃思（Niklaus Wirth）曾经提出一个著名的公式：

数据结构+算法=程序

数据结构是指对数据（操作对象）的描述，即数据的类型和组织形式，算法则是对操作步骤的描述。也就是说，数据描述和操作描述是程序设计的两项主要内容。数据描述的主要内容是基本数据类型的组织和定义，数据操作则是由语句来实现的。算法具有下列特性。

1. 有穷性

对于任意一组合法输入值，在执行有穷步骤之后一定能结束，即算法中的每个步骤都能在有限时间内完成。

2. 确定性

算法的每一步必须是确切定义的，使算法的执行者或阅读者都能明确其含义及如何执行，并且在任何条件下，算法都只有一条执行路径。

3. 可行性

算法应该是可行的，算法中的所有操作都必须足够基本，都可以通过已经实现的基本操作运算有限次实现。

4. 有输入

一个算法应有零个或多个输入，它们是算法所需的初始量或被加工对象的表示。有些输入量需要在算法执行过程中输入，而有的算法表面上可以没有输入，实际上已被嵌入到算法之中。

5. 有输出

一个算法应有一个或多个输出，它是一组与“输入”有确定关系的量值，是算法进行信息加工后得到的结果，这种确定关系即为算法的功能。

以上这些特性是一个正确的算法应具备的特性，在设计算法时应该注意。

3.1.2 算法的评价标准

什么是“好”的算法，通常从下面几个方面衡量算法的优劣。

1. 正确性

正确性指算法能满足具体问题的要求，即对任何合法的输入，算法都会得出正确的结果。

2. 可读性

可读性指算法被理解的难易程度。算法主要是为了人的阅读与交流，其次才是为计算机执行，因此算法应该更易于人的理解。另一方面，晦涩难读的程序易于隐藏较多错误而难以调试。

3. 健壮性（鲁棒性）

健壮性即对非法输入的抵抗能力。当输入的数据非法时，算法应当恰当地做出反应或进行相应处理，而不是产生奇怪的输出结果。并且，处理出错的方法不应是中断程序的执行，而应是返回一个表示错误或错误性质的值，以便在更高的抽象层次上进行处理。

4. 高效率与低存储量需求

通常，效率指的是算法执行时间；存储量指的是算法执行过程中所需的最大存储空间，两者都与问题的规模有关。尽管计算机的运行速度提高很快，但这种提高无法满足问题规模加大带来的速度要求。所以追求高速算法仍然是必要的。相比起来，人们会更多地关注算法的效率，但这并不因为计算机的存储空间是海量的，而是由人们面临的问题的本质决定的。二者往往是一对矛盾，常常可以用空间换时间，也可以用时间换空间。

3.1.3 算法的表示

算法就是对特定问题求解步骤的描述，可以说是设计思路的描述。在算法定义中，并没有规定算法的描述方法，所以它的描述方法可以是任意的。既可以用自然语言描述，也可以用数学方法描述，还可以用某种计算机语言描述。若用计算机语言描述，就是计算机程序。

为了能清晰地表示算法，程序设计人员采用更规范的方法。常用的有流程图、结构图、伪代码和 PAD 图等。本书主要介绍流程图和结构图。

1. 流程图

流程图是描述算法最常用的一种方法，它是用图形符号来表示算法，ANSI（美国国家标准化协会）规定的一些常用流程图符号如图 3.1 所示。这种表示直观、灵活，很多程序员采用这种表示方法，因此又称为传统的流程图。本书中的算法将采用这种表示方法描述，读者应对这种流程图熟练掌握。

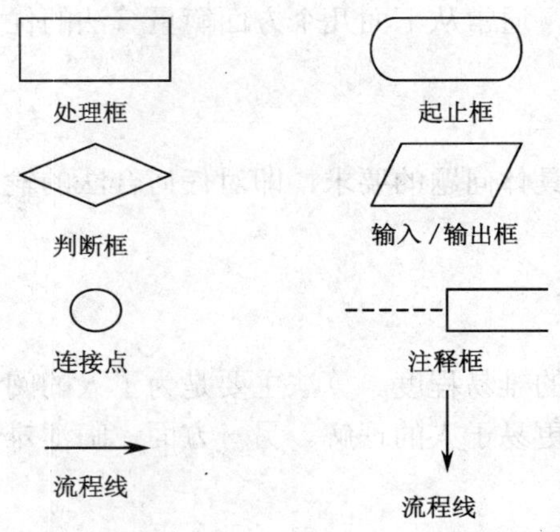

图 3.1 常用流程图符号

【例 3.1】 求三个整数的和。

求三个整数和的算法流程图如图 3.2 所示。

【例 3.2】 求两个正整数的最大公约数。

求最大公约数的算法流程图如图 3.3 所示。

画流程图时，每个框内要说明操作内容，描述要确切，不要有“二义性”。画箭头时注意箭头的方向，箭头方向表示程序执行的流向。

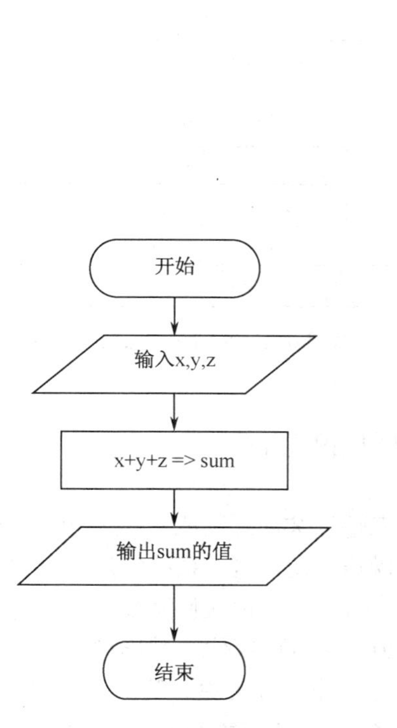

图 3.2　求三个整数和的算法

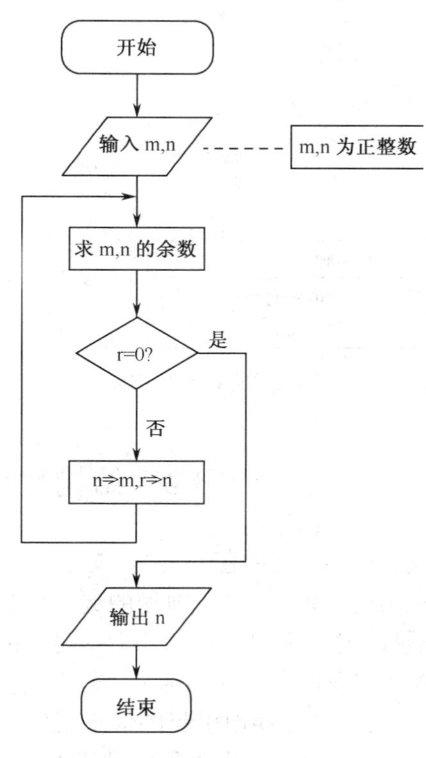

图 3.3　求两个正整数的最大公约数的算法

2. N-S 结构流程图

1973 年美国学者 I.Nassi 和 B.Shneiderman 提出了一种新的流程图形式。在这种流程图中完全去掉了流程线，全部算法写在一个矩形框内，而且在框内还可以包含其他的框。也就是说，由一些基本的框组成一个大的框。这种流程图称为 N-S 结构流程图。

N-S 结构流程图用以下基本元素框来表示，如图 3.4 所示。N-S 结构流程图算法清晰，流程不会无规律乱转移。

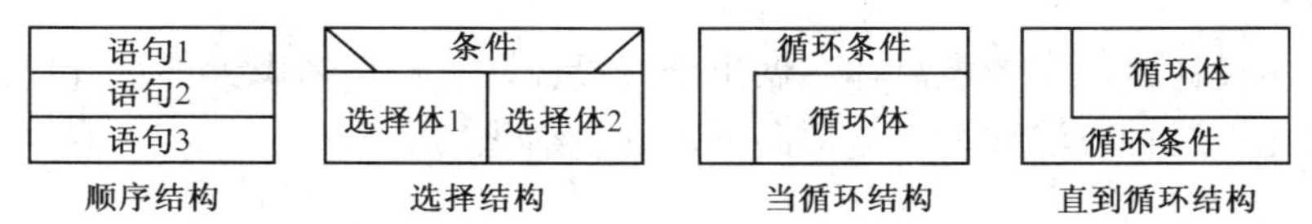

图 3.4　N-S 结构流程图基本元素框

例 3.1 的 N-S 结构流程图如图 3.5 所示。

例 3.2 的 N-S 结构流程图如图 3.6 所示。

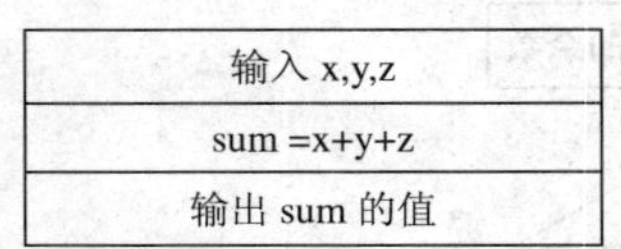

图 3.5　求三个整数和的 N-S 结构图

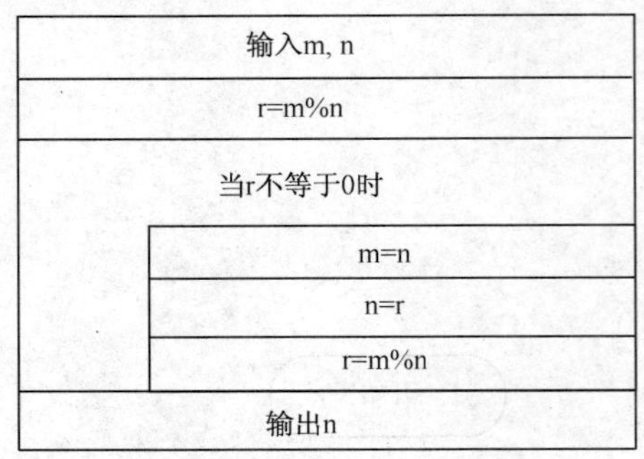

图 3.6　N-S 结构流程图

3.2　结构化程序设计的方法

伴随着软件产业的蓬勃发展，软件系统变得越来越复杂，开发成本越来越高，而且在开发过程出现一系列问题，典型的例子是 IBM 360 操作系统。这一系统经历四年时间才完成，并不断修改、补充，但每一文本仍存在上千条的错误。这种软件开发与维护过程中遇到的一系列严重问题被人们称为“软件危机”。在 20 世纪 60 年代，曾出现过严重的“软件危机”，由软件错误而引起的信息丢失、系统报废事件屡有发生。为此，1968 年，荷兰学者 E.W.Dijkstra 提出了程序设计中常用的 GOTO 语句的三大危害，并由此产生了结构化程序设计方法，随后诞生了基于这一设计方法的程序设计语言 Pascal、C 语言等。

结构化程序设计语言一经推出，它的简洁明了及丰富的数据结构和控制结构，为程序员提供了极大的方便性与灵活性。同时它特别适合微型计算机系统，因此大受欢迎。

结构化程序设计思想采用了模块分解与功能抽象和自顶向下、分而治之的方法，从而有效地将一个较复杂的程序系统设计任务分解成许多易于控制和处理的子程序，便于开发和维护，减少程序的出错概率和提高软件的开发效率。

采用结构化程序设计方法应遵循以下原则。

1. 自顶向下

即在程序设计时，先考虑总体，做出全局设计，然后再考虑细节进行局部设计，逐步实现精细化。这种方法称为“自顶向下，逐步细化”的方法。

2. 模块化

就是将一个大任务分成若干个较小的部分，每一部分承担一定的功能，称为“功能模块”。每个模块可以分别编程和调试，然后组成一个完整的程序。模块的划分应遵循一些基本原则，如模块内部联系要紧密，关联程度要高；模块间的接口要尽可能简单，以减少模块间的数据传递。

3. 限制使用 GOTO 语句

结构化程序质量的衡量标准同样以正确性作为前提。在正确的前提下，由过去的“效率第一”转为“清晰第一”，或者说程序符合“清晰第一，效率第二”的质量标准。

一个好的程序在满足运行结果正确的基本条件之后，首先要有良好的结构，使程序清晰易懂。在此前提之下，才考虑使其运行速度尽可能地快，运行时所占内存应尽量压缩至合理的范围。也就是说，现在的程序质量标准易读性好是第一位的，其次才是效率。因为从根本上说，只有程序具有了良好的结构，才易于设计和维护，减少软件成本，从整体来说才是真正提高了效率。

3.3 程序的基本结构

本节介绍 C 语言程序的三种基本控制结构。从程序流程控制的角度来看，C 语言程序可以分为三种基本结构，即顺序结构、选择结构和循环结构。这三种基本结构可以组成所有的各种复杂程序。C 语言提供了多种语句来实现这些程序结构。

1966 年 Bobra 和 Jacopini 提出了三种基本结构：顺序结构由一系列顺序执行的操作（语句）组成，是一种线性结构；选择结构又称为分支结构，是根据一定的条件选择下一步要执行的操作；循环结构是根据一定的条件重复执行一个操作集合。循环是计算机最擅长的工作。

结构化程序是由三种基本结构构成的程序。

3.3.1 顺序结构

顺序结构是 C 语言的基本结构，如图 3.7 和图 3.8 所示。顺序结构中的语句是按书写顺序执行的。除非指示转移，否则计算机自动以语句编写的顺序一句一句地执行。

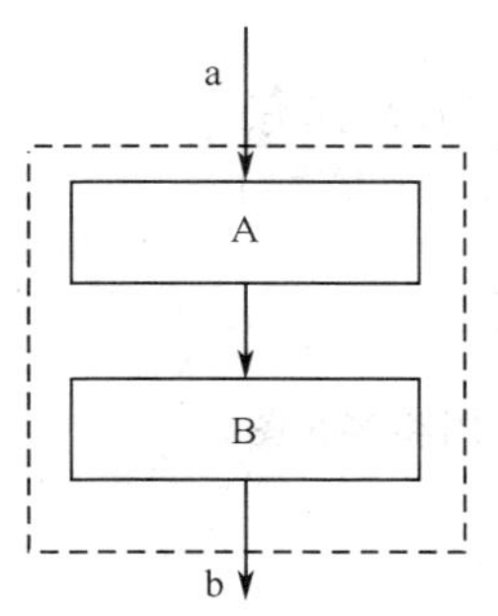

图 3.7 顺序结构的流程图表示

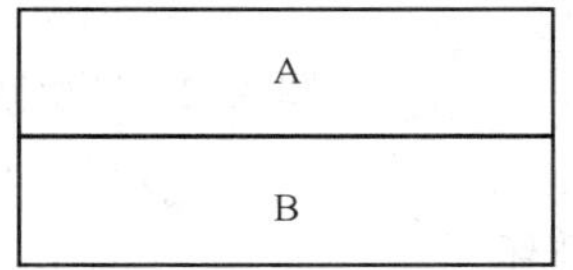

图 3.8 顺序结构的 N-S 图表示

3.3.2 选择结构

选择结构如图 3.9 和图 3.10 所示。当条件成立时执行模块 A，否则条件不成立时执行模块 B。模块 B 也可以为空，如图 3.11 所示。当条件为真时执行某个指定的操作（模块 A），条件为假时跳过该操作（单路选择）。

还有一种多路选择结构，根据表达式的值执行众多不同操作中的某个指定的操作（多路选择），详见第 4 章。

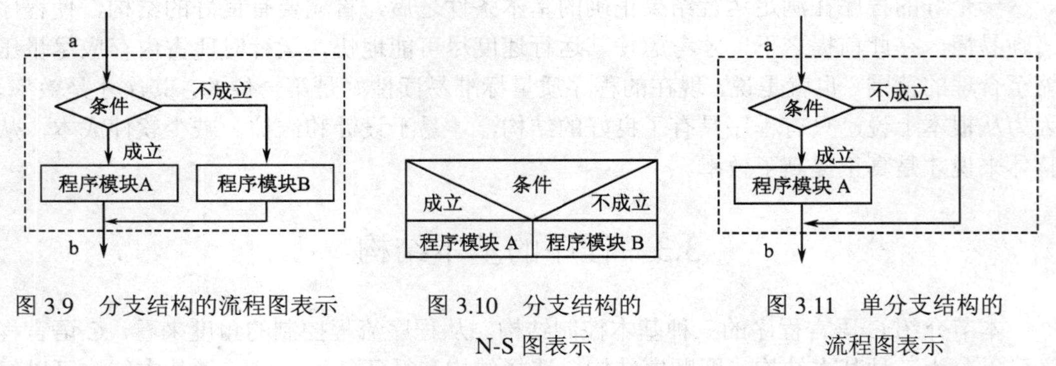

图 3.9　分支结构的流程图表示　　图 3.10　分支结构的 N-S 图表示　　图 3.11　单分支结构的流程图表示

3.3.3　循环结构

循环结构指被重复执行的一个操作的集合。循环结构有两种形式：当型循环和直到型循环。

1. 当型循环

先判断，只要条件成立（为真）就反复执行程序模块；当条件不成立（为假）时则结束循环。当型循环结构的流程图和 N-S 图如图 3.12（a）和图 3.12（b）所示。

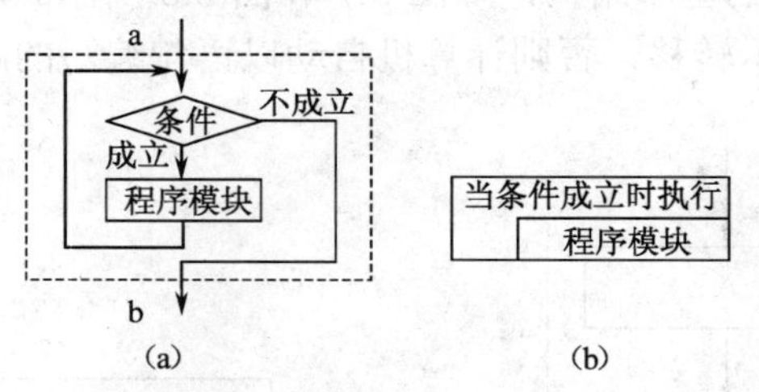

图 3.12　当型循环结构的流程图和 N-S 图

2. 直到型循环

先执行程序模块，再判断条件是否成立。如果条件成立（为真）则继续执行循环体；当条件不成立（为假）时则结束循环。直到型循环结构的流程图和 N-S 图如图 3.13 所示。

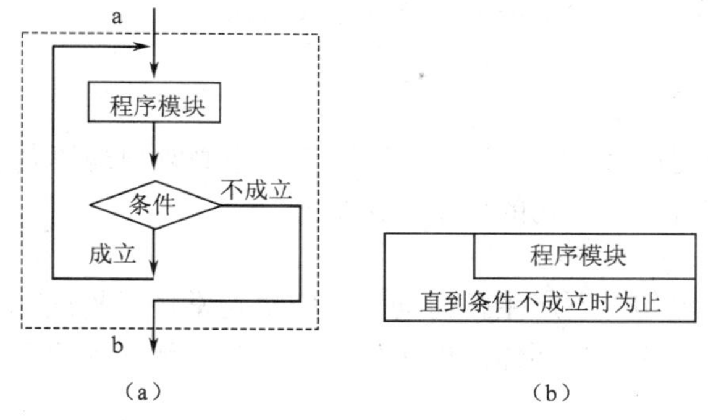

图 3.13　直到型循环结构的流程图和 N-S 图

C 语言提供了三种循环语句，即 while 循环、do-while 循环和 for 循环。

注意：无论是顺序结构、选择结构还是循环结构，它们都有一个共同的特点，即只有一个入口和一个出口。从示意的流程图可以看到，如果把基本结构看作一个整体（用虚线框表示），执行流程从 a 点进入基本结构，而从 b 点脱离基本结构。整个程序由若干个这样的基本结构组成。三种结构之间可以是平行关系，也可以相互嵌套，通过结构之间的复合形成复杂的结构。结构化程序的特点就是单入口、单出口。

3.4　顺序结构程序设计

顺序结构是 C 语言的基本结构，是最简单的一种语句。顺序结构中的语句是按书写顺序执行的。

一个 C 程序是由若干个语句组成的，每个语句以分号作为结束符。C 语言的语句可分为 5 类，分别是：控制语句、表达式语句、函数调用语句、复合语句和空语句。这 5 种语句中，除了控制语句外，其余 4 类都属于顺序执行语句。

1. 表达式语句

表达式语句是在各种表达式后加一个分号(；)形成一个表达式语句。如赋值语句由赋值表达式加一个分号构成，程序中的很多计算都是由赋值语句完成的。

例如：

```
x=x+3;
```

再如表达式 y++后加一个分号构成表达式语句：

```
y++;
```

表达式和表达式语句的区别是表达式后无分号，可以出现在其他语句中允许出现表达式的地方；而表达式语句后有分号，自己独立成一个语句，不能再出现在其他语句的表达式中。例如：

```
if((a-b)<0) min=a;
```

其中，“(a-b)<0”是表达式，“min=a;”是表达式语句。

2. 空语句

空语句直接由分号(；)组成，常用于控制语句中必须出现语句之处。它不做任何操作，只在逻辑上起到有一个语句的作用。例如：

```
;
```

空语句也是一个语句，不产生任何动作。空语句常用于构成标号语句，标识程序中相关位置；循环语句中的空循环体；模块化程序中未实现的模块及暂不链入的模块。

3. 函数调用语句

由函数调用加上分号组成。例如：

```
scanf ("%f", &r);    /* 输入实型变量 r 的值*/
printf("%f", r);     /* 输出实型变量 r 的值*/
```

实际上，函数是一段程序，这段程序可能存在于函数库中，也可能是由用户自己定义的，当调用函数时会转到该段程序执行。但函数调用以语句形式出现，它与前后语句之间的关系还是顺序执行的。

4. 复合语句

复合语句是由一对花括号{ }括起的若干个语句，语法上可以看成是一个语句。复合语句中最后一个语句的分号不能省略。例如下面是一个复合语句：

```
{  z = x;
   x = y;
   y = z;
}
```

复合语句可以出现在允许语句出现的任何地方，在选择结构和循环结构中都会看到复合语句的用途。如 if 语句中的选择体、while 语句中的循环体，当选择体、循环体需多条语句描述时，就必须采用复合语句。

复合语句不是一条具体语句，而是一种逻辑上的考虑。凡是单一语句可以存在的位置，均可以使用复合语句。复合语句用在语法上是单一语句，而相应操作需多条语句描述的情况。函数体从一般意义上讲就是一条复合语句。复合语句又称为分程序，它可以有属于自己的数据说明部分。

5. 控制语句

控制语句有条件判断语句（if、switch），循环语句（for、while、do-while），转移语句（goto、continue、break、return）。控制语句根据控制条件决定程序的执行流程，控制语句不是顺序执行的。

顺序结构是 C 语言的基本结构，除非指示转移，否则计算机自动以语句编写的顺序一句一句地执行 C 语句。

3.5 数据的输入与输出

一般的C程序总可以分成三部分：输入原始数据、进行计算处理和输出运行结果。其中，数据的输入与输出是程序的重要部分。在其他的高级语言中，一般都提供响应的输入和输出语句，但在C语言中数据的输入和输出由库函数来完成。在C语言中没有用于完成I/O操作的关键字，而是采用I/O操作函数。因此数据的I/O要调用I/O库函数。

3.5.1 C语言中数据的输入与输出

在ANSI C标准中定义了一组完整的I/O操作函数，这些函数调用时所需的一些预定义类型和常数都在头文件stdio.h中。因此，在调用I/O函数时，在程序前面应加上：

```
#include <stdio.h>
```

或

```
#include  "stdio.h"    /* 输入和输出函数*/
```

该编译预处理命令将stdio.h头文件包含到源程序文件中。如没有该命令指定，可能造成错误。其中，stdio是standard input & output的缩写，文件后缀“h”是head的缩写。

C语言I/O系统为C语言编程者提供了一个统一的接口，与具体的被访问设备无关。也就是说，在编程者和被使用设备之间提供了一层抽象的东西，这个抽象的东西就叫做“流”。具体的实际设备叫做“文件”。所有的流具有相同的行为，相当于一个缓冲区。

3.5.2 字符数据的输入与输出

C语言提供了putchar()、getchar()、getch()和getche()等函数，用于单个字符的输入和输出。gets()和puts()函数，用于字符串的输入和输出。这些函数都是以键盘、显示器等终端设备为标准输入输出设备的一批“标准输入和输出函数”。

1. 字符输出函数putchar()

putchar()函数向标准输出设备（通常是显示器）输出一个字符。

函数调用形式：

```
putchar (ch);
```

其中，ch是字符变量或字符常量。每调用putchar()一次，就向显示器输出一个字符。

例如：

```
putchar('h');
```

则在显示器上输出字符h。

【例3.3】 字符数据的输出。

```
#include <stdio.h>
main()
{ char a, b;
  a='r';
```

```
    b='e';
    putchar(a);
    putchar(b);
    putchar('d');
    putchar('\n');
}
```

运行后，在屏幕上显示：

```
red
```

2. 字符输入函数

C 语言提供了 getchar()、getch()和 getche()函数进行单个字符输入。

getchar()函数从键盘上读入一个字符，并显示该字符（称为回显）。

函数的调用形式：

```
getchar();
```

通常把输入的字符赋给一个字符变量，构成一个赋值语句。例如：

```
char a;
a= getchar();
```

注意：getchar()函数的括号中没有参数，该函数的输入一直到“回车”才结束。回车前的所有输入字符都会逐个显示在屏幕上，但只有第一个字符作为函数的返回值。

【例 3.4】 单个字符的输入和输出。

```
#include <stdio.h>
main()
{ char ch;
  ch= getchar();          /*从键盘上读入字符直到“回车”结束*/
  putchar(ch);            /*显示输入的第一个字符*/
  putchar('\n');          /*换行*/
}
```

运行时，输入 xxx<回车>，最后在屏幕上显示：

```
x
```

与 getchar()功能类似的函数还有 getch()、getche()。

getch()函数不将键盘上输入的字符回显在屏幕上，常用于密码输入或菜单选择。getche()将输入的字符回显在屏幕上。getchar()与两者的区别是：getchar()用户在键盘上输入一个字符需要按一次回车键，才能被计算机接受；使用 getch()和 getche()函数时，只能接受一次键入。

例如：

```
ch= getch();          /*输入一个字符，但不回显*/
putchar(ch);          /*输出该字符*/
```

标准字符输入函数的返回值可以赋给一个字符变量或整型变量保存，也可以直接用在表达式中。例如：

```
putchar(getch());
```

【例 3.5】 将小写字母转换成大写。

```
#include <stdio.h>
main()
{ char ch;
  ch=getch();
  putchar(ch-32);
}
```

若从键盘输入 b（注意：屏幕上不显示 b），在屏幕上显示：

```
B
```

3. 字符串输入/输出函数

字符串输入函数 gets() 用来从键盘读入一串字符。函数的调用形式：

gets(字符串变量名);

在输入字符串后，必须用回车作为输入结束。该回车符并不属于这串字符，由一个“字符串结束标志('\0')”在串的最后来代替它。此时空格不能结束字符串的输入，gets 函数返回一个指针。

字符串输出函数 puts()，将字符串数据（可以是字符串常量、字符指针或字符数组名）显示在屏幕上并换行。

函数的调用形式是：

puts(字符串数据);

【例 3.6】 字符串的输入和输出。

```
#include <stdio.h>
main()
{ char str [80] ;
  gets(str);
  puts(str);
}
```

当输入为“How are you?”，则输出为：

```
How are you?
```

3.5.3 格式的输入与输出

C 语言提供的格式输入与输出函数 scanf()和 printf()，可以按指定的格式输入和输出若干个任意类型的数据。

1. 格式输出函数

函数原型：

```
int printf(char *format[,argument,…]);
```

函数功能：按规定格式向输出设备（一般为显示器）输出数据，并返回实际输出的字符数，若出错，则返回负数。

函数的调用形式为：

```
printf("格式控制字符串",输出项表);
```

格式输出函数 printf( )函数的功能是按用户指定的格式，依次输出输出项表的各输出项。其中，格式控制字符串是用来说明输出项表中各输出项的输出格式。输出项表列出要输出的项（包括常量、变量或表达式等），各输出项之间用逗号分开。

格式控制字符串是用双引号括起来的字符串，包括格式说明字符串和非格式字符串（包括转义字符），它的作用是控制输出项的格式和输出一些提示信息。

格式说明字符串是以%开头的字符串，在%后面跟有各种格式说明字符，以说明输出数据的类型、形式、长度和小数点位数等；非格式字符串在输出时会照原样输出。如："%d"表示按十进制整型输出；"%ld"表示按十进制长整型输出；"%c"表示按字符型输出等。

若输出项表并不出现，且格式控制字符串不含格式信息，则输出的是格式控制字符串本身。输出项表如果是常量，直接输出；如是变量，输出其值；如是表达式，先计算表达式的值，再输出。

注意：格式控制字符串中格式字符串和各输出项的数量要一致，顺序和类型也要一一对应。

对应不同类型数据的输出，C 语言用不同的格式字符描述。格式说明详见表 3.1。例如：

```
printf("sum =%d\n", x);
```

若 x=300，则输出为

```
sum =300
```

格式控制字符串中“sum =”照原样输出，“%d”表示以十进制整数形式输出，“\n”表示换行。

表 3.1　printf()的格式说明

格式符	格式说明
d 或 i	以带符号的十进制整数形式输出整数（正数省略符号）
o	以八进制无符号整数形式输出整数（不输出前导 0）
x 或 X	以十六进制无符号整数形式输出整数（不输出前导符 0x）。用 x 时，以小写形式输出包含 abcdef 的十六进制数；用 X 时，以大写形式输出包含 ABCDEF 的十六进制数
u	以无符号十进制整数形式输出整数
c	以字符形式输出，输出一个字符
s	以字符串形式输出，输出字符串的字符至结尾符'\0'为止
f	以小数形式输出实数，默认输出 6 位小数
e 或 E	以标准指数形式输出实数，数字部分隐含 1 位整数，6 位小数，用 E 时，指数以大写 E 表示
g	根据给定的值和精度，自动选择 f 与 e 中较紧凑的一种格式，不输出无意义的 0

对输出格式，C 语言同样提供附加格式字符，用以对输出格式作进一步描述。在使用表 3.1 的格式控制字符时，在%和格式字符之间可以根据需要使用下面的几种附加字

符，使得输出格式的控制更加准确。附加格式说明符详见表 3.2。

这样，格式控制字符的形式为：

%〖附加格式说明符〗格式符

注意：书中语句格式描述时用空心方括号表示可选项，其余出现在格式中的非汉字字符均为定义符，应原样照写。

例如：可在%和格式字符之间加入形如“m.n”(m,n 均为整数，含义见表 3.2)的修饰。其中，m 为宽度修饰，n 为精度修饰。如%8.2f，表示用实型格式输出，附加格式说明符“8.2”表示输出宽度为 8，输出 2 位小数。

表 3.2 附加格式说明符

附加格式说明符	格式说明
l	用于长整型数据输出（%ld，%lo，%lx，%lu），以及双精度型数据输出（%lf，%le，%lg）
m	域宽，十进制整数，用以描述输出数据所占宽度。 如果 m 大于数据实际位数，输出时前面补足空格；如果 m 小于数据的实际位数，按实际位数输出。当为小数时，小数点或 e 占 1 位
n	附加域宽，十进制整数，用于指定实型数据小数部分的输出位数。 如果 n 大于小数部分的实际位数，输出时小数部分用 0 补足； 如果 n 小于小数部分的实际位数，输出时将小数部分多余的位四舍五入。如果用于字串数据，表示从字串中截取的字符数
–	输出数据左对齐，默认时为右对齐
+	输出正数时，也以“+”号开头
#	作为 o, x 的前缀时，输出结果前面加上前导符 0、0x

例如：

```
printf("a=%5d, b=%5d", a, b);
```

输出结果为：

```
a=□□□□3, b=□□□12
```
（□表示空格）

【例 3.7】 不同类型数据的输出。

```
#include <stdio.h>
main()
{ int x=28;
  unsigned y;
  long z;
  float sum;
  y=567;z=234678;sum=388.78;
  printf("Example :\n");
  printf("x=%d,%5d,%-6d,z=%ld\n",x,x,x,z);
  printf("y=%o,%x,%u \n",y,y,y);
  printf("sum=%f,%8.1f,%e \n",sum,sum,sum);
}
```

运行结果为：

```
Example :
x=28,□□□28,28□□□□,z=234678
y=1067,237,567
```

```
sum=388.779999,□□□388.8,3.88780e+02
```

注意：1）使用 printf()函数时，输出对象中可使用转义字符，完成一些特殊的输出操作。

例如：

```
printf ("\n");                /* 输出换行 */
printf ("\t");                /* 横向跳到下一制表位置 */
```

2）可以将整数作字符数据输出，输出的是以此作为 ASCII 码的字符。字符数据也可以作整数输出，输出的是字符的 ASCII 码。

例如：

```
printf ("%c, %d", 97, 'f');
```

输出结果为：

```
a,102
```

3）负数以补码的形式存储，将负数以无符号数输出时，类似于赋值的规则处理。

例如：

```
int a=-1;
printf ("a=%d, oa=%o, xa=%x, ua=%u", a, a, a, a);
```

输出结果为：

```
a=-1, oa=177777, xa=ffff, ua=65535
```

2. 格式输入函数

格式输入函数 scanf()用于按规定的格式从标准输入设备（键盘）上输入数据，并将数据存入对应的地址单元中。

函数原型：

```
int scanf(char *format[,argument,…]);
```

函数功能：按规定格式从标准输入设备（键盘）输入若干数据给 argument 所指的单元，返回读入并赋给 argument 的数据个数，出错返回 0。

函数的调用形式：

```
scanf("格式控制字符串", 输入项地址表);
```

功能：按格式控制字符串中规定的格式，在键盘上输入各输入项的数据，并依次赋给各输入项。其中的格式控制字符串与 printf()函数的基本相同，格式字符串可以包含普通字符，普通字符在数据输入时必须原样输入。但输入项以地址的形式出现，输入项是需要接受输入数据的所有变量的地址（指针）或字符串的首地址（指针），而不是变量本身，地址通过取地址运算&获取，这一点要特别注意。若有多个地址，各地址之间要用逗号分隔。

例如：

```
scanf("%d", &i);   /*从键盘输入数据，存入变量 i 代表的内存空间*/
printf("%d", i);   /*将变量 i 的值输出*/
```

注意：scanf 函数和 printf 函数使用时输入项与输出项的格式不同。

```
scanf("a=%d", &a);
```

即要在键盘上输入 a = 34，此时 34 送给变量 a，而控制字符串中 a =必须原封不动照样输入。

例如：

```
scanf("x, y=%d, %d", &x, &y);
```

即要在键盘上输入 x, y=62, 78↙，此时 62 送给变量 x，78 送给变量 y，而控制字符串中 x, y=和两个%d 之间的逗号必须原封不动照样输入。

若输入 x, y=62□78↙，则 x=62，y 的值不确定，这是因为格式串中的逗号是普通字符，要照原样输入。

注意：输入数据默认用空格键、回车键或 Tab 键分隔。若格式串中无数据分割符号，一般用空格分隔即可。

例如：

```
scanf("%d %d", &x, &y);
```

输入 62□78↙，则 x=62、y=78。

例如：

```
scanf("%d %4d", &x, &y);
```

输入 62□12347↙，则 x=62、y=1234。虽然输入的是 12347，但%4d 宽度为 4，应按格式截取输入数据前 4 位，即 1234。需要注意的是，附加格式说明符可以指定数据宽度，但不能（用.n）规定输入数据的小数位数。

例如：

```
scanf("%8.3f %d", &x, &y);
```

其中，%8.3f 是错误的。对应于不同类型的数据输入，C 语言用不同的格式字符描述，详见表 3.3。

表 3.3　scanf ()的格式说明

格　式　符	格 式 说 明
d	用于输入十进制整数
o	用于输入八进制整数
x	用于输入十六进制整数
c	用于输入字符数据
s	用于输入字符串数据
f	用于输入实数，可以用小数形式或指数形式输入
e	与 f 作用相同，e 与 f 可以相互替换

C 语言还提供附加格式字符用于输入数据格式的进一步描述，详见表 3.4。

表 3.4　scanf 附加格式说明符

附加格式说明符	格 式 说 明
l	用于输入长整型数据（%ld，%lo，%lx）及双精度型数据（%lf，%le）
h	用于输入短整型数据（%hd，%ho，%hx）
n	域宽，为一正整数，用于指明截取输入数据的位数。 只能用于整型数据输入
*	表示跳过当前输入项，即本输入项在读入后不赋给相应的变量

注意：1）输入函数中格式控制字符串中不允许使用转义字符。

2）如果数据本身可以将数据分隔时，输入数据不需用分隔符，如：

```
scanf ("%d%c%d", &a, &b, &c);
```

a 的值 35, b 的值 “b”, c 的值 78。可这样输入: 35b78，字符数据 b 能起到分隔数据 35 和 78 的作用。

3）%后的 “*” 附加格式说明符，用来表示跳过它相应的数据。

例如:

```
scanf ("%2d%*3d%2d", &a, &b);
```

如输入：1234567，a 得到值 12，b 得到值 67。

4）输入函数的返回值为输入数据的个数，需要时可以加以利用。

5）在介绍完输入函数后，读者这时还应注意到变量获取值有三种方法：定义时赋给初值，在编译时得到；在执行时利用赋值语句得到；在执行时通过输入函数得到。利用输入函数得到值更具灵活性、通用性。

6）输入数据时，表示数据结束有下列三种情况：

① 从第一个非空字符开始，遇空格、跳格（Tab 键）或回车。

② 遇宽度结束，如 “%5d”，只取 5 列。

③ 遇非法输入。

例如:

```
scanf ("%d%c%f", &a, &b, &c);
```

输入

```
78t235o.67↙
```

则 a 的值为 78, b 的值为字符 “t”, c 的值本来应为 2350.67，错打成 235o.67，由于 235 后面出现字母 o，就认为此数值结束，所以将 235 送给 c。

7）地址是由地址运算符 “&” 后跟变量名组成的。例如，&a、&b 分别表示变量 a 和变量 b 的地址。这个地址就是编译系统在内存中给 a、b 变量分配的地址。在 C 语言中，使用了地址这个概念，这是与其他语言不同的。应该把变量的值和变量的地址这两个不同的概念区别开来。变量的地址是 C 编译系统分配的，用户不必关心具体的地址是多少。变量的地址和变量值的关系如下：若变量 a 的值为 345，a 为变量名，345 是变量的值，&a 是变量 a 的地址。

【例 3.8】　数据的输入与输出。

```
#include <stdio.h>
```

```
main()
{ int a,b,c;
  printf("input a,b,c: \n");          /*屏幕提示*/
  scanf("%d%d%d",&a,&b,&c);           /*从键盘输入 3 个整数*/
  printf("a=%d,b=%d,c=%d",a,b,c);    /*按指定的格式输出读入的 3 个整数*/
}
```

运行结果为：

```
input a,b,c:
34□78□657 ↙
a=34,b=78,c=657
```

3.6 总结与提高

本章主要介绍了算法的概念、C 语言程序的基本结构和输入与输出语句。

程序的三种基本结构为顺序结构、选择结构和循环结构，这三种基本结构可以组成所有的各种复杂程序。结合输入与输出语句，重点介绍了顺序结构程序设计的方法，顺序结构中的语句是按书写顺序执行的。

现在，读者已经能编写出简单的 C 语言程序，写出的程序需要在计算机上调试并运行，直到得到正确的结果。这一节，还将简单介绍 C 程序的上机步骤和基本的调试技术。

3.6.1 典型题例

【例 3.9】 求圆的面积和周长。

输入数据: 半径 r, 类型为 float

输出数据: 面积 s, 周长 l, 类型为 float

算法分析:

1）输入半径 r。

2）计算面积 $s=\pi r^2$。

3）计算周长 $l=2\pi r$。

4）输出面积 s 和周长 l。

```
/* 求圆的面积和周长 */
#define PI 3.14159
#include "stdio.h"
main()
{ float r;
  float s, l;
  /*输入数据*/
  printf ("请输入圆的半径: ");
  scanf ("%f", &r);
  /*求面积 s、 周长 l*/
```

```
  s=PI*r*r;
  l=2*PI*r;
  /*输出面积 s、 周长 l*/
  printf ("面积=%6.3f, 周长=%6.3f \n", s, l);
}
```

输入数据：3

运行结果为：

```
面积=28.274, 周长=18.850
```

【例 3.10】 编写显示如下界面的程序：

学生管理程序

Add——追加数据	Modify——修改数据
Delete——删除数据	Print——打印数据
Sort——成绩排序	Quit——退出程序

```
/*学生管理程序界面显示*/
#include "stdio.h"
main()
{
  clrscr();
  printf ("%s\n", "                    学生管理程序");
  printf ("%s\n", "Add——追加数据              Modify——修改数据");
  printf ("%s\n", "Delete——删除数据           Print——打印数据");
  printf ("%s\n", "Sort——成绩排序             Quit——退出程序");
}
```

printf 语句也可以直接显示字符串，如：

```
printf ("                    学生管理程序\n")
```

3.6.2 C 程序的上机步骤

C 语言采用的是编译方式，C 语言有多种版本，各种版本都遵循 ANSI C 标准，但在扩充的功能方面各有差异。ANSI C 标准是所有编译器和用户程序设计须共同遵守的准则。一般说来，C 语言程序上机执行过程要经过 4 个步骤，如图 3.14 所示。

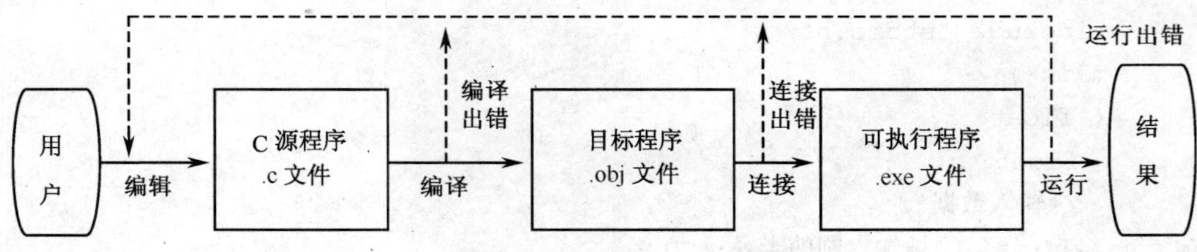

图 3.14 C 程序的上机步骤

1. 编辑源程序

编辑是用户使用文本编辑软件把编写好的源程序输入计算机，并以文本文件的形式保存为一个或多个文件，这些文件叫源文件。C 语言源文件标识为："文件名.c"，其中文件名是由用户指定的符合 C 标识符规定的任意字符组合，其扩展名（或称后缀）为 c，表示是 C 源程序。该类文件简称为.c 文件。例如：file.c、example.c 等。

2. 编译源程序

使用编译器把源文件翻译为目标文件。编译过程由 C 编译系统提供的编译程序完成。在翻译的过程中，编译器对源文件进行语法和逻辑结构检查。当发现错误时，将发现错误的类型和所在的位置显示出来，用户可根据提示信息重新返回编辑阶段，修改程序。如果未发现错误，表示编译通过，就自动形成目标代码并对目标代码进行优化后生成目标文件。目标文件的扩展名为 obj，该类文件简称.obj 文件。不同的编译系统，或者不同版本的编译程序，它们的启动命令不同，生成的目标文件也不同。

3. 程序连接

编译后产生的目标文件是不能直接运行的二进制浮动程序。程序连接过程是用系统提供的连接程序将目标程序、库函数或其他目标程序连接装配成一个可执行文件。可执行文件的扩展名为.exe，简称.exe 文件。

有的编译系统把编译和连接放在一个命令文件中，用一条命令即可完成编译和连接任务，方便了用户。

4. 程序运行

可执行文件生成后，就可以投入运行，得到程序的处理结果。如果运行结果不正确，可重新回到第一步，对程序编辑、修改、编译和运行。与编译和连接不同的是，运行程序可以脱离语言处理环境。既可以在语言开发环境下运行，也可以在操作系统环境下直接输入文件名执行该文件。

3.6.3 Turbo C 2.0 简介

C 语言有多种不同的编译器，目前在微机上常用的编译器有美国 Borland International 公司的 Turbo C 2.0（以下简称 TC 2.0）和 Borland C++（简称 BC++），Microsoft 公司的 Microsoft C 6.0/7.0（简称 MS C 6.0/7.0）及 Microsoft Visual C++（简称 VC++）等。虽然它们的基本部分都是相同的，但还是有一些差异，读者使用时应根据自己选用的 C 编译系统的特点和相关规定（可参阅相关技术手册），来正确使用。本小节简单介绍 TC 2.0 的上机过程，TC 2.0 和 VC++实验环境的详细介绍请参看本教材的配套实验教材《C 语言程序设计习题与实验指导》，其他编译器的使用请参看相关参考书。

1. Turbo C 的产生与发展

Turbo C 是美国 Borland 公司的产品，该公司相继推出了一套 Turbo 系列软件，如 Turbo BASIC, Turbo Pascal, Turbo Prolog，这些软件很受用户欢迎。该公司在 1987 年首次推出 Turbo C 1.0 产品，其中使用了全新的集成开发环境，即使用了一系列下拉式菜单，将文本编辑、程序编译、连接及程序运行一体化，大大方便了程序的开发。Turbo C 2.0 在原来集成开发环境的基础上增加了查错功能，并可以在 Tiny 模式下直接生成.com（数据、代码、堆栈处在同一文件），还可对数字协处理器进行仿真。

Borland 公司后来又推出了面向对象的程序软件包 Turbo C++，它继承发展 Turbo C 2.0 的集成开发环境，并包含了面向对象的基本思想和设计方法。

2. TC 2.0 的安装

TC 2.0 集成开发环境一般存放在两张软盘或一张光盘上，必须先安装在硬盘的某一子目录下才可使用。

TC 2.0 的安装非常简单, 只要将 1 号盘插入 A 驱动器中, 在 DOS 的“A>”下键入:

```
A>INSTALL
```

此时屏幕上显示三种选择:

1）在硬盘上创造一个新目录来安装整个 Turbo C 2.0 系统。

2）对 Turbo C 1.5 更新版本。

这样的安装将保留原来对选择项、颜色和编辑功能键的设置。

3）为只有两个软盘而无硬盘的系统安装 Turbo C 2.0。

这里假定按第一种选择进行安装, 只要在安装过程中按对盘号的提示, 顺序插入各个软盘, 就可以顺利地进行安装, 安装完毕将在 C 盘根目录下建立一个 TC 子目录, TC 下还建立了两个子目录 LIB 和 INCLUDE, LIB 子目录中存放库文件, INCLUDE 子目录中存放所有头文件。

在 DOS 环境下运行 TC 2.0 时, 只要在 TC 子目录下键入 TC,并回车即可进入 Turbo C 2.0 集成开发环境。

若在 Windows 环境下，执行“开始”→“程序” →“MS-DOS 方式”命令，即可进入 DOS 环境。然后，在 TC 子目录下键入 TC，并回车即可进入 Turbo C 2.0 集成开发环境。

在 Windows 下，还可以通过从 TC 子文件夹单击 TC 图标，直接进入 TC 主屏幕。

3. TC 2.0 集成开发环境

图 3.15 是 TC 2.0 集成开发环境的主界面。其中顶上一行为 TC 2.0 主菜单，中间窗口为编辑区，接下来是信息窗口，最底下一行为参考行。这 4 个窗口构成了 TC 2.0 的主屏幕，以后的编辑、编译、调试及运行都将在这个主屏幕中进行。关于 TC 2.0 集成开发环境的详细内容请参看附录Ⅴ和附录Ⅵ。

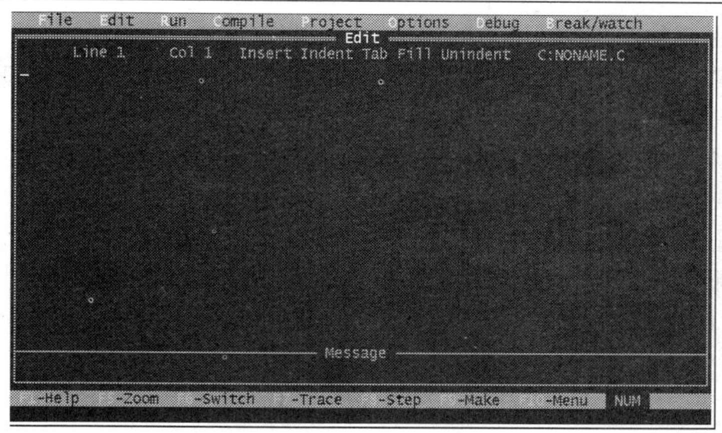

图 3.15 TC 2.0 集成开发环境的主界面

TC 2.0 操作界面简单、清晰，易学易用，具有功能完备的交互式全屏幕文本编辑器，通过操作键盘上四个←、→、↑、↓按键，使光标移动，同时还可利用其他键，可方便地录入、删除、修改文字、编辑源文件，并可由编辑状态直接调用编译器和连接器对源文件进行处理，形成相应的.obj 和.exe 文件，还可以用主菜单 Run 下的 Run 子菜单项，自动对当前程序进行编译和连接，生成.exe 文件后自动运行程序，屏幕的消息窗口可提示出错信息，所以，TC 2.0 集成开发环境很受用户欢迎。

3.6.4 C 程序的基本调试技术

编写好的 C 语言程序通过编辑器输入集成环境，然后就可以调试运行了。在编辑和调试过程中，如果发现了错误，可以利用 Turbo C 的联机帮助功能和参考编译错误信息的提示（可参看附录Ⅴ、Ⅵ），对程序进行修改和调试。

错误信息有两种，一种是 Error，表示这是一个严重错误，非改不可。另一种是 Warning，即警告信息，表示源程序在这里有可能是错误的，也有可能没有错误。一般来说，如果只出现警告信息，还是可以继续连接、运行的。因此，有些程序员经常忽视这些编译警告，继续连接、运行，直到出现了某种运行错误后才回过头来检查这些警告信息，这是非常不好的工作习惯。因为运行错误比编译错误更难于检查和修改，严重的运行错误还会引起“死机”现象。所以，当出现编译警告时最好还是仔细检查一下，及早消除引起警告的原因。

程序的基本调试手段有以下几种：标准数据检验、程序跟踪、边界检查和简化循环次数等。

标准数据检验：在程序编译、连接通过后，就进入了运行调试阶段。运行调试的第一步就是用若干组已知结果的标准数据对程序进行检验。标准数据一定要具有代表性，比较简洁，容易对结果的正确性进行分析，特别注意检验临界数据。

程序跟踪是最重要的调试手段，程序跟踪就是让程序一句一句地执行，通过观察和分析程序执行过程中数据和程序执行流程的变化来查找错误。Turbo C 的程序跟踪有两种方法，一种是直接利用集成环境的分步执行、断点设置、变量内容显示等功能对程序进行跟踪，可参看附录V；另一种是用传统的方法，通过在程序中直接设置断点，打印重要变量内容等来掌握程序运行情况。

边界检查是在设计检验数据时，要重点检查边界和特殊情况，对于分支程序，每一条路径都要通过检验。

简化是通过对程序进行某种简化来加快调试的速度，如减少循环次数、缩小数组规模，用注释屏蔽某些次要程序段等。

通过使用上述方法，将提高调试的效率，可以尽早找出程序中的错误。

习　题　3

3.1　什么是算法？算法的基本特征是什么？

3.2　请编写一个加法和乘法计算器程序。

3.3　请为朋友制作一个贺年卡，并将它显示在屏幕上。

3.4　编写程序，输入三角形的 3 个边长 a、b、c，求三角形的面积 area，并画出算法的流程图和 N-S 结构图。公式为

$$\text{area} = \sqrt{S(S-a)(S-b)(S-c)}$$

其中，S＝(a+b+c)/2。

3.5　编写程序，输入四个数，并求它们的平均值。

3.6　从键盘上输入一个整数，分别输出它的个位数、十位数和百位数。

3.7　从键盘上输入一个大写字母，并将大写字母转换成小写字母并输出。

3.8　在计算机上运行本章各例题，熟悉 TC 2.0 集成开发环境的使用方法。

3.9　编写程序，求某门课程全班的平均分，并用流程图表示该算法。

第 4 章　选择分支结构程序设计

在编程过程中，程序的书写永远是顺序的，但在解决实际问题中，仅靠程序的顺序结构是难以完成的。许多时候需要根据给定的条件来决定做什么，即必须对顺序书写的语句进行有选择的执行。例如：如果天气好就出去郊游，否则就在家看书。显然，天气好不好是一种条件，首先要判断天气，其次根据天气的不同选择不同的动作，这就是典型的“选择结构”。其实质就是根据所给定的条件是否满足，确定哪些程序段被执行，哪些程序段不被执行。在 C 语言中提供两种控制语句来实现选择结构，一种是实现二路分支的 if 语句，另一种是实现多路分支的 switch 语句。本章将具体介绍有关选择分支结构程序设计的内容。

4.1　关 系 运 算

选择结构就是从给定的操作中选择满足条件的一组，即选择条件为真的一组。这里的条件一般是由关系表达式或者逻辑表达式构成，其结果都是一个逻辑值：真或假。在 C 语言中没有提供逻辑型的数据，而是用整型数据“1”表示“真”，用“0”表示“假”。

关系运算简单说就是比较运算：将两个操作对象进行比较，判断其比较的结果是否符合给定的条件。

4.1.1　关系运算符

关系运算是用来比较关系运算符左右两边的表达式，若比较结果符合给定的条件，则结果是 1（代表真），否则结果是 0（代表假）。C 语言提供了 6 种关系运算符供设计程序时使用，它们分别是：

>	大于
>=	大于等于
<	小于
<=	小于等于
==	等于
!=	不等于

关系运算符都是双目运算符，即要求有两个运算对象，结合方向是自左至右。其中，前四种优先关系相同，后两种相同，但前四种高于后两种。

4.1.2　关系表达式

用关系运算符将两个任意类型的表达式连接起来的式子，称为关系表达式。它的结果是逻辑值“0”或“1”。

1）当两个运算对象之间满足给定的关系时，则表达式取真值“1”，否则，取假值“0”。

例如：有语句

```
int a=12,b=14;
```

则表达式 a<b 的运算结果为真值“1”，a= =b 的结果为假值“0”。

2）两个运算对象可以是算术表达式。如果是字符数据时，按其 ASCII 码值进行比较。

例如：'a' >'b'的运算结果为假值“0”。

3）关系表达式的值可以作为整数值参与运算。

例如：有语句

```
int a=10,b=9,c=1,f;
f=a>b>c;
```

则

```
f=0
```

其中，关系运算符“>”的优先级高于赋值运算符“=”，而关系运算符是自左至右的结合方向，所以先执行“a>b”，结果为 1，再执行“1>c”，结果为 0，最后将 0 值赋给 f。

4）与数学表达式的区别。

例如：

```
-5<x<2
```

其数学解释为 x 的取值范围在（-5，2）之间的开区间内。而 C 语言解释为先计算-5<x 的值，再用此关系运算的结果（0 或 1）和数值 2 进行比较。

5）“=”与“= =”的区别

“=”为赋值运算符，例如：x=8，含义是把数值 8 赋值给变量 x，整个表达式的逻辑结果值为真值“1”；而 x= =8，含义为用 x 当前的值与数值 8 进行大小比较，如果相等，结果为 1，否则结果为 0。

4.2 逻辑运算

正如前面提到的数学表达式“-5<x<2”，在 C 语言中如何实现这种意义的表达式呢？这就需要引入逻辑运算符。

4.2.1 逻辑运算符

C 语言提供三种逻辑运算符，它们分别是：

```
&&          逻辑与
||          逻辑或
!           逻辑非
```

前两种都是双目运算符，结合方向是自左至右，且&&的优先级高于|| 。后一种是单目运算符，结合方向是自右至左。由于单目运算符的优先级高于双目运算符，因而它的优先级高于前两种。

三种逻辑运算符的意义分别为：

1）a&&b：若 a 和 b 两个运算对象同时为真，则结果为真，否则只要有一个为假，结果就为假。例如：

```
15>13&&14>12
```

由于 15>13 为真，14>12 也为真，逻辑与的结果为真值“1”。

2）a‖b：若 a 和 b 两个运算对象同时为假，则结果为假，否则只要有一个为真，结果就为真。例如：

```
15<10||15<118
```

由于 15<10 为假，15<118 为真，逻辑或的结果为真值“1”。

3）! a：若 a 为真时，结果为假；反之若 a 为假，结果为真。例如：!(15>10)的结果为假值“0”。

表 4.1 为三种逻辑运算符的真值表。

表 4.1 逻辑运算符真值表

a	b	a&&b	a||b	!a
真	真	真	真	假
真	假	假	真	假
假	真	假	真	真
假	假	假	假	真

4.2.2 逻辑表达式

在C语言中，逻辑运算结果仅有两种，逻辑真、逻辑假，分别用数值“1”代表逻辑真，用数值“0”代表逻辑假，因此逻辑运算的结果不是 0 就是 1，不可能是其他数值。然而作为参加逻辑运算的运算对象（操作数）可以是 0（“假”），或任何非 0 的数值（按“真”对待），因此判断逻辑运算对象的逻辑值是真还是假时，是以“0”作为“假”，以“非 0”作为“真”。

例如：

```
15&&13，15||10
```

由于 15 和 13 均为“非 0”值，即运算对象作为“真”，因此 15&&13 的逻辑结果值为真，即为 1。15‖10 的逻辑结果值也为真，即为 1。

在逻辑表达式的求解中，并不是所有的逻辑运算符都要被执行，只有在必须执行下一个逻辑运算符才能求出表达式的解时，才执行该运算符。

例如：

```
int x=-1;
```

执行++x||++x||++x 后，x 的值是多少？

分析：根据逻辑“‖”自左至右的结合性，先计算第一个“‖”左边的运算对象++x，得到结果为 0。对于“‖”运算符来说还不能确定这个表达式的值，必须再计算右边的++x，得到结果为 1。此时第一个“‖”结合的表达式的值就为 1，这样无论第二个“‖”运算符后面的运算对象值为多少，整个表达式的值已经确定为 1。所以不需再计算第三个++x

了，因而 x 的值为 1。

又如：

```
int x=-1;
```

执行`++x&&++x&&++x`后，x 的值是多少？

分析：根据逻辑&&自左至右的结合性，先计算第一个&&左边的操作对象++x，得到结果为 0。这样无论第一个&&右边的++x 的值是多少，而++x&&++x 的值已经确定为 0。此时，遇到第二个&&运算符，同理不论它后面的表达式值是多少，整个表达式的结果已经确定为 0。假如：int x=−1；执行++x&&++x||++x 后，x=1，请读者自行分析。

【例 4.1】 设有 int a=10,b=20,c=30；执行 a=--b<=a||a+b!=c 后，a 和 b 的值是多少？

分析：表达式中有赋值运算符（=），算术运算符（--，+），关系运算符（<=，!=），逻辑运算符（||）。那么根据运算符的优先级和结合方向，首先计算--b，结果为 19，然后计算--b<=a，即 19<=10，结果为 0。继续计算||后面的值，先计算 a+b，结果为 29，再计算 a+b!=c，即 29!=30，结果为 1。此时再计算||，即 0||1，结果为 1，并把这个值赋给 a，所以，最后结果 a=1，b=19。

4.3 二路分支——if 语句

程序中的选择结构，如同人们口语中常说的“如果……就……否则……”，在 C 语言中使用 if-else 语句，它根据给定的条件进行判断，以决定执行某一个分支程序段。C 语言的 if 语句有三种基本形式。

4.3.1 if 语句的一般形式

1. 简单 if 语句

if （表达式） 语句 1;

其语义是先计算表达式的值，若为“真”，则执行语句 1，否则跳过语句 1 执行 if 语句的下一条语句，其过程如图 4.1 所示。

【例 4.2】 阅读下面的程序，理解简单 if 语句并分析其功能。

源程序：

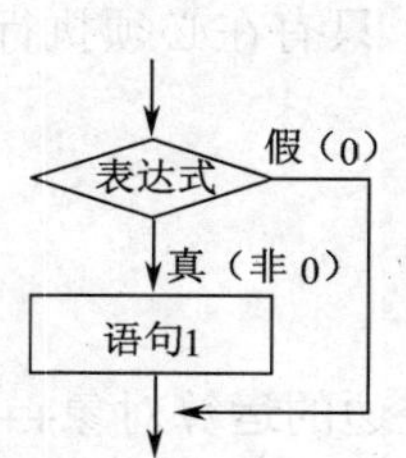

图 4.1 if 语句流程图

```
#include<stdio.h>
main()
{ int a,b,max;
  printf("\n 请输入两个整数（a,b）:");
  scanf("%d,%d",&a,&b);
  max=a;
  if(b>max)
     max=b;
  printf("max=%d",max);
}
```

分析：此程序首先从键盘输入两个数分别赋予 a,b，然后把 a 的值赋予变量 max，再用 if 语句判断 b 和 max 的大小，如果 b 的值大于 max 的值，则把 b 的值赋予 max，否则直接跳过。因此 max 中总是保存两数中的大数，最后输出 max 的值。故此程序的功能是输出两数中的最大数。

此题还可以延伸到求解 3 个或 3 个以上的数中的最大值，思路仍然是先取一个数预赋为最大数（max），然后再用 max 依次和其余的数中逐个比较，如果发现有比 max 大的值，就用它给 max 重新赋值，比较完所有的数后，max 中的数就是最大值。

【例 4.3】 输入三个整数 x、y、z，请把这三个数由小到大输出。

算法分析：

1）先将 x 与 y 比较，把小者放 x 中，大者放 y 中。

2）再将 x 与 z 比较，把小者放 x 中，大者放 z 中，此时 x 已是三者中最小的。

3）最后将 y 与 z 比较，大者放 z 中，小者放 y 中，此时 x、y、z 已按从小到大的顺序排列好。

源程序：

```
#include<stdio.h>
main()
{ int x,y,z,t;
  printf("\n 请输入三个整数 (x,y,z): ");
  scanf("%d,%d,%d",&x,&y,&z);
  /*保证 x 中存最小数*/
  if (x>y)              /*交换 x,y 的值*/
  {  t=x;
     x=y;
     y=t;
  }
  if(x>z)               /*交换 x,z 的值*/
  {   t=z;
      z=x;
      x=t;
  }
  /*保证 y 中存次小数*/
  if(y>z)              /*交换 y,z 的值*/
  {   t=y;
      y=z;
      z=t;
  }
  printf("该三个数由小到大的顺序为: %d,%d,%d\n",x,y,z);
}
```

注意：如果要想在满足条件时执行一组（多个）语句时，则必须把这一组语句用花括号{ }括起来构成一个复合语句。

该题中还提供了对两数进行交换的一种方法，即引入一个中间变量 t，实现 x 和 y

两数的交换。

```
t=x;    /*t 来保存 x 的初值*/
x=y;    /*x 被赋 y 的值*/
y=t;    /*y 被赋 t 的值，即被改变前的 x 的初值*/
```

请读者思考：如果要求不另外开辟这一个辅助空间，即不引入中间变量 t，如何实现两数交换？

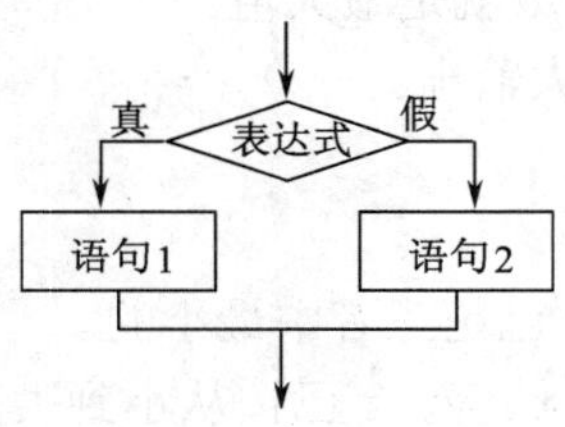

图 4.2　if-else 语句流程图

2. if-else 语句

if-else 语句的形式：

```
if (表达式）语句 1;
else   语句 2;
```

其语义是：如果表达式的值为真，则执行语句 1，并跳过语句 2，继续执行 if 语句的下一条语句；若表达式的值为假，执行语句 2，然后继续执行 if 语句的下一条语句。

其执行过程如图 4.2 所示。

【例 4.4】　判断给定的某一年是否是闰年。

分析：如果某年能被 4 整除而不能被 100 整除，或者能被 400 整除，那么该年就是闰年，否则就是平年。其中，如果 x 能被 y 整除，则余数为 0，即如果 x%y 的结果为 0，则 x 能被 y 整除；将是否是闰年的标志 leap 预置为 0（表示平年，既非闰年），这样仅当 year 年为闰年时，将 leap 置为 1 即可。这种处理两种状态值的方法，对优化算法和提高程序可读性都非常有效，请读者仔细体会。

源程序：

```
#include<stdio.h>
main()
{ int year,leap=0;
  printf("\n 请输入年份（yyyy）:");
  scanf("%d",&year);
  /*判断该年是否是闰年*/
  if(year%4==0&&year%100!=0||year%400==0) leap=1;
  if(leap)               /*leap=1，即该年是闰年*/
     printf("%d 年是闰年.\n",year);
  else                   /*leap=0，即该年是平年*/
     printf("%d 年是平年.\n",year);
}
```

【例 4.5】　制作简单的猜数字游戏。程序运行时自动产生 1～5 之间的随机数，接着等待键盘输入猜的数字。如果猜对了，显示“猜对了”相关信息；否则，如果猜错了，则显示“猜错了”相关信息。

分析：

1）随机数产生：C 语言提供 srand()函数，配合 rand()函数可产生介于 0～32767 之间的随机数（srand()、rand()函数均包含在 stdlib.h 中，time()函数包含在 time.h 中）。

```
srand((unsigned)time(NULL));  /*以做随机数产生器的种子*/
guess=rand();                 /*以上面得到的种子产生 0~32767 的整数*/
```

2）1～5 之间的随机数：首先用 rand()函数产生的随机数对 5 求余（rand()%5），产生 0～4 之间的整数，然后再加 1，即 rand()%5+1 就产生 1～5 之间的整数。

3）判断程序结构为二路选择结构。

源程序：

```
#include <stdio.h>
#include <stdlib.h>
#include <time.h>
 main()
{   int data, guess;
    srand((unsigned)time(NULL));
    data=rand()%5+1;
    printf("请输入要猜的数字(限 1-5 ): ");
    scanf("%d", &guess);
    if (guess==data)
      printf("猜对了!~_~, 正确数字为 %d !\n", data);
    else
      printf("猜错了!0_0, 正确数字为 %d !\n", data);
}
```

【例 4.6】 一个 5 位数，判断它是不是回文数，例如 65456 是个回文数，即该数的个位与万位相同，十位与千位相同。

分析：

1）题目要求是一个 5 位数，由于 5 位数超过了 int 类型的范围（Turbo C 下 int 占两个字节），所以应该用 long int 类型，那么在输入时一定要用对应的“%ld”格式。

2）判断输入的数是否为 5 位数，即是否在（10000～100000）之间。

3）分解出该数的每一位数（万位、千位、十位和个位），然后按要求进行判断，即个位与万位相同，十位与千位相同。

源程序：

```
#include <stdio.h>
main()
{ long x;
  int ge,shi,qian,wan;
  printf("\n 请输入一个 5 位数:");
  scanf("%ld",&x);
  if(x>=10000&&x<100000)
    {   wan=x/10000;                /* 分解出万位 */
        qian=x%10000/1000;          /* 分解出千位 */
        shi=x%100/10;               /* 分解出十位 */
```

```
        ge=x%10;                    /* 分解出个位 */
    if(ge==wan&&shi==qian)     /*个位等于万位并且十位等于千位 */
        printf("该数是回文数！\n");
    else   printf("该数不是回文数！\n");
  }
  else
    {  printf("抱歉，该数不是一个 5 位数！\n");
       exit(1);
    }
  }
```

说明：

函数原型：

void exit（程序状态值）;

功能：结束程序运行，返回操作系统，并将“程序状态值”返回给操作系统。当程序状态值为 0 时，表示程序正常退出；为非 0 值时，表示程序出错退出。

【例 4.7】 输入一个三角形的三边长 A，B，C，然后判断此三角形是否为直角三角形。

分析：

1）满足三角形边长的基本条件为：边长不能为负数；且两边之和必须大于第三边；

2）直角三角形的三边长应满足 $A^2+B^2=C^2$ 或 $A^2+C^2=B^2$ 或 $B^2+C^2=A^2$ 其中之一。

3）C 语言提供 pow(a,b)函数可返回 a^b 的值，该函数包含在头文件 math.h 中。

源程序：

```
#include <stdio.h>
#include <math.h>
main()
{  int A, B, C;
   printf("请输入三角形的三边长（A，B，C）：");
   scanf("%d,%d,%d", &A,&B,&C);
   if(A<0||B<0||C<0)
   {  printf("抱歉，边长不能为负数！");
      exit(1);               /*出错退出*/
   }
   if(A+B<=C||A+C<=B||B+C<=A)
   {  printf("抱歉，三角形任意两边之和应大于第三边！");
      exit(1);
   }
   if ( (pow(A,2)+pow(B,2))==pow(C,2) ||
        (pow(A,2)+pow(C,2))==pow(B,2) ||
        (pow(B,2)+pow(C,2))==pow(A,2) )
        printf("是直角三角形!\n");
```

```
        else   printf("不是直角三角形!\n");
    }
```

3. if-else-if 形式

前两种形式的 if 语句一般都用于二路分支的情况。当有多个分支选择时，可采用 if- else-if 语句，其一般形式为：

```
if(表达式 1)  语句 1;
else  if(表达式 2)  语句 2;
else  if(表达式 3)  语句 3;
    …
else  if(表达式 n-1)  语句 n-1;
else  语句 n;
```

其语义是：依次判断表达式 1 至 n-1 的值，当表达式中某个值为逻辑真时，则执行其相应的语句，然后跳到整个 if 语句之外继续执行程序。如果所有的表达式均为假，则执行语句 n，然后继续执行后续程序。if-else-if 语句的执行过程如图 4.3 所示。

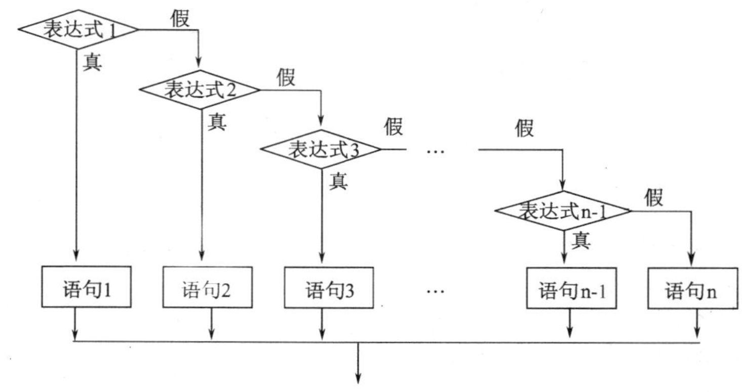

图 4.3　if-else-if 语句的执行过程

【例 4.8】　编写程序，要求判别键盘输入字符的类别。

分析：根据输入字符的 ASCII 码来判别类型。由附录 I 中的 ASCII 码表可知 ASCII 码值小于 32 的为控制字符；在'0'（48）和'9'（57）之间的字符为数字；在'A'（65）和'Z'（90）之间的字符为大写字母；在'a'（97）和'z'（122）之间的字符为小写字母；其余归为其他字符。这是一个多分支选择的问题，用 if-else-if 语句编程，判断输入字符 ASCII 码所在的范围，分别给出不同的输出。例如，输入为'A'，输出显示它为大写字母。具体的流程图如图 4.4 所示。

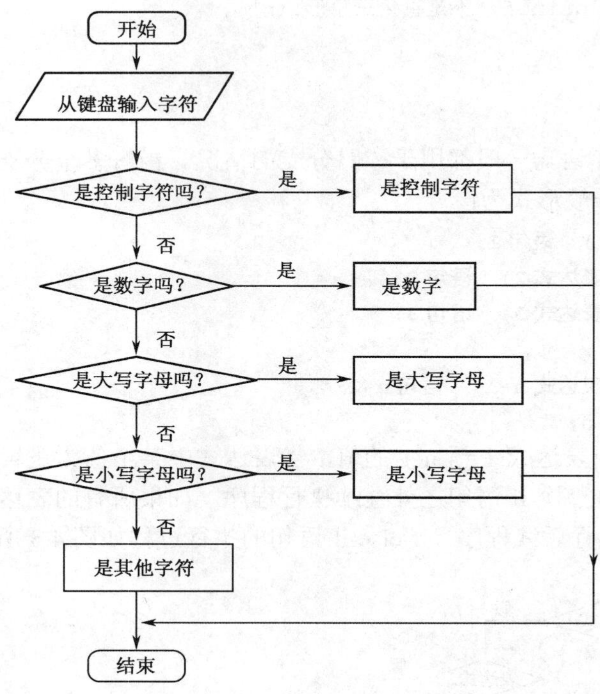

图 4.4　例 4.8 的流程图

源程序：

```
#include <stdio.h>
main()
{ char c;
  printf("\n请输入一个字符:\n");
  c=getchar();
  if(c<32)
     printf("这是一个控制字符！\n");
  else if(c>='0'&&c<='9')
     printf("这是一个数字!\n");
  else if(c>='A'&&c<='Z')
     printf("这是一个大写字母！\n");
  else if(c>='a'&&c<='z')
     printf("这是一个小写字母！\n");
  else  printf("这是其他字符！\n");
}
```

当然，该题中条件判断的地方也可以直接使用 ASCII 码值进行判断。例如：if(c>='0'&&c<='9')　可换为 if(c>=48&&c<=57)，只是使用前者程序的可读性更强。

【例 4.9】　给一个不多于 5 位的正整数，求出它的位数并按逆序打印出各位数字。

源程序：

```
#include  "stdio.h"
main()
{ long x;
  int wan,qian,bai,shi,ge;
  printf("请输入一个不多于5位的正整数：");
  scanf("%ld",&x);
  if(x>100000)
  {  printf("\n抱歉，该数已超过5位数！");
     exit(1);
  }
  else if(x<0)
  {  printf("\n抱歉，该数不是正整数！");
     exit(1);
  }
  else
  { wan=x/10000;            /*分解出万位*/
    qian=x%10000/1000;      /*分解出千位*/
    bai=x%1000/100;         /*分解出百位*/
    shi=x%100/10;           /*分解出十位*/
    ge=x%10;                /*分解出个位*/
    if (wan!=0)
       printf("该数有5位,个位:%d,十位:%d,百位:%d,千位: %d万位:%d\n",
              ge,shi,bai,qian,wan);
    else if (qian!=0)
       printf("该数有4位,个位:%d,十位:%d,百位:%d,千位:%d \n", ge, shi,
              bai,qian);
    else if (bai!=0)
       printf("该数有3位,个位:%d,十位:%d,百位:%d\n",ge,shi,bai);
    else if (shi!=0)
       printf("该数有2位,个位:%d,十位:%d\n",ge,shi);
    else if (ge!=0)
       printf("该数有1位,个位:%ld\n",ge);
    else
       printf("该数为0.");
  }
}
```

说明：

1）三种形式的if语句中，在if关键字之后均为表达式，表达式必须用“()”括起来。该表达式通常是逻辑表达式或关系表达式，但也可以是其他任意类型的表达式，如赋值表达式等，甚至也可以是一个任意类型的变量或数值，而这里关心的只是它们的逻辑结果值。例如：

```
if(x=5) 语句;
if(5) 语句;
```

都是允许的。

在 if(x=5)…；中赋值表达式 x=5 的结果永远为逻辑真值，所以其后的语句总是要执行的，当然这种情况在程序中不一定会出现，但在语法上是合法的。例如有程序段：

```
if(x=y)  printf("%d",x);
else     printf("x=0");
```

本语句的语义是，把 y 的值赋予 x，如果 y 的值为非 0，则整个表达式的结果为逻辑真值，即执行 if 对应的语句，输出 x 的值；否则，如果 y 的值为 0，则整个表达式的结果为逻辑假值，即执行 else 对应的语句，输出“x=0”字符串。这种用法在程序中是经常出现的。在这里一定注意：if(x=5) 与 if(x= =5) 的差别。

2）在 if 语句中，判断条件表达式必须用“( )”括起来。

3）在 if 语句的三种形式中，所有的语句应为单条语句，如果要想在满足条件时执行一组（多个）语句，则必须把这一组语句用{ }括起来构成一条复合语句。

例如：

```
if(x>y)
{ x++;
  y++;
}
else
{ x--;
  y--;
}
```

4.3.2 if 语句的嵌套

当 if 语句中的执行语句又是 if 语句时，则构成了 if 语句嵌套的情形。其一般形式可表示如下：

```
if(表达式)
  if 语句;
```

或者为

```
if(表达式)  if 语句;
else        if 语句;
```

这里的 if 语句可以是上面讲述的三种形式中的任意一种。

在嵌套内的 if 语句可能又是 if-else 型的，这将会出现多个 if 和多个 else 重叠的情况，这时要特别注意 if 和 else 的配对问题。

例如：

```
if(表达式1)
  if(表达式2)      语句1;
  else             语句2;
```

其中的 else 究竟是与哪一个 if 配对呢？为了避免二义性，C 语言规定，else 总是与在它上面、距它最近、且尚未匹配的 if 配对。为明确匹配关系，避免匹配错误，强烈建议：将内嵌的 if 语句，一律用花括号括起来。

【例 4.10】 阅读下面的程序，注意 else 的配对问题并分析其执行结果。

```
#include <stdio.h>
main()
{ int x=2,y=-1,z=2;
  if(x<y)
      if(y>0)
         z=0;
      else  z+=1;
  printf("z=%d\n",z);
}
```

分析：程序段中的 else 应和哪个 if 配对？显然，根据刚讲过的规定，else 应和第二个 if 匹配，也就是这两条语句为一个整体。把握了这一点，问题就迎刃而解了。判断第一个 if 的条件，x<y 即 2<-1，显然为假，不执行它相应的语句即第二个 if 语句，同时，else 又和这个 if 匹配成对，所以，此时的程序就直接跳到 printf 语句了。

运行结果：

```
z=2
```

如果将此题改为：

```
#include <stdio.h>
main()
{ int x=2,y=-1,z=2;
  if(x<y)
  { if(y>0)
       z=0;
  }
  else  z+=1;
  printf("z=%d\n",z);
}
```

则运行结果为：

```
z=3
```

结果请读者自己分析。

【例 4.11】 有一个函数如下：

$$y=\begin{cases} x+1 & (x<10) \\ x^2 & (10\leqslant x<20) \\ 6x+9 & (x\geqslant 20) \end{cases}$$

编写一个程序，输入任意 x 值，输出对应的 y 值。

分析：编写此程序，首先应确定采用什么结构去实现。很显然，可以考虑选择分支结构，既 if 语句来实现。其次，要注意的是，这里给出的函数形式都是数学表达式的形式，那么要清楚它与 C 语言的表达式有哪些区别。

1）x^2 在 C 语言中没有这样的形式，可以用 x*x 来实现，也可以通过调用函数实现，即调用系统函数 pow(x,y);来实现 x^y，但要注意调用系统函数，一定要在程序前面加上该函数所在的库，即#include<math.h>。

2）10≤x＜20，在 C 语言中要表示这种关系，必须使用逻辑运算符；其次，“10≤x”在 C 语言中的形式为“10＜=x”或“x＞=10”，所以用 C 实现数学表达式 10≤x＜20 的正确形式应为:x＞=10&&x＜20 或者 10<=x&&x<20。

3）6x+9，C 语言规定，乘法关系中乘号*不能省略，必须写成 6*x+9。

源程序：

```
#include <stdio.h>
main()
{ float x,y;
  printf("\n 请输入 x:");
  scanf("%f",&x);
  if(x<10)                  y=x+1;
  else  if(x>=10&&x<20)     y=x*x;
        else  if(x>=20)     y=6*x+9;
  printf("y=%f\n",y);
}
```

其实，此段程序可进一步简化，在第一个 else 对应的 if 语句里，实质上已经隐含了 x＜10 的否定条件，即 x＞=10 了。所以，这里可以不用再加此条件。同样，第二个 else 对应的 if 语句里也已经包含了 x＞=20 的条件了，因此，也无需再声明了。

改进后的源程序如下：

```
#include <stdio.h>
#include <math.h>
main()
{ float x,y;
  printf("\n 请输入 x:");
  scanf("%f",&x);
  if(x<10)             y=x+1;
  else  if(x<20)       y=pow(x,2);
        else           y=6*x+9;
  printf("y=%f\n",y);
}
```

4.4 条件运算符与表达式

如果在 if 语句中，只执行单个的赋值语句给同一个变量赋值时，常可使用条件运算符构成的表达式来实现。这样不但使程序简洁，也提高了运行效率。它的一般格式为：

表达式 1？表达式 2：表达式 3

其语义是：首先计算表达式 1，如果表达式 1 的值为真，则求解表达式 2，以表达式 2 的值作为整个条件表达式的值；如果表达式 1 的值为假，则求解表达式 3，以表达式 3 的值作为整个条件表达式的值。

它是 C 语言中唯一一个三目运算符，即有三个参与运算的量，它的结合方向为自右至左。

例如：

```
int m1=5,m2=3;
m1>m2?(m1=1):(m2=1);
```

按照条件运算符的求解规则，先求表达式 1：m1＞m2，结果为真，所以求解表达式 2，m1 被重新赋值为 1，m2 不发生变化仍为 3。

【例 4.12】 阅读下面的程序，理解条件运算符的执行过程并分析其运行结果。

```
#include <stdio.h>
main()
{ int x=1,y=2,z;
  z=x>y?++x:y++;
  printf("x=%d,y=%d,z=%d",x,y,z);
}
```

运行结果：

```
x=1,y=3,z=2
```

请读者自己分析。

【例 4.13】 要求输入一个字符，如果这个字符是小写字母，将这个字符转换成大写字母，否则保持字符不变。

```
#include  <stdio.h>
main()
{ char ch;
  ch=getchar();
  ch=ch>='a'&&ch<='z'?ch-32:ch;
  putchar(ch);
}
```

【例 4.14】 由键盘输入的年龄判定应购买哪种电影票。

① 年龄>=60：优惠票

② 年龄 0～12：儿童票

③ 其他年龄：普通票

```
#include <stdio.h>
main()
{  int age;
```

```
    printf("--购买电影票--\n");
    printf("请输入您的年龄: ");
    scanf("%d", &age);
    printf("您要购买的是%s!^_^\n",
            age>=60?"优惠票":(0<=age && age<=12 ? "儿童票":"普通票"));
}
```

条件运算符是三目运算符，因此，它的优先级特别低，仅仅比赋值运算符和逗号运算符高，而比其他运算符都低。

到目前为止，已经学习了 30 多种运算符了，掌握它们的优先关系特别重要。下面做简单的总结，详见附录。

1）单目运算符都是同优先级的，结合方向为自右至左，并且优先级比双目运算符和三目运算符都高。

2）三目运算符的优先级比双目运算符要低，但比赋值运算符和逗号运算符高。

3）逗号运算符的优先级最低，其次是赋值运算符。

4）只有单目运算符、赋值运算符和三目运算符（条件运算符）具有右结合性，其他运算符都是左结合性。

5）双目运算符中，算术运算符的优先级最高，逻辑运算符最低。

4.5 多路分支——switch 语句

在 4.3 节中提到使用 if 语句的嵌套也可以实现多路分支，但是如果分支太多，即嵌套的 if 语句层数过多，则程序冗长且可读性较低。C 语言提供了更简练的语句——switch 开关语句。

4.5.1 switch 语句的一般形式

switch 语句的一般形式为：

```
switch(表达式)
{  case 常量 1: 语句 1
   case 常量 2: 语句 2
   …
   case 常量 n: 语句 n
   default:语句 n+1
}
```

其语义是：首先计算 switch 后圆括号内表达式的值，然后用该值逐个与 case 后面的常量值相比较。当与某个 case 后的常量值相等时，则执行该 case 后的语句，接着就不再进行比较，依次顺序执行后面所有 case 后的语句。如果圆括号内表达式的值与所有 case 后的常量值均不相等时，如果存在 default 则执行其后的语句序列，否则什么也不做。

【例 4.15】 阅读下面的程序，理解 switch 语句的执行过程。

```
#include  <stdio.h>
```

```
main()
{ int j=10;
  switch(j)
  { case  9:j+=1;
    case 10:j+=2;
    case 11:j+=3;
    default:j+=4;
  }
  printf("j=%d\n",j);
}
```

分析：首先得到 j=10，所以用 10 和 case 后的常量比较发现相同的便执行其后的语句 j+=2，然后不再进行比较，依次顺序执行后面所有 case 后的语句 j+=3，j+=4，所以运行结果为：

```
j=19
```

在 switch 语句中，“case 常量表达式”实际相当于一个语句标号，switch 后表达式的值若和某标号相等则转向该标号执行，之后便继续执行其后所有的 case 语句，即不能在执行完该标号的语句后，自动跳出整个 switch 语句，实现真正的多路分支结构。为了避免上述情况，C 语言提供了 break 语句，专用于跳出 switch 语句和循环语句。break 语句只有关键字 break，没有参数。因而，switch 语句常用下面的形式：

```
switch(表达式)
{  case 常量1: 语句1;break;
   case 常量2: 语句2;break;
   …
   case 常量n: 语句n;break;
   default:语句n+1;break;
}
```

其语义为：首先计算表达式的值，若该值与某个 case 后面的常量值相等，则执行其后的语句序列。遇到 break 语句时，跳出整个 switch 结构。如果表达式的值与所有常量值都不相等，若存在 default 则执行其后的语句序列，否则什么也不做。将例 4.15 修改如下：

```
#include <stdio.h>
main()
{ int j=10;
  switch(j)
  {  case  9:j+=1;break;
     case 10:j+=2;break;
     case 11:j+=3;break;
     default:j+=4;break;
  }
  printf("j=%d\n",j);
}
```

运行结果为：

```
j=12
```

在使用 switch 语句时还应注意以下几点：

1）在 case 后的各常量表达式的值不能相同，否则会出现错误。

2）在 case 后，允许有多个语句，可以不用{ }括起来。

3）各 case 和 default 子句的先后顺序可以变动，而不会影响程序执行结果（前提是每个 case 语句中都存在 break 语句。

4）default 子句可以省略不用。

5）case 与后面的常量表达式必须用空格空开。

4.5.2 switch 语句的嵌套

如同 if 语句一样，switch 语句也可以构成嵌套结构。

【例 4.16】 阅读下面的程序，理解 switch 语句嵌套结构并分析其执行过程。

```
#include <stdio.h>
main()
{ int a=1,b=0;
  switch(a)
  { case 1:switch(b)
            { case 0:printf("***");break;
              case 1:printf("@@@");break;
            }
    case 2:printf("$$$");break;
    default:printf("###");
  }
}
```

分析：首先得到 a=1，那么执行对应的 case 1 之后的语句，又是一个 switch 语句。先得到 b=0，执行相应的 case 0 语句，打印“***”之后碰到 break，跳出其所在的 switch 语句，即 switch(b)。然后顺序执行 case 2 之后的语句，打印“$$$”之后碰到 break，跳出所在的 switch(a)，进而程序结束。

运行结果：

```
***$$$
```

4.6 选择分支结构程序举例

【例 4.17】 求 $ax^2+bx+c=0$ 方程的解。

分析：求解此方程的解，应该考虑到各种可能的情况：

当 a=0 时，不是二次方程。

否则：

1）当 $b^2-4ac=0$ 时，方程有两个相等的实根。

2）当 $b^2-4ac>0$ 时，方程有两个不相等的实根。

3）当 $b^2-4ac<0$ 时，方程有两个共轭的复根。

源程序：

```
#include  <stdio.h>
#include  <math.h>
main()
{ float a,b,c,disc,x1,x2,realpart,imagpart;
  printf("\n 请输入方程的三个系数:(a=,b=,c=)\n");
  scanf("a=%f,b=%f,c=%f",&a,&b,&c);
  if(fabs(a)<=1e-6)
  {
    printf("该方程不是二次方程!\n");
    exit(1);
  }
  else disc=b*b-4*a*c;
  if (fabs(disc)<=1e-6)
      printf("该方程有两个相等的实根:x1=x2=%8.4f\n",-b/(2*a));
  else if(disc>1e-6)
         { x1=(-b+sqrt(disc))/(2*a);
           x2=(-b-sqrt(disc))/(2*a);
           printf("该方程有两个不相等的实根:\n x1=%8.4f,x2=%8.4f\n",x1,x2);
         }
         else
         { realpart=-b/(2*a);
           imagpart=sqrt(-disc)/(2*a);
           printf("该方程有两个复根:\n");
           printf("x1=%8.4f+%8.4fi\n",realpart,imagpart);
           printf("x2=%8.4f-%8.4fi\n",realpart,imagpart);
         }
}
```

说明：

1）用 disc 代表 b^2-4ac，先计算 disc 的值，以减少以后的重复计算。

2）在判断 disc（即 b^2-4ac）是否等于 0 时，由于此值是实数，而实数在计算和存储时会存在一定的误差，因此不能直接进行 if(disc==0)的判断，所以在这里是用判别 disc 的绝对值（fabs(disc)）是否小于一个很小的数（10^{-6}），如果小于此数，就认为 disc 等于 0。

运行结果：

1）a=0，b=1，c=1↙

该方程不是二次方程。

2）a=1，b=2，c=1↙

该方程有两个相等的实根：x1=x2= -1.0000

3）a=2，b=6，c=1↙

该方程有两个不相等的实根：x1= -0.1771，x2= -2.8229

4）a=1，b=2，c=2↙

该方程有两个复根：

x1= -1.0000+ 1.0000i

x2= -1.0000- 1.0000i

【例 4.18】 一个超市商品信息管理系统，试编写主程序部分实现简单的菜单选择功能。

源程序：

```
#include <stdio.h>
#include <conio.h>
main()
{ int choice;
  clrscr();                            /*清屏*/
  printf("\n\n\n                       ********超市管理系统********\n\n");
  printf("                             1. 录入商品信息\n\n");
  printf("                             2. 打印商品信息\n\n");
  printf("                             3. 更新商品信息\n\n");
  printf("                             4. 商品信息查询\n\n");
  printf("                             5. 商品信息统计\n\n");
  printf("                             6. 商品销售排行\n\n");
  printf("                             0. 退出系统\n\n");
  printf("                             请选择（0-6）：");
  scanf("%d",&choice);
  switch(choice)
  {   case 1: input_message();break;     /*录入模块*/
      case 2: output_message();break;    /*输出模块*/
      case 3: renew_message();break;     /*更新模块*/
      case 4: inquire_message();break;   /*查询模块*/
      case 5: count_message();break;     /*统计模块*/
      case 6: sort_message();break;      /*排序模块*/
      case 0: break;                     /*退出系统*/
  }
}
```

分析：此段程序用于一般小型系统的简单菜单选择功能。在这里，各条 case 后的语句（例如：input_message();output_message();renew_message();）都是函数调用语句，相关的内容将在第 6 章介绍。这段主程序和所有的子函数可共同实现一个小型的超市商品信息管理系统（第 11 章有完整的程序代码）。

【例 4.19】 请输入星期几的第一个字母来判断是星期几，如果第一个字母一样，则继续判断第二个字母。

分析：采用选择分支结构，用 switch 语句判断第一个字母，如果第一个字母又一样，再用 if 语句判断第二个字母。参考 N-S 图，如图 4.5 所示。

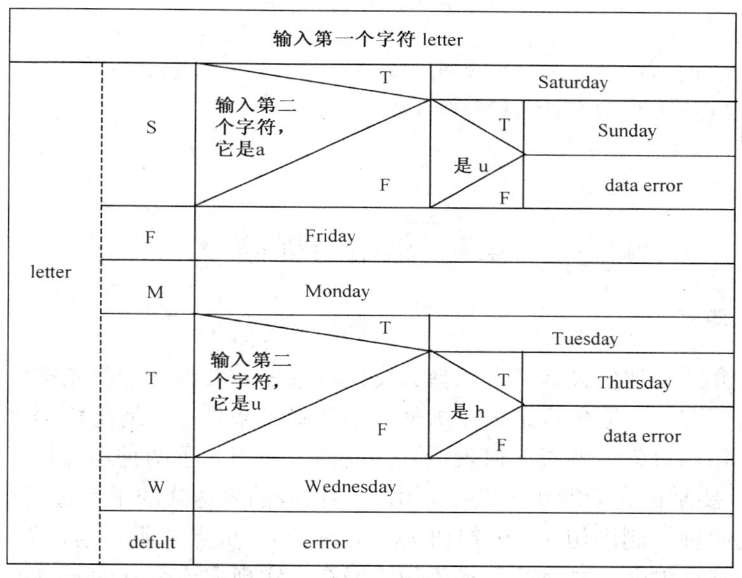

图 4.5　例 4.19 的 N-S 图

源程序：

```
#include <stdio.h>
#include <ctype.h>
main()

{ char letter;
  printf("请输入某一天的第一个字母：(S/F/M/T/W)\n");
  scanf("%c",&letter);
  letter=toupper(letter); /*将字母转换为对应的大写字母，头文件是 ctype.h*/
  switch (letter)
  { case 'S': printf("请输入第二个字母：(a/u)\n");
              if((letter=getch())=='a')
                 printf("星期六(Saturday)\n");
              else if ((letter=getch())=='u')
                 printf("星期天(Sunday)\n");
              else  printf("数据有错！\n");
              break;
    case 'F':printf("星期五(Friday)\n");break;
    case 'M':printf("星期一(Monday)\n");break;
    case 'T':printf("请输入第二个字母：(u/h)\n");
              if((letter=getch())=='u')
                 printf("星期二(Tuesday)\n");
              else if((letter=getch())=='h')
                 printf("星期四(Thursday)\n");
```

```
            else printf("数据有错！\n");
            break;
        case 'W':printf("星期三(Wednesday)\n");break;
        default: printf("数据有错！\n");
    }
}
```

4.7 总结与提高

4.7.1 重点与难点

本章重点介绍了如何设计实现选择分支结构程序。要设计选择结构的程序，主要考虑两个方面的问题：一是在C语言中如何表示选择的条件；二是在C语言中实现选择结构要用什么语句。首先，解决如何表示条件的问题，引入了两种运算符（关系运算符和逻辑运算符），要掌握它们的优先关系和由它们构成的表达式的求解过程。其次，学习实现选择结构的两种控制语句（if语句和switch语句）。重点掌握if语句的三种形式（if，if-else，if-else if）和执行过程以及if语句的嵌套。实现多路分支的switch语句的格式和执行过程。在编写程序时，要注意分支的作用范围和复合语句的运用。另外，还介绍了一种可实现简单选择功能的运算符——条件运算符（C语言中唯一的一个三目运算符）。

重点：if语句的使用；switch语句的使用；条件运算符；选择结构程序设计。

难点：多路分支结构可用if和switch结构实现，区别在于选择条件的描述不同；嵌套if语句中if与else的匹配问题。

4.7.2 典型题例

【例4.20】 企业发放的奖金根据利润提成。利润I低于或等于10万元时，奖金可提成10%；利润高于10万元，低于20万元（100000<I≤200000）时，其中10万元按10%提成，高于10万元的部分，可提成7.5%；200000<I≤400000时，其中20万元仍按上述办法提成（下同），高于20万元的部分按5%提成；400000<I≤600000时，高于40万元的部分按3%提成；600000<I≤1000000时，高于60万的部分按1.5%提成；I>1000000时，超过100万元的部分按1%提成。从键盘输入当月利润I，求应发放奖金总数。

要求：1）用if 语句实现；2）用switch语句实现。

解：1）用if语句实现。

分析：此题的关键在于正确写出每一区间的奖金计算公式。例如利润在10万元至20万时，奖金应由两部分组成：①利润为10万元时应得的奖金，即100000*0.1；②10万元以上部分应得的奖金，即(num-100000)*0.075。同理，20万～40万这个区间的奖金也应由两部分组成：①利润为20万元时应得的奖金，即100000*0.1+10万*0.075；②20万元以上部分应得的奖金，即(num-200000)*0.05。程序中先把10万、20万、40万、60万、100万各关键点的奖金计算出来，即bon1、bon2、bon4、bon6、hon10；然后再加上各区间附加部分的奖金。

参考 N-S 图，如图 4.6 所示。

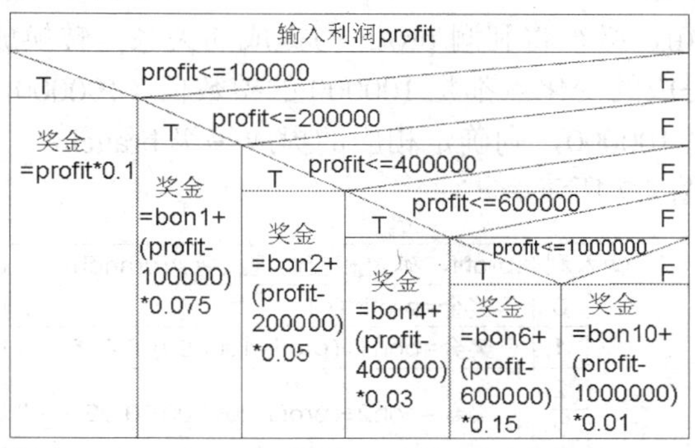

图 4.6　例 4.20 的 N-S 图

源程序：

```
#include <stdio.h>
main()
{ long profit;
  float bonus,bon1,bon2,bon4,bon6,bon10;
  bon1=100000*0.1;                    /*利润为 10 万元时的奖金*/
  bon2=bon1+100000*0.075;             /*利润为 20 万元时的奖金*/
  bon4=bon2+200000*0.05;              /*利润为 40 万元时的奖金*/
  bon6=bon4+200000*0.03;              /*利润为 60 万元时的奖金*/
  bon10=bon6+400000*0.015;            /*利润为 100 万元时的奖金*/
  printf("\n 请输入利润 profit: ");
  scanf("%ld",&profit);
  /*利润在 10 万元以内按 0.1 提成奖金*/
  if(i<=100000)   bonus=profit*0.1;
  /*利润在 10 万至 20 万元时的奖金*/
  else if(profit<=200000)
           bonus=bon1+(profit-100000)*0.075;
  /*利润在 20 万至 40 万元时的奖金*/
  else if(profit<=400000)
           bonus=bon2+(profit-200000)*0.05;
  /*利润在 40 万至 60 万元时的奖金*/
  else if(profit<=600000)
           bonus=bon4+(profit-400000)*0.03;
  /*利润在 60 万至 100 万元时的奖金*/
  else if(profit<=1000000)
           bonus=bon6+(profit-600000)*0.015;
  /*利润在 100 万元以上时的奖金*/
  else bonus=bon10+(profit-1000000)*0.01;
  printf("奖金是%10.2f\n",bonus);
}
```

2）用 switch 语句实现。

为使用 switch 语句，必须将利润 profit 与提成的关系，转换成某些整数与提成的关系。分析本题可知，提成的变化点都是 100000 的整数倍（100000，200000，400000…），如果将利润 profit 整除 100000，则确定相应的提成等级 branch：

参考 N-S 图，如图 4.7 所示。

输入利润profit，确定相应的提成等级branch		
根据branch确定奖金值	0	奖金=profit*0.1
	1	奖金=bon1+(profit-100000)*0.075
	2	奖金=bon2+(profit-200000)*0.05
	3	
	4	奖金=bon4+(profit-400000)*0.03
	5	
	6	奖金=bon6+(profit-600000)*0.15
	7	
	8	
	9	
	10	奖金=bon10+(profit-100000)*0.01

图 4.7 例 4.20 的 N-S 图

源程序：

```
#include <stdio.h>
main()
{ long profit;
  float bonus, bon1, bon2, bon4, bon6, bon10;
  int branch;
  bon1=100000*0.1;                      /*利润为 10 万元时的奖金*/
  bon2=bon1+100000*0.075;               /*利润为 20 万元时的奖金*/
  bon4=bon2+200000*0.05;                /*利润为 40 万元时的奖金*/
  bon6=bon4+200000*0.03;                /*利润为 60 万元时的奖金*/
  bon10=bon6+400000*0.015;              /*利润为 100 万元时的奖金*/
  printf("\n 请输入利润 profit: ");
  scanf("%ld",&profit);
  branch=profit/100000;
  if(branch>10) branch=10;
  switch(branch)
  {           /*利润在 10 万元以内按 0.1 提成奖金*/
    case 0: bonus=profit*0.1;break;
              /*利润在 10 万至 20 万元时的奖金*/
    case 1: bonus=bon1+(profit-100000)*0.075;break;
              /*利润在 20 万至 40 万元时的奖金*/
    case 2:
```

```
    case 3: bonus=bon2+(profit-200000)*0.05; break;
            /*利润在 40 万至 60 万元时的奖金*/
    case 4:
    case 5: bonus=bon4+(profit-400000)*0.03;break;
            /*利润在 60 万至 100 万元时的奖金*/
    case 6:
    case 7:
    case 8:
    case 9: bonus=bon6+(profit-600000)*0.015;break;
            /*利润在 100 万元以上的奖金*/
    case 10: bonus=bon10+(profit-1000000)*0.01;
  }
  printf("奖金是%10.2f",bonus);
}
```

习　题　4

4.1　写出下面各逻辑表达式的值，其中 a=3,b=4,c=5。

（1）a+b>c&&b==c

（2）a||b+c&&b−c

（3）!(a>b)&&!c||1

（4）!(x=a)&&(y=b)&&0

（5）!(a+b)+c−1&&b+c/2

4.2　输入四个整数 a、b、c 和 d，把这四个数由小到大输出。

4.3　编写一个程序，判断从键盘输入的整数的正负性和奇偶性。

4.4　某公司要将员工以年龄分配职务，22～30 岁担任外勤业务员，31～45 岁担任内勤文员，45～55 岁担任仓库管理员，56 岁以上退休。请编写程序实现。

4.5　编程序按下式计算 y 的值，x 的值由键盘输入。

$$y=\begin{cases}5x+11 & 0\leqslant x<20\\ \sin x+\cos x & 20\leqslant x<40\\ e^{x}-1 & 40\leqslant x<60\\ \ln(x+1) & 60\leqslant x<80\\ 0 & \text{其他值}\end{cases}$$

4.6　用条件运算符的嵌套来完成此题：学习成绩≥90 分的同学用 A 表示，70～89 分之间的用 B 表示，60～79 分之间用 C 表示，60 分以下的用 D 表示。

4.7　计算器程序。用户输入运算数和四则运算符，输出计算结果。

第 5 章　循环结构程序设计

结构化程序由顺序结构、选择结构和循环结构组成。前面已经介绍了顺序结构和选择结构程序设计，这一章主要介绍循环结构的程序设计。

在许多实际问题中，需要对问题的一部分通过若干次的、有规律的重复计算来实现。例如：求大量数据之和，迭代求根，递推法求解等，这些都要用到循环结构的程序设计。循环是计算机解题的一个重要特征，计算机运算速度快，最善于进行重复性的工作。

在 C 语言中，能用于循环结构的流程控制语句有四种：

1）while 语句。

2）do-while 语句。

3）for 语句。

4）goto 语句。

其中 if … goto 是通过编程技巧（if 语句和 goto 语句组合）构成循环功能。但是 goto 语句会影响程序流程的模块化，使程序可读性变差，所以结构化程序设计主张限制 goto 语句的使用。其他三种语句是 C 语言提供的循环结构专用语句，在下面各节将分别介绍各种循环语句的相关内容。

5.1　while 语句

while 语句用来实现“当型”循环结构。while 语句的一般形式为：

while （条件表达式） 循环体语句

功能：条件表达式描述循环的条件，循环体语句描述要反复执行的操作，称为循环体。while 语句执行时，先计算条件表达式的值，当条件表达式的值为真（非 0）时，循环条件成立，执行循环体；当条件表达式的值为假（0）时，循环条件不成立，退出循环，执行循环语句的下一条语句。

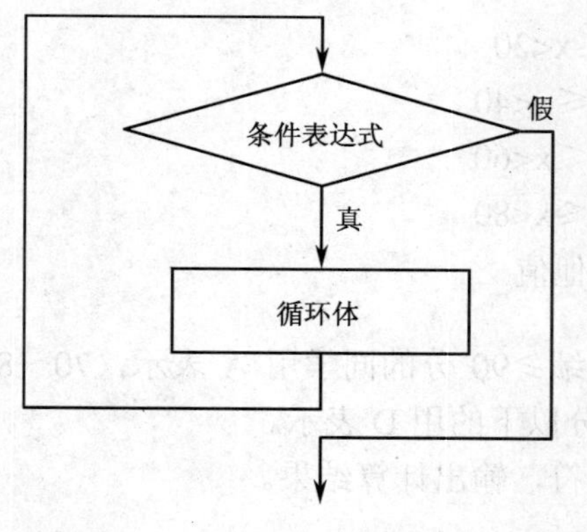

图 5.1　“当型”循环结构

while 语句是当循环的条件成立时，反复执行循环体。其执行过程的流程图如图 5.1 所示。

注意：

1）while 语句是先判断，后执行。如果循环的条件一开始不成立（条件表达式为假，则循环一次都不执行）。

2）循环体中必须有改变循环条件的语句，否则循环不能终止，形成无限循环（称为“死循环”）。可利用 break 语句终止循环的执行，这将在后面介绍。

3）循环体为多条语句时，必须采用复合语句。

【例 5.1】 求$\sum_{n=1}^{200} n$。

```
#include "stdio.h"
main()
{ int n,sum=0;
  n=1;
  while(n<=200)
  { sum= sum + n;
    n++;
  }
  printf("sum = %d\n", sum);
}
```

该程序实际上是求和 sum=1+2+3+⋯+200，用 sum 表示累加和，用 n 表示加数。n 必须有初值 1，否则 n<=200 的控制条件无法判断。循环体有两条语句，sum= sum + n 实现累加；n++使加数 n 每次增 1，这是改变循环条件的语句，否则循环不能终止，成为“死循环”。循环条件是当 n 小于或等于 200 时，执行循环体，否则跳出循环，执行循环语句的下一条语句（printf 语句）以输出计算结果。

注意：循环体多于一条语句，一定要用花括号括起来，以复合语句的形式出现。如果不加花括号，则 while 语句的范围只到 while 后面的第一个分号处。例如本例，如果不加花括号，则 while 语句的范围只到 sum=sum + n，则会构成“死循环”。

【例 5.2】 从键盘上输入一些数，求所有正数之和。当输入 0 或负数时，程序结束。

```
#include "stdio.h"
main()
{ float  x;
  float  sum=0;
  scanf ("%f", &x);                 /*输入第一个数*/
  while (x>0)                       /*判断循环的条件是否满足*/
  {  sum+=x;                        /*累加*/
     scanf ("%f", &x);
  }
  printf ("和=%6.2f", sum);         /*输出所求一些正数的和*/
}
```

输入数据：

```
1.1  4.2  7.3  8.4  -1
```

运行结果：

```
和=□21.00
```

注意：-1 作为程序的结束条件。否则，只要输入正数，程序就一直计算下去。

【例 5.3】 计算 1*2*3*…*100，即求 100!。

```
#include "stdio.h"
main()
{ int  i=1;
  double  fac=1;
  while (i<=100)
  { fac*=i;
    i++;
  }
  printf ("1*2*3*…*100=%lf", fac);
}
```

5.2 do-while 语句

do-while 语句用来实现"直到型"循环结构，是 while 语句的倒装形式。do-while 语句的一般形式为：

do 循环体语句 while (条件表达式)；

功能：先执行循环体，再计算条件表达式的值。当条件表达式的值为真时，代表循环的条件成立，继续执行循环体。当条件表达式的值为假，代表循环的条件不成立，退出循环，执行循环语句的下一条语句。

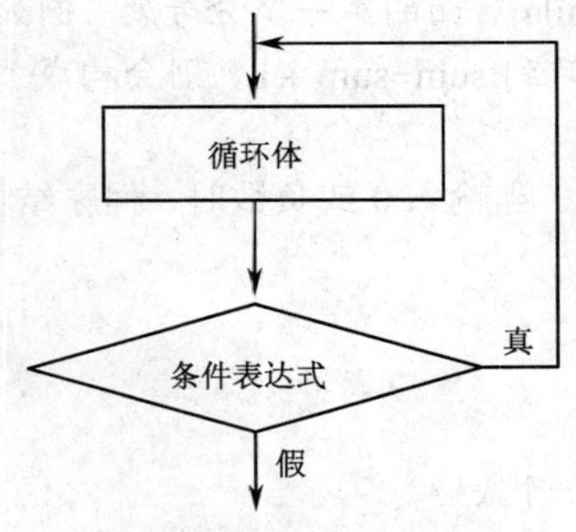

图 5.2 "直到型"循环结构

do-while 语句是反复执行循环体，直到循环的条件不成立。其执行过程的流程图如图 5.2 所示。

注意：1）do-while 语句是先执行，后判断。如果循环的条件一开始就不成立，循环也将执行一次。

2）与 while 语句一样，循环体中同样必须有改变循环条件的语句，否则循环不能终止，形成无限循环。可利用 break 语句终止循环的执行。

3）(条件表达式) 后的分号";"不能少。

【例 5.4】 求 $\sum_{n=1}^{200} n$，用 do-while 语句实现。

```
#include "stdio.h"
main()
{ int n,sum=0;
  n=1;
  do
```

```
  { sum= sum + n;
    n++;
  }while(n<=200);
  printf("sum = %d\n", sum);
}
```

运行结果：

```
sum=20100
```

可以看到，同一个题目，既可以用 while 语句，也可以用 do-while 语句实现。如果二者的循环体部分是一样的，且开始条件表达式为真时，它们的结果也一样。但是，如果开始条件表达式就为假，两种循环的结果是不同的，因为 while 语句的循环体一次都不执行，而 do-while 语句的循环体要执行一次。

注意：与其他高级语言不同，C 语言的直到循环与当循环的条件是统一的与其他高级语言中的 until 型循环（如 Pascal 和 Fortran 语言）不同。典型的 until 型循环（"直到型"）结构是当表达式为真时结束循环，正好和 do-while 语句的条件相反。

【例 5.5】 利用 do-while 语句实现：从键盘输入 n（n>0）个数，求其和。

```
#include "stdio.h"
main()
{ int i, n, x, sum;
  i=1;  sum=0;
  printf("Input number  n:");
  scanf("%d", &n);
  do
  { scanf("%d", &x);
    sum=sum+x;
    i++;
  }while(i<=n);
  printf("sum is: %d\n", sum);
}
```

运行结果：

```
Input number  n: 5
8 7 11 2 30
sum is: 58
```

【例 5.6】 用 do-while 语句实现从键盘输入一个正整数，将该数倒序输出。例如，输入 4567，输出 7654。

```
#include "stdio.h"
main()
{ int num,c;
  printf("请输入一个正整数:");
  scanf("%d",&num);
```

```
do
  { c=num%10;
    printf("%d",c);
    num= num/10;
  }while(num! =0);
  printf("\n");
}
```

运行结果：

```
请输入一个正整数:4567<回车>
7654
```

5.3 for 语句

for 语句是 C 语言中使用最为灵活、功能最强的循环语句。主要用于循环次数已确定的情况，也可用于循环次数不确定而只给出循环结束条件的情况，它完全可以代替 while 语句。for 语句的一般形式为:

for（表达式 1； 表达式 2；表达式 3）
循环体语句

其中，三个表达式可以是 C 语言中任何有效的表达式。表达式 1 为循环控制变量的初始值，表达式 2 为循环的条件表达式，表达式 3 为改变循环条件的表达式。循环执行的次数隐含于循环中。

功能：首先计算表达式 1，循环控制变量得到初值。然后计算表达式 2，如果表达式 2 为真，代表循环的条件成立，执行循环体语句，执行完毕后，再计算表达式 3。然后再测试表达式 2 的值，若为真，继续执行循环体语句，以此类推。如果表达式 2 的值为假，代表循环的条件不成立，也就是终止循环的条件成立，退出循环，执行循环的下一条语句。

for 语句也是一种“当型”循环结构，其执行过程的流程图如图 5.3 所示。

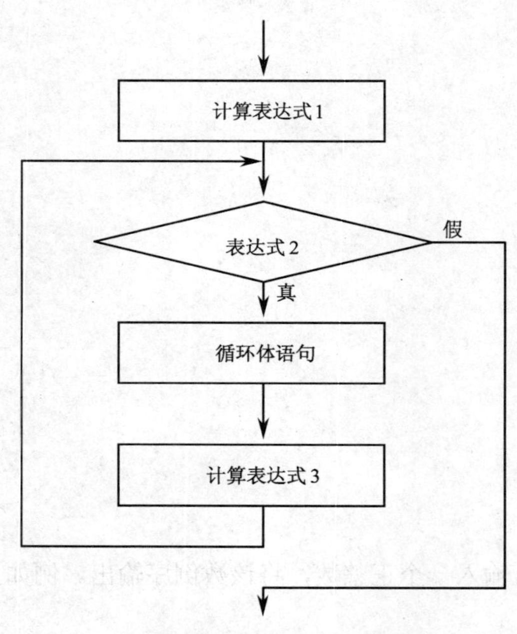

图 5.3 for 语句的循环结构

【例 5.7】 求 $\sum_{n=1}^{200} n$，用 for 语句实现。

```
#include "stdio.h"
main()
{ int  i;  /*循环控制变量*/
  int  sum;
  sum=0;
  for (i=1;  i<=200;  i++)
       sum +=i;    /*循环体*/
  printf ("1+2+3+…+200=%d\n", sum);
}
```

运行结果：

```
1+2+3+…+200=20100
```

说明：

1）表达式 1 可省略，分号不能省。此时应在循环外给循环赋初值，执行循环时，将跳过第一步。如：

```
i=1;
for (;  i<=200;  i++)  sum+=i;
```

2）如果表达式 2 省略（分号不能省），则不判断循环条件，相当循环条件永真，形成无限循环。需要在循环体中用 break 语句终止循环的执行。如：

```
for (i=1;  ;  i++)  sum+=i;
```

3）表达式 3 也可省略，分号也不能省，此时循环体中应有改变循环条件的语句，以保证循环能正常结束。如：

```
for (i=1;  i<=200;)  {sum+=i;  i++; }
```

4）当默认表达式 1、表达式 2 和表达式 3 中的一个、两个或全部，或当采用逗号表达式时，可产生 for 语句的多种变化形式。

5）for 语句最简单的应用形式是通过一个循环控制变量来控制循环，类似于其他语言中的 for 语句。其形式为：

```
for (循环控制变量赋初值;  循环控制变量<=终值;  循环控制变量增值)
          循环体语句;
```

例如：

```
for (ch='a';  ch<='z';  ch++)
  printf ("%2c\n", ch);
```

6）for 语句同 while 语句，也是先判断，后执行。

【例 5.8】 求 100 个数的最小值。

```
#include "stdio.h"
main()
{ float  x;
  int  i;  /*循环控制变量*/
  float  min;  /*最小值*/
  printf ("输入第 1 个数: ");
  scanf ("%f", &x);
```

```
    min=x; /*最小值初始化*/
    for (i=2; i<=100; i++)
    { printf ("输入第%d 个数:", i);
      scanf ("%f", &x);
      if (x<min)
          min=x;  /*将当前数与最小值进行比较*/
    }
  printf ("最小值=%f\n", min);
  }
```

【例 5.9】 判断 m 是否素数。

一个自然数，若除了 1 和它本身外不能被其他整数整除，则称为素数。例如：2，3，5，7，…。根据定义，只要检测 m 能否被 2，3，4，…，m−1 整除，只要能被其中一个数整除，则 m 不是素数，否则就是素数。程序中设置标志量 flag，若 flag 为 0 时，m 不是素数；flag 为 1 时，m 是素数。

```
#include "stdio.h"
main()
{ int  m;
  int  i;
  int  flag;
  printf ("请输入要判断的正整数 m: ") ;
  scanf ("%d", &m) ;
  flag=1;
  for (i=2; i<m; i++)
    if (m%i==0)
    { flag=0;
      i=m;    /*令 i 为 m，使 i<m 不成立，使不是素数时退出循环*/
    }
if (flag==1)
  printf ("%d 是素数\n", m);
else
  printf ("%d 不是素数\n", m);
}
```

运行结果：

```
请输入要判断的正整数 m:11<回车>
11 是素数
```

再重新运行程序：

```
请输入要判断的正整数 m:18<回车>
18 不是素数
```

5.4 goto 语句

goto 语句为无条件转向语句，程序中使用 goto 语句时要求和标号配合，它的一般形式为：

```
goto 标号;
...
标号：语句;
```

其中，语句标号是用户任意选取的标识符，其后跟一个冒号“:”，可以放在程序中任意一条语句之前，作为该语句的一个代号。语句设标号的目的是为了从程序其他地方把流程转移到本语句而设的标志。除此之外，带标号的语句和不带标号的语句作用是完全相同的。

功能：goto 语句强制中断执行本语句后面的语句，跳转到语句标号标识的语句继续执行程序。

C 语言规定，goto 语句的使用范围仅局限于函数内部，不允许在一个函数中使用 goto 语句把程序控制转移到其他函数之内。一般来讲，goto 语句可以有两种用途：

1）与 if 语句一起构成循环结构。

2）退出多重循环。

【例 5.10】 求 $\sum_{n=1}^{200} n$，用 goto 语句实现。

```
#include "stdio.h"
main()
{ int n=1,sum=0;
  loop: sum+=n;          /* loop 为语句标号*/
  ++n;
  if (n<=200)
    goto loop;
  printf("sum = %d\n", sum);
}
```

此例中，goto 语句与 if 语句一起构成循环结构。

上例也可改写为：

```
#include "stdio.h"
main()
{ int n=1,sum=0;
  loop: if (n>200)
  goto end;      /* 退出循环*/
  sum+=n;
  ++n;
```

```
    goto loop;
    end: printf("sum = %d\n", sum);
  }
```

注意： 使用 goto 语句虽然可以使流程在程序中随意转移，表面看来比较灵活，但是 goto 语句会破坏结构化设计中的三种基本结构，给阅读和理解程序带来困难。所以，goto 语句在大部分高级语言中已经被取消了。C 语言中虽然保留了 goto 语句，但是建议读者在程序中尽量不要使用它。

5.5 循环的嵌套

循环结构的循环体语句可以是任何合法的 C 语句。若一个循环结构的循环体中包含了另一循环语句，则构成了循环的嵌套，称为多重循环。嵌套的含义是指“完整的包含”，那么循环的嵌套是指在一个循环的循环体内完整地包含另外一个或另外几个循环结构。

三种循环控制语句可以互相嵌套。下面是几种循环嵌套的使用形式，请读者参考。

1. for 循环的多层嵌套

```
for ( ; ; )
{…
  for ( ; ; )
  { … }
   …
}
```

2. do-while 循环的多层嵌套

```
do
{ …
  do
  { … }while ();
   …
  } while ();
```

3. while 循环的多层嵌套

```
while ()
{ …
  while ()
  { … }
   …
}
```

4. 不同类型循环的相互嵌套

```
while ()
{ …
  for (  ;  ;   )
  { …
    do
    { … }while ();
      …
  }
  …
}
```

【例 5.11】 编程显示以下图形（共 n 行，n 由键盘输入）。

```
        *
      * * *
    * * * * *
  * * * * * * *
* * * * * * * * *
```

分析：此类题目的关键是找出每行的空格、* 与行号 i、列号 j 及总行数 n 的关系，假设 n=5。

第 1 行：4 个空格=5-1，1 个“*”=2*行号-1；

第 2 行：3 个空格=5-2，3 个“*”=2*行号-1；

第 3 行：2 个空格=5-3，5 个“*”=2*行号-1；

第 4 行：1 个空格=5-4，7 个“*”=2*行号-1；

第 5 行：0 个空格=5-5，9 个“*”=2*行号-1。

由此归纳出：第 i 行的空格数 n–i 个；第 i 行的“*”个数是 2i–1 个。

```
#include "stdio.h"
main()
{ int i,j,n;
  printf ("请输入 n=");
  scanf("%d",&n);
  for (i=1;  i<=n;  i++)
  { for (j=1;  j<=n-i;  j++)       /*输出该行前面的空格*/
        printf(" ");
    for (j=1;  j<=2*i-1;  j++)     /*输出该行中的星号*/
        printf("*");
    printf("\n");
  }
}
```

【例 5.12】 求 100 到 200 之间的所有素数。

在例 5.9 中可判断给定的整数 m 是否是素数。本例要求 100 到 200 之间的所有素数，可在外层加一层循环，用于提供要考查的整数 m=100，101，…，200。

```
#include "stdio.h"
main()
{ int m;
  int i;
  int flag;
  for (m=100; m<=200; m++)
  { flag=1;
    for (i=2;  i<m;  i++)
      if (m%i==0)
      { flag=0;
        i=m;    /*令 i 为 m，使 i<m 不成立，则不是素数时退出内层循环*/
      }
    if (flag==1)
      printf ("%d 是素数\n", m) ;
    else
      printf ("%d 不是素数\n", m) ;
  }
}
```

5.6 break 和 continue 语句

前面例题中，循环结束是通过判断循环控制条件为假而正常退出。为了使循环控制更加灵活，C 语言中允许在特定条件成立时，使用 break 语句强行结束循环的执行，或使用 continue 语句跳过循环体其余语句结束本次循环，而不是结束整个循环。

5.6.1 continue 语句

continue 语句的一般格式:

continue;

功能: 终止本次循环的执行，即跳过当前这次循环中 continue 语句后尚未执行的语句，接着进行下一次循环条件的判断。

说明:

1）continue 语句只能出现在循环语句的循环体中。

2）continue 语句往往与 if 语句联用。

3）若执行 while 或 do-while 语句中的 continue 语句，则跳过循环体中 continue 语句后面的语句，直接转去判别下次循环控制条件；若 continue 语句出现在 for 语句中，则执行 continue 语句就是跳过循环体中 continue 语句后面的语句，转而执行 for 语句的表达式 3。

continue 语句对循环控制的影响如图 5.4 所示。

【例 5.13】 把 100 到 150 之间的不能被 4 整除的数输出，并要求一行输出 8 个数。

```
#include "stdio.h"
main()
{ int n, i=0;
  for (n=100;  n<=150;  n++)
  { if(n%4==0)
       continue;
    printf("%4d", n);
    i++;
    if (i%8==0) printf ("\n");
  }
}
```

运行结果：

```
101 102 103 105 106 107 109 110
111 113 114 115 117 118 119 121
122 123 125 126 127 129 130 131
133 134 135 137 138 139 141 142
143 145 146 147 149 150
```

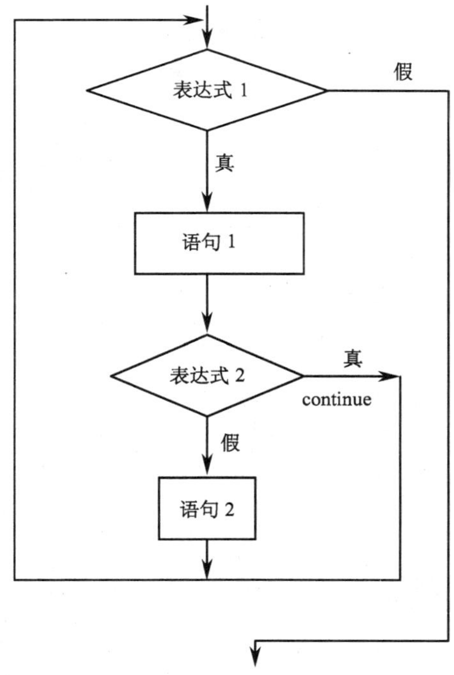

图 5.4　continue 语句对循环控制的影响

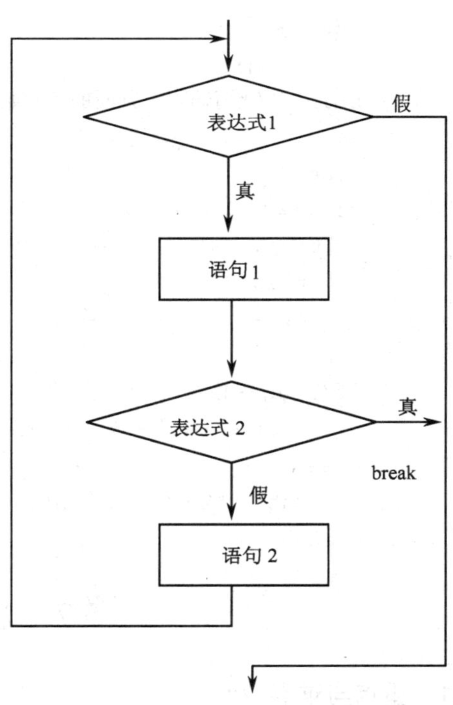

图 5.5　break 语句对循环控制的影响

5.6.2 break 语句

在第 4 章中已经介绍过用 break 语句可以跳出 switch 语句，其实 break 语句还可终止整个循环的执行。break 的一般格式：

```
break;
```

功能：break 语句强行结束循环的执行，转向循环语句下面的语句。break 语句是结束整个循环过程，不再判断执行循环的条件是否成立。

说明：

1）break 语句只能出现在 switch 语句或循环语句的循环体中。

2）在循环语句嵌套使用的情况下，break 语句只能跳出（或终止）它所在的循环，而不能同时跳出（或终止）多层循环。

break 语句对循环控制的影响如图 5.5 所示。

现在，可以用 break 语句替换例 5.9 循环体中语句“i=m;”，直接用 break 语句退出循环。

【例 5.14】 判断 m 是否素数（用 break 退出循环）。

```
#include "stdio.h"
main()
{ int m;
  int i;
  int flag;
  printf("请输入要判断的正整数 m:");
  scanf("%d", &m);
  flag=1;
  for(i=2;  i<m;  i++)
    if(m%i==0)
    { flag=0;
      break;          /*用 break; 代替 i=m; 退出循环*/
    }
  if(flag==1)
    printf("%d 是素数\n", m);
  else
    printf("%d 不是素数\n", m);
}
```

5.7 总结与提高

5.7.1 重点与难点

本章介绍了 4 种循环语句，从结构化程序设计的角度考虑，不提倡使用 if 和 goto 语句的结合构造循环，一般采用 while 语句、do-while 语句和 for 语句构造循环。

在选择使用循环语句时，通常 while 语句、do-while 语句用于条件循环，for 语句用于计数循环。while 语句、for 语句是先判断循环条件，后执行循环体，如果循环的条件一开始就不成立，循环体则一次都不执行。do-while 语句是先执行循环体，后判断循环条件，循环至少执行一次。

如果循环的次数确定，选用 for 语句实现循环；如果循环的次数不确定时，选用 while 语句、do-while 语句实现循环；保证循环至少执行一次，应选用 do-while 语句实现循环。

循环条件设计时，可从循环执行的条件与退出循环的条件正反两方面加以综合考虑。有些问题循环的条件是隐含的，甚至需要人为地去构造。通常将一些非处理范围的数据，一般是一些特殊的数据作为循环条件构造的基础。如求一些数的和是一个累加问题，需要循环完成，但循环条件并没给出，可用一个很小的数或一个很大的数（参见例 5.22），来构造循环的条件。

注意循环体多于一条语句时，一定要用复合语句，循环体外的语句不要放至循环体中，循环体中的语句也不要放至循环体外。

5.7.2 典型题例

【例 5.15】 计算 1！+2！+3！+…+100!。

```
main()
{ int  i, j;
  double  t, sum;
  sum =0;
  for (i=1; i<=100;  i++)       /*求和*/
  { t=1;
    for (j=1; j<=i; j++)      /*求阶乘*/
      t*=j;
    sum +=t;
  }
  printf ("1! +2! +3! +…+100! =%f", sum) ;
}
```

【例 5.16】 求两个整数的最大公约数。

```
main()
{ int m, n;
  int r;;          /* r 表示余数*/
  printf ("请输入两个整数 m, n:") ;
  scanf ("%d, %d", &m, &n) ;
  r=m%n;
  while  (r! =0)
  { m=n;
    n=r;
    r=m%n;
```

```
    }
    printf ("最大公约数=%d", n);
}
```

运行结果：

```
请输入两个整数 m,n: 15, 20<回车>
最大公约数=5
```

【例 5.17】 求 Fibonacci 数列的前 30 项。Fibonacci 数列第 1 项为 1，第 2 项为 1，从第 3 项开始，每项等于前两项之和，即 1，1，2，3，5，8，13，…。

```
main()
{ int  i;
  long int f, f1=1, f2=1;
  printf ("%10ld%10ld", f1, f2);
  for (i=3;  i<=30;  i++)
  { f=f1+f2;
    printf ("%10ld", f);
    f1=f2;
    f2=f;
  }
}
```

这是一个迭代问题，迭代是一个不断用新值取代变量的旧值，或由旧值递推出变量新值的过程。当一个问题的求解过程能够由一个初值使用一个迭代表达式进行反复的迭代时，便可由重复程序描述，即由循环结构实现。

Fibonacci 数列的迭代公式为：

$F_1=1$　　　　(n=1)

$F_2=1$　　　　(n=2)

$F_n=F_{n-1}+F_{n-2}$　　(n>=3)

在循环算法中，迭代法和穷举法是两类有代表性的基本算法。

穷举法（枚举法）是把所有可能的情况一一测试，筛选出符合条件的各种结果进行输出。在穷举法编程中，主要使用循环语句和选择语句。循环语句用于穷举所有可能的情况，而选择语句判定当前的条件是否为所求的解。

例如，求 100～200 之间不能被 3 整除也不能被 7 整除的数。分析：求某区间内符合某一要求的数，可用一个变量“穷举”。所以可用一个独立变量 x，取值范围 100～200。程序段如下：

```
for (x=100; x<=200; x++)
  if (x%3!=0&&x%7!=0)
    printf("x=%d\n",x);
```

【例 5.18】 编写一个程序，输出 2 到 500 之间的所有完全数。所谓完全数，是指该数的各因子之和正好等于该数本身，例如：6=1+2+3；28=1+2+4+7+14。

对于一个数 m，除该数本身外的所有因子都应在 1~m/2 之间。要取得 m 的因子之和，只要在 1～m/2 之间找到所有整除 m 的数，将其累加起来即可。如果累加和与 m 本身相等，则表示 m 是一个完全数。程序如下：

```
#include "stdio.h"
main()
{
   int m,i,s;
   for (m=2;m<=500;m++)
    {
      s=0;
      for ( i=1;i<=m/2;i++)
           if(m%i==0) s+=i;      /* i 是m的一个因子 */
      if (m==s)
           printf("%d" ,m);
    }
}
```

运行结果如下：

```
6 28 496
```

【例 5.19】 求 100 到 150 之间的所有素数，并设定每行输出 5 个素数。

前面例子中判断 m 是素数的算法还可以优化为：如果 m 能被 2 到 $\sqrt{m}$ 中的任何一个整数整除，则提前结束循环；如果 m 不能被 2 到 $\sqrt{m}$（设 k=$\sqrt{m}$）中的任何一个数整除，则在完成最后一次循环后，循环控制变量 i 还要加 1，因此 i=k+1。在循环结束之后，判断 i 的值是否大于或等于 k+1，从而判断 m 是否是素数。程序如下：

```
#include "math.h"
main()
{ int m,k,i,n=0;
  printf("100 到 150 之间素数如下: \n");
  for(m=101;  m<=150;  m=m-2)
  { k=sqrt(m);
    for(i=2; i<=k; i++)
        if(m%i==0)
           break;
    if(i>=k+1)
    { printf("%d  ", m);
      n=n+1;                          /* n 累计素数的个数*/
      if(n%5==0) printf("\n");        /*控制每行输出 5 个数据*/
    }
  }
}
```

运行结果如下：

```
100 到 150 之间素数如下:
```

```
101 103 107 109 113
127 131 137 139 149
```

【例 5.20】 编写程序实现用一元人民币换成一分、两分、五分的硬币共 50 枚。

```
/*用一元人民币换成一分、两分、五分的硬币共 50 枚*/
#include "stdio.h"
main()
{
  int coin1,coin2,coin5,count=0;
  printf("\n用一元人民币换成一分、两分、五分的硬币共 50 枚的方案分别为：");
  for(coin5=0;coin5<=20;coin5++)
   for(coin2=0;coin2<=50;coin2++)
     for(coin1=0;coin1<=100;coin1++)
     {
       if((coin1+coin2+coin5==50)&&(coin1+coin2*2+coin5*5==100))
       {
         count++;
         printf("\n方案[%d]为:%d个5分硬币,%d个2分硬币,%d个1分硬币",
         count,coin5,coin2,coin1);
       }
     }
}
```

此算法代码还可以优化为两重循环，一重循环来实现，请读者自行分析实现。

【例 5.21】 假定有 50 个同学的 C 语言课程考试成绩，计算这门课程的平均成绩和 90～100 分、80～89 分、70～79 分、60～69 分及 60 分以下各个分数段的人数。

```
main()
{ float  mark;
  int i;
  float sum;
  float av;
  int d9, d8, d7, d6, d5;
  sum=0.0;
  d9=d8=d7=d6=d5=0;
  for(i=1; i<=50; i++)
  { printf ("请输入第%d个同学的成绩:", i);
    scanf ("%f", &mark);
    sum+=mark;
    if (mark>=90)  d9++;
    else if (mark>=80)   d8++;
    else if (mark>=70)   d7++;
    else if (mark>=60)   d6++;
    else d5++;
```

```
    }
    av=sum/50;
    printf ("C 语言平均成绩=%5.2f\n",av) ;
    printf ("90～100 分人数=%d, 80～89 分人数=%d\n", d9, d8) ;
    printf ("70～79 分人数=%d, 60～69 分人数=%d \n",d7, d6) ;
    printf ("60 分以下人数=%d \n",d5) ;
}
```

【例 5.22】 用下面公式求出π的近似值，直到最后一项的绝对值小于 10^{-6} 为止。

$$\frac{\pi}{4}\approx 1-\frac{1}{3}+\frac{1}{5}-\frac{1}{7}+\cdots$$

```
#include  "math.h"
main()
{ int s;
  float n, t, pi;
  t=1; pi=0; n=1.0; s=1;
  while (fabs(t)>=1e-6)
  { pi=pi+t;
    n=n+2;
    s=-s;
    t=s/n;
  }
  pi=pi*4;
  printf("pi=%10.6f\n", pi);
}
```

运行结果为：

```
pi=□ □3.141594
```

习 题 5

5.1 编写一个程序，计算-32768～+32767 之间任意整数（由键盘输入）中各位奇数的平方和。

5.2 鸡兔问题：鸡兔共 30 只，脚共有 90 个。编写一个程序，求鸡、兔各多少只。

5.3 编写一个程序，求 s=1+(1+2)+(1+2+3)+…+(1+2+3+…+n)的值。

5.4 编写一个程序，求 $1-\frac{1}{2}+\frac{1}{3}-\frac{1}{4}+\cdots+\frac{1}{99}-\frac{1}{100}$ 的值。

5.5 编写一个程序，将一个二、八或十六进制整数与十进制数相互转换。

5.6 编写一个程序，求 e 的值，当通项小于 10^{-7} 停止计算。

$$e\approx 1+\frac{1}{1!}+\frac{1}{2!}+\cdots+\frac{1}{n!}$$

5.7　编写程序，打印以下图形（行 n 的值由键盘输入）。

```
*******
 ******
  *****
   ****
    ***
     **
      *
```

5.8　编写一个程序，打印乘法“九九表”，即第 1 行为 1×1=1，1×2=2，…，1×9=9。第 2 行：2×1=2，2×2=4，…，2×9=18。第 9 行：9×1=9，9×2=18，…，9×9=81。

5.9　从键盘上输入若干个学生某门课的成绩，计算出平均成绩，并输出低于 60 分的学生成绩，当输入负数时结束输入。

5.10　编写一个程序，输出 3～100 之间的全部素数，每 10 个一行。

5.11　编写一个程序，输入从 2001 到 2010 年中的任何一年，用 for 循环输出一个日历。注意对闰年的处理。

5.12　编写一个程序，小学生可以用这个程序进行两个数的四则运算自我测验。要求：测验者可以选择难度（如取加减乘除或位数为不同难度），可以选择每次做的题数 n，计算机会对结果进行正确或错误的评判。题目中的运算数据应随机产生（提示：使用 stdlib.h 中的随机函数 srand()、rand()，参见例 4.5 的实现方法）。

第6章　数　　组

在前面的章节中介绍了C语言的各种基本语句，用C语言已经可以解决许多实际问题，但由于用到的变量类型均为基本类型（整型、实型、字符型），能解决的问题仍然有限。计算机应用中常遇到一组组有规律的同类型数据，例如：数值计算领域中的矢量运算、矩阵运算、解高阶线性方程组，非数值计算领域中的查找和排序等。如果用大量的简单变量，即使对各变量有同样的操作也不能用循环语句来重复处理，程序将变得异常繁琐。

在数学中处理上述问题时，用一组带下标的变量来表示数据，使运算过程的表达非常简洁。同样，C语言也提供了一种构造类型数据——数组，它由一组同名下标变量组成，用数组来存储数据，就可以利用循环改变下标值对各下标变量进行相同操作的重复处理，使程序变得简明清晰。

下标变量由统一的数组名和用方括号括起来的下标共同来表示，称为数组元素。同一数组的各个元素只是下标不同，通过数组名和下标可直接访问数组的每个元素。数组名后下标个数称为数组的维数，带一个下标的是一维数组，带多个下标的是多维数组。

数组类型是构造数据类型的一种，是一种较常用的数据类型。它的特点是构成数组的元素个数固定且类型相同，同一数组的各元素在内存中是按一定顺序连续排列的。像简单变量一样，数组必须先定义后引用，即程序中必须先定义数组，才能引用该数组和其中的数组元素。本章将介绍数组的定义、数组元素的引用和数组的简单应用。

6.1　一 维 数 组

6.1.1　一维数组的定义和初始化

定义格式：

元素类型名　数组名[元素数] 〖={元素初值列表}〗;

说明：

1）元素类型名用于定义该数组中存放何种类型的数据（决定每个元素所占空间的大小）。

2）数组名的命名规则同变量名。

3）方括号 [ ] 中的元素数表示该数组含有数组元素的个数，即数组长度。元素数应为常量表达式，其中可包含常量和符号常量。C语言不允许用变量定义元素数，即不允许动态定义元素数。C语言规定，数组元素的下标一律从0开始升序连续编排。

例如：

```
int  n[10];
float  d[5];
```

表示整型数组 n 有 10 个元素：n[0], n[1], …, n [9]；下标范围为 0～9。实型数组 d 有 5 个元素：d[0], d[1], …, d[4]；下标范围为 0～4。

下面定义是错误的：

```
int a(10);                                /* 错误，不能用 ( ) */
float b[10.0];                            /* 错误，元素数不能用实型 */
int i;      int n[i+5];                   /* 错误，元素数的表达式中有变量 i */
int b['a'..'d'];  char  str[ ];           /* 错误，元素数表达式不正确 */
```

4）在定义时可以用可选项“={元素初值列表}”给数组各元素赋初值，称为对数组的初始化。可用以下几种方式进行初始化。

① 元素初值列表用逗号分隔，列表含全部元素的初始值。例如：

```
int a[10]={1,2,3,4,5,6,7,8,9,10};
```

将 1～10 作为初值分别赋给 a[0]～a[9]。

如果对所有数组元素赋同一初值，也必须一一列出。例如：

```
int  a[10]={2,2,2,2,2,2,2,2,2,2};
```

不可写成：

```
int  a[10]={10*2};
```

② 元素初值列表仅含前面部分元素的初始值。例如：

```
int  b[10]={1,2,3,4,5};
```

b[0]～b[4] 的初值由初值列表确定，后 5 个元素由系统设置为 0。

③ 如果元素初值列表含全部元素的初始值，可省略方括号中的元素数，所定义的数组的元素数由初值个数自动确定。例如：

```
int  c[]={1,2,3,4,5};
```

花括号中有 5 个数，表示一维数组 c 的元素数为 5，c[0]～c[4] 的初值为 1～5。

④ 若元素初值列表中的初值数目多于元素数，则系统编译出错，例如：

```
int  d[5]={1,2,3,4,5,6};
```

5）存储方式：一维数组所有元素按下标的顺序连续分配在内存中。例如：

```
int  d[10]={1,2,3,4,5,6,7,8,9,10};
```

一维数组 d 的存储结构如图 6.1 所示。

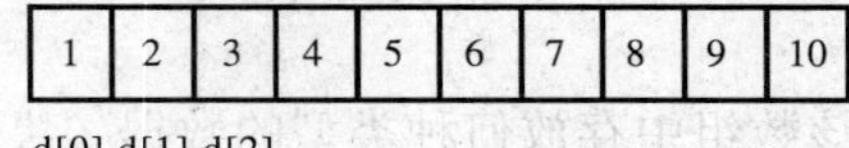

图 6.1　一维数组内存存储结构图

6）数组名代表数组的首地址，即数组名 d 表示 d[0] 元素的地址：d 等于&d[0]。

6.1.2　一维数组元素的引用

一维数组元素的引用格式为：

数组名[下标]

其中的下标为整型表达式，用它确定所引用元素的序号。C 语言规定，下标一律从 0 开始编号，引用时下标不得越界，所以最大的下标值等于定义的数组长度减 1。

[ ]是下标运算符，引用数组元素是根据数组名和下标值来实现的。例如：int d[9]; 编译后数组 d 分配了连续的 9 个 int 型的内存单元，假设数组的首地址为 2000，每个整型数据占 2 个字节，则引用数组元素 d[4] 时先计算出实际地址 2000+4*2=2008，再访问地址 2008 中的内容。

虽然 C 语言在运行中一般不做越界检查（即越界一般不会出错误信息），但越界往往会使程序出现意想不到的结果，当越界到代码区时，甚至会导致系统崩溃。如：

```
main()
{   int i,d[9]={1,2,3,4,5,6,7,8,9};
    i=d[0]+d[8];                          /* 正确，赋值后 i 的值为 10 */
    d[3]=d[0]+d[d[3]]*2;                  /* 正确，赋值后 d[3]的值为 11 */
    d[9]=i;                               /* 下标 9，数组越界 */
    d[0]=d[i-d[3]];                       /* 下标 i-d[3]=-1，数组越界 */
    for(i=1;i<=9;i++)
       printf("d[%d]=%d\n",i,d[i]);       /*  下标 i=9 时，数组越界 */
}
```

在程序中，一般只能逐个引用数组元素。引用数组元素等价于引用一个与它同类型的变量。当用 scanf() 通过键盘给数组元素输入数据时，数组元素名前也必须有 '&'。

除了函数调用语句外，其他语句都不能单独用数组名引用整个数组，不能给数组整体赋值。

6.1.3　一维数组应用举例

有许多应用问题，都需要将一组相关数据的中间处理过程暂时保存起来，并利用循环对它们进行重复处理。显然，最好的办法是用数组存储这些数据。

【例 6.1】　将任意一个十进制数转换成二进制数，然后以二进制数形式输出。

算法分析：

将十进制数 n 转换成二进制数，用整除 2 求余法。

十进制数整除 2 得到的余数就是对应的二进制数的最低位，商等于二进制数去掉最低位后的剩余部分；然后再用上述方法将商再整除 2 求余得到原二进制数的次低位；反复这样处理就可以从低到高位，找到对应的二进制数的所有位。输出时必须从二进制数的高到低位输出，所以用一维数组 d，将整除 2 求余得到的二进制位按 d[0],d[1], …, d[k] 的顺序保存；再按相反的顺序 d[k], …, d[1],d[0] 输出。处理时，存储当前二进制位的元素下标用变量 i 表示。

程序如下：

```
main()
{
    int i=0,n,d[40];
    scanf("%d",&n);
    while(n>0)
    {
        d[i++]=n%2;                         /* 整除 2 求余 */
        n=n/2;                              /* 整除 2 求商 */
    }
    for(i--;i>=0;i--)  printf("%1d",d[i]);
    printf("\n");
}
```

运行结果：

```
87<回车>
1010111
```

【例 6.2】 从键盘输入 10 个学生的成绩，用选择排序法由高到低排序并输出成绩。

排序是计算机处理数据的一个重要操作。常用的方法有选择排序、冒泡排序、插入排序、快速排序等多种方法。

选择排序法算法的思路是：通过选择最大值的方法，依次将最大、第 2 大、第 3 大……的数挑选出来，顺序调换到数组的第 1 个、第 2 个、第 3 个……元素中。

设有 n 个数，需将它们从大到小顺序排列。则算法分析如下：

第 1 趟将第 1 个元素和它后面的元素逐个进行比较，有更大的则与第 1 个元素进行交换，再继续和后面的元素比较。经过若干次比较和交换，必然从 n 个元素中，找出了最大的数并调换到第 1 个元素中。

第 2 趟用同样方法，在剩下的 n –1 个元素中，找出第 2 大的数，并把它调换到了第 2 个元素中。

第 i 趟再用同样方法，在剩下的 n–i+1 个元素中，找出第 i 大的数，并把它调换到了第 i 个元素中。i 不断增加，一趟趟重复此过程，直到 i = n–1 最后一趟比较完为止。

程序用两重循环实现，外循环用 i 控制趟数，找第 i 个元素。内循环让第 i 个元素和它后面的元素逐个进行比较，有更大的则交换到第 i 个元素。

流程图如图 6.2 所示。

程序如下：

```
#define  N  10
main()
{
    int d[N+1];               /* d[0]不用 */
    int i,j,t;
    printf ("Input %d scores:\n",N);
```

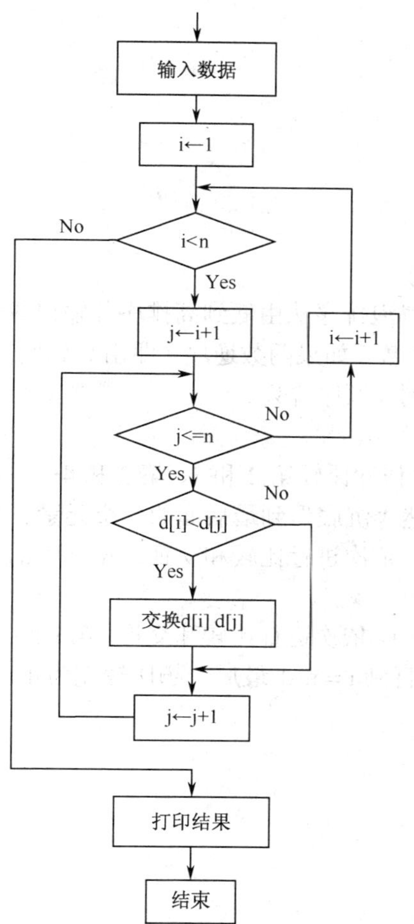

图 6.2 例 6.2 的流程图

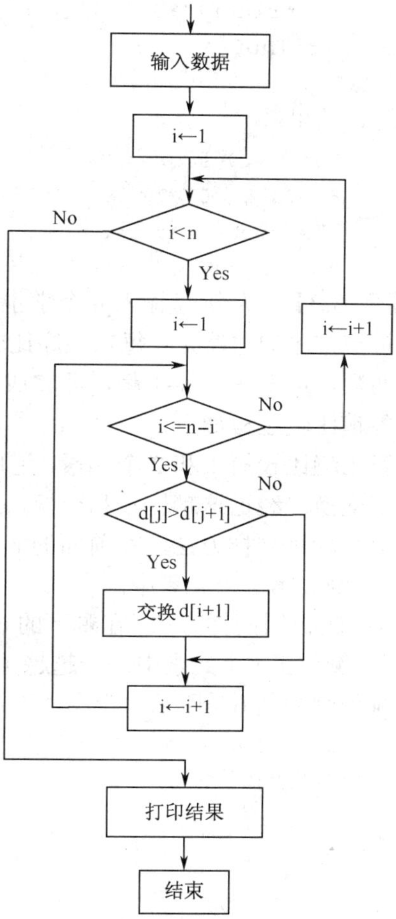

图 6.3 例 6.3 的流程图

```
for(i=1;i<=N;i++)
  scanf("%d",&d[i]);
printf("\n");
for(i=1;i<N;i++)
  for(j=i+1;j<=N;j++)
    if(d[i]<d[j])
    {                    /*大者换到 d[i]*/
      t=d[i];
      d[i]=d[j];
      d[j]=t;
    }
printf("The sorted scores:\n");
for(i=1;i<=N;i++)
```

```
    printf("%4d",d[i]);
  printf("\n");
}
```

运行结果：

```
Input 10 scores:
81 74 87 67 78 62 75 96 91 88<回车>
The sorted scores:
96 91 88 87 81 78 75 74 67 62
```

【例 6.3】 从键盘输入 n 个学生的成绩，用冒泡排序法由低到高排序并输出成绩。

冒泡排序的思路是：每趟顺序比较相邻的两个数，如果两数逆序（即由高到低），则交换两数，最多进行 n–1 趟，即完成 n 个数从小到大顺序排列。

各趟比较过程如下：

第 1 趟比较第 1 和 2 个元素，逆序则交换，再依次比较第 2 和 3、第 3 和 4……若是逆序则交换。经过这趟比较和交换，最大的数必然“沉底”到最后面的一个元素。

第 2 趟用同样方法，在前面的 n–1 个元素中，依次进行比较和交换，第 2 大的数，“沉到”倒数第 2 个元素中。

第 i 趟再用同样方法，在剩下的 n–i+1 个元素中，依次进行比较和交换，第 i 大的数，“沉到”倒数第 i 个元素中。一趟趟重复此过程，直到 i = n–1 最后一趟比较完为止。

流程图如图 6.3 所示。程序如下：

```
#define  N  100
main()
{
  int i,j,t,n;
  int d[N+1];
  printf ("Input n(<100):",n);
  scanf("%d",&n);
  printf("Input %d scores:\n",n);
  for(i=1;i<=n;i++)
    scanf("%d",&d[i]);
  printf("\n");
  for(i=1;i<n;i++)
    for(j=1;j<=n-i;j++)
      if(d[j]>d[j+1])
      {                /*小者换到d[j]*/
        t=d[j];
        d[j]=d[j+1];
        d[j+1]=t;
      }
  printf("The sorted scores:\n");
  for(i=1;i<=n;i++)
```

```
    printf("%4d",d[i]);
  printf ("\n");
}
```

运行结果：

```
Input n(<100):10<回车>
Input 10 scores:
81 74 87 67 78 62 75 96 91 88<回车>
The sorted scores:
62 67 74 75 78 81 87 88 91 96
```

思考：如果某趟所有相邻的数都不需要交换，则表示所有的数都已全部有序，后面各趟不需要进行，冒泡排序可提前结束，那么，上述程序该如何修改？

【例 6.4】 用筛法求 200 以内的素数，并按每行 10 个数输出。

算法分析：

初始状态为 2～200 的全部整数：

2 3 4 5 6 7 8 9 10 11 12 13 14 15 16 17 18 19 20 21 22 23 24 25 …197 198 199 200

第一个数 2 是素数，把后面的 2 的整数倍的数全部筛去，筛去的数置 0，得到：

2 3 0 5 0 7 0 9 0 11 0 13 0 15 0 17 0 19 0 21 0 23 0 25 …197 0 199 0

从第一个素数 2 向后找出最小的未被筛去的数 i，i=3 就是新找到的当前素数 3，把它后面的 i 的整数倍的数全部筛去得：

2 3 0 5 0 7 0 0 0 11 0 13 0 0 0 17 0 19 0 0 0 23 0 25 …197 0 199 0

再从当前素数向后找出最小的未被筛去的数 i，它又是一个新的当前素数，把新素数后面的 i 的整数倍的数全部筛去。

不断重复这个过程直到新找到的素数大于 200 的平方根为止，得到：

2 3 0 5 0 7 0 0 0 11 0 13 0 0 0 17 0 19 0 0 0 23 0 0 …197 0 199 0

这时，所有剩余的未被筛去的数都是素数。

以上算法，需要定义一个数组来存放这些整数，具体实现的方法为：

1）初始化，把 2～200 的整数放到 a[2]～a[200] 中，从 2 开始。

2）找出下一个非 0 数 a[i]，它就是新找到的素数 i 。

3）筛去 i 的整数倍，将下标为 2i、3i …对应的元素都置 0。

4）若 i 小于 200 的平方根则转到 2)，否则到 5)。

5）按格式输出 a 数组中的所有非 0 数。

程序如下：

```
#include <math.h>
#define N 200
main()
{
    int i,j,n,a[N+1];
    for(i=2;i<=N;i++)
        a[i]=i;                     /* 初始化 */
```

```
    for(i=2;i<=sqrt(N);i++)
       if(a[i]!=0)                          /* 找出下一个非 0 数 a[i] */
    for(j=i+i;j<=N;j+=i)
       a[j]=0;                              /* 筛去 i 的整数倍 */
    printf("\n");
    for(i=2,n=0;i<=N;i++)                   /* 输出素数 */
    {
       if(a[i])
       {
          printf("%7d",i);
          n++;
       }
       if(n==10)
       {
          printf("\n");
          n=0;
       }
    }
}
```

运行结果:

```
    2    3    5    7   11   13   17   19   23   29
   31   37   41   43   47   53   59   61   67   71
   73   79   83   89   97  101  103  107  109  113
  127  131  137  139  149  151  157  163  167  173
  179  181  191  193  197  199
```

6.2 二维数组

数学中矩阵的元素是二维分布的，每个元素都有行下标和列下标。程序中可以用数组存储矩阵，每个元素应该带两个下标，这样的数组称为二维数组。本节以二维数组为例来介绍多维数组。

6.2.1 二维数组的定义和初始化

定义格式:

元素类型名 数组名[行数] [列数] 〖={元素初值列表}〗;

说明:

1）用元素类型名来定义该数组每个元素的类型。数组名的命名规则同变量名。

2）行数、列数分别表示二维数组应有多少行、多少列，它们都是常量表达式，常量表达式中可包含常量和符号常量，不允许有变量。例如:

```
int a[4][5];         /* 数组 a 有 4 行 5 列 20 个整型元素，不可写为 int a[4,5] */
```

```
float x[5][2*4];   /* 数组 x 有 5 行 8 列共 40 个实型元素 */
```

3）在定义时可以用选项“={元素初值列表}”给数组各元素赋初值。

① 和一维数组相同，元素初值列表用逗号分隔，按存储顺序依次给前面的各元素赋初值。例如：

```
int a[3][4]={ 1,2,3,4,5,6,7,8,9,10,11,12 };
int b[3][4]={ 1,2,3,4,5,6,7,8 };      /* 后面的 4 个元素初值默认为 0 */
```

② 在初值列表中，将每行元素的初值用花括号括起来成为一组，按行赋初值。例如：

```
int a[3][4]={{1,2,3,4},{5,6,7,8,},{9,10,11,12}};
```

这种赋值方法非常直观，第一个花括号中的数据赋给第一行，第二个花括号中的数据赋给第二行，以此类推。而对于每行而言，也是先存放下标为 0 的元素，再存下标为 1 的元素…这样不会造成数据的遗漏，也便于检查。

③ 可以对部分元素赋初值，但必须表达清楚。例如：

```
int a[3][4]={{1,2},{3},{8}};
```

它不同于：

```
int a[3][4]={1,2,3,8};
```

两者分别相当于：

```
1 2 0 0        1 2 3 8
3 0 0 0   和   0 0 0 0
8 0 0 0        0 0 0 0
```

④ 初始化时，行数可省略（列数不能省略），通过元素初值列表来确定二维数组的行数。例如：

```
int a[][4]={{1,2},{3},{8}};              /* 3 行 4 列 */
int b[][4]={1,2,0,0,3,0,0,0,8};          /* 3 行 4 列，初值与 a 数组相同 */
```

4）二维数组元素存放顺序是按行优先存放。

二维数组在逻辑上是二维的，其下标在行方向和列方向都有变化，下标变量在数组中的位置处于二维平面之中。但实际的硬件存储器却是按一维编址线性排列的。在一维存储器中存放二维数组，可用两种方式：一种是按行优先排列，同一行元素连续排列在一起，即放完一行之后顺序放入下一行。另一种是按列优先排列，同一列元素连续排列在一起，即放完一列之后再顺序放入下一列。C 语言规定，二维数组是按行优先存放的。

可以将二维数组看成由若干个特殊的一维数组（可称为分量或分数组）组成，如：

```
int d[3][5]={1,2,3,4,5,6,7,8,9,10,11,12,13,14,15};
```

则有数组名为 d[0]、d[1]、d[2] 的三个一维分数组，每个分数组有 5 个元素，如图 6.4 所示。

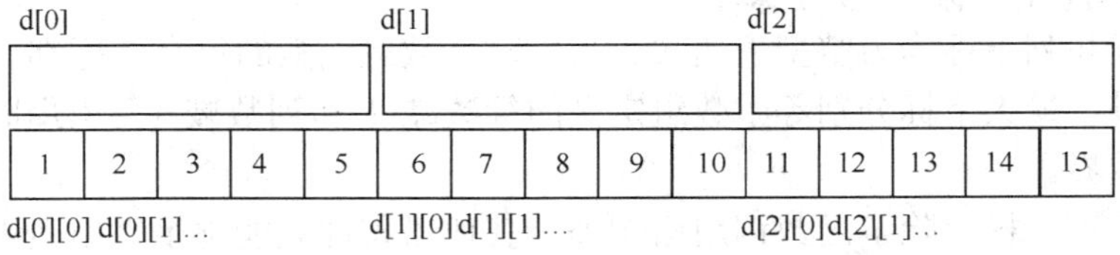

图 6.4　二维数组的内存存储示意图

三个分数组 d[0]，d[1]，d[2] 的元素分别为：

d[0]：　d[0][0]，d[0][1]，d[0][2]，d[0][3]，d[0][4]

d[1]：　d[1][0]，d[1][1]，d[1][2]，d[1][3]，d[1][4]

d[2]：　d[2][0]，d[2][1]，d[2][2]，d[2][3]，d[2][4]

数组名 d[0] 代表 d[0][0] 的地址，数组名 d[1]、d[2] 则代表 d[1][0]、d[2][0] 的地址。

5）数组定义和存储可推广至三维、n 维数组。n 维数组定义中有 n 个方括号括起来的各维元素数，每维元素数都是常量表达式。多维数组在内存中的存放形式也有两种：一种是最右边的下标变化最快，即左边 n–1 个下标相同的元素连续存放在一起。另一种是最左边的下标变化最快，即右边 n–1 个下标相同的元素连续存放在一起。在 C 语言中，多维数组最右边的下标变化最快，仍可称为按行排列。

例如：

```
int c[3][2][3]={1,2,3,4,5,6,7,8,9,10,11,12,13,14,15,16,17,18};
```

三维数组 c，含有数组名为 c[0]、c[1]、c[2] 的 3 个二维分数组，每个二维分数组又含有 2 个一维分数组，每个一维分数组有 3 个元素。如图 6.5 所示。

当多维数组定义包含“={元素初值列表}”时，第一维的长度可省略（其他维长度不能省略），通过元素初值列表确定第一维的大小。例如：

```
int c[][2][3]={1,2,3,4,5,6,7,8,9,10,11,12,13,14,15};
int c[3][2][3]={1,2,3,4,5,6,7,8,9,10,11,12,13,14,15};
```

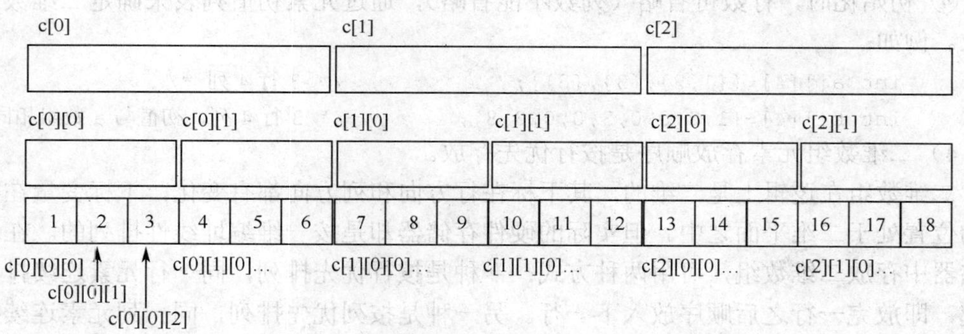

图 6.5　三维数组的内存存储示意图

6.2.2　二维数组元素的引用

二维数组元素的引用格式为：

数组名[行下标][列下标]

其中的行下标和列下标均为整型表达式。引用时，数组元素的每个下标都一律从 0 开始升序连续编排，最大下标分别等于数组定义的行数减 1 和列数减 1，引用时行下标和列下标都不能越界。

和一维数组一样，除了函数调用语句外，其他语句都只能逐个引用数组元素，不能单独用数组名引用整个数组，不能给数组整体赋值。引用二维数组元素也相当于引用同类型的简单变量，而且在引用数组元素之前，也必须先定义该数组。

【例 6.5】　求两个矩阵 A 和 B 之和。

求两个矩阵之和，应该计算所有对应元素之和，将结果仍存储在 A 中。

程序如下：

```
main()
{
    int A[3][4]={{1,2,3,4},{3,4,5,6},{5,6,7,8}};
    int B[3][4]={{1,2,3},{4,5},{6}};
    int i,j;
    for(i=0;i<3;i++)
        for(j=0;j<4;j++)
            A[i][j]+=B[i][j];
    for(i=0;i<3;i++)
    {
        for(j=0;j<4;j++)
            printf("%6d",A[i][j]);
        printf("\n");
    }
}
```

运行结果：

```
     2     4     6     4
     7     9     5     6
    11     6     7     8
```

说明：

1）如果不在数组定义时赋初值，数组元素必须逐个赋值，用赋值语句或键盘输入，与简单变量赋值的方法相同，都必须有 '&'。

2）二维数组一般通过二重循环改变行下标和列下标来对数组元素逐个访问。

【例 6.6】　将一个二维数组行和列元素互换，存到另一个二维数组中（转置矩阵），如：

$$a=\begin{pmatrix}1 & 2 & 3\\4 & 5 & 6\end{pmatrix} \qquad b=\begin{pmatrix}1 & 4\\2 & 5\\3 & 6\end{pmatrix}$$

程序如下：

```
main ()
{  int a[2][3]={{1,2,3},{4,5,6}};
   int b[3][2], i, j;
   printf("array a: \n");
   for (i=0; i<=1; i++)
   {  for (j=0; j<=2; j++)
      {  printf("%5d", a[i][j]);
```

```
            b[j][i]=a[i][j];
        }
        printf("\n");
    }
    printf("array b:\n");
    for (i=0; i<=2; i++)
    {  for (j=0; j<=1; j++)
           printf("%5d", b[i][j]);
       printf("\n");
    }
}
```

运行结果如下：

```
array a:
1    2    3
4    5    6
array b:
1    4
2    5
3    6
```

【例 6.7】 输出杨辉三角形。

杨辉三角形是 $(a+b)^n$ 展开后各项的系数。如：$(a+b)^4$ 展开后各项的系数为 1, 4, 6, 4, 1。输出的杨辉三角形为：

```
1
1  1
1  2  1
1  3  3  1
1  4  6  4  1
```

它的特点是：0 列和对角线元素都是 1。其他元素均为上一行的同列元素与前一列元素之和。

程序如下：

```
#define N 6
main()
{
  int i,j,y[N][N];
  for(i=0;i<N;i++)
  {
    y[i][0]=1;                          /*0 列元素置 1 */
    y[i][i]=1;                          /*对角线元素置 1 */
  }
  for(i=0;i<N;i++)
```

```
    {
      for(j=1;j<i;j++)                    /* 0,1 两行不用计算，j 循环不执行 */
        y[i][j]=y[i-1][j]+y[i-1][j-1];  /*上行的同列元素与前一列元素之和*/
      for(j=0;j<=i;j++)
        printf("%5d",y[i][j]);
      printf("\n");
    }
  }
```

为了节省存储单元，也可以改用一维数组来实现，各行共同使用一个一维数组。先将 0 号元素置 1，其他元素置 0，一维数组中存储的是首行的值，输出该行。再以此行的值为基础，从后向前计算下一行的每个元素值，它等于此元素原值与前一元素值之和，一直计算到 1 号元素，这样整行元素都成为下一行的新值，输出此行。然后，再在新行的基础上再计算和输出下一行，如此反复，直到所有行输出完为止。

程序如下：

```
#define N 6
main()
{
    int i,j,a[6]={1};                 /*定义数组,0 号元素置 1 其他元素置 0*/
    for(i=0;i<6;i++)
    {
        for(j=i;j>0;j--)              /* 从后向前 */
            a[j]=a[j]+a[j-1];         /* 此元素与前一元素之和 */
        for(j=0;j<=i;j++)
            printf("%5d",a[j]);
        printf("\n");
    }
}
```

运行结果：

```
    1
    1    1
    1    2    1
    1    3    3    1
    1    4    6    4    1
    1    5   10   10    5    1
```

【例 6.8】　从键盘输入 8 个学生三门课程的成绩，求每个学生各门课的平均分，并按平均分从高到低的顺序输出每个学生各门课程的成绩和平均成绩。

算法分析：

1）定义数组 int s[N][3]; 存储 N=8 个学生三门课程的成绩，数组 float a[N]; 存储 8 个学生的平均成绩。

2）用 for 循环从键盘按行输入每个学生三门课的成绩。

3）用 for 循环计算出每个学生的平均成绩并存入数组 a 中。

4）用选择排序按照平均成绩从高到低的顺序进行排序，交换时应注意除了平均成绩交换外，对应学生的三门课程也需要进行交换。

5）按要求输出。

程序如下：

```
#define N 8
main()
{
  int i,j,k,m,s[N][3];                          /* 定义数组和变量 */
  float t,a[N];
  printf("Input %d student's scores: \n",N);
  for(i=0;i<N;i++)                              /* 输入成绩 */
    scanf("%d%d%d",&s[i][0],&s[i][1],&s[i][2]);
  for(i=0;i<N;i++)                              /* 求平均分 */
    a[i]=(s[i][0]+s[i][1]+s[i][2])/3.0;
  for(i=0;i<N-1;i++)
  {
    for(j=i+1;j<N;j++)
      if(a[j]>a[i])                             /* 成绩高者交换到 i */
      {
        for(k=0;k<3;k++)
        {
          m=s[i][k];
          s[i][k]=s[j][k];
          s[j][k]=m;
        }
        t=a[i];
        a[i]=a[j];
        a[j]=t;
      }
  }
  printf("the sorted scores: \n");
  for(i=0;i<N;i++)                              /* 输出每个学生的成绩 */
    printf("%8d%8d%8d%8.1f\n",s[i][0],s[i][1],s[i][2],a[i]);
}
```

为了减少交换次数，可以用变量 k 存储第 i 趟成绩最高者的下标。这样，每趟最多交换一次。可将排序部分的程序改为：

```
for(i=0;i<N-1;i++)
{
  k=i;                               /* 用 k 存储第 i 趟成绩最高者的下标 */
  for(j=i+1;j<N;j++)
```

```
      if (a[j]> a[k])  k=j;
    if (k!=i)                              /* 将第 i 趟成绩最高者交换到 i 行 */
    {
      for(j=0;j<3;j++)
      {
        m=s[i][j];
        s[i][j]=s[k][j];
        s[k][j]=m;
      }
      t=a[i];
      a[i]=a[k];
      a[k]=t;
    }
  }
```

6.3 字 符 数 组

数组元素类型是 char 的数组就是字符数组，它也可以有一维数组、二维数组或多维数组。前面遇到的字符串就可以存放在字符数组中。

6.3.1 字符数组的定义和引用

1. 定义格式

char 数组名[元素数] 〖={元素初值列表}〗;

元素类型名是 char，元素数应为常量表达式，它定义了该字符数组的元素个数，即数组长度，常量表达式中不允许有变量。

例如：

```
char a[8]={'G','o','o','d'};
```

1）初始化时如果元素初值列表给出的字符数小于定义的元素数，则后面自动补 ASCII 码为 0 的字符 '\0'，在字符串处理中字符 '\0' 作为字符串结束符。如果给出的字符数大于数组元素数，则编译时出语法错误。若给出的字符数恰好等于元素数，则不会自动补 '\0'。

2）可去掉定义时的元素数，用元素初值列表的元素个数来定义元素数，这种情况下，字符数组元素数等于{}中的字符数。

```
char x[]={'I',' ','a','m',' ','a',' ','s','t','u','d','e','n','t','.'};
```

数组 x 的长度为 15，后面不会自动加字符串结束符 '\0'。

3）用字符串常量对字符数组初始化，将字符串常量放在初始化的花括号内或直接放在"="后，如：

```
char x[20]={"I am a student."};
```

```
char x[20]="I am a student.";
```

数组 x 的长度为 20，x[0]～x[14]存放有效字符，x[15]自动存放 '\0'。该字符串有效长度为 15。定义的元素数一定要大于实际使用的有效长度。

或去掉定义时的长度，直接写为：

```
char x[]={"I am a student.";}
char x[]="I am a student.";
```

系统会自动加 '\0'，字符数组的元素数为双引号内的有效字符数加 1，字符数组 x 的长度为 15+1，x[15] 存放 '\0'。

2. 字符数组的引用

引用字符数组元素，相当于引用一个字符变量。字符数组元素的引用格式为：

数组名[下标]

其中的下标为整型表达式，用它确定所引用元素的序号。

与一般类型的数组一样，除了函数调用语句外，其他语句不能整体引用字符数组，不能给字符数组整体赋值，也不能整体比较。

但字符数组可以整体用于输入和输出语句。

3. 字符串常量和字符数组

字符串常量是一对双引号括起来的字符串序列。字符数组可以用来存储字符串常量，此时数组的元素个数应大于或等于字符串的长度加 1。字符串常进行整体处理，字符数组中如果没有字符串结束符 '\0'，不能当作字符串使用，否则可能出错。

6.3.2 字符数组的输入与输出

在用 scanf() 和 printf() 输入和输出字符数组时，可以采用如下两种格式符：

%c ——逐个元素输入和输出字符(char)。

%s ——整体一次输入和输出字符串(string)。

1. 用格式符%c 逐个输入和输出字符

这种格式，一般将 scanf() 和 printf() 放在循环中，用%c 指定格式，用数组元素作输入和输出项，元素下标在循环中不断变化，逐个进行元素的输入和输出。输入时数组元素前一定要加地址符&。

注意：用此法输入时系统不会自动加 '\0'，输出时也不自动检测 '\0'。

【例 6.9】 用格式符%c 逐个字符输入到字符数组，然后输出。

程序如下：

```
main()
{
    char d[10];  int i;
    for(i=0;i<10;i++)
```

```
        scanf("%c",&d[i]);  /* 必须输入够 10 个字符，不会自动加结束符'\0' */
    for(i=0;i<10;i++)
        printf("%c",d[i]);  /* 改为 printf("%s",d); 会出错 */
    printf("\n");
}
```

运行结果如下：

```
abcdefghij<回车>
abcdefghij
```

2. 用格式符%s 整体输入字符串

在 scanf() 中用格式串 "%s" 指定格式，直接用数组名作输入项整体输入字符串。例如：

```
char c[20];
scanf("%s",c);
```

注意： 1）数组名本身就代表该数组的首地址 (0 号元素的地址)，所以 scanf() 中输入项的数组名前不允许再加地址符 &。

2）由于是整体输入，所以在输入字符串的末尾，系统自动加上 '\0'。

3）输入多个字符串，可用空格隔开。例如：

```
char s1[10],s2[10],s3[10];
scanf("%s%s%s",s1,s2,s3);
```

若输入：`You are happy!<回车>`

则 s1、s2、s3 的内容分别为 "You"、"are"、"happy!"

正因为 scanf() 中空格是多个字符串的分隔符，所以企图用此法输入带空格的字符串给一个字符数组时，只有第一个空格前的字符串有效，例如：

```
char str[20];
scanf("%s",str);
```

如果输入：You are a worker! <回车>

则只会将 You 输入到 str 中，且只存了 4 个字符：'Y'、'o'、'u'、'\0'

如果要将带空格的字符串全部输入 str 中则可以使用字符串处理函数 gets。

3. 用格式符%s 整体输出字符数组

在 printf( )中用格式串"%s"指定格式，用数组名作输出项整体输出字符数组。例如：

```
char c[]={"How are you"};
printf("%s",c);
```

注意： 1）如果数组长度大于字符串长度，则遇到 '\0' 即结束。例如：

```
char c[20]="How are you";
printf(" %s?",c);
```

输出结果("How are you" 与 "?" 之间没有空格)：

```
How are you?
```

2）如果数组中有多个 '\0'，输出时遇到第一个 '\0' 即结束。

3）如果数组中没有 '\0'，用此格式整体输出数组时会将内存中该数组之后的内容一并输出，直到遇见第一个 '\0' 为止。最好改用%c 格式输出各元素。例如：

```
char c[]={'B','o','o','k'};
printf("%s",c);           /* 输出结果在 Book 之后可能还有其他内容 */
```

4）只有字符数组可以整体输入和输出，其他类型的数组都不能整体输入和输出。

6.3.3 字符串处理函数

目前，计算机大量应用在信息管理中，经常需要对字符串整体处理，如整体比较、整体复制、整体连接、整体输入和输出等。但字符数组不能整体赋值，也不能整体比较，为了使处理字符串更加方便，C 语言程序库中提供了一些专门处理字符串的函数：

- puts(字符串);　　将字符串输出到终端
- gets(字符数组);　　输入一行字符序列到字符数组，返回数组的首地址
- strcat(字符数组,字符串);　　将字符串连接到数组中的串后面，返回数组首地址
- strcpy(字符数组,字符串);　　复制字符串到字符数组，返回字符数组的首地址
- strcmp(字符串 1,字符串 2);　　两个字符串比较，返回比较结果
- strlen(字符串);　　测字符串长度，返回字符串长度
- strlwr (字符串);　　将字符串大写字母转换为小写，返回该串的首地址
- strupr (字符串);　　将字符串小写字母转换为大写，返回该串的首地址

下面介绍最常用的几种。

1. 字符串整行输入函数 gets()

格式：gets(字符数组)

功能：从键盘将带空格的字符序列（以回车键结束）全部输入到指定的字符数组中，并自动加字符串结束符 '\0'。该函数的返回值是字符数组的首地址。例如：

```
char str[20];
gets(str);
```

运行时从键盘输入一行：

```
How are you<回车>          /* 注意与 scanf 的结果不同 */
```

结果将包括空格在内的 11 个有效字符和 '\0' 字符共 12 个存入 str。

2. 字符串整体输出函数 puts()

格式：puts(字符串)

功能：将指定的字符串（以 '\0' 结束）作为一行输出到终端。

puts(str) 与 printf("%s\n", str) 功能相同。str 可以是字符串常量或存有 '\0' 的字符数组，字符串中可以有转义字符。例如：

```
char s[]="Hello !\nHow are you ?";
puts(s);   puts("Welcome to you !");
```

运行时输出：

```
Hello !
How are you ?
Welcome to you !
```

puts() 在输出完字符串后自动换行。第二个 puts() 从新行开始输出。

3. 测字符串长度函数

格式：strlen(字符串);

功能：返回字符串有效长度，不包括 '\0'。例如：

```
char s[20]="12345";
```

strlen(s)长度为 5，strlen("How are you ?")长度为 13。请注意数组的长度 sizeof(s)是 20。

4. 字符串比较函数

格式：strcmp(字符串 1, 字符串 2);

功能：字符串比较，返回比较结果。它对字符串 1 和字符串 2 中的字符从左向右逐个按其 ASCII 码值进行比较，直到字符值不相等或遇到字符串结束符 '\0' 时结束。如果两个字符串相等，则函数返回整数 0；如果两个字符值不相等，且字符串 1 的字符较大，则函数返回正整数；否则函数返回负整数。注意，大写字母比相应小写字母的 ASCII 码值小 32。

注意：字符串的比较不能采用关系运算符（>、<、>=、<=、==）进行比较。

例如：

```
char s[20]="hello !";
printf("%d  %d\n",strcmp(s,"Hello !"),strcmp("aaabc","aabc"));
```

运行时输出：

```
32  -1
```

5. 字符串复制函数

格式：strcpy(字符数组 1，字符串 2);

功能：将字符串 2 包括 '\0' 全部复制到字符数组 1 中，字符串 2 可以是字符串常量或字符数组名，而字符数组 1 只能是字符数组名。此函数的返回值是字符数组 1 的首地址。

显然，字符数组 1 应该有足够的长度，以便能存放下字符串 2。

注意：字符串的复制不能采用赋值运算符（ = ）进行复制。

```
char s[20];
strcpy(s,"Hello !");
puts(s);
```

运行时输出：

```
Hello !
```

6. 字符串连接函数

格式：strcat(字符数组 1，字符串 2);

功能：将字符串 2 连接到字符数组 1 中的字符串后面，字符串 2 可以是字符串常量或字符数组名，而字符数组 1 只能是字符数组名。此函数的返回值是字符数组 1 的首地址。

显然字符数组 1 应该有足够的长度，以便能存放下连接后的新字符串。连接时字符数组 1 中的字符串尾的 '\0' 被覆盖，两个字符串连接为一个，在字符数组中只保留新字符串后的 '\0'。

例如：

```
char s1[20]="You are a ";
puts(strcat(s1,"worker."););
```

运行时输出：

```
You are a worker.
```

【例 6.10】 上述 6 个字符串处理函数应用举例。

程序如下：

```
#include <stdio.h>
#include <string.h>
main()
{
    char s1[20]="abcde",s2[10]="123456";
    puts(strcat(s1,s2));
    printf("%d  %d\n",strlen(s1),strcmp(s1,s2));
    gets(s1);
    printf("%d  %d\n",strlen(s1),strcmp(s1,s2));
    puts(strcpy(s1,s2));
    printf("%d  %d\n",strlen(s1),strcmp(s1,s2));
    gets(s1);
    puts(strcat(s1,s2));
}
```

运行情况如下：

```
abcde123456
11  48
wxyz<回车>
4  70
123456
6  0
ab<回车>
ab123456
```

7. 字符数组应用举例

【例 6.11】 输入一行字符，统计其中有多少个单词，单词之间用空格分隔开。

算法分析：用循环语句对输入的一行字符逐个处理，用 n 统计单词个数，初值为 0，用 k 作为判断新单词的辅助变量，k==0 表示前一字符是空格，k==1 表示前一字符非空格。如果当前字符是空格则 k 置 0，否则 k 置 1。当前一字符是空格（k==0）而当前字符非空格（k==1）时，表示出现新单词，将 n 增 1，并将 k 置 1。

程序如下：

```
#include "stdio.h"
main()
{
   char c,s[81];
   int i,n=0,k=0;
   gets(s);
   for(i=0;c=s[i];i++)              /* 当字符串结束时 c 的数值为 0 循环结束 */
      if(c==' ') k=0;               /* c 为空格 k 置 0 */
      else if(k==0)                 /* c 非空格 k 为 0 表示有一个新单词 */
      {
         n++;
         k=1;
      }
    printf("There are %d words in the line \n ",n);
}
```

运行情况如下：

```
I am a student.<回车>
There are 4 words in the line
```

【例 6.12】 用键盘输入 N 个学生的姓名存储在字符数组中，并按字典顺序排序输出。

算法分析：定义一个二维字符数组，每行存储一个学生的姓名；若有 10 个学生则二维数组的行数为 10，假设姓名都不超过 11 个字符，则二维数组的列数为 12。

用选择排序法，按字典顺序比较大小时用 strcmp()函数，交换时赋值用 strcpy()函数。为了减少交换次数用 k 存储每趟比较中最小的字符串的下标，每趟最多交换一次。

程序如下：

```
#define N 10
main()
{
   char name[N][12];
   char str[12];
   int i,j,k;
   printf(" Input %d student's names: \n",N);
```

```
    for(i=0;i<N;i++)
      gets(name[i]);                              /* name[i]是行数组名 */
    printf("\nThe sorted scores: \n");
    for(i=0;i<N;i++)
    {
      k=i;                                        /* k 存储最小的字符串的下标 */
      for(j=i+1;j<N;j++)
        if(strcmp(name[k],name[j])>0) k=j;        /* 更小则存新下标 */
      if(k!=i)                                    /* 将最小的字符串交换到 i 行 */
      {
          strcpy(str,name[i]);
          strcpy(name[i],name[k]);
          strcpy(name[k],str);
      }
      printf("%s\n",name[i]);                     /* 输出 i 行字符串并换行 */
    }
  }
```

将 N 改为 5，运行情况如下：

```
Input 6 student's names:
Zhang san<回车>
Li si<回车>
Wang wu<回车>
Zhao liu<回车>
Qian qi<回车>

The sorted names:
Li si
Qian qi
Wang wu
Zhang san
Zhao liu
```

【例 6.13】 特大整数的精确相加。

特大整数用长整型也存不下，如果用双精度实型存储则会造成误差，可以用字符数组存储所有位，再按十进制由低到高逐位相加，同时考虑进位。

算法分析：

① 初始化：将两个特大整数输入两个字符数组，将两个字符数组的各元素右移，使最低位的元素位置对齐，高位补 0，为了存储最高位的进位，位数多的数最高位前也应补一个 0。

② 从最低位对应的数组元素开始将数字字符转换为整型数据相加，因为数字字符'0'对应的 ASCII 值是 48，则：整型数据 1+2，相当于 ('1'−48)+('2'−48)，即 '1'+'2'−96。

③ 将和整除以 10，余数就是该位的结果，并转换为字符（整型数据+48）存入该位，商就是进位数。

④ 再对高一位对应的数组元素操作，将该位数字字符转换为整型相加，并与低位的进位数相加，将和整除以 10，余数就是该位的结果，商就是本位的进位数。

⑤ 重复④直到最高位。

⑥ 如果最高位相加时进位数大于 0，则将此进位数转换为字符存入最高位上 1 位。

程序如下：

```
main()
{
  char a[101],b[101];
  int i,j,k,m,n;
  scanf("%s",a);
  scanf("%s",b);
  m=strlen(a);
  k=n=strlen(b);
  if(m>k) k=m;              /*k 是两个字符串长度的最大值*/
  a[k+1]=0;
  for(i=0;i<k;i++)          /*使数组 a 的字符串以 a[k]右对齐*/
    a[k-i]=a[m-i-1];
  for(i=0;i<=k-m;i++)       /*使数组 a 的高位补 0*/
    a[i]='0';
  for(i=0;i<=k;i++)              /*使数组 b 的字符串以 b[k]右对齐*/
    b[k-i]=b[n-i-1];
  for(i=0;i<=k-n;i++)       /*使数组 b 的高位补 0*/
    b[i]='0';
  j=0;
  for(i=0;i<k;i++)
  {
    j=(a[k-i]+b[k-i]+j-96);      /*字符转换为整数相加，再加低进位，赋给 j*/
    a[k-i]=j%10+48;         /*j 整除 10 的余数转换为字符*/
    j=j/10;                 /*j 整除 10 的商，作为本位的进位数*/
  }
  if(a[0]=='0')
    printf("%s\n",a+1);
  else  printf("%s\n",a);/
}
```

运行结果：

```
123456789<回车>
23456789<回车>
146913578
```

再运行一次（最高位有进位）：

```
999999999<回车>
999999999<回车>
1999999998
```

6.4 总结与提高

6.4.1 重点与难点

1. 数组和数组元素的概念

数组是由固定数目的同类型的元素按顺序排列而构成的。同一数组的各个元素只是下标不同，通过数组名和下标可直接访问数组的每个元素。下标个数称为数组的维数，带一个下标的是一维数组，带多个下标的是多维数组。数组必须先定义后引用。数组元素引用时下标要合法并且不得超过定义时说明的界限。

2. 不能用赋值语句给数组整体赋值

除了函数调用语句中可以用数组名引用数组外，其他地方都只能引用数组元素（相当于一个简单变量）。不能用赋值语句给数组整体赋值，也不能进行整体比较。

3. 可以用数组名整体输入和输出字符数组

字符数组可以用数组名进行整体输入和输出，但其他类型的数组不能用数组名整体输入和输出。在整体输入和输出字符数组时，注意 scanf() 函数与 gets()函数的差别，printf() 函数与 puts() 函数的区别。

4. 字符串常量、字符数组、字符串的区别

字符串常量是以 '\0' 结束的内容固定的字符序列，字符数组是元素类型为字符类型的数组，字符串常量和存有 '\0' 的字符数组统称为字符串。

5. 字符串处理的函数

对于字符串程序中往往考虑的是整体引用，经常需要对字符串整体处理，为了使处理字符串更加方便，C 语言程序库中提供了许多专门处理字符串的函数，以便对字符串整体进行比较、整体复制、整体连接、整体输入和输出等。

6. 容易出错的几点

- 下标没有写括号、使用圆括号、多维下标写错。
- 数组元素引用时误认为下标从 1 开始编排，引用的最大下标等于定义的元素数。
- 非字符数组用数组名整体输入和输出。

- 用赋值语句给数组整体赋值。
- 将没有 '\0' 的字符数组作为字符串引用。
- 定义的元素数不够。
- 企图用 scanf("%s",s) 整体输入带空格的字符串。

6.4.2 典型题例

【例 6.14】 对若干正整数，用逐个插入数组中的方法进行排序，插入的过程中数组始终保持有序。此法称为插入排序。

算法分析：

① 设排序是从大到小进行的，定义一个数组 a[ ]，第一个数直接存入 a[1]，一个数自然是有序的。读入新的数存入 n。

② 当 n>0 时进入循环，将 n 插入已排好序的数组中。

③ 从数组最后一个元素开始，逐个将数组元素 a[j]与数 n 进行比较，如果 a[j]<n 则将 a[j] 后移一个单元，直到找到第一个 a[j]>=n 为止，此时 a[j+1] 即为插入位置。若第一次比较 a[j]>=n，则数 n 同样应插入 a[j+1]位置。将 n 存入 a[j+1]，再读入新的数存到 n。

④ 重复③直到读入的新数小于 0 为止。

程序如下：

```
main()
{
  int i,j,n,a[101];
  printf("\ninput number:\n");
  scanf("%d",&n);
  if(n<=0) return;
  else a[1]=n;
  i=1;
  scanf("%d",&n);
  while(n>0)
  {
     for(j=i;n>a[j] && j>0;j--)
        a[j+1]=a[j];
     a[++j]=n;
     i++;
     scanf("%d",&n);
  }
  for(j=1;j<=i;j++)
     printf("%d ",a[j]);
  printf("\n");
}
```

运行结果：

```
5 8 3 6 9 7 4 -1<回车>
9 8 7 6 5 4 3
```

为了提高效率，减少内循环中的比较次数，可以将内循环 for 语句改为：

```
a[0]=n;
for(j=i;n<a[j];j--)
   a[j+1]=a[j];
```

运行结果相同。

【例 6.15】 求两个矩阵 A 和 B 的乘积 C，如：

$$A=\begin{pmatrix}1 & 2 & 3\\ 4 & 5 & 6\end{pmatrix}\quad B=\begin{pmatrix}1 & 4\\ 2 & 5\\ 3 & 6\end{pmatrix}\quad C=A\times B=\begin{pmatrix}14 & 32\\ 32 & 77\end{pmatrix}$$

算法分析：

乘积 C 的任意元素 $C_{i\,j}$ 等于矩阵 A 的第 i 行和矩阵 B 的第 j 列对应元素乘积之和，即 $C_{i\,j}=A_{i\,0}\,B_{0\,j}+A_{i\,1}\,B_{1\,j}+A_{i\,2}\,B_{2\,j}+\cdots$，可以用一个求累加和的循环实现：

```
for(k=0;k<3;k++)
   C[i][j]+=A[i][k]*B[k][j];
```

对矩阵 C 的各行和各列元素都按这种算法计算，将此 k 循环嵌套在遍历 C 的所有元素的二重循环中。

程序如下：

```
main()
{
  int A[2][3]={{1,2,3},{4,5,6}},B[3][2]={{1,4},{2,5},{3,6}};
  int i,j,k,C[2][3]={0};
  for(i=0;i<2;i++)                    /* 遍历 C 矩阵的各行 */
      for(j=0;j<2;j++)                /* 遍历 C 矩阵 i 行的各列 */
          for(k=0;k<3;k++)            /* 用 k 循环求累加和来计算 C[i][j] */
              C[i][j]+=A[i][k]*B[k][j];
  printf("Array C=A×B: \n");
  for(i=0;i<2;i++)
  {
      for(j=0;j<2;j++)
          printf("%6d",C[i][j]);
      printf("\n");
  }
}
```

运行结果如下：

```
Array C=A×B:
    14    32
    32    77
```

【例 6.16】　用高斯消去法解线性方程组。算法是，将系数矩阵和常数项存储到二维数组中，用加减消元法把矩阵变换为同解的上三角矩阵，然后回代得出全部的解，如：

$$\begin{matrix} 2x_1+4x_2+6x_3=28 \\ 3x_1+2x_2+x_3=10 \\ x_1+x_2+2x_3=9 \end{matrix} \quad \text{消元} \rightarrow \quad \begin{matrix} x_1+2x_2+3x_3=14 \\ x_2+2x_3=8 \\ x_3=3 \end{matrix} \quad \text{回代} \rightarrow \quad \begin{matrix} x_1=1 \\ x_2=2 \\ x_3=3 \end{matrix}$$

相应的矩阵变换：

$$\begin{matrix} 2 & 4 & 6 & 28 \\ 3 & 2 & 1 & 10 \\ 1 & 1 & 2 & 9 \end{matrix} \quad \text{消元} \rightarrow \quad \begin{matrix} 1 & 2 & 3 & 14 \\ 0 & 1 & 2 & 8 \\ 0 & 0 & 1 & 3 \end{matrix} \quad \text{回代} \rightarrow \quad \begin{matrix} 1 & 0 & 0 & 1 \\ 0 & 1 & 0 & 2 \\ 0 & 0 & 1 & 3 \end{matrix}$$

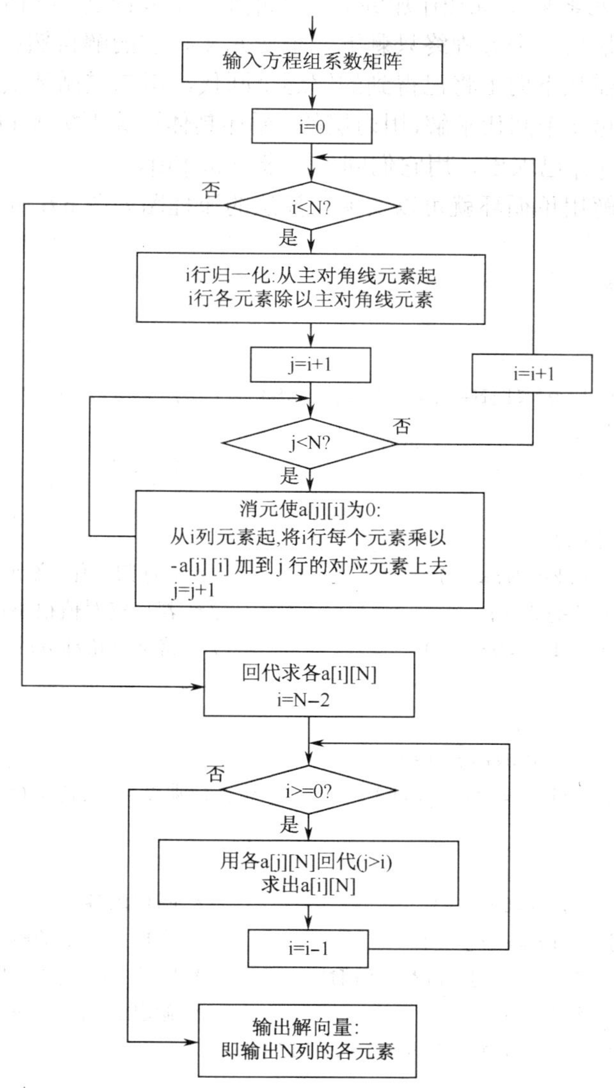

图 6.6　高斯消去法流程图

```
          s[22][j]='-';
    s[22][66]='>';
    s[23][66]='x';
    printf("exp(-x)*cos(x)\n   ^\n");
    for(j=0;j<64;j++)
    {
      i=(int)(22.5-22*exp(-x/6.0)*cos(x));
      s[i][j]='*';
      x+=h;
    }
    for(i=0;i<36;i++)
      printf("       %s\n",s[i]);
}
```

运行结果如图 6.7 所示。

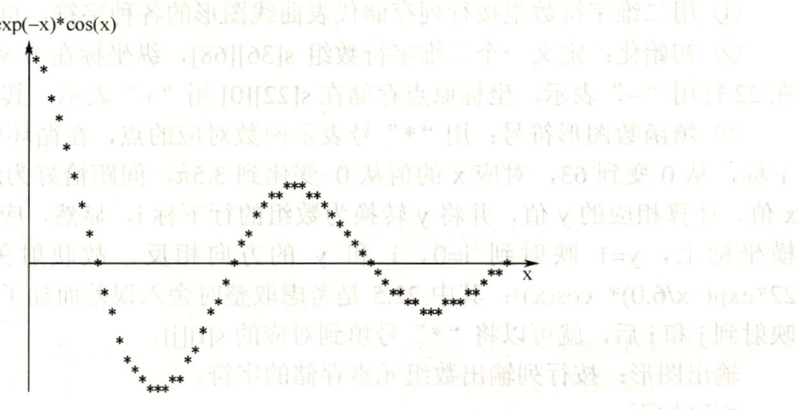

图 6.7 y=exp(−x)*cos(x) 函数曲线输出结果

习 题 6

6.1 判断各语句行是否正确。

(1) `int a[][2]={1};`

(2) `int b[4]=(1,2,3,4);`

(3) `int c[5]={0,1,2,3,4,5};`

(4) `int d[][5]={{1,2},{3,4,5,6}};`

(5) `int e[2][]={{1,2,3},{4,5,6}};`

(6) `int f[2,3]={{1,2,3},{4,5,6}}`

(7) `char g[]={'a','b','c','d'};`

(8) `char h[6]="abc\0";`

（9）`char m[5]="abcdef";`

（10）`char n[6];  n="abcde";`

6.2　写出下面程序执行的输出结果。

（1）
```
main()
{
  int i,n[]={1,2,3,4,5,6,7,8,9};
  for(i=0;i<9;i++) n[i]=9-i;
  printf("%5d %5d",n[3],n[5]);
}
```

（2）
```
main()
{
  int i,j=1,a[]={1,2,3,4,5,6};
  for(i=0;i<4;i++)
  {  a[i]+=i;
     j+=a[i]*i; }
  printf("%5d",j);
}
```

（3）
```
main()
{
  int i,a[3][5]={1,2,3,4,5,6,7,8,9,10,11};
  for(i=0;i<3;i++)
    printf("%5d",a[i][4-i]);
}
```

（4）
```
main()
{
  int i,j,a[3][4]={{0,1,2},{3,4,5,6},{7,8}};
  for(i=0;i<3;i++)
  {  for(j=i;j<4;j++)
       printf("%5d",a[2-i][j]);
    printf("\n");
  }
}
```

（5）
```
main()
{
  int i,j,a[][4]={1,2,3,4,5,6,7,8,9,10,11};
  for(i=1;i<3;i++)
    for(j=i;j<4;j++)
      a[i][j]+=a[i][j-1];
  for(i=0;i<3;i++)
    for(j=0;j<4;j++)
      printf("%5d",a[i][j]);
```

```
    }
```

(6) main()

```
    {
        char s[20];
        scanf("%s",s);
        printf("%s\n",strcat(s," is a doctor."));
    }
```

输入 Chen qi 则输出结果

(7) main()

```
    {
        char st[16]="123456\0abcdef";
        printf("%d %d %s\n",strlen(st),sizeof(st),st);
    }
```

(8) main()

```
    {
        char i,s[][5]={"ab","1234","wxyz"};
        for(i=1;i<2;i++)
            printf("%s\n",s[i]);
    }
```

6.3　从键盘输入 10 个学生的成绩存储在数组中，求成绩最高者的序号和成绩。

6.4　计算和存储 0°～90°的正弦函数值和 0°～45°的正切函数值，每隔 1° 计算一个值。

6.5　将整型数组中的所有元素镜像对调，第一个与最后一个对调，第二个与到数第二个对调，按对调后的结果输出。

6.6　在有序的数列中插入若干个数，使数列在插入过程中始终保持有序。

6.7　将两个按升序排列的数列，仍按升序合并存放到另一个数组中，要求每个数都一次到位，不得在新数组中重新排序。

6.8　用数组存储 x 的 10 次多项式的各项系数，输入多个 x，分别用秦九韶公式计算对应的多项式值。秦九韶公式：

$$p_n(x)=a_0x^n+a_1x^{n-1}+\cdots+a_{n-1}x+a_n=(\cdots((a_0x+a_1)x+a_2)x+\cdots+a_{n-1})x+a_n$$

6.9　将矩阵 A 的转置矩阵存入矩阵 B，输出 B。

6.10　找出 6×6 矩阵每列绝对值最大的元素，并与同行对角线元素交换。

6.11　生成如下矩阵：

```
 1   2   3   4   5   6   7
24  25  26  27  28  29   8
23  40  41  42  43  30   9
22  39  48  49  44  31  10
21  38  47  46  45  32  11
20  37  36  35  34  33  12
19  18  17  16  15  14  13
```

6.12　编写一个程序，键盘输入月份号，输出该月的英文月份名，如输入“5”，则输出“May”，当输入的月份号小于0或大于12时，为输出错误信息，输入0则程序终止执行。

6.13　用二维字符数组的每行存储键盘输入的字符串，将这些字符串按字典顺序升序排序，按排序后的结果输出。

6.14　用列主元高斯消去法解任意一个线性方程组，方程组的系数矩阵和常数项通过键盘输入到二维数组中。

第 7 章　函　　数

程序的模块化是现今程序设计的发展趋势。其主要思想是把一个较大的、复杂的程序分解成多个功能简单的较小模块，每个模块分别独立实现比较简单的特定功能，互不干扰，而且模块之间可以相互调用，相互配合完成复杂的功能。这些独立的部分可以单独进行编译和调试。这样设计出来的程序，逻辑关系明确，结构清晰，可读性好，便于查错和修改。C 语言通过函数来实现程序的模块化。利用函数可以化整为零，简化程序设计。

7.1　概　　述

在 C 语言中，函数是程序的基本单位，每个函数都是具有独立功能的模块。利用函数，可以方便地实现程序的模块化，同时使整个程序的组织、编写、阅读、调试、修改和维护更加方便，使程序结构清晰，易读、易理解。函数的合理运用还大大提高了程序的可重用性，可以丰富 C 语言函数库。

7.1.1　C 程序的基本结构

C 语言中采用结构化程序设计方法，每个模块的划分应合理，函数的名字应取得合适，注释应准确恰当。整个程序可以分为若干层，不管在哪个层面上，对其要完成的任务均应清晰、明了，这样才有利于在下面的各层函数中实现解决问题的细节。图 7.1 即为 C 程序的基本结构。

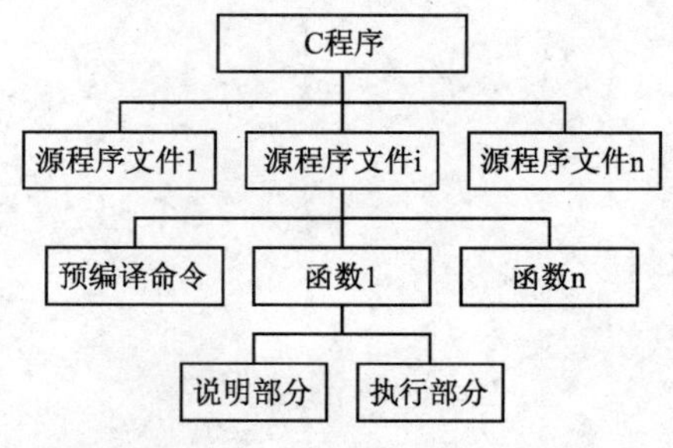

图 7.1　C 程序的基本结构

在前面已经介绍过，C 语言源程序是由函数组成的。虽然在前面各章的程序中大都只有一个主函数 main( )，但实用程序往往由多个函数组成。函数是 C 源程序的基本模块，通过对函数模块的调用实现特定的功能。C 语言中的函数相当于其他高级语言的子程序。C 语言不仅提供了极为丰富的库函数（如 Turbo C、MS C 都提供了 300 多个库函数），还允许用户建立自己定义的函数。用户可以把自己的算法编写成一个个相对独立的函数模块，然后用调用的方法来使用函数。简单地说，函数可以看作是一个可以执行特定功能的“黑匣子”，当给定输入时，它就会给出正确的输出，内部程序是怎么执行的不必知道。只有当编写一个函数时才需要熟悉内部是怎么实现的。

由于采用了函数模块式的结构，C 语言易于实现结构化程序设计。使程序的层次结构清晰，便于程序的编写、阅读和调试。通过下面的函数程序的例子可以对函数有一个初步的了解。

【例 7.1】 打印日历表。

```
print_star()        /* 打印星号函数 * /
{ int i;
  for(i=1;i<=55;i++)
      printf("*");
  printf("\n");
}
print_calendar()       /* 打印日历函数 */
{ int start=5,days=31,i;
  printf("Sun\tMon\tTue\tWed\tThu\tFri\tSat\t\n");
  for(i=1;i<=start;i++)
      printf("\t");
  for(i=1;i<=days;i++)
  { printf("%d\t",i);
    if((i+start)%7==0)
      printf("\n");
  }
  printf("\n");
}
/* 主函数 */
main()
{ print_star();            /* 调用函数打印上面的星号*/
  print_calendar();        /* 调用函数打印中间的日历*/
  print_star();            /* 调用函数打印下面的星号*/
}
```

程序运行结果为：

```
*******************************************************
Sun     Mon     Tue     Wed     Thu     Fri     Sat
                                        1       2
3       4       5       6       7       8       9
10      11      12      13      14      15      16
17      18      19      20      21      22      23
24      25      26      27      28      29      30
31
*******************************************************
```

以上程序的执行过程如下：

1）程序开始运行后首先执行 main 函数中的语句。

2）main 函数中调用了 print_star()函数，开始执行该函数的代码，打印了一行星号。执行完毕返回 main 函数。

3）继续执行 main 函数，又调用了 print_calendar()函数，开始执行该函数，打印日历。执行完毕返回 main 函数。

4）返回到 main 函数中继续执行 main 函数中的语句，再次调用 print_star()函数又打印一行星号，返回 main 函数，main 函数结束，执行完毕。

该程序是由三个函数构成：main()，print_star()，print_calendar()，从模块化的观点来看这个程序由三个模块构成，每个模块由一个函数构成。它们之间的调用关系如图 7.2 所示。

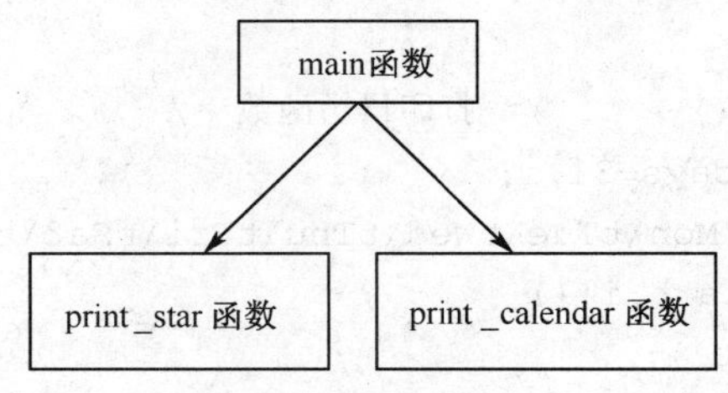

图 7.2　程序中函数的调用关系

关于函数的说明：

1）一个 C 源程序可以由一个或多个源文件构成，一个源文件又可由一个或多个函数构成。

2）一个 C 语言源程序中的所有函数都是相互独立的，各个函数间可以相互调用，但任何函数均不能调用 main 函数。

3）一个源程序总是从 main 函数开始执行，直到 main 函数结束。

7.1.2　函数分类

从不同的角度看，函数可以有以下几种分类方法。

1. 从用户的使用角度

从用户的使用角度，函数可分为以下两种。

1）库函数，也称标准函数。这是由系统提供的，用户不必定义，只需在程序前包含该函数原型所在的头文件，就可以在程序中直接调用。在 C 编译系统中，提供了很多库函数，可以方便用户使用。不同的系统提供的库函数的名称和功能是不完全相同的。

2）用户自定义的函数。根据需要，遵循 C 语言的语法规则自己编写的一段程序，实现特定的功能。

2. 从函数参数传送的角度

从函数参数传送的角度，函数可分为以下两种。

1）有参函数。在函数定义时带有参数的函数。在函数定义时的参数称为形式参数（简称形参），在相应的函数调用时也必须有参数，称为实际参数（简称实参）。在函数调用时，主调函数和被调函数之间通过参数进行数据传递。主调函数可以把实际参数的值传给被调函数的形式参数。

2）无参函数。在函数定义时没有形式参数的函数。在调用无参函数时，主调函数并不将数据传送给被调函数。

3. 从函数的使用范围角度

从函数的使用范围角度，函数可分为以下两种。

1）内部函数。只允许在本源文件内使用的函数。

2）外部函数。除允许在本源文件内使用，还可在其他源文件中使用的函数。

7.2　函数的定义

C 语言中函数定义的一般形式为：

```
类型名  函数名（形参类型说明表）         /*函数首部*/
{                         /*函数体*/
  说明语句
  执行语句
}
```

其中：

1）函数名必须是一个合法的标识符，并且不能与其他函数或变量重名。

2）类型名指定函数返回值的类型，如果定义函数时不指定函数类型，系统会隐含指定函数的类型为 int 型。无返回值的函数的类型名应指定为 void 空类型。

3）形参类型说明表又称为形参列表，它的一般格式为：

数据类型名 1 形参名 1，数据类型名 2 形参名 2，…，数据类型名 n 形参名 n

如果是无参函数，则形参类型说明表可以省略。

4）说明语句和执行语句合在一起称为函数体。函数体可以暂时没有具体内容，此时表示占一个位置，实现一定的功能，以后再加以补写。

例如：

```
dump()
{}
```

它没有函数类型说明，没有形参类型说明表，也没有函数体，是一个最简单的 C 语言合法函数。实际上 dump()函数不执行任何操作，在程序开发过程中常用来代替尚未完全开发的函数。

5）函数包括函数首部和函数体两部分。函数首部用函数的类型、名字、参数和参数类型等来定义函数的调用规范，函数体用于定义该函数要完成的工作。

【例 7.2】 无参函数定义举例。

```
output()
{ printf("*****************************************\n");
  printf("          How are you!                 \n");
  printf("*****************************************\n");
}
main()
{
   output();
}
```

程序运行结果为：

```
*****************************************
           How are you!
*****************************************
```

【例 7.3】 求半径为 r 的圆的面积。

```
#define PI 3.1415926
float a(float r)
{
   return(PI*r*r);
}
main()
{
   float r;
   printf("请输入圆的半径:\n");
   scanf("%f",&r);
   printf("area=%f", a(r));
}
```

程序的运行结果为：

```
请输入圆的半径:
3.5<回车>
area=38.484509
```

7.3 函数的参数和函数的返回值

函数作为一个数据处理的功能部件，是相对独立的。但在一个程序中，各函数要共同完成一个总的任务，所以函数之间，必然存在数据传递。函数间的数据传递包括了两个方面：

1）数据从主调函数传递给被调函数（通过函数的参数实现）。

2）数据从被调函数返回到主调函数（通过函数的返回值实现）。

7.3.1 形式参数和实际参数

在函数定义的首部，函数名后括号中说明的变量称为形式参数，简称为形参。形参的个数可以有多个，多个形参之间用逗号隔开。与形参相对应，当一个函数被调用的时候，在被调用处给出对应的参数，这些参数称为实际参数，简称实参。每个实参都可以是常量、变量和表达式。

在C语言中，实参向形参传递数据的方式是“值传递”。规则如下：

1）形参定义时编译系统并不为其分配存储空间，也无初值，只有在函数调用时，临时分配存储空间，接受来自实参的值。函数调用结束，内存空间释放，值消失。

2）实参可以是常量、变量和表达式，但必须在函数调用之前有确定的值。

3）实参与形参之间是单向的值传递。在函数调用时，将各实参表达式的值计算出来，赋给形参变量。因此，实参与形参必须类型相同或赋值兼容，个数相等，一一对应。在函数调用过程中，即使实参为变量，形参值的改变也不会改变实参变量的值。

【例 7.4】 实参与形参之间单向的值传递。

```
main()
{
  int a=3,b=5;
  swap(a,b);
  printf("a=%d,b=%d",a,b);
}
swap(int x,int y)
{
  int t;
  t=x;
  x=y;
  y=t;
}
```

程序运行结果为：

```
a=3,b=5
```

函数调用前 a 和 b 的值分别为 3 和 5；调用时给 x 和 y 分配空间，并将它们的值分别传给 x 和 y；交换时将 x 和 y 的值变为 5 和 3；但调用后 x 和 y 的空间被释放，此时 a 和 b 的值并没有因为 x 和 y 值的改变而改变（如图 7.3 所示），因为它们占用的是不同的内存单元。

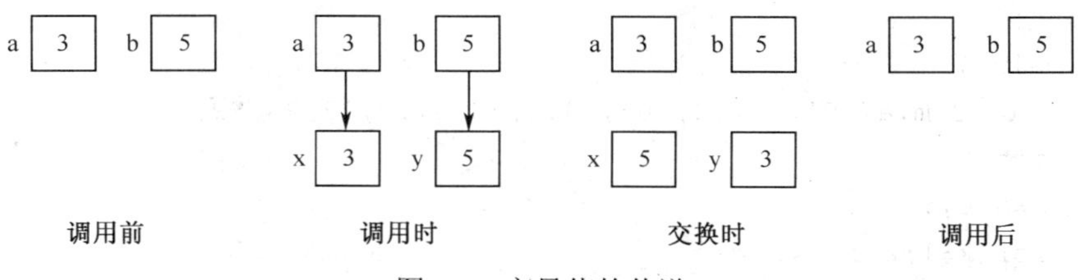

图 7.3 变量值的传递

4）当实参的各表达式之间有联系时，实参的求值顺序在不同的编译系统下是不同的，Turbo C 是从右至左。

【例 7.5】 实参的求值顺序。

```
main()
{
  int i=3,p;
  p=f(i,++i,++i);                    /*函数调用*/
  printf("%d",p);
}
int f(int a,int b,int c)             /*函数定义*/
{
   printf("%d  %d  %d\n",a,b,c);
   return(a+b+c);
}
```

在 Turbo C 系统中的运行结果为：

```
5  5  4
14
```

在函数调用 f 时，Turbo C 按从右至左的顺序求实参的值，相当于 f(5,5,4)。如果按从左至右的顺序求实参的值时，则相当于 f(3,4,5)。

7.3.2 函数与数组

前面已经介绍了使用普通变量可以作函数的参数，同样数组也可以作为函数的参数使用，进行数据传送。数组用作函数参数有两种形式，一种是数组元素作为函数调用的实参使用；另一种是数组名作为函数调用的形参和实参使用。

1. 数组元素作为函数的参数

数组元素就是变量，它与普通变量并无区别。因此数组元素作为函数实参与普通变量是完全相同的，在进行函数调用时，把作为实参的数组元素的值传送给形参，实现一一对应、单向的值传递。

【例 7.6】 数组元素作函数的形参。

```
float max(float x,float y)
{  if(x>y)    return x;
    else      return y;
}
 main()
{ float m,a[10]={12.3,105,34.5,50,67,9,78,98,89,-20};
  int k;
  m=a[0];
  for(k=1;k<10;k++)
```

```
        m=max(m,a[k]);
      printf("%.2f\n",m);
    }
```

运行结果为：

```
105.00
```

max()在调用时，将 m 的值传递给形参 x，a[k]的值传递给形参 y，函数的返回值赋给变量 m。

注意：数组元素只能作为函数的实参，不能作为函数的形参。

2. 数组名作为函数的参数

C 语言中的数组名有两种含义，一是来标识数组，二是代表数组的首地址，数组名的实质就是数组的首地址。因此，数组名作为函数参数与数组元素作为函数的参数有本质的区别。在 C 语言中，可以用数组名作为函数参数，此时实参与形参都使用数组名。参数传递时，实参数组的首地址传递给形参数组名，被调用函数通过形参使用实参数组元素的值，并且可以在被调用函数中改变实参数组元素的值。

（1）一维数组名作函数参数

【例 7.7】 编写冒泡法排序函数，对主函数中输入的无序整数按由大到小的顺序进行排序。

编写 sort 函数，在主函数中使用传数组名的方法调用函数，然后在 sort 中对形参数组进行排序。

```
sort(int b[10],int n)
{ int i,j,t;
  for(i=0;i<n-1;i++)
    for(j=0;j<n-i-1;j++)
       if(b[j]<b[j+1])  /* b[j]和b[j+1]交换 */
         { t=b[j];
           b[j]=b[j+1];
           b[j+1]=t;
         }
}
main()
{ int a[10],i;
  printf("Please input 10 numbers:\n");
  for(i=0;i<10;i++)
    scanf("%d",&a[i]);
  sort(a,10);  /* 调用函数对数组进行排序 */
  printf("Sorted data is:\n");
  for(i=0;i<10;i++)
      printf("%d ",a[i]);
  printf("\n");
```

```
}
```

程序的运行结果如下：

```
Please input 10 numbers:
12 34 1 65 67 87 78 98 125 6<回车>
Sorted data is:
125 98 87 78 67 65 34 12 6 1
```

上面的程序中定义了一个 sort 函数，它的形参中使用了一个整型数组 b。在 main 函数中调用 sort 函数时，与形参 b 对应的实参是一个数组名。

从上面例子中可以看出，用数组名作函数参数与用数组元素或普通变量作参数有几点不同：

1）用数组元素作实参时，只要数组元素类型和函数的形参变量的类型一致，对数组元素的处理是按普通变量对待的。用数组名作函数参数时，则要求形参和相对应的实参都必须是类型相同的数组，都必须有明确的数组说明。当形参和实参两者类型不一致时，则会发生错误。

2）在普通变量或数组元素作函数参数时，形参和实参是由编译系统分配的两个不同的内存单元。在函数调用时发生的值传递是把实参变量的值赋予形参变量。在用数组名作函数参数时，形参数组仅仅为形式上的数组，故又称为形式数组或虚数组，在函数调用时编译系统只为它分配一个存储地址的变量，形参数组名就是该变量名，参数传递时将实参数组的首地址赋值给该变量，这样形参数组和实参数组首地址相同，表示的是同一个数组，共享一段内存空间，如图 7.4 所示。

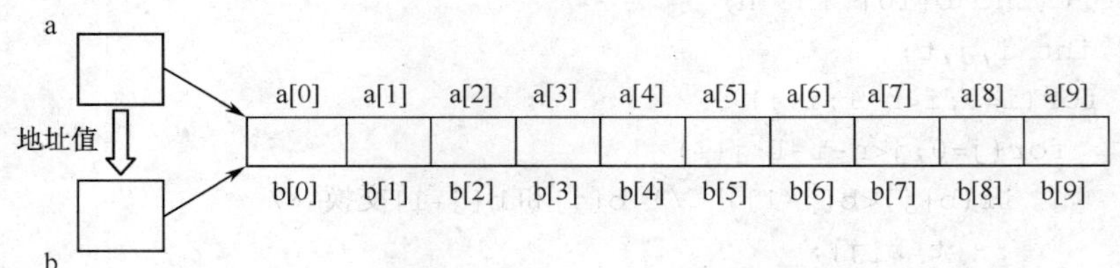

图 7.4　数组 a 和 b 占用同一段内存单元

3）前面已经介绍过，在变量作函数参数时，所进行的值传递是单向的。即只能从实参传向形参，不能从形参传回实参。形参和实参是两个独立的内存单元，形参值的变化并不影响实参。而当用数组名作函数参数时，由于实际上形参和实参共享同一数组，因此当形参数组元素变化时，实参数组元素必然同时发生了变化。但这种情况不要理解为发生了“双向”的值传递，因为值传递的是实参数组的首地址，它仅仅“单向”传递给形参，形参存储的首地址不可能反传递给实参数组（第 9 章将介绍形参存储的地址值可以变化，但此变化不可能反传递给实参），实参数组的首地址是不会发生变化的。由于形参数组是虚数组，故定义时可以不指定长度，它会自动适应实参数组长度。例如，例 7.7 中的定义可改成：sort(int b[],int n)。

（2）二维数组名作函数参数

【例 7.8】 求 3×4 的矩阵中所有元素的最大值，要求用函数实现。

分析：主函数中给出 3×4 矩阵的初始值，在 main 函数中用传递数组名的方式调用 max 函数找到最大值，并返回。

```
max(int b[][4])
{ int i,j,k,max1;
  max1=b[0][0];
  for(i=0;i<3;i++)
    for(j=0;j<4;j++)
      if(b[i][j]>max1)
max1=b[i][j];
  return(max1);
}
main()
{ int m,a[3][4]={5,16,30,40,23,4,156,8,1,3,50,37};
  m=max(a);
  printf("max is %d\n",m);
}
```

程序运行结果如下：

```
max is 156
```

说明：

1）二维数组名作为函数的参数和一维数组名作为函数的参数传递的过程是一样的，唯一不同的是在函数中定义形参数组的时候，第一维的大小可以不指定，但第二维大小必须指定，即上例中形参如果这样定义是不对的：int b[][]。上例形参数组 b 的定义 int b[][4]、int b[3][4] 都是正确的。

2）在该例中，实参是二维数组名 a，形参是与数组 a 同类型的二维数组 b。在进行函数调用时，从实参传送来的是二维数组的首地址，使得二维数组 b 与数组 a 共用同一存储空间，即 b[0][0]与 a[0][0] 占用同一单元，b[0][1] 与 a[0][1] 占用同一单元，以此类推。

7.3.3　函数的返回值

函数的返回值是指函数被调用、执行完后返回给主调函数的值。

1. 函数的返回语句

返回语句的一般形式为：

return 表达式;

功能：将表达式的值带回给主调函数。

2. 返回语句的说明

1）函数内可以有多条返回语句，但每条返回语句的返回值只有一个。

2）当函数不需要指明返回值时，可以写成：

```
return;
```

当函数中无返回语句时，表示最后一条语句执行完自动返回，相当于最后加一条：

```
return;
```

3）为了明确表示不带回值，可以用 void 定义为无返回值类型的函数，简称“无类型”或“空类型”函数，表示函数在返回时不带回任何值。如例 7.2 的 output()函数，用 void 来定义更为确切，它的函数首部可改为：

```
void output()
```

对于非“空类型”函数，如果没有指明返回值，函数执行后实际上不是没有返回值，而是返回一个不确定的值。

4）函数中可以出现多个 return 语句，但真正只执行到一个，无论执行到哪一个，都要返回到主调函数，并带回返回值，例如：

```
int max(int x,int y)
{
    if(x>y) return x;
    return y;
}
```

5）返回值的类型为函数的类型，如果函数的类型和 return 中表达式的类型不一致，以函数类型为准，先将表达式的值转换成函数类型后，再返回。

【例 7.9】 将用户输入的华氏温度换算成摄氏温度输出。华氏温度与摄氏温度的换算公式为：C=(5/9)×(F−32)。

```
int ftoc(float f)
{
    return (5.0/9.0)*(f-32);
}
main()
{
    float f;
    printf("请输入一个华氏温度：\n");
    scanf("%f",&f);
    printf("摄氏温度为：%d",ftoc(f));
}
```

程序的运行结果为：

```
请输入一个华氏温度：
78<回车>
摄氏温度为：25
```

本例的返回值类型与函数类型不一致，返回值类型为 float 型，函数类型为 int 型。系统在返回结果值时，按函数类型要求的数据类型 int 型进行转换，然后将一个 int 型的值提供给主调函数。

7.4 函数的调用

在C语言中通过函数调用来进行函数的控制转移和相互间数据的传递，并对被调函数进行展开执行。

7.4.1 函数调用的一般形式

函数调用的一般形式为：

函数名（实参列表）；

例如：

```
max (a, b);
```

其中：

1）实参表列是用逗号分隔开的变量、常量、表达式、函数等，不管实参是什么类型，在进行函数调用时，实参必须有确定的值，以便把这些值传给形参。

2）函数的实参和形参应在个数、类型和顺序上一一对应，否则会发生类型不匹配的错误。

3）对于无参函数，调用时实参列表为空，但（）不能省略。

7.4.2 函数调用的方式

函数调用可以有以下几种方式。

1. 函数语句调用

这种方式是把函数调用作为一条独立的语句放在调用函数中。这时不要求函数带回明确的返回值，只要求函数完成一定的操作。如例7.2的output()函数的调用，在主函数中，调用 output()函数只是完成输出操作，没有返回值，显然此类函数应定义为 void 类型。

2. 函数表达式调用

函数的调用以表达式的形式出现在程序中（可以出现表达式的地方），称为函数表达式调用。这时要求函数必须带回一个确定的返回值。

【例7.10】 函数表达式调用。

```
max(int x,int y)
{
   int z;
   z=(x>y)?x:y;
   return(z);
}
main()
```

```
{
   int a,b,m;
   scanf("%d,%d",&a,&b);
   m=max(a,b);                 /* max(a,b);作为表达式出现在赋值号右边 */
   printf("max=%d",m);
}
```

程序的运行结果为：

```
3,5<回车>
max=5
```

【例 7.11】 函数表达式调用出现在实参表中。

```
max(int x,int y)
{
   int z;
   z=(x>y)?x:y;
   return(z);
}
main()
{
   int a,b,c,m;
   scanf("%d,%d,%d",&a,&b,&c);
   m=max(max(a,b),c);
   printf("max=%d",m);
}
```

程序的运行结果为：

```
5,8,3<回车>
max=8
```

max(a,b) 作为 max(max(a,b),a) 的一个实参，该实参值就是 max(a,b) 所带回的返回值。

7.5 函数声明和函数原型

由于 C 语言程序可以由若干文件组成，每一个文件可以单独编译。如果在编译函数的调用时，不知道该函数参数的个数和类型，编译系统就无法检查形参和实参是否匹配。为了确保函数调用时编译系统能检查出形参和实参是否满足类型相同、个数相等，并由此决定是否进行类型转换，则必须为编译系统提供所调用函数的返回值类型和参数的类型、个数，以确保函数调用成功。而且，即使在同一个文件中，函数也应遵循先定义后使用的原则。因此 C 语言引入了函数声明的概念。

1. 函数声明

主调函数调用某函数之前对被调函数进行的说明称为函数声明。对被调函数的声明有以下几种情况。

1）对系统预定义函数的声明。在调用系统函数之前，加上含有该系统函数声明的头文件组成的包含命令（只有标准 I/O 函数中的 scanf()和 printf()可以不加头文件），其一般形式为：

```
#include "头文件名.h"
```

例如：

```
#include  "math.h"  /*数学函数*/
```

2）对用户定义的被调函数的声明。当被调函数在主调函数之后定义，其数据类型不是 int 型或 char 型时，则一定要在主调函数之前或主调函数的说明部分对被调函数进行声明。

【例 7.12】 对用户定义的被调函数作声明。

```
main()
{
    float add(float x, float y);    /*对被调函数的声明*/
    float a,b,c;
    scanf("%f, %f",&a, &b);
    c=add(a ,b);
    printf("sum is %f",c);
}

float add(float x, float y)
{
  return(x+y);                    } 函数定义
}
```

在这里要注意：函数声明和函数定义是不同的概念。函数定义是对函数完整功能的确定，包括函数首部（函数名、函数类型、形参、形参类型）、函数体等的指定。函数声明则是将函数首部各部分通知编译系统，进行调用时的对照检查。从例 7.12 中可以看出，函数声明用函数定义的首部加分号组成。

如果将函数声明放在整个源程序文件最前面的说明部分，该函数声明的有效范围是整个源文件，这时所有需要调用该函数的主调函数不再对它重复声明。

3）有时不需要对被调函数声明。有两种情况可以对被调函数不加以声明：

① 被调函数的函数定义出现在主调函数之前，已经符合先定义后引用的原则，不需要对被调函数再作声明而直接调用。

② 被调函数在主调函数之后定义，但被调函数的返回值是 int 型或 char 型，可以不对被调函数作声明，见例 7.4。

2. 函数原型

C 语言中，函数声明的一般形式称为函数原型。函数原型有以下两种形式：

函数类型　函数名（参数类型 1，参数类型 2，…）；

函数类型　函数名（参数类型 1　参数名 1，参数类型 2　参数名 2，…）；

在进行声明时应该保证函数原型与函数首部写法上一致，即函数类型、函数名、参数类型、参数个数等一一对应。

说明：早期 C 版本的函数声明中仅声明函数类型和函数名，不需要声明函数的参数类型和参数个数。以例 7.12 中声明 add 为例：

```
float add();
```

这种声明不检查函数的参数，仅进行函数类型和函数名的一致性检查。新版本兼容这种做法，但不提倡。

7.6 函数的嵌套调用

在C语言中，所有的函数定义，包括主函数 main 在内，都是平行的，不存在上一级函数和下一级函数的问题。也就是说，在一个函数的函数体内，不能再定义另一个函数，即不能嵌套定义。但是允许函数的嵌套调用，即在某一个函数执行过程中，又可以对另一个函数进行调用。也就是说，函数在执行过程中，不是执行完一个函数再去执行另一个函数，而是可以在任何需要的时候对其他函数进行调用。这与其他语言的子程序嵌套的情形是类似的。函数的嵌套调用如图 7.5 所示。

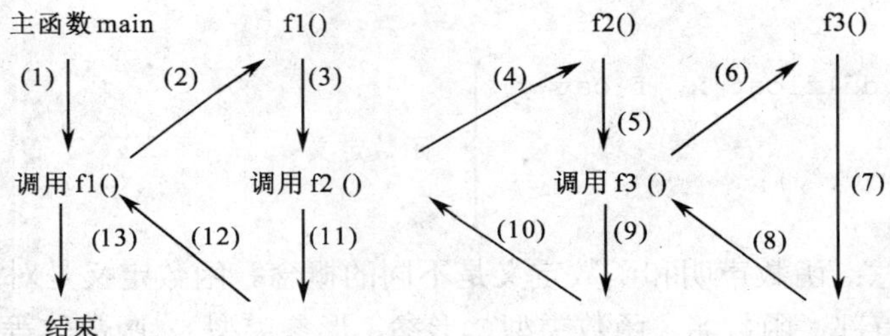

图 7.5 函数的嵌套调用

函数的调用是逐级调用，逐级返回。该例中在主函数中调用 f1 函数，在函数 f1 中调用了 f2 函数，函数 f2 中调用了 f3 函数。逐级调用（(2)、(4)、(6)），逐层返回((8)、(10)、(12))，后调用的先返回，程序的执行过程是：

(1) → (2) → (3) → (4) → (5) → (6) → (7) → (8) → (9) → (10) → (11) → (12) → (13)

【例 7.13】 函数的嵌套调用：求圆环的面积。

```
#include <math.h>
#define PI 3.1415926
float area_ring(float x,float y);      /*函数声明*/
float area(float r);
main()
{
   float r,r1;
   printf("input two figure:\n");
```

```
    scanf("%f,%f",&r,&r1);           /*输入两个同心圆的半径*/
    printf("area_ring is %f ",area_ring(r,r1));
}
float area_ring(float x,float y)/*求圆环的面积,形参值为两个同心圆的半径*/
{
    float c;
    c=fabs(area(x)-area(y));          /*两圆面积之差即为圆环面积*/
    return(c);
 }
float area(float r)                    /*求圆的面积*/
{
    return(PI*r*r);
}
```

程序的运行情况如下：

```
input r,r1:
5,6<回车>
area_ring is 34.557518
```

从程序可以看到：

1）定义名为 main、area_ring 和 area 的三个函数，无从属关系。

2）area_ring 和 area 函数的定义均在 main 函数之后，因此先对它们进行声明。

3）程序从 main 函数开始执行。先输入两个同心圆的半径 r 和 r1，然后调用 area_ring 函数求圆环的面积，在 area_ring 函数中又两次调用 area 函数求单个圆的面积。每次调用 area 函数执行结束后返回到 area_ring 函数中调用 area 函数处，继续执行 area_ring 函数剩余部分，area_ring 函数执行结束后再返回到 main 函数中调用 area_ring 函数处，继续执行 main 函数的剩余部分，从 main 函数处结束整个函数的调用。这就是函数的嵌套调用。

7.7　函数的递归调用

在函数的执行过程中又直接或间接地调用该函数本身，这称为函数的递归调用，C 语言中允许递归调用。在函数中直接调用函数本身称为直接递归调用。在函数中调用其他函数，其他函数又调用原函数，称为间接递归调用。函数的递归调用如图 7.6 所示。

```
f()
{    …
   调用 f()
       ⋮
}
```

(a) 直接递归调用

```
a()                    b()
{    …                 {    …
   调用 b()               调用 a()
       ⋮                      ⋮
}                      }
```

(b) 间接递归调用

图 7.6　函数的递归调用

例如，求一个数 x 的 n 次方：

$$x^n=\begin{cases}1 & \text{当 } n=0 \text{ 时} \\ x*x^{(n-1)} & \text{当 } n>0 \text{ 时}\end{cases}$$

在求解 x^n 中使用了 $x^{(n-1)}$，即要计算出 x^n，必须先求出 $x^{(n-1)}$，而要知道 $x^{(n-1)}$，必须先求出 $x^{(n-2)}$，以此类推，直到求出 $x^0=1$ 为止。再以此为基础，返回来计算 x^1，x^2，…，$x^{(n-1)}$，x^n。这种算法称为递归算法，递归算法可以将复杂问题化简。显然，通过函数的递归调用可以实现递归算法。

递归算法具有两个基本特征：

1）递推归纳（递归体）。将问题转化成比原问题规模小的同类问题，归纳出一般递推公式。问题规模往往需要用函数的参数来表示。

2）递归终止（递归出口）。当规模小到一定的程度应该结束递归调用，逐层返回。常用条件语句来控制何时结束递归。

【例 7.14】 用递归方法求 n！。

递推归纳：n！→（n−1）！→ (n−2)! →…→2! → 1! ，得到递推公式 n!=n*(n-1)!

递归终止 n=0 时，0!=1;

相应的递归函数为：

```
long int fac(unsigned int n)
{
    long int f;
    if(n==0) return 1;
    f=fac(n-1)*n;
    return(f);
}
main()
{
        unsigned int n;
        printf("input a unsigned interger number:\n");
        scanf("%u",&n);
        printf("%u!=%10ld",n,fac(n));
}
```

程序的运行情况如下：

```
input a unsigned interger number:
4<回车>
4! =  24
```

计算 4！的过程如图 7.7 所示。

递归调用的执行分成两个阶段完成。第一阶段是逐层调用，调用的是函数自身。第二阶段是逐层返回，返回到调用该层的位置继续执行后续操作。递归调用是多重嵌套调用的一种特殊情况，每层调用都要用堆栈保护主调层的现场和返回地址。调用的层数一般比较多，递归调用的层数称为递归的深度。

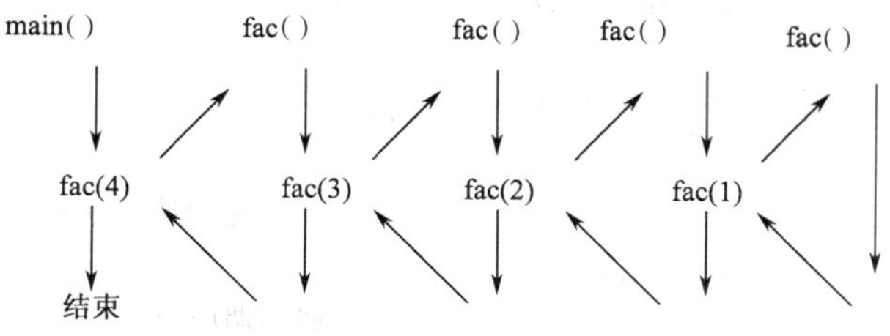

图 7.7　fac 函数的递归调用过程

【例 7.15】　汉诺（Hanoi）塔问题。这是一个典型的递归问题。问题是这样描述的：设有三个塔座（A、B、C），在一个塔座（设为 A 塔）上有 64 个盘片，盘片大小不等，按大盘在下，小盘在上的顺序叠放着，如图 7.8 所示。现要借助于 B 塔，将这些盘片移到 C 塔去，要求在移动的过程中，每个塔座上的盘片始终保持大盘在下，小盘在上的叠放方式，每次只能移动一个盘片。编程实现移动盘片的过程。

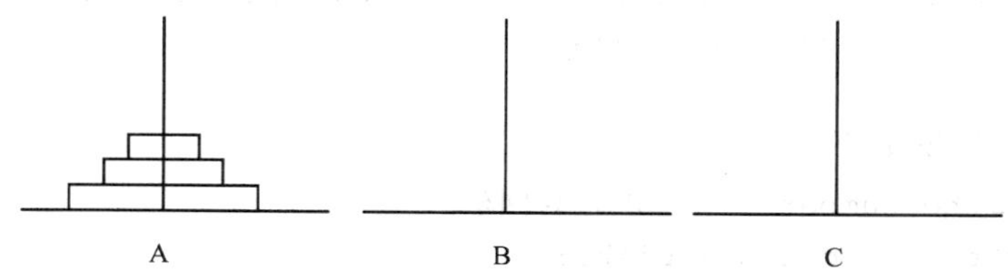

图 7.8　汉诺塔 Hanoi 问题

可以设想：只要能将除最下面的一个盘片外，其余的 63 个盘片从 A 塔借助于 C 塔移至 B 塔上，剩下的一片就可以直接移至 C 塔上。再将其余的 63 个盘片从 B 塔借助于 A 塔移至 C 塔上，问题就解决了。这样就把一个 64 个盘片的 Hanoi 问题化简为 2 个 63 个盘片的 Hanoi 问题，而每个 63 个盘片的 Hanoi 问题又按同样的思路，可以化简为 2 个 62 个盘片的 Hanoi 问题。继续递推，直到剩一个盘片时，可直接移动递归结束。

编程实现：假设要将 n 个盘片按规定从 A 塔移至 C 塔，移动步骤可分为 3 步完成：

1）把 A 塔上的 n−1 个盘片借助 C 塔移动到 B 塔。

2）把第 n 个盘片从 A 塔移至 C 塔。

3）把 B 塔上的 n−1 个盘片借助 A 塔移至 C 塔。

算法用函数 hanoi (n, x, y, z) 以递归算法实现，hanoi() 函数的形参为 n、x、y、z 分别存储盘片数、源塔、借用塔和目的塔。每次递归调用，可以使盘片数减 1，当递归调用到盘片数为 1 时结束递归。算法描述如下：

如果 n 等于 1，则将这一个盘片从 x 塔移至 z 塔，否则有：

1）递归调用 hanoi (n−1, x, z, y)；将 n−1 个盘片从 x 塔借助 z 塔移动到 y 塔。

2）将 n 号盘片从 x 塔移至 z 塔。

3）递归调用 hanoi (n−1, y, x, z)；将 n−1 个盘片从 y 塔借助 x 塔移动到 z 塔。

1）主函数中定义的变量，也属于局部变量，其作用范围同样仅限于主函数内，所有其他被调函数并不能使用。

2）不同的函数中定义的变量，其作用范围都限定在各自的函数中，即使使用相同的变量名也不会互相干扰，互相影响。

3）形参也是局部变量，例如，f1 函数中的形参 a。

4）编译时，编译系统不为局部变量分配内存单元，而是在程序运行中，当局部变量所在函数被调用时，编译系统才根据需要临时分配内存。调用结束，内存空间释放。

7.8.2 全局变量

在所有函数（包括 main 函数）外定义的变量即为全局变量。全局变量存放在静态存储区中，其作用域是从定义的位置开始到本源文件结束。对于全局变量，如果在定义时不进行初始化，则系统将自动赋予其初值，对数值型赋 0，对字符型赋字符'\0'。例如：

```
int m,n;                              ⎫
float f1(int a)                       ⎪
{ int b,c;                            ⎪
  …                                   ⎪
}                                     ⎪
float x,y;                 ⎫          ⎪
int f2(int x,int y)        ⎪          ⎬ 全局变量 m、n
{ int i,j;                 ⎪          ⎪ 的作用范围
 …                         ⎬ 全局变量 x、y
}                          ⎪ 的作用范围
main()                     ⎪          ⎪
{ int a,b;                 ⎪          ⎪
    …                      ⎪          ⎪
}                          ⎭          ⎭
```

m、n、x 和 y 均为全局变量，但它们的作用域不同：m、n 的有效作用范围为 f1、f2 及 main，而 x、y 的有效作用范围为 f2 和 main。

说明：

1）很明显，使用全局变量，增加了各函数之间的数据联系，这使得函数与函数之间的数据联系不仅仅限于参数传递和返回值这两种途径。特别是当一个函数返回多个值时，使用全局变量更为有效。

【例 7.16】 已知圆的半径，求周长、面积。

```
#define PI 3.14
float c,area;
void f(float r)
{ c=2*PI*r;
  area=PI*r*r;
}
```

```
main()
{ float r;
  printf("input radius:")
  scanf("%f",&r);
  f(r);
  printf("%f,%f\n",c,area);
}
```

程序的运行结果如下：

```
input radius:3<回车>
18.840000,28.260000
```

该例中通过定义全局变量 c 和 area，使 main 函数和 f 函数联系起来。同时 main 函数要得到函数调用后的两个值，通过 return 语句只能得到一个返回值，在此使用全局变量就可以得到多于一个的返回值了。

2）如果在同一个源文件中，全局变量和局部变量同名，则在局部变量的作用范围内，全局变量不起作用。

【例 7.17】 比较两个数，输出较大者。

```
int a=3,b=5;
int max(int x,int y)
{   int c;
    c=x>y?x:y;
    return c;
}
main()
{   int a=8;
    printf("%d\n",max(a,b));
}
```

程序的运行结果为：

```
8
```

main 函数中的变量 a 和全局变量 a 同名，在 main 函数中，使用的是 main 函数中定义的变量 a 的值。

3）全局变量在函数的编译阶段分配内存，在程序的执行阶段不释放，因此全局变量只进行一次初始化。

但是，全局变量的使用也会带来一些不利因素：

1）全局变量的作用范围大，为此要付出的代价是其占用存储单元时间长，它在程序的全部执行过程中都占据着存储单元。

2）降低了函数使用的通用性和安全性。函数过多使用外部变量，增加了与其他函数的相互影响。函数的独立性、封闭性、可读性和可移植性大大降低。尤其是现代的程序规模都很庞大，并有多人开发，全局变量很容易被错误地修改，出错的机率大大增加。

7.9 变量的存储类型

在 C 语言中，变量和函数有两种类型：数据类型和存储类型。数据类型表示数据的含义、取值范围和允许的操作；而存储类型表示数据的存储介质（内存或寄存器）、生存期和作用域。C 语言中有 5 种存储类型的变量：自动局部变量、静态局部变量、寄存器变量、静态全局变量和外部变量。

7.9.1 静态存储方式和动态存储方式

内存中供用户使用的存储空间可分为程序区、动态存储区和静态存储区。程序区用来存放程序代码，动态存储区和静态存储区用来存放数据。动态和静态存储区中的变量生存期是不同的。变量的生存期是从变量分配存储空间到释放存储空间的全部时间。

1. 静态存储方式

静态存储方式的变量存储在内存中的静态存储区，在编译时就分配了存储空间。在整个程序运行期间，该变量一直占有固定的存储空间，程序结束后，这部分空间才释放。这类变量的生存期为整个程序。静态局部变量和全局变量都存放在静态存储区中。

2. 动态存储方式

动态存储方式的变量存储在内存中的动态存储区，在程序运行过程中，只有当变量所在函数被调用时，编译系统才临时为该变量分配一段内存单元。函数调用结束后，所占空间被释放，变量值消失。这类变量的生存期仅在函数调用期间。

7.9.2 静态局部变量

用关键字 static 定义的局部变量是静态局部变量，它存放在内存中的静态存储区中，所占用的存储单元不释放直到整个程序运行结束。所以静态局部变量在函数调用结束后仍保持原值。在下一次函数调用时，该变量的值，就是上一次函数调用结束时保存的值。

静态局部变量的初始化只在编译时进行一次，程序运行过程中不再重新进行初始化。只有程序结束并再次运行程序时，静态局部变量才重新被赋初值。

定义静态局部变量的一般形式为：

static 数据类型说明符 变量名;

【例 7.18】 静态局部变量。

```
int n=1;                              /*静态全局变量*/
func()
{
  static int a=2;                     /*静态局部变量，与main()函数中的a不同 */
  a+=2;
  ++n;
```

```
    printf("func:n=%d  a=%d\n",n,a);
}

main()
{    static int a;                    /*静态局部变量，初始化为0*/
     printf("main:n=%d  a=%d\n",n,a);
     func();
     a+=10;
     printf("main:n=%d  a=%d\n",n,a);
     func();
     printf("main:n=%d  a=%d\n",n,a);
}
```

程序的运行结果如下：

```
main:n=1  a=0
func:n=2  a=4
main:n=2  a=10
func:n=3  a=6
main:n=3  a=10
```

本例中 main 函数中的变量 a 和 func 函数中的 a 不同，从中可以看出，静态局部变量有如下特点：

1）静态局部变量属于静态存储类别，是在静态存储区分配存储单元。

2）静态局部变量与全局变量一样，均只在编译时赋初值一次。以后每次调用时不会重新赋初值，而是使用上次函数调用结束时保留下来的值。

3）静态局部变量定义时如果没有赋初值，系统编译时会自动给其赋初值，重新进行初始化。对数值型变量，赋 0，对字符型变量，赋空字符。

4）虽然静态局部变量在函数调用结束后仍然存在，但它们仅能为定义它们的函数所使用，其他函数不能使用。

7.9.3　自动变量

函数中的局部变量，如不用关键字 static 声明存储类别，它就是自动变量，自动变量存放在动态存储区中。函数中的形参和在函数中定义的变量都属于此类变量。在调用该函数时，系统自动地给它们分配存储空间，函数调用结束时自动释放这些存储空间。如果自动变量的定义含有赋初值的表达式，则在每次调用时都要重新对该变量赋初值。自动变量在函数的两次调用之间不会保持它的值，所以，如果自动变量的定义没有赋初值，每次调用函数时都必须重新给它赋值，然后才能引用，否则该变量的值为随机的不定值。

不加关键字 static 的局部变量都属于自动变量，此外还可以用关键字 auto 作自动类型说明。其一般形式为：

auto 数据类型说明符 变量名;

因此

```
auto int a;          等价于   int a;
auto float b;        等价于   float b;
```

【例 7.19】 自动变量的应用。

```
func(int n)
{
   auto int a=2;              /* 自动变量 a，每调用一次都要重新赋初值 */
   a+=2;
   ++n;
   printf("func:n=%d  a=%d\n",n,a);
}

main()
{
   int a=0;                   /*  自动变量，与 func()不同 */
   func(1);
   printf("main:n=1  a=%d\n",a);
   a+=10;
   func(2);
   printf("main:n=1  a=%d\n",a);
}
```

程序的运行结果如下：

```
func:n=2  a=4
main:n=1  a=0
func:n=3  a=4
main:n=1  a=10
```

自动变量说明：

1）复合语句中说明的变量及函数的形参变量均属于自动局部变量。

2）全局变量不能是自动变量。

3）若不对自动变量赋初值，则其值是随机的。

7.9.4 寄存器变量

前面介绍的几种存储类型的变量，都分配在内存中，程序运行中要访问这些变量时必须到内存中访问相应的存储单元。如果某变量在程序中要频繁访问，则必须多次访问内存。众所周知，寄存器中数据的访问速度要远远快于内存中数据的访问速度。如果把通用寄存器分配给最频繁访问的变量，将大大提高程序的执行效率。为此，C 语言设置了一种存储类型，直接分配在 CPU 的寄存器中，这种变量称为寄存器变量。

寄存器变量用关键字 register 作存储类型说明，其一般形式为：

register 数据类型说明符 变量名;

例如：

```
register int m;
```

【例 7.20】　寄存器变量。

```
main()
{
    register int temp=0,j;
    int i;
    for(i=1;i<100;i++)
    {
      for(j=0;j<1000;j++)
          temp+=j;
      printf("i=%d  temp=%d",i,temp);
      temp %=i;
    }
}
```

temp 和 j 在程序运行时被访问次数最多，将它们都定义为寄存器变量，从而运行时不用访问内存，运行速度加快。

寄存器变量说明：

1）寄存器是与硬件密切相关的，不同类型的计算机，寄存器的数目是不同的，通常为 2 到 3 个。对于一个函数中说明的多于 2 到 3 个寄存器变量，C 编译系统会自动地将寄存器变量变为自动类型变量。由于受硬件寄存器长度的限制，所以寄存器变量只能是 char、int、short 或指针型。

2）寄存器变量的作用域和生命周期与自动变量是一样的，因此只有自动类型局部变量可以声明为寄存器变量。

3）寄存器变量的分配方式是动态的，静态变量不能声明为寄存器变量。

7.9.5　静态全局变量和非静态全局变量

在多个源文件组成的程序中，全局变量的作用域可以通过关键字来指定。当需要把全局变量的作用域限定本文件内时，可以在定义全局变量时用关键字 static 来限定，称之为静态全局变量，静态全局变量禁止在其他文件中访问。静态全局变量的生存期与静态局部变量的生存期相同，都是整个程序的运行全程。

静态全局变量与静态局部变量最根本的区别是变量的作用域不同，静态全局变量的作用域从定义处开始到本文件结束，而静态局部变量仅作用于本函数或本复合语句内。

没有用关键字 static 来限定的全局变量可以在其他文件中访问，称之为非静态全局变量。但要在其他文件中对它访问，还必须在其他文件的访问语句之前，用外部变量声明语句对已定义过的非静态全局变量进行外部引用声明。已经用外部变量声明语句声明过的变量称为外部变量。外部变量声明语句还可以把本文件中定义的全局变量作用域扩大，将作用域拓展到定义点之前。

外部变量声明语句一般形式为：

```
extern 数据类型说明符 变量名;
```

【例 7.21】 外部变量声明语句。

```
main()
{
    extern int a;            /* 外部引用声明 */
    printf("%d\n",a);
}
int a=5;
```

程序的运行结果为：

```
5
```

该例中非静态全局变量 a 的定义点出现在程序的最后一行，前面的函数本来不能访问它。但由于在 main 函数用外部变量声明语句 extern int a 对它进行了外部引用声明，使它的作用域扩大到了 main 函数中。

从此例可以看出：非静态全局变量的定义和外部变量声明不同。它们的区别是：

1）同名变量的定义只能有一次；而同名外部变量声明语句可以有多次。

2）位置不同。非静态全局变量的定义在所有函数之外；外部变量声明可以在函数内。

3）作用不同。非静态全局变量在定义时系统分配存储单元，并可以对它进行初始化；而外部变量声明语句的作用仅仅是扩大已定义的变量的作用域。

静态全局变量和非静态全局变量的区别：静态全局变量的作用域，只限制在定义该变量的源文件内，非静态全局变量的作用域可以是整个程序的所有源文件。由于静态全局变量的作用域局限于一个源文件内，因此可以避免在其他源文件中的错误引用。非静态全局变量可以在整个程序的所有源文件中访问。

注意：*非静态全局变量不是存储在动态存储区，而是存储在静态存储区中。*

由于非静态全局变量可以在其他源文件中访问，多个源文件都能修改它的值，相互影响较大，使程序的安全性和可靠性变差，应尽量避免使用它。

7.9.6 存储类型小结

从不同的角度对变量的存储类型归纳如下：

1）从变量的作用范围划分，变量可分为局部变量和全局变量。

表 7.1 存储类别小结

	自动局部变量	静态局部变量	寄存器变量	静态全局变量	非静态全局变量
存储区	动态区	静态区	寄存器	静态区	静态区
函数结束时变量的值	消失	保存	消失	保存	保存
未初始化的变量默认值	不定	0	不定	0	0
作用域	本函数	本函数	本函数	本文件	整个程序

2）按变量的生存期划分，变量可分为动态存储和静态存储两种。

3）按变量的存储介质划分，变量可分为内存变量和寄存器变量。

综合起来，按存储类型变量可分为 5 种：自动局部变量、静态局部变量、寄存器变量、静态全局变量和非静态全局变量，见表 7.1。

7.10　内部函数和外部函数

C 语言的所有函数都是外部的，即不能在一个函数内定义另一个函数。函数之间只有调用关系，没有从属关系。C 语言的这种特性称为"函数的外部性"。但是，根据函数能否被其他源文件调用，可以将函数分为内部函数和外部函数。

7.10.1　内部函数

所定义的函数只能被本源文件中的函数调用，这种函数称为内部函数。内部函数不能被同一程序其他源文件中的函数调用。

定义内部函数的一般形式是：

static 类型说明符 函数名(形参表)

例如：

```
static int f(int a,int b)
```

内部函数也称为静态函数，但此处静态 static 的含义已不是指存储方式，而是指对函数的调用范围只局限于本文件。因此在不同的源文件中定义同名的静态函数不会引起混淆。

7.10.2　外部函数

外部函数在整个源文件中都有效，用关键字 extern 来表示。由于函数的本质是全局的，因此，函数定义时可以不加关键字 extern，C 语言隐含其为外部函数。

类似于非静态全局变量，同一个外部函数在所有源文件中只定义一次。如果在其他源文件中要调用该外部函数，则需要用 extern 关键字加函数原型对它进行外部引用声明。

【例 7.22】　下面程序由两个文件组成，请分析运行结果。

```
/*文件一*/
int x=10;              /*定义非静态全局变量 x、y*/
int y=10;
add()
{   y=10+x;
    x=x*2;
}
main()
{
    extern sub();      /*对外部函数 sub 进行引用声明*/
```

```
        x=x+5;
        add();
        sub();
        printf("x=%d,y=%d\n",x,y);
    }
    /*文件二*/
    sub()                        /*函数 sub 定义在另一个文件中*/
    {   extern int x;            /*对非静态全局变量 x 外部引用声明*/
        x=x-5;
    }
```

程序的运行结果如下：

```
x=25,y=25
```

该程序由两个文件组成。文件一中说明了两个非静态全局变量 x 和 y，main 函数中调用了两个函数 add 和 sub。但 sub 函数与 main 函数不在同一个文件中，因此在 main 函数中要使用"extern sub();"语句对 sub 函数进行声明。同时在文件二的 sub 函数中，要使用文件一中定义的非静态全局变量 x，所以函数 sub 中要用"extern int x"对变量 x 进行声明。程序编译连接后，文件一和文件二中使用的是系统分配的同一个非静态全局变量 x。

由于函数本质上的外部性，C 语言允许在声明外部函数时省略 extern，省略 extern 后该语句变为函数原型声明。换句话说，函数原型声明也可以把函数的作用域扩大到该函数的文件之外。在多文件组成的程序中，只要在要调用该函数的每个文件中，包含函数原型声明即可。编译系统会根据函数原型声明在本文件或另一个文件中寻找该函数的定义。

7.11 多文件程序的运行

C 程序可以由多个源文件组成，每个源文件又可由多个函数组成，那么如何把这些源文件编译连接成一个统一的可执行文件并运行呢？

1. 用 TC 集成环境建立的项目文件

项目文件是一个文本文件，它的内容为同一个 C 程序的各源文件名，项目文件的扩展名为.prj。如果一个 C 程序由源文件 file1.c、file2.c 和 file3.c 组成，可以通过建立项目文件将它们编译链接生成一个可执行程序。具体过程为：

1）先后编辑 3 个文件，并分别以文件名 file1.c、file2.c 和 file3.c 存储在磁盘上。

注意： file1.c、file2.c 和 file3.c 源文件，包含各自的函数，但其中只能有一个 main 函数。

2）在 TC 编辑窗口中，输入：

```
file1.c
```

```
file2.c
file3.c
```

如果这 3 个文件不在当前目录下，应当指出路径。然后按 F2 键进行保存，保存时指定文件名为 a.prj。至此项目文件 a.prj 已经建立。（也可以用其他文本编辑软件建立项目文件。）

3）在 TC 菜单项“project”下，选择“project name”项，输入工程文件名 a.prj。这样就指定了准备编译的项目文件名。

4）按 F9 键编译源程序，系统将 a.prj 中的这 3 个源文件先后编译成各自对应的目标文件 file1.obj、file2.obj 和 file3.obj。再连接各目标文件，生成可执行文件 a.exe。

5）按 Ctrl+F9 组合键，执行可执行文件 a.exe。

2. 用 #include 命令

将 file2.c 和 file3.c 包含到 file1.c 文件中。在 file1.c 文件最前面加上：

```
#include "file2.c"
#include "file3.c"
```

进行编译时，编译系统自动将这 2 个文件放到 main 函数之前，作为一个整体进行编译。编译之后再运行即可。这种情况下 file1.c、file2.c 和 file3.c 的所有内容被认为在同一个文件中，其中的全局变量的作用域可能扩大，原有的 extern 声明可以不要。

7.12　总结与提高

7.12.1　重点与难点

1）结构化程序设计是 C 语言的重要特征。在 C 语言中，程序总是从 main 函数开始执行到 main 函数结束。其他函数由 main 函数或别的函数或自身进行调用后方可执行。

2）C 语言中的函数从用户的使用角度可分为库函数和用户自定义函数；从数据传送的角度可分为无参函数和有参函数；从函数使用范围角度可分为内部函数和外部函数。

3）函数定义负责定义函数的功能，未经定义的函数不能使用。书写自定义函数时，要注意返回值的类型、函数的名称、形参的个数及形参的数据类型（无参数时要有空括号），在函数体中可以书写完成函数功能的代码。函数声明负责通知编译系统该函数已经定义过了，在调用函数前要进行函数声明。

4）函数参数的传递分为值传递和地址传递两种。以数组元素作为函数的参数和普通变量作为函数的参数是一样的，都是一一对应单向的值传递。用数组名作为函数的参数传递的是数组的首地址，形参数组共享主调函数中的实参数组的地址，在函数中可以通过语句修改形参数组的值，即修改了实参数组的值。以一维数组名作为函数的参数时，形参数组可以不定义长度；以二维数组名作为函数的参数可以省略第一维长度的定义。

5）函数调用是执行一个函数，即从被调用函数的第一条语句执行到最后一条语句。函数调用有嵌套调用和递归调用两种。函数的嵌套调用是函数间分层的调用关系。递归调用是一个函数间接或直接的调用了本身，注意递归调用要有递归终结的条件，否则就是无限递归。

6）变量按作用域可分为全局变量（也称外部变量）和局部变量。全局变量定义在函数外部，作用域为从定义开始到当前文件结束，可以使用 extern 关键字扩展全局变量的作用域。局部变量的作用范围是整个函数或者是它所定义的复合语句内部。

7）变量按照存储类型（生存周期）可以分为动态存储变量和静态存储变量。动态存储变量是程序执行进入它的作用域时才分配存储空间，当程序执行时出了它的作用域就回收内存。动态存储变量分为自动变量和寄存器变量。自动变量在内存中动态分配存储空间，寄存器变量在 CPU 中的寄存器中动态分配存储空间。静态变量是从程序开始运行前就分配存储空间供使用，当整个程序结束时才释放内存。全局变量采用的是静态存储方式。静态变量包括静态全局变量（外部变量）和静态局部变量。静态全局变量是不能扩展作用域的全局变量。静态局部变量作用域为函数范围内，但函数调用结束并不释放内存，其值保留，影响函数的下一次调用。

8）一个 C 语言程序可以由多个文件组成，每个文件又可以由多个函数组成，根据函数的使用范围可以分成内部函数和外部函数。内部函数是用 static 关键字说明的，仅供当前文件内的函数访问；外部函数是用 extern 关键字（可以省略）说明的，是可以供其他文件调用的函数。

7.12.2 典型题例

【例 7.23】 利用插入排序法将 10 个字符从小到大进行排序。

```
#include "stdio.h"
insert(char s[])
{ int i,j,t;
  for(i=1;i<=9;i++)
  { t=s[i];
    j=i-1;
    while((j>=0)&&(t<s[j]))
    { s[j+1]=s[j];
      j--;
    }
   s[j+1]=t;
  }
}
main()
{ char a[11];
  int i;
  printf("Input 10 character:");
  for(i=0;i<10;i++)
   a[i]=getchar();
```

```
   a[i]='\0';  /*在10个字符后面加上'\0',形成字符串*/
   insert(a);
   printf("Sorted character is:%s\n",a); /*将已排序的10个字符输出*/
  }
```

程序的运行情况如下：

```
Input 10 character:lkjhgfdsaz<回车>
Sorted character is:afghjklsz
```

【例 7.24】 十进制与其他进制（二至九进制）数间的相互转换，程序能够自动帮助用户纠正输入错误。

功能：由用户输入一个数，并选择该数应该转换成几进制数，将结果输出。如果用户输入过程中出现错误，程序会提示出错。

分析：用户输入的数，分为十进制数和非十进制数。如果是十进制数，用辗转相除法计算，即除 N 取余，一直除到商为 0 时为止，将除得的结果按逆序输出。如果是非十进制数，则按权展开，得到十进制数。

程序如下：

```
long change(int a[],int len,int b)
 /*把输入的字符数字转换成十进制数字*/
{ int i,k =1;
  long num =0;
    for(i=1;i<=len;i++)
    { num = num + a[i]*k;
      k = k*b; /*k表示权值*/
  }
  return num;
}
ten_to_oth() /*十进制转换为其他进制*/
{ int sum,n,j,i=0,arr[80];
  printf("Please input a Dec_num:"); /*输入十进制数*/
  scanf("%d",&sum);
  printf("Please input the base:"); /*输入想要转换的进制*/
  scanf("%d",&n);
  do
  { i++;
    arr[i]=sum%n; /*从下标1开始计数*/
    sum =sum/n;
    if(i>=80) printf("overflow\n");
  }while(sum != 0);
  printf("The result is:\t");
  for(j=i;j>0;j--) /*逆序输出该数*/
    printf("%d",arr[j]);
```

```
    printf("\n");
  }
oth_to_ten() /*其他进制转换为十进制*/
{ int base,i,num,arr[80];
  long sum = 0;
  char ch;
  printf("Please input the base you want to change: ");
                                    /*想将几进制数转换成十进制数,请输入*/
  scanf("%d",&base);
  printf("Please input number:");/*请输入该数*/
  scanf("%d",&num);
  for(i=1;num!=0;i++)
  { arr[i]=num%10;/*从下标 1 开始计数*/
    num=num/10;
  }
  sum=change(arr,i-1,base);
  printf("The result is:% ld\n",sum);
}
main()
{ int flag=1;
   while(flag!=0)
{ printf("\n1:ten_to_oth \n");
  printf("2:oth_to_ten \n");
  printf("0:exit\n");
  printf("\nEnter a number:");
  scanf("%d",&flag);
  switch(flag)
  {  case 1:ten_to_oth();break; /*其他进制转换为十进制*/
     case 2:oth_to_ten();break; /*十进制转换为其他进制*/
     case 0:exit();
   }
  }
}
```

程序运行结果为:

```
1:ten_to_oth
2:oth_to_ten
0:exit

Enter a number:1
Please input a Dec_num:255
Please input the base:2
```

```
The result is:11111111

1:ten_to_oth
2:oth_to_ten
0:exit

Enter a number:2
Please input the base you wantto change:8
Please input number:1000
The resultis:512
1:ten_to_oth
2:oth_to_ten
0:exit

Enter a number:0
```

【例 7.25】 一个素数经过任意次调换位，仍然为素数，则称其为绝对素数，例如：13（31）就是一个绝对素数。求两位的所有绝对素数，并输出。

分析：求所有两位数的绝对素数的问题，可以定义一个判断是否是绝对素数的函数 ab_prime。在实现 ab_prime 函数时，首先要判断该数是否是素数，换位后还要判断是否是素数，所以需要定义一个判断一个数是否是素数的 prime 函数。这样就简化了问题。

```
#include<math.h>
int prime(int n)        /* 判断一个数是否素数 */
{ int i;
  if(n<=1)              /*小于 2 不是素数*/
     return 0;
   else if(n==2)        /*2 是素数*/
     return 1;
  else                  /*大于 2 要判断是不是*/
  {
    for(i=2;i<sqrt(n);i++)
     if(n%i==0)
        return 0;      /*一旦能整除 i，则 n 不是素数*/
     return 1;   /*如能执行这条语句,代表 n 从来没被 i 整除过，是素数*/
  }
}
int ab_prime(int m)   /*判断一个位数是否是绝对素数 */
{ int a;
  a=(m%10)*10+m/10;  /*得到换位后的数*/
  if(prime(m)&&prime(a))    /*m 和 a 都是素数,则 m 为绝对素数,否则不是*/
     return 1;
  else
```

```
    return 0;
}
main()
{ int i;
  for(i=10;i<=99;i++)     /*循环从 10 到 99 找绝对素数*/
    if(ab_prime(i))       /*是绝对素数则输出*/
      printf("%d,",i);
}
```

程序运行结果如下：

```
11, 13, 17, 31, 37, 71, 73, 79, 97
```

以上程序定义了一个判断是不是绝对素数的函数 ab_prime，把一个复杂的问题转换成了调用 ab_prime 函数判断 10～99 间的所有绝对素数的问题。在实现 ab_prime 函数时，要判断参数 m 和经过换位之后的参数 a 是不是素数，所以定义了 prime 函数，把判断是不是绝对素数的问题又转化成了调用 prime 函数判断参数和换位的参数是不是素数的问题了，这样问题就大大地简化了。

习　题　7

7.1　选择题。

（1）下列叙述正确的是（　　）。

A．在 C 语言中，总是从第一个开始定义的函数开始执行

B．在 C 语言中所有调用到的函数必须在 main 函数中定义

C．C 语言总是从 main 函数开始执行

D．在 C 语言中，main 函数必须放在最前面

（2）以下说法正确的是（　　）。

A．实参和与其对应的形参各占用独立的存储单元

B．实参和与其对应的形参共用一个存储单元

C．只有当实参和与其对应的形参同名时才共用存储单元

D．形参是虚拟的，不占用存储单元

（3）C 语言允许函数类型默认定义，此时该函数值隐含的类型是（　　）。

A．float 型　B．void 型　C．int 型　D．char 型

（4）C 语言中的函数（　　）。

A．可以嵌套定义，但不可以嵌套调用

B．嵌套调用和递归调用均不可以

C．可以嵌套调用，但不能递归调用

D．嵌套调用和递归调用均可

（5）C 语言规定，调用函数时，实参变量和形参变量之间的数据传递方式是（　　）。

A．地址传递

B．值传递

C．由实参传给形参，并由形参传回来给实参

D．由用户指定传递方式

（6）以下程序的输出结果是（　　）。

```
#include "math.h"
main()
{  float a=-3.0,b=2;
   printf("%3.0f %3.0f\n",pow(b,fabs(a)),pow(fabs(a),b));
}
```

A．9 8　B．8 9　C．6 6　D．4 9

（7）以下程序的运行结果是（　　）。

```
int func(int x)
{ static int c=1;
  c++;
  x=x+c;
  return(x);
}
main()
{ int k;
   k=func(3);
   printf("%d  %d",k,func(k));
}
```

A．5　5　B．5　6　C．5　8　D．5　7

（8）为提高程序的运行速度，在函数中对于自动变量和形参可用（　　）型的变量。

A．extern　B．static　C．register　D．auto

7.2　应用题。

（1）计算 x 的平方值并输出。

```
main()
{ int x;
  scanf("%d",&x);
  x=____________;
  printf("\n the square is %d",x);
}
square(int x)
{ return(x*x);
}
```

（2）计算矩形面积。

```
float mult(___________)
{ return(a*b);
}
```

```
main()
{ float a,b;
  scanf("%f%f",&a,&b);
  printf("%f",mult(a,b));
}
```

（3）阅读程序，写出运行结果。

```
main()
{ int a=2,b=3;
   printf("f=%d\n",f(a,b));
}
f(int i,int j)
{  int t=1;
   for(;j>0;j--)
   t*=i;
   return(t);
}
```

（4）阅读程序，写出运行结果。

```
int m=13;
fun(int x, int y)
{ int m=3;
   return(x*y-m);
}
main()
{ int a=7,b=5;
   printf("%d\n",fun(a,b)/m);
}
```

7.3　编写一个程序，已知一个圆筒的半径、外径和高，计算该圆筒的体积。

7.4　编写一个求水仙花数的函数，求 100 到 999 之间的全部水仙花数。所谓水仙花数是指一个三位数，其各位数字立方的和等于该数。例如：153 就是一个水仙花数，即 153=1×1×1+5×5×5+3×3×3。

7.5　编写一个函数，输出整数 m 的全部素数因子。例如，m=120，因子为：2，2，2，3，5。

7.6　编写一个函数，求 10000 以内所有的完数。所谓完数是指一个数正好是它的所有约数之和。例如 6 就是一个完数，因为 6 的因子有 1、2、3，并且 6＝1＋2＋3。

7.7　如果有两个数，每一个数的所有约数（除它本身以外）的和正好等于对方，则称这两个数为互满数。求出 10000 以内所有的互满数，并显示输出，并求一个数和它的所有约数（除它本身）的和用函数实现。

7.8　编写一个计算幂级数的递归函数。

$$x^n=\begin{cases}1 & n=0\\ x*x^{n-1} & n>0\end{cases}$$

7.9　用递归函数求 $s=\sum_{i=1}^{n} i$ 的值。

7.10　已知某数列前两项为 2 和 3，其后继项根据当前的前两项的乘积按下列规则生成：

① 若乘积为一位数，则该乘积就是数列的后继项。

② 若乘积为两位数，则乘积的十位和个位数字依次作为数列的后继项。

例如，当 n＝10，求出该数列的前 10 项是：

2　3　6　1　8　8　6　4　2　4

编程实现 n＝10 时的数列。

第 8 章　结构体与共用体

数组对于组织和处理大批量的同类型数据来说，是非常灵活方便的。但在程序设计中，经常需要将关系密切的不同类型数据组织起来。例如：管理学生档案，每个学生记录由他的姓名、性别、学号、年龄、家庭住址、学习成绩等多个不同类型的数据项组成。管理商品信息，每种商品记录由它的商品名、分类、价格、进货日期、存货数量等多个不同类型的数据项组成。为了方便处理此类数据，应该把这些关系密切但类型不同的数据项组织在一起。为此，C 语言提供了结构体类型（有些高级语言称之为记录类型）。结构体类型的变量称为结构体，变量名就是结构体的名称，结构体内包含若干成员（数据项），每个成员有不同的名称，各成员可以具有不同的数据类型。

结构体类型的引入为处理复杂的数据结构提供了有力的手段，并为函数间传递复杂的数据提供了极大的方便，被广泛应用于现代的大型信息管理系统中。

8.1　结构体类型定义

简单类型是由系统预定义的，如 int、float、char，直接可以使用。而结构体类型和数组类型一样需要由程序员定义，必须先定义后引用。

结构体类型定义格式如下：

```
struct  类型标识符
{
    类型名    成员名;
    类型名    成员名;
    …
};
```

其中 struct 是结构体类型定义的关键字，它与其后用户指定的类型标识符共同组成结构体类型名。花括号有若干个成员的定义。

例如，学生结构体类型的定义如下：

```
struct  st_type
{
    char   num[7];            /*  学号  */
    char   name[20];          /*  姓名  */
    char   sex;               /*  性别  */
    int    age;               /*  年龄  */
    float   score;            /*  成绩  */
    char   address[30];       /*  家庭住址  */
};
```

其中，st_type 是自定义的结构体类型标识符，与 struct 一起构成一个结构体类型名，其中 name、num、sex、age、score、address 是它的成员名。在此定义之后，就可以像使用 int、char、float 等简单类型名一样使用 struct st_type 类型名来定义结构体变量。

说明：

1）定义结构体类型只是规定了构成这种数据类型的模型，在编译时并不给它分配存储空间，所以绝对不允许对定义的结构体类型进行存取数据的操作。

2）结构体成员可以是简单变量、数组或另一个结构体变量。

例如，在 struct st_type 类型中，增加一个生日成员 birthday，它有 year、month、day 3 个成员，显然它应该是另一种结构体类型（struct d_type）的变量，在 struct st_type 的成员定义中将引用 struct d_type。所以必须先定义 struct d_type，再定义 struct st_type。增加 birthday 成员后，结构体类型类型定义应为：

```
struct  d_type
{
    int  year;
    int  month;
    int  day;
};
struct  s_type
{
    char  num[7];                    /* 学号，有效长度为 6 位 */
    char  name[21];                  /*  姓名，有效长度为 20 位 */
    char  sex;                       /*  性别  */
    struct  d_type  birthday;        /*  引用了 struct  d_type */
    float  score;                    /*  成绩  */
    char  address[31];               /*  家庭住址，有效长度为 30 位 */
};
```

3）结构体成员名可以同程序中的其他变量同名，系统会自动识别它，不会混淆。

4）结构体类型定义可以放在函数外部，也可以放在函数内部。若放在函数外部，则从定义点到程序尾之间的全局有效；若放在函数内部，则只在本函数内有效。

8.2 结构体变量

8.2.1 结构体变量的定义与初始化

1. 结构体变量的定义

结构体类型在编译时并不为其分配存储空间，不能对定义的结构体类型进行赋值或运算。要想分配存储空间存储数据并参与运算，必须使用结构体变量，结构体变量也必须遵循先定义后引用的原则。它的定义有以下三种方式。

（1）类型和变量分开定义，先定义类型再定义变量

一般形式：

结构体类型定义；
结构体类型名　结构体变量名表；

例如：

```
struct st_type
{
    ⋮
};
struct st_type  student1,student2;
```

（2）在定义类型的同时定义变量

一般形式：

```
struct  标识符
{
    结构体成员表
} 结构体变量名表；
```

例如：

```
struct st_type
{
    ⋮
}student1,student2;
```

（3）不定义类型名，直接定义结构体变量

一般形式：

```
struct
{
    结构体成员表
} 结构体变量名表；
```

注意：struct后面没有类型标识符。例如：

```
struct
{
    ⋮
}student1,student2;
```

三种形式各有所长。

形式（1）是常用的方法，在该定义之后的任意位置仍可用该结构体类型来定义其他变量，适用于需要大量引用该结构体类型的情况。它可以把那些可通用的类型定义集中在一个单独的源文件中，再用文件包含命令“#include”供多个程序使用。

形式（2）是一种简略形式，此时类型定义与变量定义合在一起，此后，该结构体类型还可再次引用，适用于该结构体类型引用不太多的情况。

形式（3）适用于一次性定义该结构体类型变量的场合，因为没有定义结构体类型名，所以不能再在别处用它来定义其他结构体变量。

注意结构体类型和结构体变量的区别。定义结构体类型相当于设计一套公寓的图纸，而定义结构体变量相当于按图纸盖起公寓实体。在定义结构体类型时，系统并不分配内存，当定义结构体变量时，系统为每一成员分配相应的存储单元。每个结构体变量在内存中所占的字节数为其包含的所有成员的字节数之和。

结构体变量的定义一定要在结构体类型定义之后或同时进行，对尚未定义的结构体类型，不能引用它来定义结构体变量。

2. 结构体变量的初始化

正如在定义数组时可以同时进行初始化一样，在定义结构体变量的同时，也可对结构体变量进行初始化，对其中的各成员变量赋初值。它的一般格式为：

结构体类型名　结构体变量〖={初始值表}〗;

例如：前面已定义了结构体类型 struct st_type，可用它定义结构体变量，同时初始化。

```
main()
{
    struct st_type s1={"302103","zhang san",'m',1984,9,1,92,"Xian"};
    struct st_type s2={"302104","li si",'w',1985,3,8,86,"Benjing"};
    ⋮
}
```

说明：

1）可选项“={初始值表}”是定义中的初始化部分，其中的“初始值表”由若干个用逗号分隔的初始值组成，初始值的顺序和类型要与相应成员的顺序和类型匹配。

2）初始化对整个结构体变量进行。初始值的个数不得超过成员数，若小于成员数，则剩余成员将被初始化为默认值。

8.2.2　结构体变量的引用

1. 对结构体变量整体的引用

对结构体变量整体的引用限制较大，只能对它进行一部分操作。

1）可作为函数的形参、实参或函数返回值等进行函数的数据传递。

2）可以整体赋值，但注意赋值号左边必须是结构体变量，右边必须是同一种结构体类型的结构体变量或函数返回值，如：

```
student1=student2;
```

注意：不能把初始化中的“{初始值表}”作为一个结构体类型常量赋给结构体变量。
不能对结构体变量整体进行输入和输出，只能对它的各成员分别进行输入和输出。

2. 对结构体变量成员的引用

和数组相似，C 语言只允许对结构体变量的成员进行算术运算、比较运算、输入和输出等操作，不允许对结构体变量整体进行此类操作。对结构体变量的成员进行操作，就要引用结构体变量的成员，它的引用一般形式如下：

结构体变量名. 成员名

其中“.”是结构体成员运算符，它的优先级别最高，结合性是自左至右。用这种形式就可以按该成员类型的变量一样，对结构体成员进行操作。如果结构体成员又属于另一个结构体类型，则需要再用成员运算符，一级一级地找到最低级的成员。

例如：用赋值语句将常数赋给结构体变量 s1 的成员：

```
s1.sex='m';
s1.birthday.year=1984;
s1.score=92.5;
```

对于字符数组成员可以调用 strcpy 函数赋值：

```
strcpy(s1.num,"302103");
strcpy(s1.name,"zhang san");
```

注意：对 s1.birthday 成员，还必须再通过“.”，对其最低级的各成员赋常数值。

显然，结构体成员扮演的角色和同类型的普通变量完全一样。所以，结构体成员还可进行该成员类型允许的各种运算操作，如：

```
sum=s1.score+s2.score;                                    /* 算术运算 */
if(s1.score>max) max=s1.score;                            /* 比较运算 */
scanf("%d %d",&s1.birthday.year,&s1.birthday.month);      /* 输入 */
printf("%d %d",s1.birthday.year,s1.birthday.month);       /* 输出 */
```

在对 s1.name 输入时，考虑到输入字符串中有空格，可以使用 gets 函数，如：

```
gets(s1.name);               /*输入一个字符串给 s1.name 字符数组*/
```

【例 8.1】 输入一个职工的工资信息，整体赋值给另一个变量，在屏幕上输出。

程序如下：

```
#include "stdio.h"
struct ym_type
{
    int  y;
    int  m;
};
struct salary_type
{
    char  num[5];                  /*  职工工作证号，有效长度 4 */
    char  name[17];                /*  姓名，有效长度 16 */
    struct  ym_type  ym;           /*  参加工作时间 */
    float  salary;                 /*  基本工资 */
    float  other;                  /*  其他工资 */
    float  cost;                   /*  扣款 */
};
main()
```

```
{
    struct  salary_type  w,w0;
    printf("请输入姓名(其中可以包含空格): ");
    gets(w0.name);
    printf("请输入工作证号、参加工作年、月、基本工资、其他工资、扣款\n");
    scanf("%s%d%d%f%f%f",
       w0.num,&w0.ym.y,&w0.ym.m,&w0.salary,&w0.other,&w0.cost);
    w=w0;
    printf("工号  姓名            基本工资  其他工资  扣款  实发工资\n");
    printf("%-5s%-16s%8.2f%8.2f%8.2f%8.2f\n",w.num,
    w.name,w.salary,w.other,w.cost,w.salary+w.other-w.cost);
}
```

运行结果：

```
请输入姓名(其中可以包含空格): zhang san<回车>
请输入工作证号、参加工作年、月、基本工资、其他工资、扣款
1001  1990  8  980  560  128.5<回车>
工号  姓名            基本工资  其他工资  扣款  实发工资
1001  zhang san      .  980.00   560.00   128.50   1411.50
```

8.3 结构体数组

用一个结构体变量可以存放一个学生的记录。如果要存放 100 个学生的记录就定义 100 个结构体变量，显然是不可取的，因为这样不便于作相同的重复操作。要对它们进行高效处理，自然联想到数组。数组是由相同数据类型的元素组成的，当用相同类型的结构体作元素就可以构成结构体数组。其中，虽然每个元素的内部含不同类型的成员，但从整体上看，每个元素的类型是相同的，不违反数组定义的法则。

8.3.1 结构体数组的定义与初始化

1. 结构体数组的定义

结构体数组也必须先定义再引用。结构体数组的定义方法与定义结构体变量的方法类似，也有三种形式。如下：

```
struct  d_type
{
    int  year;
    int  month;
    int  day;
};
struct  st_type
{
```

```
        char  num[7];
        char  name[21];
        char  sex;
        struct  d_type  birthday;
        float  score;
        char  address[31];
    };
    struct  st_type  s[3];
```

或

```
    struct  st_type
    {
       ⋮
    } s[3];
```

或

```
    struct
    {
       ⋮
    } s[3];
```

三种方式都定义了一个结构体数组 s，它有 3 个元素，数组中的各元素在内存中是连续存放的。

2. 结构体数组的初始化

结构体数组在定义中也可以同时初始化。其一般格式为：

结构体类型名　结构体数组名[数组长度]〖={初始值表}〗;

可选项“={初始值表}”是定义中的初始化部分，其中的“初始值表”由若干个用逗号分隔的结构体成员初始值组成，初始值的顺序和类型要与相应成员变量的顺序和类型匹配。为了增强可读性，一般将每一个数组元素对应的初始数据用花括号括起来，以此来明确区分各个数组元素。例如，对结构体数组 s 初始化如下：

```
stuct st_type s[2]={{"302103","zhang san",'m',1984,10,1,92.5,"Xian"},
                    {"302104","li si",'w',1985,6,21,86,"Beijing"}};
```

当有初始化式时，定义中的数组长度可省略。定义结构体数组的另外两种方式也都可以同时进行初始化，方法与此例相似。

注意：初始值表中的初始值的一般应与各数组元素的成员一一对应，当某些元素给定的初始值个数较少时，必须将每一个数组元素对应的初始数据用花括号括起来。如果初始值的个数小于对应元素的成员个数，则剩余成员将被初始化为默认值。

8.3.2　结构体数组元素的引用

结构体数组元素引用既要遵循数组元素的引用法则，又要遵循引用结构体变量的规定。引用结构体数组整体元素用数组名加下标，如果要引用元素中的成员，还应在其后面加成员访问符和成员名。其一般形式如下：

结构体数组名[下标]

结构体数组名[下标].成员名

例如：

```
strcpy(s[0].name,"zhang san");
strcpy(s[1].num,"302104");
s[1].birthday.year=1984;
```

说明：

可以将结构体（变量、数组元素或函数值）赋给同类型的结构体数组元素或变量。与结构体变量相同，结构体数组元素不能整体进行输入或输出。

【例 8.2】 用结构体数组存储学生信息，每个学生有姓名、学号、成绩。从键盘按学号顺序输入 N 名学生信息，再按成绩从高到低的顺序输出各学生的全部信息。

```
#define  N  4
#include<string.h>
struct
{
    int num;
    char name[11];
    int score;
}t,s[N];
main()
{
    int i,j,k;
    printf("\n请输入第一个学生的学号：");
    scanf("%d",&k);
    printf("\n请输入学号对应学生的姓名(不可含空格)、成绩\n");
    for(i=0;i<N;i++)
    {
        printf("%d",s[i].num=k+i);
        scanf("%s%d",s[i].name,&s[i].score);
    }
    for(i=0;i<N-1;i++)
    {
        k=i;
        for(j=i+1;j<N;j++)
            if(s[k].score<s[j].score) k=j;
        if(k!=i)
        {
            t=s[i];
            s[i]=s[k];
```

```
                s[k]=t;
            }
        }
        printf("按成绩排序输出：\n");
        for(i=0;i<N;i++)
            printf("%d  %-10s %5d\n",s[i].num,s[i].name,s[i].score);
    }
```

运行结果：

```
请输入第一个学生的学号：1001<回车>
请输入学号对应学生的姓名(不可含空格)、成绩
1001  zhang  80<回车>
1002  wang  75<回车>
1003  zhao  90<回车>
1004  chen  79<回车>
按成绩排序输出：
1003  zhao        90
1001  zhang       80
1004  chen        79
1002  wang        75
```

8.4 结构体和函数

8.4.1 结构体作函数参数

结构体成员可以作为函数的实参，形参为与该成员同类型的变量，此时传递的是单个成员值，与同类型的变量传递规则相同。结构体变量整体作函数的参数，在老版本的C 语言中是不允许的，ANSI C 取消了这一限制，允许使用结构体变量整体作函数的实参和形参，进行“值传递”。形参是结构体类型的局部变量，它的类型必须与对应的实参结构体类型完全相同，在函数调用时系统给形参分配内存空间，然后，将实参结构体的全部成员按顺序赋值给形参，被调函数对形参的修改结果，不会影响主调函数中的实参结构体变量。

由于结构体数组元素在程序中扮演的角色和结构体变量完全一样，所以结构体数组元素也可以作为函数的实参进行整体值传递，形参是与数组元素类型相同的结构体变量。

【例 8.3】 在 main() 函数中，输入一个学生信息，再调用 print 函数输出。

显然 print 函数的形参可以用结构体变量。程序如下：

```
#include "stdio.h"
struct  st_type
{
    char  num[7];
```

```
    char  name[21];
    char  sex;
    int   age;
    float  score;
};
void  print(struct st_type  s)
{
  printf("输出：学号                 姓名     性别    年龄    成绩\n");
  printf("%9s%20s%4c%6d%8.1f\n",s.num,s.name,s.sex,s.age,s.score);
}
main()
{
      struct  st_type  s0;
      printf("请输入姓名(可含空格)：");
      gets(s0.name);
      printf("请输入学号、性别、年龄、成绩（各项用空格分开）\n");
      scanf("%s %c %d %f",s0.num,&s0.sex,&s0.age,&s0.score);
      print(s0);
}
```

运行结果：

```
请输入姓名(可含空格)：zhang  san<回车>
请输入学号、性别、年龄、成绩（各项用空格分开）
100001  m  20  89.5<回车>
输出：学号                 姓名     性别    年龄    成绩
   100001          zhang san    m    20    89.5
```

8.4.2 返回值为结构体类型的函数

与其他类型一样，结构体类型也可以作为函数的返回值类型，定义返回值为结构体类型的函数的一般形式为：

结构体类型名　函数名（ 形参表 ）

用结构体类型定义的函数可以将被调用函数的结构体类型值返回到主调函数。

【例 8.4】 在 main 函数中定义一个结构体数组，多次调用 input 函数输入各学生的信息，返回值赋给结构体数组元素，再多次调用 print 函数输出。

显然，input 应定义为返回值是结构体类型的函数，print 函数的实参用结构体数组元素。程序如下：

```
#include "stdio.h"
struct st_type
{
    char  num[7];
    char  name[21];
```

```
        char  sex;
        int   age;
        float  score;
    };
    struct st_type input()
    {
        struct st_type s0;
        printf("请输入姓名(其中可以包含空格): ");
        gets(s0.name);
        printf("请输入学号、性别、年龄、成绩（各项用空格分开）\n");
        scanf("%s %c %d %f",s0.num,&s0.sex,&s0.age,&s0.score);
        getchar();          /*为了删除缓冲区中的残留数据，使下一个gets();有效 */
        return  s0;
    }
    void print(struct st_type s0)
    {
        printf("输出：学号              姓名     性别    年龄     成绩\n");
        printf("%11s %16s %4c %6d %8.2f\n",
                              s0.num,s0.name,s0.sex,s0.age,s0.score);
    }
    main()
    {
        int i;
        struct st_type s[2];
        for(i=0;i<2;i++)
            s[i]=input();
        for(i=0;i<2;i++)
            print(s[i]);
    }
```

运行结果：

```
请输入姓名(其中可以包含空格): zhang san<回车>
请输入学号、性别、年龄、成绩（各项用空格分开）
100001  m  20  89.5<回车>
请输入姓名(其中可以包含空格): li si<回车>
请输入学号、性别、年龄、成绩（各项用空格分开）
100002  w  19  86.5<回车>
输出：学号              姓名     性别    年龄     成绩
    100001        zhang san    m      20      89.5
输出：学号              姓名     性别    年龄     成绩
    100002            li si    w      19      86.5
```

8.5 共 用 体

在 C 语言中，允许不同类型的数据使用同一段内存，即让不同类型的变量存放在起始地址相同的内存中，虽然它们占的字节数可能不同，但起始地址相同。共用体就是这样的类型，它采用了覆盖存储技术，允许不同类型数据互相覆盖，共享同一段内存。有些文献和书中将它称为公用体、共同体或联合。

8.5.1 共用体类型定义

共用体类型定义的形式与结构体非常类似，其一般定义格式如下：

```
union    类型标识符
{
  共用体成员表
};
```

其中 union 是共用体类型定义的关键字，它与其后用户指定的类型标识符共同组成共用体类型名。花括号中的共用体成员表由若干个成员定义组成，每一个成员定义的形式如下：

数据类型标识符   成员名；

例如：

```
union  utype
{   char ch;
    int  i;
    float  f;
};
```

其中，utype 是自定义的结构体类型标识符，与 union 一起组成一个共用体类型名，其中 ch、i、f 是它的成员名。在此定义之后，就可以像使用其他类型名一样使用 union utype 类型名。

说明：

1）定义共用体类型只是定义了这种类型数据的组织形式，编译时并不为它分配存储空间，所以不能对定义的共用体类型进行赋值或运算，必须先定义后引用。

2）该类型变量的各成员共享内存。

3）共用体成员名可以同程序中的其他变量同名，系统会自动识别它，不会混淆。

4）共用体类型定义可以放在函数外部，也可以放在函数内部。若放在函数外部，则从定义点到程序尾之间的全局有效；若放在函数内部，则只在本函数内有效。

8.5.2 共用体变量定义与引用

1. 共用体变量的定义

共用体类型定义后就可定义该类型的变量，其变量的定义和结构体变量的定义一样有三种形式，现只介绍一种形式：

```
union  标识符
{
    共用体成员表
} 变量名表;
```

例如：

```
union  utype
{
    char ch;
    int i;
    float f;
}a,b,c;
```

共用体变量的定义虽然与结构体变量相似，但与结构体变量却有着本质的区别。共用体是多成员的覆盖存储，几个不同类型的成员变量存储在同一起始地址的内存中，任意时刻只存储一种数据。因此分配给共用体变量的存储区，等于占内存最大的成员所需的存储区。而结构体变量所分配的存储区，等于结构体中每个成员所占内存的总和。所以，共用体变量中各成员相互影响，每个时刻只有一个成员的数据有效，而结构体变量中各成员相互独立，各存各的数据互不影响。

假设定义一个结构体变量 x，一个共用体变量 y，定义形式如下：

```
struct  utype                    union  utype
{                                {
    char  ch;                        char  ch;
    int  n;                          int  n;
    float  a;                        float  a;
}x;                              }y;
```

它们在内存中的存储情况如图 8.1 所示。

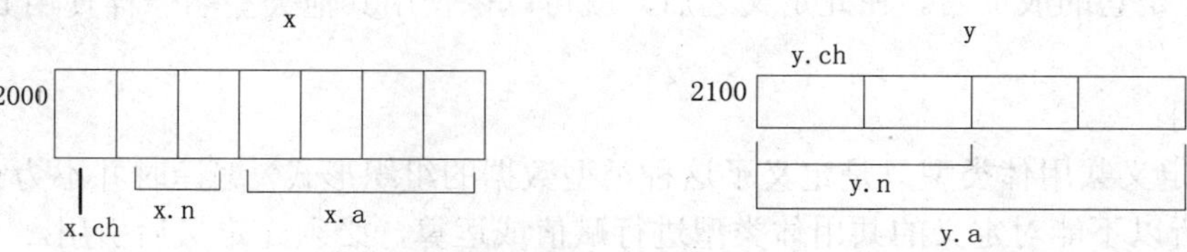

图 8.1　结构体 x 和共用体 y 的内存存储图

从图 8.1 中可以看出 x 在内存中占 1+2+4=7 个字节，而 y 在内存中只占 4 个字节（float 型）。在程序设计中，采用共用体要比采用结构体节省空间。

2. 共用体变量的引用

与结构体类似，共用体变量整体只可以赋值或作为函数的形参、实参、函数返回值等进行数据传递。整体赋值时，赋值号左边必须是共用体变量，右边必须是同类型的共用体变量或函数返回值。由于共用体变量的各成员是覆盖存储，所以不能整体输入和输出。

共用体变量的成员和普通变量一样，允许进行算术运算、比较运算、输入和输出等操作，对共用体变量的成员进行这些操作，就要引用共用体变量的成员，引用一般形式如下：

共用体变量名.成员名;

如：y.n、y.ch、y.a。

说明：

1）共用体变量的各成员是覆盖存储，某一时刻只能存放其中的一个成员值。例如：

```
y.n=1;  y.ch='x';  y.a=1.23;
```

这三条语句顺序执行完后，最终只是 y.a 的值有效，前两个成员值已被覆盖。

2）在相同类型的共用体变量之间可以整体赋值和参数传递，实际都是原样复制。

3）由于共用体变量不能同时存放多个成员的值，因此共用体变量不能进行初始化。

4）共用体变量也不能进行整体输入输出。

8.5.3 共用体应用举例

【例 8.5】 通过共用体变量，将一个整数的两个字节分别按十六进制和字符方式输出，如图 8.2 所示。

```
union int_char
{
    int i;
    char ch[2];
};
print(union int_char x)
{
    printf("i=%d\ni=%X\n",x.i,x.i);
    printf("ch0=%X,ch1=%X \n ",x.ch[0],x.ch[1]);
    printf("ch0=%c,ch1=%c\n",x.ch[0],x.ch[1]);
}
main()
{
    union int_char x;
    x.i=25419;
    print(x);
}
```

	高字节	低字节
二进制	01100011	01001011
十六进制	63	4B
	ch[1]	ch[0]

图 8.2 共用体存储数据示意图

运行结果：

```
i=25419
i=634B
ch0=4B,ch1=63
ch0=K,ch1=c
```

共用体类型的引入增加了程序的灵活性，同一内存空间可在不同情况下作不同的用途。

【例 8.6】 某班某学期的体育课成绩，男生测验 1500 米成绩存储 x 分 x 秒，女生测验柔韧性（分 A、B、C、D、E 五等）和俯卧撑次数，将测验数据放在一张表中，表中包括学号、姓名、性别、体育成绩，最后一项“体育成绩”的内容根据性别填写不同的内容，编写程序，输入、输出表中的信息。

```
#define  N  2
#include<string.h>
struct  ms
{  int  m;  float  s; };
struct  fn
{  char  f;  int  n;  };
struct  student
{
    char  num[7];
    char  name[10];
    char  sex;
    union
    {
        struct  ms  sm;
        struct  fn  sw;
    }score;
} st[N];
main()
{
    int  n,i;
    for(i=0;i<N;i++)
    {
        printf("请输入：学号、姓名、性别\n");
        scanf("%s%s%c",st[i].num,st[i].name,&st[i].sex);
        if(st[i].sex=='m' || st[i].sex=='M')
        {
            printf("请输入他的1500米成绩(分 秒)：");
            scanf("%d%f",&st[i].score.sm.m,&st[i].score.sm.s);
        }
        else
        {
            printf("请输入她的俯卧撑次数和柔韧性等级：");
            scanf("%d%c",&st[i].score.sw.n,&st[i].score.sw.f);
        }
    }
    for(i=0;i<N;i++)
        if(st[i].sex=='m' || st[i].sex=='M')
```

```
        printf("%-8s %-10s  男1500米成绩：%d分 %4.1f秒\n",
            st[i].num,st[i].name,st[i].score.sm.m,st[i].score.sm.s);
        else
            printf("%-8s %-10s  女俯卧撑：%d次  柔韧性：%c等\n",
              st[i].num,st[i].name,st[i].score.sw.n,st[i].score.sw.f);
}
```

运行结果：

```
请输入：学号、姓名、性别
100001 zhang m<回车>
请输入他的1500米成绩(分 秒)：6 2.4<回车>
请输入：学号、姓名、性别
100002 wang <回车>
请输入她的俯卧撑次数和柔韧性等级：16 B<回车>
100001   zhang   男1500米成绩：6分2.4秒
100002   wang   女 俯卧撑：16次  柔韧性：B等
```

有些程序中使用了大量的数组，它们占据了大量的内存空间，但这些数组并不是同时使用，如果用共用体的成员来定义这些数组，将会节约大量的内存，如：

```
union
{
    int  a[100][200];
    float  b[10000];
    char  c[40000];
    double  d[5000];
}m;
```

在有的编译系统下，如果分开定义这几个数组，可能出现占据空间过大的错误，但用共用体的成员来定义这些数组则不会出现错误。

8.6 枚 举 类 型

编写程序时，有些变量的取值仅限于可一一列举（枚举）出来的几个固定值。如表示星期的变量取值只能有7个，表示月份的变量取值只能有12个等等。程序中，如果用整型数来表示取值，其可读性很差。同一个1，很难看出它代表整数1、星期一还是一月份。若用“Mon”表示星期一，则不会误解。为了提高程序的可读性，C语言设置了枚举类型。

1. 枚举类型定义

枚举类型必须先定义后引用。枚举类型定义的一般形式是：

```
enum 类型标识符
{  枚举值名表  };
```

其中，enum 是枚举类型定义的关键字，它与其后用户指定的类型标识符共同组成枚举类型名。花括号中的枚举值名表为如下形式：

常量标识符 1，常量标识符 2，…，常量标识符 n

每个常量标识符都由程序员自定义，要求不能重名（也不能与其他标识符重名），这些常量标识符代表该类型可取的枚举常量值，因此称为枚举常量或枚举值。

例如：

```
enum  weekday
{  sun,mon,tue,wed,thu,fri,sat  };
```

它定义了一个枚举类型名 enum weekday 和该类型可取的 7 个枚举值。

说明：

在 C 语言中，每一个枚举常量都有一个序号，并规定从 0 起编号。第一个枚举常量的序号为 0，以后顺序加 1。若想改变枚举常量的序号值，可在枚举类型定义中指定，如：

```
enum  weekday
{  sun=7,mon=1,tue,wed,thu,fri,sat  };
```

定义的枚举类型名为 enum weekday，类型定义中指定枚举常量 sun 的序号为 7、mon 的序号为 1、tue 的序号为 2……sat 的序号为 6。这里 sun=7, mon=1 并不是赋值操作，也不是赋初值，只是定义这些枚举常量的序号。由于这些常量标识符根本不是变量，所以，绝对不可能给它们赋值，像 sun=5; 和 mon=1; 这样的语句都是错误的。当然 enum weekday 和 weekday 也都不是变量名，也不可能给它们赋值。

注意：千万不要误认为枚举类型像结构体类型那样由若干个成员组成。枚举类型不是构造型数据类型，它只是简单类型，在它的类型定义中，仅定义该简单类型的取值范围，它里面没有成员的概念。许多教材中都把枚举常量叫做枚举元素，这样容易产生误解，因为数组由数组元素组成，所以把枚举常量叫做枚举元素容易错误地联想到枚举类型也和数组类型一样由若干个元素组成。本书取消枚举元素的称谓就是避免这一误解。

2. 枚举类型的变量

在定义了类型之后，就可以用该类型来定义变量，如：

```
enum  weekday  d1, d2;          /* 定义枚举变量 d1 和 d2 */
```

与结构体变量的定义相似，枚举变量的定义也有三种形式，这里不再列举。

一个枚举变量的值只能取该类型定义的几个枚举常量，可以将枚举常量或枚举变量赋给一个枚举变量，但不能将一个整数赋给它，如：

```
d1=sun;  d2=d1;                 /* 正确 */
d1=7;                           /* 错误，类型不匹配 */
```

若想将整数值赋给枚举变量须作强制类型转换，如：

```
d1=(enum weekday)2;             /* 相当于 d1=tue;  */
```

其中，(enum weekday)2 的含义是将整数 2 强制转换为序号为 2 的枚举值 tue。显然，要转换的整数应在定义的枚举序号范围内。

注意：有些教材将枚举常量的序号叫做枚举值，这样会产生误解，实际上枚举值就是定义的那些枚举常量标识符。枚举值是可以赋值给枚举变量，而序号是整数必须强制转换为枚举类型后才能赋值给枚举变量。

枚举值可以比较大小，规则是按它们的序号比较。

枚举值不能直接输入和输出，输入一般通过序号转换，输出则一般通过 switch 语句以字符串的方式输出。

【例 8.7】 输入一整数，转换为枚举类型存入枚举类型的变量，再显示与之对应的星期值。

```
#include "stdio.h"
main()
{
    enum week{sun=7,mon=1,tue,wed,thu,fri,sta};
    enum week weekday;
    int i;
    printf("input integer:\n");
    scanf("%d",&i);
    weekday=(enum week)i;
    switch(weekday)
    {
        case  sun:  printf("Sunday\n");   break;
        case  mon:  printf("Monday\n");   break;
        case  tue:  printf("Tuesday\n");   break;
        case  wed:  printf("Wednesday\n");   break;
        case  thu:  printf("Thursday\n");   break;
        case  fri:   printf("Friday\n");   break;
        case  sta:  printf("Saturday\n");   break;
        default  :  printf("Input error!\n");   break;
    }
}
```

输出结果：

```
input integer:
7<回车>
Sunday
```

8.7 typedef 语句

C 语言提供了 typedef 语句，可以为系统已定义的简单类型（如 int、char、float 等）另起一个名称。也可以为自己定义的结构体、共用体、枚举等数据类型另起一个名称。

1. typedef 语句定义格式

```
typedef    类型名    新类型名;
```

其中，“typedef”为类型定义语句的关键字，“类型名”是标准类型名或已定义的类型名，“新类型名”为用户定义的与类型名等价的别名。

说明：

1）仅给已有的类型名重新命名，并不产生新的数据类型，原有的类型名仍然可用，即新类型名只是原类型的一个“别名”。

2）#define 与 typedef 有相似之处，但二者有本质区别，如：

`#define INTEGER int` 和 `typedef int INTEGER;`

程序中 INTEGER 都可当作 int 使用。前者是预处理的宏代换，将程序中所有 INTEGER 先替换为 int 再进行编译，并没有产生新的名字；而后者是为 int 取了一个新的别名。

2. typedef 语句举例

1）typedef int INTEGER;

将 int 型重新命名为 INTEGER，此后的程序中可用 INTEGER 作为类型名定义变量了。如：INTEGER a, b; 与 int a, b; 二者等价。

2）typerdef struct st_type STUDENT;

struct st_type 与 STUDENT 等价。也可直接进行如下定义：

```
typerdef  struct
{
    ⋮
}STUDENT;    /* STUDENT 是类型名，注意它和直接定义结构体变量的区别 */
```

此后就可用 STUDENT 定义结构体变量，如：STUDENT student1,student2;。

3. 用 typedef 语句的优点

1）可缩写长的类型定义，使用便于理解的类型名，使程序简洁，可读性强。

2）可将程序参数化，便于移植。

例如，有的系统 int 为 2 个字节，而有的为 4 个字节，若要相互移植，容易出现问题，如果计算机甲 int 为 4 个字节，程序中定义 typedef int INTEGER。计算机乙 int 为 2 个字节，移植时只需将程序中的 typedef 语句改为 typedef long INTEGER，所有 INTEGER 仍然还是 4 个字节，原程序就可以在计算机乙上正常运行了。

8.8 总结与提高

1. 结构体类型定义

结构体类型必须先定义后引用，它的定义格式如下：

```
struct  类型标识符
{    结构体成员表
};
```

其中，struct 关键字与其后用户自定义的标识符共同构成结构体类型名。

2. 结构体变量定义

结构体变量同样必须先定义后引用。注意结构体类型和结构体变量的区别：结构体类型不分配内存，不能赋值、存取、运算；结构体变量分配内存，可以赋值、存取、运算。

有三种定义形式：

1）**结构体类型名 结构体变量表;**

2）struct　**标识符**

```
{
    结构体成员表
}结构体变量表;
```

3）struct

```
{
    结构体成员表
}结构体变量表;
```

在结构体变量定义时可对其进行初始化，形式如下：

结构体类型名　结构体变量={初始值表};

3. 结构体变量引用

1）结构体变量成员的引用形式：结构体变量名.成员名。

2）结构体变量作为整体不能进行运算、比较、输入和输出。

3）结构体变量可以整体赋值，但不能将花括号括起来的常量表整体赋给它。

4）结构体变量可以整体作为函数的形参、实参或函数返回值。

5）结构体成员可进行该成员类型允许的各种操作。

4. 结构体数组

结构体数组是元素类型为结构体类型的数组，它的定义和引用既要符合结构体的规定，又要遵循数组的法则。

结构体数组定义与结构体变量定义对应，有三种形式，可同时初始化，形式 1 如下：

结构体类型名　结构体数组名[ ]= 〖={初始值表}〗;

初始化式中的“初始值表”由若干个用逗号分隔的结构体成员初始值组成，初始值的顺序和类型要与相应成员变量的顺序和类型匹配。为了增强可读性，一般将每一个数组元素对应的初始数据用花括号括起来，以此来明确区分各个数组元素。

5. 共用体类型定义

共用体类型也必须先定义后引用，它的定义格式如下:

```
union  类型标识符
{
    共用体成员表
};
```

其中，union 关键字与其后用户自定义的标识符共同构成共用体类型名。共用体成员表由若干成员定义组成，每一个成员定义的形式如下:

```
类型名    成员名;
```

6. 共用体变量的定义与引用

共用体变量也必须先定义后引用，其定义也有三种形式，其中形式 1 如下：

```
共用体类型名  共用体变量表;
```

由于共用体变量不能同时存放多个成员的值，因此共用体变量不能在定义时赋初值。共用体变量能整体引用的操作与结构体变量基本相同，一般都对共用体成员进行操作，需要注意的是任意时刻共用体成员只能有一个值有效。

7. 共用体与结构体的区别

共用体的各成员相互覆盖存储，几个不同的成员共占同一段内存，某一个时刻只能存一个成员。而结构体的各成员相互独立存储，不同的成员占不同的内存，可存储不同的值。所以结构体变量可以初始化，而共用体变量不能进行初始化。

8. 枚举类型

枚举类型是一种自定义的简单类型，在枚举类型定义中，用标识符表列举出了该类型的数据所能取的所有枚举值。枚举类型不是构造类型。

习　题　8

8.1　请指出下面各程序段错在哪里？什么原因？

（1）
```
struct  data
{ long  num=12001;
  float  cost=50.5;
};
```

（2）
```
struct  data
{ long  num;
  float  cost;
};
```

```
data={12001,50.5};
data.num=12001;
```

(3)
```
struct  data
{  long  num;
   float  cost;
}d1;
scanf("%d %f",&d1);
printf("%d %f",&d1);
```

(4)
```
union  utype
{  char ch;
   int  n;
   float  f;
}u1={'d',201,65.4};
```

8.2　写出下面程的序运行输出结果。

(1)
```
struct  data
{  int  num;
   float  score;
};
struct  data  fn(struct  data  d)
{
   d.num+=23;
   d.score=99.9;
   return d;
}
main()
{   struct data  d0,d1={101,88.8};
    d0=fn(d1);
    printf("%d %f\n %d %f\n ",d0.num,d0.score,d1.num,d1.score);
}
```

(2)
```
union int_st
{
    int k;
    char ch[2];
};
main()
{
    union int_st x;
    x.ch[0]='M';
    x.ch[1]='n';
    printf("k=%d\nk=%X\n",x.k,x.k);
}
```

8.3　结构体变量整体能进行哪些操作？不能进行哪些操作？

8.4　结构体数组有哪几种定义方法？结构体数组元素如何引用？

8.5　某商品管理系统中用结构体数组存储商品信息，用三种不同的方式写出结构体数组的定义。每种商品应包含下列数据项：商品号、商品名、进货单位、电话号码、进货日期、进货单价、数量、销售单价。

8.6　用结构体数组存储某班的 30 名学生的信息，每个学生的数据项有学号、姓名、性别、四门课的成绩。编写程序计算四门课的平均成绩，要求用键盘输入学生数据，再按平均成绩排序，并输出含平均成绩的报表。

8.7　结构体与共用体主要的区别是什么？为什么不能给共用体变量赋初值？

8.8　为什么说枚举类型不是构造类型而是简单类型？

8.9　用 typedef 语句定义新的类型名有什么好处？

8.10　有一个商品信息表，除了商品号、商品名、进货日期、进货单价、数量、销售单价等公共信息外，对于家电类商品应有保修单位名和它的服务电话，而对于食品类则应有保质期。请编程输入商品数据，以表格形式输出。

8.11　编写程序，定义结构体类型 struct date，它的成员有 year、month、day、weekday。其中，weekday 为枚举类型，通过键盘任意输入某日期，计算它的星期（1980 年 1 月 1 日为 Tuesday），输出它的年、月、日及星期的英文名称。

第9章　指　　针

C 语言函数调用时，参数传递一律都是采用值传递的方式，被调函数对形参的修改，不会返回到主调函数，不会修改主调程序中实参变量的值。但在实际应用中，有时需要将被调函数对形参的修改结果返回到主调函数，使实参变量的值随之修改，实现参数的“引用传递”。C 语言的函数并没有直接进行引用传递的参数，但可以将变量的地址作为实参将地址值以值传递的方式传给被调函数的形参，如果被调函数修改该形参存储的地址所代表的变量的内容，则从主调函数看，由于是同一个地址，该地址对应的变量的内容必定随之改变。像这样的形参存储的是地址值，它的类型就应该是“地址类型”，C 语言把这种类型称为指针类型。

当用结构体变量做函数参数时，函数调用时要将整个结构体赋值给形参。当结构体的规模很大时，函数调用期间传递参数的开销（花费的时间和占用的空间）是很可观的。如果改为用指针类型的函数参数，传递时只传地址值，在函数中按传入的地址来访问对应的结构体变量，就可以在实现结构体变量“引用传递”的同时，减少传递参数的系统开销。此外，在对结构体数组排序时，往往要移动整个结构体，花费的时间是非常多的。如果改用另一个数组存储各结构体的地址，排序时，只需调整这些地址值，就可以在不改变各结构体物理顺序的情况下，按排序顺序访问结构体，使排序效率大为提高。而且，还可将离散的多个结构体的地址存储在数组中进行排序，增强了算法的灵活性。

指针是 C 语言的一个重要概念，它是 C 语言的精华之一。用指针可以实现函数参数的引用传递，减少传递参数的开销，还能直接对内存地址操作，实现动态存储管理；使程序简洁、紧凑、高效、灵活，但也容易产生副作用。系统对指针浮动、越界、内存泄漏等都不作检查，因此初学者容易出错，学习时应引起高度重视，多动脑、多对比、多实践。

9.1　地址和指针的概念

9.1.1　变量的内容和变量的地址

在程序运行期间，程序代码、常量、变量、数组等都放在内存中，内存单元中存储的数据就是变量的内容或变量的值。计算机的内存是连续的存储空间。为了对其中的指定部分进行操作，系统对内存进行了编址。内存编址是连续的，它的基本单位为字节。编译时系统给每个变量按类型分配一定长度的内存单元。例如，Turbo C 编译系统为整型变量分配 2 字节，为实型变量分配 4 字节，为双精度型分配 8 字节；分配给每个变量的内存单元的起始地址即为该变量的地址。编译后，每一个变量名对应一个变量的地址。

引用一个变量，就是从该变量名对应的地址开始的若干（由类型确定）内存单元中取出数据；而给变量赋值，则是将数据按该变量的类型存入对应的内存单元中。

9.1.2　直接访问和间接访问

直接用变量名从对应的地址存取变量的值，称为“直接访问”。

例如：程序定义了 2 个整型变量 a 和 b，编译时系统给每个变量分配 2 字节内存，a 的起始地址为 3200，b 的起始地址为 3202。执行语句 scanf("%d %d",&a,&b); 时，从键盘输入 18 和 25，系统根据变量名与地址的对应关系，把输入的 18 和 25 直接送到 a 和 b 的起始地址 3200 和 3202 开始的存储单元中。如果再执行语句 a=a+b; 则系统直接从 a 的起始地址 3200 开始的整型存储单元中取出 a 的值，再直接从 b 的起始地址 3202 开始的整型存储单元取出 b 的值，并将它们相加，将结果 43 送到 a 的起始地址 3200 开始的整型存储单元中。这种直接通过变量名访问变量的方式就是“直接访问”的方式。

还可以将变量 a 的地址存放在另一个变量 p 中，访问时先从 p 中取出变量 a 的地址，再按该地址存取变量 a 的值，这种通过另一变量名访问的方式称为“间接访问”。C 语言规定用指针类型的变量来存放地址。通过指针类型的变量就可以实现“间接访问”。

例如：给上例中增加一个存放地址的变量 p，p 的起始地址为 2600，用它存放整型变量 a 的地址值 3200。要访问变量 a，可先从变量 p 中取出地址值 3200，再访问该地址中存放的值，见图 9.1(a)，这就是“间接访问”方式。当把 p 的内容改为变量 b 的地址值 3202 时，通过 p 以“间接访问”方式访问的就是 b 的值，见图 9.1(b)。可以设想，如果用 p 作函数的形参，调用函数时，若将变量 a 的地址值传送给 p，在函数中通过 p 以“间接访问”方式进行修改，修改的就是 a 的值，修改结果自然会带回到主调程序，这样就实现了对变量 a 的引用传递。

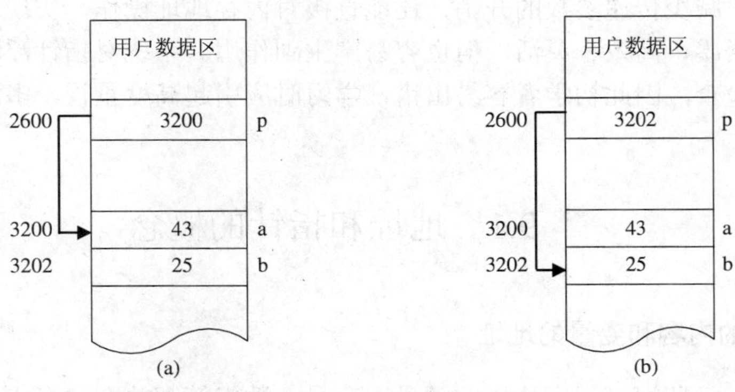

图 9.1　间接访问示意图

可以打一个形象的比喻，直接访问相当于直接根据“房间号”访问住在里面的人。而间接访问相当于根据“房间号”找到里面放的写着“另一房间号”的纸条，再间接地根据纸条上的“另一房间号”访问住在里面的人。

9.1.3 指针的概念

在“间接访问”中通过另一变量中存储的地址能找到所需的变量，可以认为该地址“指向”目标变量，C 语言形象地把地址称为指针。变量的指针就是变量的地址，指针类型就是地址类型，而存放指针的另一变量就是指针类型的变量（简称指针变量）。在图 9.1(a)中，可以说指针变量 p 存放着变量 a 的地址 3200，也可以说指针变量 p“指向”目标变量 a。在图 9.1(b)中，可以说指针变量 p 存放着变量 b 的地址 3202，也可以说指针变量 p“指向”目标变量 b。在示意图中，一般用箭头表示这种“指向”关系。

注意：地址并不是一个简单的数字，它含有存储位置和该位置是存储哪种类型的数据两个概念。所以，定义指针变量时，必须指明它所指向变量的类型。

9.2 指 针 变 量

9.2.1 指针变量的定义

与其他类型的变量相同，指针变量也必须先定义后引用。指针变量是存放地址的，该地址所代表的变量可能是各种不同类型的，所以，定义一个指针变量时，必须同时指定它所指向的变量的类型，称之为基类型。虽然所有指针变量存的都是地址，但如果指向的基类型不同，指针变量的类型也就不同，不能互相赋值。必须用新的定义方式来定义指针变量。

1. 定义格式

基类型名　*指针变量名〖=&变量名〗；

其中：

指针变量名：所定义的指针变量的名称。

基类型名：该指针变量所指向变量的类型名。

=&变量名：可选项，将该变量名对应的地址作为初值赋给所定义的指针变量。

说明：

为所定义的指针变量分配存储单元，其长度等于存储地址时需要的字节数。

指针变量指向变量的类型由基类型名确定，基类型确定了用指针变量“间接”存取数据的字节数和存储形式。指针变量只允许指向基类型的变量，不允许指向其他类型的变量。例如：

```
char *p1;  double *p2;
```

定义 p1 为指向字符型变量的指针变量（简称字符型指针变量），p2 为指向双精度型变量的指针变量（简称双精度型指针变量）。由于它们的基类型不同，执行 p1++ 后，p1 的地址字节值增加了 1；执行 p2++后，p2 的地址字节值增加了 8。

2. 定义时的初始化

在定义指针变量时，可以用选项“=&变量名”来对它初始化，表示将指定变量的地址作为初值赋给所定义的指针变量。选项中的变量名必须是已定义过的，其类型与基类型相同，变量名前的“&”是取地址运算符（后面将专门介绍），如：

```
double d,*p=&d;
```

也可以在定义指针变量时不赋初值，以后再用赋值语句给它赋值，如：

```
double d,*p;
p=&d;                    /* 将变量 d 的地址赋给指针变量 p */
```

但如果定义为：

```
int n;  double *p=&n;
```

则不正确，因为类型不匹配。

注意：虽然地址字节值用无符号整数表示。可以用 printf() 语句以无符号整数的格式输出地址字节值。但整型变量不能存储地址，指针变量也不能存储整数。整数或其他非地址量都不能作为地址值给指针变量赋初值。例如：

```
float *p2=2000;
```

编译时会出现警告错误。不能用整数作为初值赋给指针变量。

如果没有给指针变量赋初值，则指针变量的初值不定，而某些系统则默认为“空指针”(地址字节值为 0)。

9.2.2 指针变量的引用

在介绍指针变量如何引用之前先介绍与指针相关的运算符。

1. 与指针相关的运算符

C 语言有两个与指针相关的运算符：

1）&：取地址运算符，取其右边变量的地址，如：&d 取变量 d 的地址。

2）*：指向运算符（“间接访问”运算符），表示右边指针变量所指向的变量，如：*p 表示指针变量 p 所指向的变量。

“&”和“*”都是单目运算符，它们的优先级相同，按自右向左方向结合。如果已定义

```
float *p=&d ;
```

则 *p 是变量 d，而 &*p 是变量 *p（即变量 d）的地址 p，&*p 等价于 p。

再看 &d 是变量 d 的地址 p，而 *&d 是 p 所指向的变量 d，*&d 也等价于 d。

所以，取地址运算符和指向运算符就像一对函数和反函数运算符，可互相抵消。

注意：指针变量定义和引用指向变量所出现的“*”含义有本质的差别。在引用指向的变量中，“*”是运算符，表示访问指针变量所指向的变量。而在指针变量定义中则应将“*”理解为指针类型定义符，表示定义的变量是指针变量。若将定义中的“*”理解为运算符，则赋初值时就会误认为是给指向的变量赋初值。

2. 指针变量的引用

引用指针变量的指针值与引用其他类型的变量一样，直接用它的变量名。而引用指针变量所指向的变量时，则应在指针变量名之前加指向运算符，用“*指针变量名”。初学者一定要区分引用指针变量的值与引用它所指向变量的值之间的差别。

注意： 1）指针变量只有正确赋值后，才能通过它访问指向的变量。不能引用没有赋值的指针变量，不要误认为只要指针变量 p 定义了，它所指向的变量*p 就存在。实际上，指针变量 p 只有在正确赋值后，它才存储了某一个变量的地址，这时它所指向的变量*p 才存在，才能给*p 赋值。

2）必须用同类型的指针给指针变量赋值，不同类型不能赋值。

3）p=&a;是给指针变量 p 赋值，*p=3; 是给 p 指向的变量赋值。两者含义完全不同。

4）指针变量只存放地址，正如整数或其他非地址量都不能作为地址值给指针变量赋初值一样，也不能用整型量或其他非地址量给指针变量赋值。例如：

```
float  *p1;   p1=2000;
```

编译时将出现警告错误：不能用整数给指针变量赋值。

反过来，也不能将地址值赋值给非指针变量。例如：

```
int  n,p;    p=&n;
```

编译时也会出现警告错误：定义时 p 前无*号不是指针变量，整型变量不能存储地址。

3. 两种访问变量的方式

介绍过指针变量的引用后，就可以将访问变量的方式归结为两种：

1）“直接访问”直接引用变量名。如：int n;　n=12;。

2）“间接访问”通过指针变量和指向运算符来引用。如：int n,*p=&n;　*p=12;。

图 9.2 表示如何通过指针变量进行“间接访问”的全过程：从定义变量、定义指针变量、给指针变量赋值到给指向的变量赋值。

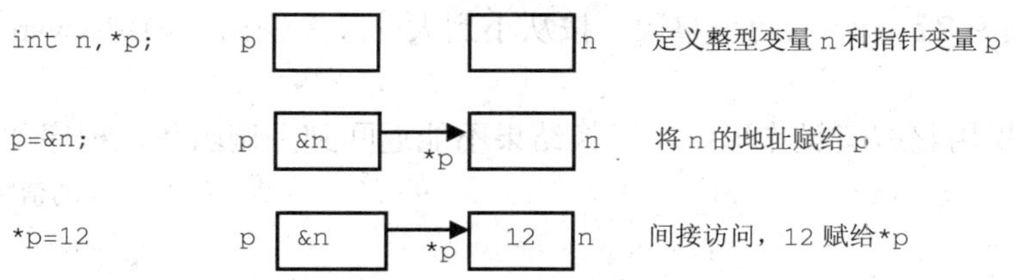

图 9.2　进行间接访问的全过程示意图

【例 9.1】 取地址运算符&和指向运算符*的使用、指针变量的引用、所指向变量的引用、指针变量的值和所指向变量的地址值的输出（地址字节值）。

```
main()
{
   int x,y;
   int *p=&x,*q=&y;
   printf("Input x,y: ");
   scanf("%d%d",p,&y);              /* 指针变量p之前不加&,它与&x相同 */
   printf("x=%d     &x=%X\n",x,&x);
   printf("*p=%d     p=%X\n",*p,p);
   printf("y=%d     &y=%X\n",y,&y);
   printf("*q=%d     q=%X\n",*q,q);
}
```

运行结果：

```
Input x,y: 12  56 <回车>
x=12      &x=FFDA
*p=12      p=FFDA
y=56      &y=FFEC
*q=56      q=FFEC
```

（注：不同的计算机，不同的系统输出的具体地址字节值不一定相同。）

9.2.3 实现引用传递

C语言规定，函数调用实参传递给形参一律采用值传递，如果直接用变量名作实参，函数对形参的修改结果不会带回到主调函数。但编写程序时，常需要将多个变量的修改结果返回到主调函数，实现变量的“引用传递”。如果用指针变量作形参，实参用变量的地址，就可以通过地址的值传递实现指向变量的引用传递。

1. 实现对非指针变量的引用传递

要实现对一般的非指针类型变量的引用传递，需要用指向该类型的指针变量作形参。函数调用时，将实参变量的地址赋给形参，通过指针的值传递实现它指向变量的引用传递。

【例 9.2】 输入两个整数，按从小到大的顺序输出，调用 swap 函数实现变量值的交换。

如果用整型变量作形参，交换结果不能返回到主调函数，程序如下：

```
swap(int a1,int a2)                     /* 将m和n的值赋给a1和a2 */
{
   int a;
   a=a1;
   a1=a2;
   a2=a;                                /* 交换a1和a2，m和n不变 */
}
main()
```

```
{
    int m,n;
    printf("Input m,n:");
    scanf("%d%d",&m,&n);
    if(m>n) swap(m,n);                       /* 实参传送 m 和 n 的值 */
    printf("Sorted:%d  %d \n",m,n);
}
```

运行结果：

```
Input m,n: 9 5<回车>
Sorted: 9  5
```

调用 swap(m, n) 时采用值传递，m 和 n 的值赋给整型变量 a1 和 a2，在 swap() 函数中，虽然 a1 和 a2 的值进行了交换，但 m 和 n 的值与 a1 和 a2 的毫不相关，a1 和 a2 的交换结果不会带回到 main()，调用 swap() 函数后，m 和 n 的输出值无变化，不能实现交换 m 和 n 的目的，如图 9.3 所示。

图 9.3　用整型变量作形参没有实现交换

要想达到交换 m 和 n 的目的，程序应修改为：

```
swap(int *p1,int *p2)          /* &m,&n 赋给 p1,p2;*p1 就是 m;*p2 就是 n */
{
    int a;
    a=*p1;
    *p1=*p2;
    *p2=a;                        /* 交换*p1 和*p2 就是交换 m 和 n  */
}
main()
{
    int m,n;
    printf("Input m,n: ");
    scanf("%d%d",&m,&n);
    if(m>n) swap(&m,&n);          /* 实参为 m 和 n 的地址 */
       printf("Sorted: %d  %d\n",m,n);
}
```

执行结果：

```
Input m,n: 9  5 <回车>
Sorted: 5  9
```

执行 swap(&m,&n)时虽然还是值传递，但传递的是地址值，即将 m 和 n 的地址值赋给指针形参 p1 和 p2，在 swap()函数中对*p1 和*p2 的操作实际就是对 m 和 n 的操作，修改结果自然会带回到 main()。这样就通过地址值的传递实现了指向变量的引用传递，如图 9.4 所示。

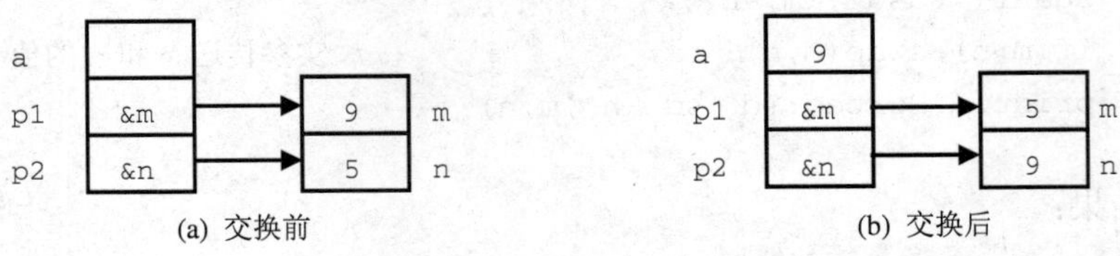

图 9.4　通过交换*p1 和 *p2 实现了 m 和 n 的交换

如果 main() 函数不变，而将 swap() 函数改为：

```
swap(int *p1,int *p2)          /* 将 m 和 n 的地址赋给 p1 和 p2 */
{
    int *p;
    p=p1;
    p1=p2;
    p2=p;                       /* 交换后 p1 指向 n，p2 指向 m，m 和 n 的内容并没有改变*/
}
```

虽然在 swap() 函数中仍然用指针 p1 和 p2 作形参，但交换的是指针 p1 和 p2，不是它们指向的变量 *p1 和*p2，交换完后，p1 指向 n，p2 指向 m，结果只是 p1 和 p2 的内容变化了，m 和 n 的内容并没有改变。结果仍然达不到预想的目的，如图 9.5 所示。

图 9.5　直接交换指针 p1 和 p2 未实现 m 和 n 的交换

2. 用二级指针实现对指针变量的引用传递

要实现对指针类型变量本身的引用传递，就需要用指向该指针类型的指针变量作形参，这种指向指针类型的指针变量称为二级指针变量。函数调用时，将实参指针变量本身的地址赋值给形参，通过该地址的值传递实现它指向的指针变量的引用传递。

二级指针变量定义形式如下：

基类型名　**二级指针变量名〖=&指针变量名〗；

说明：“*”的结合性是从右到左，因此**q 相当于*(*q)，显然，如果没有最前面的“*”，q 就是一个指向整型变量的指针变量。现在它前面又有一个“*”号，表示 q 是指向整型指针变量的指针变量。引用时，*q 就是 q 指向的整型指针变量；**q 就是 q 指向的指针变量所指向的整型变量。

二级指针变量也可在定义的同时赋初值，显然初值必须是指针类型。例如：

```
int  i,*p=&i;                /* 定义p为指向整型的指针变量，初值为&i  */
int  **q=&p;                 /* 定义q为指向整型指针的指针变量，初值为&p */
int  k,*p0=&k,**q0=&p0;      /* 注意3个变量的定义顺序不能错 */
```

如果例 9.2 中需要交换的是两个指针变量 int *r,*s; 就要实现对指针变量 r 和 s 的引用传递，主调函数中的调用语句为：“swap(&r,&s); ”。相应的 swap 函数应改为：

```
swap(int **p1,int **p2)      /* 用二级指针变量作形参 */
{   int *q;
    q=*p1;
    *p1=*p2;
    *p2=q;                   /* 交换*p1和*p2就是交换r和s */
}
```

9.3　指针与数组

在第 6 章数组已提到过数组名代表该数组 0 号元素的地址，也就是说，数组名与本章介绍的指针有相同的概念，两者之间关系密切。数组名是指向数组首元素的指针类型符号常量，而指针变量也可以让它指向数组元素。数组元素可以通过数组名和下标访问，也可以通过指向它的指针变量来访问。本节将详细介绍指针与数组的密切关系。

9.3.1　指向数组元素的指针

1. 定义指向数组元素的指针变量

定义指向数组元素的指针变量与前面介绍的定义一般指针变量的方法相同，只要让定义中的基类型和数组元素的类型相同即可。定义的同时也可以赋初值，例如：

```
int a[8],b[10];          /* 数组a和b的元素都是整型变量 */
int *p,*q=&a[0];         /* 定义指向整型的指针变量p和q，给q赋初值&a[0]*/
p=&a[6];                 /* 赋值后p指向a数组的6号元素 */
p=b;                     /* 赋值后p指向b数组的0号元素 */
```

由于数组名是指向 0 号元素的指针类型符号常量，所以 a 和&a[0]相等，b 和&b[0]相等。p=b; 和 p=&b[0]; 两句等价，int *q=&a[0]; 和 int *q=a; 两句也等价。

注意：p=b; 不是把 b 的各元素赋给 p，而是让 p 指向 b 数组的 0 号元素。虽然此时 p 和 b 都指向 b 的 0 号元素，但它们是有区别的，p 是变量而 b 是符号常量。

2. 指针运算

1）指针变量可以进行指向运算和赋值运算。

2）指针变量可以加减一个整数。当指针变量指向数组元素时，指针变量加（减）一个整数 n，表示指针向前（后）移动 n 个元素（不是 n 个字节！）。指针变量每增减 1，地址字节值的增减量 d 等于基类型字节数 sizeof(type)，如：

```
int a[20]; int *p1=&a[7];    /* p1 指向整型(d=2)，初值为 a[7]的地址*/
p1--;                        /* p1 减 1，它指向 a[6]，地址字节值减 2 */
p1+=3;                       /* p1 加 3，它指向 a[9]，地址字节值加 6 */
```

再如：

```
long b[10],*p=&b[5];         /* p 指向 long 型(d=4)，初值为 b[5]的地址 */
p++;                         /* p 增 1，它指向 b[6]，地址字节值加 4 */
p-=2;                        /* p 减 2，它指向 b[4]，地址字节值减 8 */
```

3）两个同类型指针可以相减，得到一个整数，等于两者的地址字节值之差除以基类型字节数。两个指针之间不能进行加法、乘法、除法等算术运算。

4）两个同类型指针可以比较运算，即进行<，<=，>，>=，!=，==运算，类型不同不能比较，运算时用它们的地址值进行比较。

5）C 语言设置了一个指针常量“NULL”称为空指针，空指针不指向任何存储单元。空指针可以赋给任何指针类型的变量。空指针可以和任何类型的指针作等于和不等于的比较(不能作<，<=，>，>=的比较)。

注意： ++*p、(*p)++、*p++与*++p 四者之间的差别。

++*p 相当于++(*p)，表示先给 p 指向的变量值加 1，然后取该变量的值。

(*p)++先取 p 指向的变量值，然后该变量值加 1。

p++ 相当于(p++)，表示取 p 所指向变量的值，然后 p 增 1。

++p 相当于(++p)，表示 p 增 1，然后取 p 所指向变量的值。

3. 通过指针访问数组元素

定义了指针变量后，如果没有给它赋任何值，它不指向任何变量。如果想通过它访问数组元素，就必须将数组元素的地址赋给它，此后就可以通过增减等运算使它指向不同的元素，再通过指向运算符就能访问对应的数组元素。C 语言将数组元素中的“[ ]”称为变址运算符，一维数组元素 a[i] 等价于 *(a+i)。

例如，在 int a[20],*p=a; 的情况下：

1）*(p+i)或*(a+i)都表示数组元素 a[i]，而 p+i 或 a+i 则都表示 a[i]的地址&a[i]。

2）指针变量也可带下标，如 p[i]与*(p+i)等价。所以，a[i]、*(a+i)、p[i]、*(p+i) 四种表示法全部等价。

3）注意 p 是变量，a 是符号常量，不能给 a 赋值，语句 a=p; 和 a++; 都是错误的。

归纳起来，当定义 int *p=a; 时，引用数组 a 的元素可以用四种方法：

用数组名和指针变量，以下标法和指针法引用，如 a[i]、p[i] 和 *(p+i)、*(a+i)。

最后还必须指出，C 语言对地址运算不做越界检查，移动指针时程序员自己要控制好地址的边界。所以，指针运算是最容易出错的地方，初学者一定要注意。

【例 9.3】 指针运算和地址字节值的输出，下标法和指针法访问数组元素的示例。

```
main()
{
   int a[8]={10,20,30,40,50,60,70,80};
```

```
    int *p=a;                                      /* 可将 *p=a 改为 *p=&a[0];*/
    float s[8],*pf=s;
    printf("pf=%X   pf+1=%X \n",pf,pf+1);         /* pf 基类型字节数是 4 */
    printf("p=%X    p+1=%X \n",p,p+1);            /* p 基类型字节数是 2 */
    printf("&p[0]=%X &p[1]=%X\n",&p[0],&p[1]);/* 改为下标法效果相同 */
    printf("&a[0]=%X &a[1]=%X\n",&a[0],&a[1]);/* 将 p 换为 a 效果相同 */
    printf("*p+3=%d  *(p+3)=%d\n",*p+3,*(p+3));/* *p+3 和*(p+3)不同 */
    printf("*a+3=%d  *(a+3)=%d\n",*a+3,*(a+3));/* 将 p 换为 a 效果相同 */
}
```

运行结果：

```
pf=FFBE     pf+1=FFC2
p=FFAE      p+1=FFB0
&p[0]=FFAE  &p[1]=FFB0
&a[0]=FFAE  &a[1]=FFB0
*p+3=13     *(p+3)=40
*a+3=13     *(a+3)=40
```

注意： 不要把数组名理解为指向整个数组的指针，因为它指向的变量是数组元素，这一点可以从 a+1 是指向 a[1]，而不是下一个数组而得到证明。本书将数组名称为指向 0 号数组元素的指针，就是为了避免这种概念的混淆。有些教材将数组名称为指向数组的指针，容易引起误解，误认为加 1 后指针值变为指向下一个数组。

【例 9.4】 分别用数组名和指针变量，以下标法和指针法输入和输出数组的所有元素。

```
main()
{
    int i,b[8],*p=b;
    printf("\n Input b[i]: \n");
    while(p<(b+8))
      scanf("%d",p++);                       /* 效率最高,不直观*/
    printf("\n Output b[i]: \n");
    for(i=0;i<8;i++)
      printf("%d,",b[i]);                    /* (1)数组名,下标法,最直观 */
    printf("\n Output *(b+i): \n");
    for(i=0;i<8;i++)
        printf("%d, ",*(b+i));               /* (2)数组名,指针法 */
    printf("\n Output p[i]): \n");
    p=b;
    for(i=0;i<8;i++)
       printf("%d, ",p[i]);                  /* (3)指针变量,下标法*/
    printf("\n Output *(p+i): \n");
    for(i=0; i<8; i++)
       printf("%d, ",*(p+i));                /* (4)指针变量,指针法 */
```

```
    printf("\n Output *p++: \n");
    while(p<(b+8))
        printf("%d, ",*p++);              /* (5)指针变量,指针法,效率最高 */
    printf("\n");
}
```

运行结果：

```
Input b[i]:
1 2 3 4 5 6 7 8<回车>
Output b[i]:
1, 2, 3, 4, 5, 6, 7, 8,
Output *(b+i):
1, 2, 3, 4, 5, 6, 7, 8,
Output p[i]:
1, 2, 3, 4, 5, 6, 7, 8,
Output *(p+i):
1, 2, 3, 4, 5, 6, 7, 8,
Output *p++:
1, 2, 3, 4, 5, 6, 7, 8,
```

注意：语句（3）的前一句 p=b; 不能省略。因为，从输入的 while 循环出来时，指针变量 p 的值变为 b+8，如果省略 p=b; 执行语句（3）时，p 的指针值全都越界了，输出结果无法预测。

综上所述，数组元素可以用数组名或指针变量，以下标法或指针法访问。用数组名下标法的优点是最直观且不易出错，缺点是效率低。指针变量指针法的优点是灵活高效，缺点是不直观且易出错。

4. 数组或指针变量作函数参数

在排序、矩阵运算、解方程组等程序中，可以将这些算法编写为函数，函数调用时，需要将整个数组传递给函数，返回时也希望将整个数组的修改结果带回到调用函数，也就是说应该实现整个数组的引用传递。这种情况下，调用语句的实参要用数组，被调函数相应的形参也要定义为数组。函数调用时，将把主调函数中实参数组的首地址传给形参，此时，对应的形参和实参实际上代表同一个数组，实现了整个数组的引用传递。

【例 9.5】 通过调用一个函数，将整型数组的所有元素都加 3。

程序如下：

```
void add(int b[],int n)
{
    int i;
    for(i=0;i<n;i++) b[i]+=3;
}
main()
{
```

```
        int i,a[8]={1,2,3,4,5,6,7,8};
        add(a,8);
        for(i=0;i<8;i++) printf("%4d",a[i]);
    }
```

运行结果为：

```
4  5  6  7  8  9  10  11
```

a 为实参数组名，b 为形参数组名。调用 add 函数时，C 语言的编译系统并没有给 b 分配整个数组的存储空间（故又称 b 为虚数组或形式数组），而是只给它分配一个存储地址的单元，相当于一个指针变量，用来接收实参数组的首地址。注意：虚数组名不同于实数组名（用语句定义的数组名），定义时方括号[ ]中没有长度（如果是多维虚数组，第一维无长度）。被调用函数 add 在执行过程中，由于形参 b 中存储的就是 a 数组的首地址，对各 b[i]的访问就是对 a[i]的访问，虚数组 b 成为实数组 a 的"替身"，所有 a[i]和 b[i]自然"都被"加 3，实现了整个数组的引用传递，如图 9.6 所示。

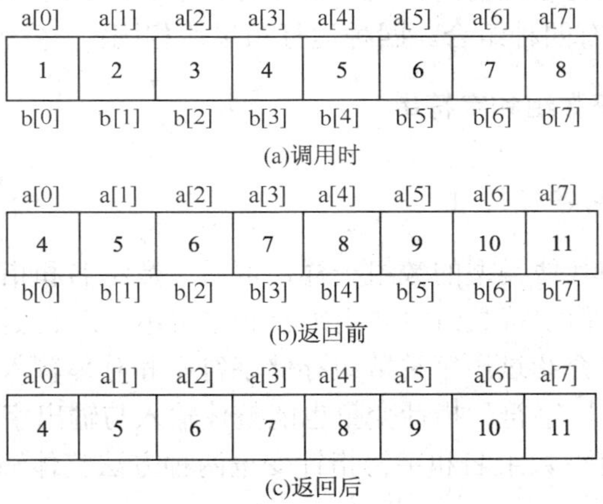

a[0]	a[1]	a[2]	a[3]	a[4]	a[5]	a[6]	a[7]
1	2	3	4	5	6	7	8
b[0]	b[1]	b[2]	b[3]	b[4]	b[5]	b[6]	b[7]

(a)调用时

a[0]	a[1]	a[2]	a[3]	a[4]	a[5]	a[6]	a[7]
4	5	6	7	8	9	10	11
b[0]	b[1]	b[2]	b[3]	b[4]	b[5]	b[6]	b[7]

(b)返回前

a[0]	a[1]	a[2]	a[3]	a[4]	a[5]	a[6]	a[7]
4	5	6	7	8	9	10	11

(c)返回后

图 9.6 调用中实数组和虚数组首地址相同代表同一数组

注意： 实数组名是指针常量，而虚数组名是被调函数内的局部指针变量。可将函数的首部 void add(int b[ ], int n) 改写为 void add(int *b, int n)，两者完全等价。

add 函数可改为：

```
void add(int *b,int n)
{
    int *bend=b+n;
    for(;b<bend;b++) *b+=3;
}
```

调用该函数时，局部指针变量（或虚数组）b 接收传来的实参数组 a 的首地址。在被调函数中，通过 b 就可以访问实参数组 a 的元素。无论形参是 int b[ ] 还是 int *b 形式，b 都是一个变量，可以修改它的值；被调函数中既可以用 *(b+i) 形式，也可以用 b[i] 形式来访问，访问的都是实参数组 a 的元素。

当然，实参也可以用存放数组首地址的指针变量 p，调用时将 p 存放的数组首地址传送给形参 b，效果与数组 a 作实参相同。

例 9.5 的 main( ) 函数可改为：

```
main()
{   int a[8]={1,2,3,4,5,6,7,8},*p=a;
    add(p,8);
    for(p=a;p<a+8;p++) printf("%4d",*p);
}
```

归纳起来，传递一个数组，实参与形参的形式有以下四种：

1）实参和形参都用数组名。

2）实参用数组名，形参用指针变量。

3）实参用指针变量，形参用数组名。

4）实参和形参都用指针变量。

四种方法实质上都是地址值的传递，都实现了整个数组的引用传递。例 9.5 中的 add 函数和 main( ) 函数可有四种组合。四种运行结果均相同。

9.3.2　字符指针、字符数组和字符串

1. 用字符指针访问字符数组

对于字符数组也和其他类型的数组一样，可通过数组名和指针变量，以下标法和指针法访问它的各元素，但字符数组主要用来存储字符串，对它更多的是进行整体访问。

在第 6 章数组中已介绍过用字符数组存储字符串和整体输入与输出字符串，通过前面的介绍自然会想到，用字符型指针变量也能整体输入与输出字符串。

【例 9.6】　用字符型数组名和字符指针变量两种方法整体输入与输出字符串。

```
main()
{
   char s[81]="\nHello!",*p=s;
   char *ps="Welcome to you!";  /*定义ps为指向字符串的首字符的指针变量*/
   printf("%s\n",s);            /* 用字符型数组整体输出字符串 */
   printf("%s\n",ps);           /* 用字符指针整体输出字符串 */
   gets(s);                     /* 用字符型数组整体输入带空格的字符串 */
   printf("%s\n",s);
   gets(p);                     /* 用字符指针整体输入带空格的字符串 */
   printf("%s\n",s);            /* 与printf("%s\n",p); 等价 */
}
```

运行结果：

```
Hello!
Welcome to you!
How do you do?<回车>
```

```
How do you do?
How are you?<回车>
How are you?
```

在输出语句中，可以整体输出存放字符串的字符数组。也可以用字符指针变量像处理字符数组那样直接处理字符串常量，用指向字符串常量的字符型指针变量 ps 整体输出该字符串常量。

整体输入带空格的字符串也有两种方法。可以在 gets() 中用字符数组名 s 或者用指向字符数组元素的指针变量 p。由于 p 的初值为 s，输入的字符串实际都是存储在数组 s 中。

注意：用字符数组和字符指针变量都能实现字符串的存储和运算，但有以下几点区别：

1）存储内容不同，字符数组中存储若干个字符，而字符指针变量存放字符指针。

2）分配的内存单元不同。编译时为定义的字符数组的所有元素分配确定地址的内存。而只给字符指针变量分配一个存放地址的内存单元，若未赋初值，则未指向明确的地址。

用未赋值的指针变量输入字符串，有时也能运行，但后果是危险的。编译时该指针变量的内容是不可预料的值；若用 gets() 或 scanf() 函数将字符串输入到它所指向的一段内存单元中，就可能破坏程序或数据，造成严重的后果；所以必须在输入之前给它明确赋值。

3）赋值方法不同。对字符数组只能在变量定义时整体赋初值，不能用赋值语句整体赋值。对字符指针变量，可以用赋值语句将字符串首地址赋值给它，起到整体赋值的效果，如：

```
char *p;  p=" Welcome to you!";      /* 赋给 p 的是字符串的首地址。
```

4）指针变量的值是可以改变的，字符数组名是地址常量，它的值是不能改变的，如：

```
main()
{  char *p="Welcome to you!";
   p=p+8;                                   /* 指针变量的值是可以改变 */
   printf("%s",p);
}
```

运行结果如下：

```
to you!
```

输出字符串时，从 p 当时所指的地址开始输出各个字符，直到遇'\0'为止。如果改用字符数组名：char a[]="Welcome to you!";　a=a+8;，则会出现错误。

在 scanf()和 printf()函数中，一般都用一个字符串常量来进行格式控制，这样的格式控制是固定的。如果用指针变量指向一个格式控制字符串，用它代替 scanf()和 printf()函数中的格式字符串。只要改变指针变量所指向的字符串，就可以改变输入与输出的格式，实现可变格式。而用字符数组虽然也可存储格式字符串，但数组不能重新整体赋值，因此不够灵活。

2. 字符串处理函数的实现

在信息管理和事务处理领域内，大量用到字符串的整体操作，C 语言标准函数库中提供了许多字符串处理函数，在这些函数中都用到字符数组的整体引用传递。下面自编函数实现字符串复制和字符串比较函数的主要功能。

（1）字符串复制函数 strcpy(s1,s2)

它的功能是将字符串 s2 复制到字符型数组 s1 中，实参 s2 可以是字符串常量、字符型数组名或指向字符串首字符的字符型指针变量，而实参 s1 只能是字符型数组名或已赋值的字符型指针变量。此函数可以用字符型数组或字符型指针变量作形参分别实现。

【例 9.7】 字符串复制函数主要功能的实现。

方法一：数组法（用虚数组作形参，以下标法访问元素）。

```
void strcpy(char s1[],char s2[])
{
    int i=0;
    while(s1[i]=s2[i]) i++;    /* s2[i]等于'\0'时，先赋值再判断结束循环*/
}
```

方法二：指针法（用字符指针作形参，以指针法访问元素）。

```
void strcpy(char *s1,char *s2)
{
    while(*s1++=*s2++);         /*当 s2 指到'\0'时，先赋值再判断结束循环 */
}
```

以下标法访问元素时，循环中每次要做 *(s1+i)，*(s2+i)，i++ 三个运算，而以指针法访问元素，循环中每次只要做*s1++，*s2++ 两个运算。比较起来，指针法效率更高。

（2）字符串比较函数 strcmp(s1, s2)

它的功能是对字符串 s1 和 s2 从左向右逐个字符按 ASCII 码值进行比较，一直到字符值不相等或遇到字符串结束符'\0'为止。如果两个字符串相等，则函数返回整数 0，如果两个字符值不相等，则返回 s1 和 s2 的不相等字符的 ASCII 码的差值。

【例 9.8】 用指针法访问元素，实现字符串比较函数 strcmp()。

```
strcmp(char *s1,char *s2)
{
   while(*s1==*s2)
   {
       if(*s1==0)return(0);  /*若两个字符串相等，一直比较到'\0'，返回 0*/
        s1++;  s2++;
   }
   return(*s1-*s2);              /* 出循环时两个字符值不相等，返回差值 */
}
main()
{
```

```
    char a[20],b[20];
    printf("\nInput 2 lines:\n");
    gets(a);
    gets(b);
    printf(" a=%s  b=%s\n strcmp(a,b)=%d",a,b,strcmp(a,b));
    printf("\n strcmp(b,a)=%d",strcmp(b,a));
    printf("\n strcmp(b,b)=%d",strcmp(b,b));
}
```

运行结果均为：

```
Input 2 lines:
abcdefg<回车>
abc xyz<回车>
 a=abcdefg  b=abc xyz
 strcmp(a,b)=68              （小写字母 d 与空格的 ASCII 码的差值为 68）
 strcmp(b,a)=-68
 strcmp(b,b)=0
```

9.3.3　地址越界问题

引用数组元素时，它的下标不要超越上下界。同样，用指针变量引用数组元素时也不应发生地址越界。由于用指针变量更加灵活，使用时更容易出现越界的问题，在指针变量重新赋值后，其中存储的新地址值是否指向所需要的变量，新地址值是否有实际意义，系统对此都不作检查，都需要由程序员自己检查。有时，新地址值已经指向存放程序的指令区，如果还把它当作变量给它赋值，将引起意想不到的结果，会导致运行混乱或死机。因此，使用指针时一定要细心，应注意以下几点：

1）用指针变量访问数组元素，随时要检查指针的变化范围，始终不能越界。

2）引用指针变量前一定要对它正确赋值。在选择结构的程序中，每一个分支路径都应在引用指针变量之前对它正确赋值，不引用没有赋值的指针变量。

3）指针运算中注意各运算符的优先级和结合顺序，多使用括号，使程序容易理解。

4）字符串整体输入时，一定要限制输入的字符串长度。

【例 9.9】　地址越界实例。

```
main()
{
   char ps[]="Hello !",*p=ps;
   char pt[]="He is a worker.";
   printf("%s\n",ps);
   for(p=ps;p<ps+10;p++) *p='N';     /* 地址越界，改写了下一数组的内容 */
   printf("%s\n",pt);
   scanf("%s",ps);                    /* 如果输入字符串长度超过 7 越界 */
   printf("%s\n",pt);
}
```

运行结果：

```
Hello !
NN is a worker.
123456789012345<回车>
9012345
```

有两句引起地址越界，它们都改变了另一个数组的内容。如果 scanf("%s", ps); 输入字符串的长度超过两个数组长度之和，则可能改变代码区引起系统错误。

9.3.4 指针数组

1. 指针数组的概念

如果每个数组元素均为指针类型的变量，即数组元素的类型是指针类型，则称这样的数组为指针数组。也就是说，指针数组中的每一个元素都是一个指针变量，都可以指向给定类型的变量。一维指针数组的定义形式为：

基类型名 *数组名[数组长度]〖={地址初值列表}〗;

其中，基类型名必须是已定义过的类型名，用以定义元素类型为指向该基类型的指针数组。注意数组名前面的“*”，它是指针定义符。还可以用选项“={地址初值列表}”给指针数组的各元素赋初值。

由于[ ]比*优先级高，因此数组名先与[ ] 结合，表示它是数组；然后再与前面的*结合，表示此数组的元素是指针类型；再和前面的基类型名结合，表示元素类型是指向基类型变量的指针类型。例如：

```
int  i,j,k,m,n;
int  *q[5]={&i,&j,&k,&m,&n};
```

q 先与[5]结合形成 q[5]，显然这是数组形式，它有 5 个元素。然后再与前面的*结合，表示此数组的元素是指针类型，再和前面的 int 结合，表示每个数组元素是指向整型变量的指针变量。本例中，q 的各元素已赋初值，它们分别指向 i, j, k, m, n 这 5 个整型变量。

2. 用二级指针变量访问指针数组

通过指针变量可以访问数组元素，要求它的类型必须是指向该元素类型的指针类型。那么，要想通过指针变量来访问指针数组的元素，就必须定义二级指针变量。用所定义的二级指针变量来指向指针数组的各元素，进行间接访问。若要通过该指针变量来访问指针数组元素所指向的变量的内容，则需要进行两次间接访问。例如：

```
int **p;
```

定义 p 为一个指向整型指针的二级指针变量。用它可访问整型指针数组元素所指向的整型数据。（为了表达方便，将指向整型数据的指针简称整型指针，将指向字符型数据的指针简称字符型指针，将元素为整型指针变量的数组简称整型指针数组……）

【例 9.10】 指针数组的各元素指向整型数据的简单实例。

```
main()
```

```
{
   static int s[5]={10,20,30,40,50}; /* 要用元素地址做初值，应加 static */
   int *q[5]={&s[0],&s[1],&s[2],&s[3],&s[4]};
   int **p;                          /* 定义二级指针变量 p */
   for(p=q;p<q+5;p++)
     printf("%d\t",**p);             /*  **p 表示两次间接访问 */
}
```

运行结果：

```
10  20  30  40  50
```

说明：q 数组是整型指针数组，给它赋的初值是数组 s 的各元素的地址。定义指针数组时，如果要用数组 s 的元素地址做初值，则 s 必须定义为 static。指针数组名 q 是一个指针常量，它指向该指针数组的 0 号元素。p 是指向指针变量，经过 p=q 赋值后，p 也指向 q 的 0 号元素，再移动指针 p 就可以通过两次间接访问输出数组 s 的各元素的值。

3. 指针数组作 main( )函数的形参

在 DOS 或 Windows 的命令提示符窗口中的命令行状态下，输入操作系统命令时，命令之后可以带若干个命令参数，用命令参数来确定该命令的操作对象。如：

```
c: \>copy a:\*.c              将 a: 盘根目录下所有.c 文件复制到当前目录下
c: \>copy f1.exe  f2.exe      在当前目录，将 f1.exe 文件另复制为 f2.exe 文件
```

与此相似，在命令行状态下执行 C 程序经编译连接后得到可执行文件时，输入的可执行文件名之后也可以带有若干个命令参数。执行该程序时操作系统调用 main()函数，在程序的第一条可执行语句执行前，系统将这些参数传递给 main()函数。main() 函数把接收来的参数值作为对应形参的初值，为程序的执行创造初值条件。显然，形参应放在 main() 函数的参数表中。事实上，C 语言中 main() 函数也同其他函数一样，可以带形参。而实参由输入的可执行文件名和其后跟的若干个字符串组成，这些字符串的长度一般并不相同，其长度事先无法确定，而且实参的个数也是任意的。要满足这些要求，应该用字符指针数组作参数。C 语言规定，main() 函数形参是固定的，第一个形参为整型，它接收实参的个数，第二个形参为字符指针数组，它的各元素分别接收命令行输入的各字符串的首地址。例如：

```
main(int argc,char *argv[])
```

形参 argc 接收实参的个数，字符指针数组 argv 接收各字符串的首地址。

此程序经编译连接后得到可执行文件，在命令行中发出执行命令，输入该可执行文件名及实参，它的一般形式为：

命令名　参数 1 参数 2　…　参数 n-1

命令名就是可执行文件名，参数总个数为 n 个(包括命令名)。命令发出后，系统调用 main() 函数，先统计出参数总个数 n，并将它赋给 argc，并将 n 个实参字符串的首地址，按实参顺序分别赋给指针数组 argv 的各元素，然后再开始执行 main() 函数的各条语句。两个形参的名称习惯上都用 argc 和 argv，用其他名称也可以，但它们的类型不能

改变。

【例 9.11】 编写源程序 show.c，在命令行输入 show 和若干个字符串后，顺序分行显示这些字符串。

show.c 的程序如下：

```
main(int argc,char *argv[])
{
  int i;
  for(i=1;i<argc;i++)                                    /* 下标法 */
  printf("%s\n",argv[i]);
}
```

程序可以改写为：

```
main(int argc,char **argv)
{
  while(--argc>0) printf("%s\n",*++argv);               /* 指针法 */
}
```

经编译连接后得到可执行文件 show.exe，在操作系统命令行状态下输入：

```
show Hello World<回车>
```

执行后输出以下信息：

```
Hello
World
```

每个字符串占一行，两种方法比较，数组法直观，指针法效率高。

【例 9.12】 编写程序 echo.c，实现操作系统中的 echo 命令，echo 命令是将后面所带的参数原样显示出来。它与上例相似，但不分行，所带的参数都显示在同一行。

程序如下：

```
main(int argc,char **argv)
{
   while(--argc>0)
      printf("%s%c",*++argv,(argc>1)?' ':'\n');    /* 实现同行显示 */
}
```

在操作系统命令行状态下输入：

```
echo Welcome to you ! <回车>
```

执行后输出以下信息：

```
Welcome to you !
```

各字符串全部输出在同一行。

9.3.5 多维数组和指向分数组的指针

1. 多维数组的地址

现以二维数组为例，设二维数组 a 有 3 行 5 列，定义如下：

```
int a[3][5]={{1,2,3,4,5},{6,7,8,9,10},{11,12,13,14,15}}
```

a 数组的元素是按行存储的，可以将 a 数组的 3 行看成 3 个分数组：a[0]、a[1]、a[2]。每个分数组是含 5 个列元素的一维数组，如图 9.7 所示。

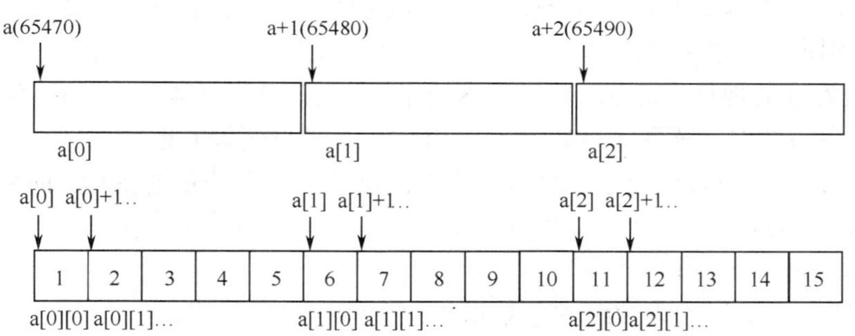

图 9.7　二维数组内存存储示意图

其中，数组名 a 是指向 0 号分数组的指针常量，a+1 和 a+2 则是指向 1 号和 2 号分数组的指针常量，对应的地址字节值分别是 65470、65480 和 65490，这些指针常量的基类型字节数都是 10。a[0]、a[1]、a[2]是 3 个分数组的数组名，这 3 个数组名又分别是指向各分数组 0 号元素 a[0][0]、a[1][0]、a[2][0]的指针常量。a[0]、a[1]、a[2]对应的地址字节值还是 65470、65480、65490，但它们的基类型字节数是 2 不是 10。而 a[0]+1 和 a[0]+2 则分别是指向 a[0][1]和 a[0][2]的指针常量，对应的地址值分别是 65472 和 65474。

数组元素中的“[ ]”是变址运算符，相当于*(+)，b[j]相当于*(b+j)。对二维数组元素 a[i][j]，将分数组名 a[i]当作 b 代入*(b+j)，得到*(a[i]+j)，再将其中的 a[i]换成*(a+i)又得到*(*(a+i)+j)。a[i][j]、*(a[i]+j)、*(*(a+i)+j)三者相同都表示第 i 行 j 列元素。对于图 9.7 所示的二维数组可得到表 9.1。

表 9.1　不同表示形式的含义及内容

表示形式	含　义	内　容
a, &a[0]	二维数组名，0 行分数组的地址	65470
a[0], *a, &a[0][0]	0 行分数组名，0 行 0 列元素的地址	65470
a[0]+1,*a+1,&a[0][1]	0 行 1 列元素的地址	65472
a+1,&a[1]	1 行分数组的地址	65480
a[1],*(a+1),& a[1][0]	1 行分数组名，1 行 0 列元素的地址	65480
a[1]+3,*(a+1)+3,&a[1][3]	1 行 3 列元素的地址	65486
(a[2]+3),(*(a+2)+3),a[2][3]	2 行 3 列元素	14

注意： a 和 a[0]的地址字节值都是 65470 但不等价，它们的基类型字节数不同，可以从 a+1 和 a[0]+1 地址字节值不同得到证实。从以上的比较中可体会到多维数组名并不是指向整个多维数组的指针，而是指向 0 号分数组的指针。一维数

组名也不是指向整个一维数组的指针，而是指向 0 号数组元素的指针。可以统称数组名是指向 0 号分量的指针。

为了避免概念混淆，本书对有关指针和数组的称谓作如下统一约定：

1）数组的地址（或指向数组的指针）是该数组所占的内存的起始地址，基类型字节数为整个数组所占的内存的字节数。

2）数组元素的地址（或指向数组元素的指针）是该数组元素所占的内存的起始地址，基类型字节数为数组元素所占的内存的字节数。含义与变量的地址相同。

3）数组名是数组首个分量的地址（或指向该数组首个分量的指针，简称数组的首地址）。基类型字节数为分量所占的内存的字节数。一维数组的分量指的是数组元素，多维数组的分量指的是分数组。

【例 9.13】　输出二维数组的分数组和元素的地址字节值。

```
main()
{
    int i,j,k;
    int a[3][5]={{1,2,3,4,5},{6,7,8,9,10},{11,12,13,14,15}};
    printf("&i=%X   &j=%X    &k=%X\n",&i,&j,&k);
    printf("a=%X   a+1=%X    a+2=%X\n",a,a+1,a+2);
    printf("a[0]=%X a[0]+1=%X a[0]+2=%X\n",a[0],a[0]+1,a[0]+2);
    printf("a[1]=%X *(a+1)=%X &a[1][0]=%X\n",a[1],*(a+1),&a[1][0]);
    printf("a[2][4]=%d *(*(a+2)+4)=%d\n",a[2][4],*(*(a+2)+4));
}
```

运行结果均为：

```
&i=FFBA      &j=FFBC      &k=FFBE
a=FFC0       a+1=FFCA     a+2=FFD4
a[0]=FFC0    a[0]+1=FFC2    a[0]+1=FFC4
a[1]=FFCA    *(a+1)=FFCA    &a[1][0]=FFCA
a[2][4]=15      *(*(a+2)+4)=15
```

注意：不同的计算机，不同的系统输出的具体地址字节值不一定相同。

2. 指向数组元素和指向分数组的指针变量

指向多维数组元素的指针变量与指向基类型的指针变量相同。

指向多维数组的分数组的指针变量，应该指向整个一级分数组，基类型字节数为一级分数组所占字节数。指向二维数组的分数组的指针变量，应该指向整个一维分数组。指向三维数组的分数组的指针变量，应该指向整个二维分数组。

现介绍定义指向整个数组的指针变量，以定义指向整个一维数组的指针变量为例：

基类型名　(*指针变量名)[长度]；

其中，“长度”是常量表达式，表示所指向数组的元素个数。“指针变量名”用来指定所定义的指向整个一维数组的指针变量，它可用来作为指向二维数组的分数组的指针变量。圆括号是必需的，有圆括号则它首先被定义为指针变量，该指针变量指向的是整个数组，总的表示它是指向数组的指针变量。如果没有圆括号，则由于“[ ]”优先级高，它首先被定义为数组，而数组元素为指向基类型的指针变量，总的表示它是指针数组。

【例 9.14】 在二维数组中，用指向数组元素和指向分数组的指针变量，按行输出二维数组各元素的值。

```
main()
{
    int a[3][5]={{1,2,3,4,5},{6,7,8,9,10},{11,12,13,14,15}};
    int *q;                    /*q 是指向整型的指针变量,可用来指向元素*/
    int (*p)[5];               /*p 是指向一维数组的指针变量,可用来指向分数组*/
    for(p=a;p<a+3;p++)         /*用 p 指向各行数组*/
    {  for(q=*p;q<*p+5;q++)/*用*p 指向各行数组的首元素*/
           printf("%5d",*q);
       printf("\n");
    }
}
```

运行结果：

```
    1    2    3    4    5
    6    7    8    9   10
   11   12   13   14   15
```

注意：如果将 int (*p)[5]; 的圆括号去掉，定义为 int *p[5]; 由于“[ ]”优先级高，就变成定义有 5 个元素的指针数组。

【例 9.15】 利用指向分数组的指针变量，输入多个字符串，将它们按行存储在二维字符数组中，然后输出全部字符串。

利用指向分数组的指针变量，程序如下：

```
main()
{
     char a[4][20];
     char (*p)[20];                /* p 是指向分数组的指针变量*/
     printf("Input strings:\n");
     for(p=a;p<a+4;p++) gets(*p);
     printf("Output strings:\n");
     for(p=a;p<a+4;p++) printf("%s ",*p);
     printf("\n");
}
```

运行结果：

```
Input strings:
Zhang San,<回车>
Wang Wu,<回车>
Zhao Liu,<回车>
Welcome to you!<回车>
```

```
Output strings:
Zhang San, Wang Wu, Zhao Liu, Welcome to you!
```

注意：for 语句中的 printf("%s ",*p); 可改为 printf("%s ", p); 输出结果相同。

3. 用多维数组名和指针变量作函数参数

用数组名或指针变量作为函数参数，可以实现多维数组的引用传递，以实现二维数组的引用传递为例，有以下几种形式：

1）形参定义为二维虚数组的形式，如：f1(int a[][5], int m);。

2）形参定义为指向分数组的指针变量的形式，如：f2(int (*q)[5], int m);。

3）形参定义为指向元素的指针变量的形式，如：f3(int *p, int m, int n);。

注意：int m 是用来接收二维实数组的行数，最后一种形式中 int n 用来接收二维实数组的列数，前两种形式实数组的列数应固定为 5。在编写被调用函数的执行代码时必须与形参的形式配合好，后两种形式之间指针移动时的基类型字节数是不同的，不要理解错。

【例 9.16】 用两个二维数组存储矩阵，调用函数求两个矩阵之差，差矩阵存放在第一个实参数组中，用指向分数组的指针变量作形参。矩阵输出也用函数实现。

```
#define N 4
sub(int (*p1)[N],int (*p2)[N],int m)/*用指向分数组的指针 p1，p2 作形参*/
{
   int *q1,*q2,(*u)[N];
   u=p1+m;
   for(;p1<u;p1++,p2++)                         /* 分数组首元素的地址是*p1 和*p2 */
      for(q1=*p1,q2=*p2;q1<*p1+N;q1++,q2++)
            *q1-=*q2;
}
print(int (*p)[N],int m)
{
   int *q,(*u)[N];
   u=p+m;
   for(;p<u;p++)
   {
      for(q=*p;q<*p+N;q++)
            printf("%6d",*q);
      printf("\n");
   }
   printf("\n");
}
main()
{
   int i,j,a[][N]={{1,2,3,4},{5,6,7,8 }};
```

```
    int b[][N]={{10,20,30,40},{50,60,70,80}};
    print(a,2);  print(b,2);
    sub(b,a,2);  print(b,2);
}
```

运行结果：

```
     1     2     3     4
     5     6     7     8

    10    20    30    40
    50    60    70    80

     9    18    27    36
    45    54    63    72
```

print()函数的形参可改为指向数组元素的指针变量，改变后的 print()函数为：

```
print(int *p,int m)
{
    int *q,*u;
    u=p+m*N;
    for(;p<u;p+=N)
    {
        for(q=p;q<p+N;q++)
            printf("%6d",*q);
        printf("\n");
    }
    printf("\n");
}
```

运行结果没有变化，在改变后的 print() 函数中，已将 p 当作一维数组来处理。显然，它传递参数没有原来的 print() 函数概念清晰，而且在编译阶段还会在函数参数传递处，出现警告信息（可疑的指针转换 Suspicious pointer conversion）；实参为指向分数组的指针，而形参为指向数组元素的指针变量（指向的类型不一致，但传递的地址字节值正确，所以仅警告）；如果把调用语句改为 print(a[0],2); 或 print(&a[0][0],2); 就不会出现警告信息了。

9.4　结构体与指针

9.4.1　指向结构体的指针变量

指针变量也可以指向结构体类型的变量，显然，必须先定义结构体类型，再定义指向结构体类型数据的指针变量。引用这个指针变量前，还必须将已存在的结构体变量的地址赋给它，此时该指针变量的值就是该结构体变量的起始地址，如：

```
struct st                              /* 先定义结构体类型 */
{
    long num;
    char name[11];
    char sex;
    float score;
};
struct st  s0,*p=&s0;                 /*再定义指向结构体的指针变量，并赋初值*/
```

先定义 struct st 类型。然后定义一个该类型的变量 s0，同时定义了指针变量 p，它指向 struct st 类型的数据，并将 s0 的起始地址作为初值赋给指针变量 p。

引用时，*p 表示 p 指向的结构体变量。访问 *p 的成员时，由于成员运算符“.”优先于“*”运算符，*p 两侧应加圆括号即 (*p)，如：访问成员 num 时应写为 (*p).num，不能写作*p.num。

C 语言中，可以把 (*p).num 用 p->num 来代替，都表示 p 指向的结构体变量中的 num 成员，可以用以下三种形式访问成员，在 p=&s0; 的情况下它们之间是等价的：

```
s0.成员名          (*p).成员名          p->成员名
```

其中，“->”由一个减号和一个大于号组成，含义是“指向结构体的”，称为指向成员运算符或指向分量运算符，它有最高的优先级，按自左至右的方向结合，例如：

p->n++引用 p 指向的结构体变量中成员 n 的值，然后使 n 增 1。

(p++)->n 引用 p 指向的结构体变量中成员 n 的值，然后使 p 增 1。

++p->n 使 p 指向的结构体变量中成员 n 的值先增 1（不是 p 的值增 1），再引用 n 的值。

(++p)->n 使 p 的值增 1，再引用 p 指向的结构体变量中成员 n 的值。

显然，指针变量也可以用来指向结构体数组中的元素。改变指针变量的值就可以通过它访问结构体数组中的各元素。

9.4.2 用指向结构体的指针作函数参数

上一章已介绍过，ANSI C 在函数调用时，允许采用“值传递”的方式，将整个结构体变量的值传递给另一个函数。参数传递是以整体赋值的方式实现的，形参是结构体类型的局部变量，在函数调用期间占用内存单元，所以这种传递方式既费时间又多占空间，有时这种时间和空间的开销是很可观的。而且它是值传递，被调函数对形参的修改结果，不会返回到主调函数，因此一般较少使用。

使用较多的是另一种“引用传递”方式。它用指向结构体的指针变量作形参和实参，调用函数时，只需将结构体变量（或数组）的地址传给形参。形参只占用一个存地址的单元，时间和空间的开销都比较小。如果在被调用函数中改变了形参指向的结构体的值，该值可以带回主调函数。

【例 9.17】 采用“引用传递”的方式，用指向结构体的指针变量作参数，在 input 函数中输入并计算平均成绩，以 main 函数输出。程序如下：

```
#define N 4
#include<string.h>
#define FMT "%5d   %-11s%5d%8d%8d%10.1f\n"
struct st
{   int num;
    char name[11];                      /*  name 最多存储 10 个字符 */
    int s[3];
    float aver;
};
void input(struct st *p)                /*  用指向结构体的指针变量作形参 */
{
    scanf("%d%s%d%d%d",&p->num,p->name,&p->s[0],&p->s[1],&p->s[2]);
    p->aver=(p->s[0]+p->s[1]+p->s[2])/3.0;
}
main()
{
    struct st a[N],*p=a;
    printf("Input student: number name score1 score2 score3\n");
    while(p<a+N)  input(p++);        /*  p 指向结构体数组元素，实现引用传递*/
    printf("number   name      score1  score2  score3   average\n");
    for(p=a;p<a+N;p++)
       printf(FMT,p->num,p->name,p->s[0],p->s[1],p->s[2],p->aver);
}
```

运行结果：

```
Input student: number name score1 score2 score3
1001 ZhangSan 60 70 80<回车>
1002 LiSi 70 80 90<回车>
1003 WangWu 68 87 78<回车>
1004 ZhaoLiu 76 77 88<回车>
number   name       score1   score2   score3   average
1001     zhang          60       70       80      70.0
1002     Li             70       80       90      80.0
1003     wang           68       87       78      77.7
1004     zhao           78       76       87      80.3
```

9.5　返回值为指针类型的函数

前面已经介绍，指针可以作为函数的形参，调用函数时，将变量、数组、结构体的地址传递到给形参，实现函数参数的“引用传递”。本节将介绍，函数的返回值也可以定义为指针类型，通过函数名可以将指针值返回到主调函数。

函数的返回值的类型既可以是整型、实型、字符型，也可以是指针类型，返回值为指针类型的函数又称为指针类型的函数，简称指针函数，指针函数首部定义格式如下：

类型名 *函数名(参数表)

例如：

```
int *f(int x)
```

f 是函数名，调用它能返回一个指向整型的指针值。x 是函数 f 的形参。注意 f 的两侧分别为“*”运算符和“()”运算符。而“()”优先级高于“*”，因此，f 先与()结合，表明 f()是函数形式。而这个函数前面有一个*，表示此函数返回值为指针类型。最前面的 int 表示返回值的类型是指向整型变量的指针类型。

【例 9.18】 实现系统提供的字符串复制函数 strcpy() 的全部功能。

在本章例 9.7 中，已介绍了字符串复制函数 strcpy()，它无返回值。而系统提供的 strcpy 函数有返回值，返回第一个实参字符数组的首地址。所以系统提供的 strcpy 函数的返回值类型应该是指向字符的指针类型。该程序的代码如下：

```
char *strcpy(char *s1,char *s2)
{
    char *p=s1;                  /* 用p保存s1接收来的实参字符数组的首地址 */
    while(*s1++=*s2++);          /* 当s2指到'\0'时，先赋值完成后循环结束 */
    return(p);                   /* 通过函数名返回指针值 */
}
main()
{
   char s[20];
   printf("%s\n",strcpy(s,"Welcome to you!"));/*输出返回值指向的内容*/
}
```

运行结果：

```
Welcome to you!
```

【例 9.19】 实现系统提供的字符串连接函数 strcat(s1,s2)的全部功能。

函数 strcat() 将实参字符串 s2 连接到实参字符数组 s1 中的字符串后面。此函数的返回值是实参字符数组 s1 的首地址。所以函数的返回值类型应该是指向字符的指针类型。该程序的代码如下：

```
char *strcat(char *s1,char *s2)
{
    char *p=s1;                  /* 用p保存s1接收来的实参字符数组的首地址 */
    while(*s1) s1++;             /* s1指到'\0'时循环结束 */
    while(*s1++=*s2++);          /* 当s2指到'\0'时，先赋值完成后循环结束 */
    return(p);                   /* 通过函数名返回指针值 */
}
main()
{
   char s[40]="Hello, ";
```

```
    printf("%s\n",strcat(s,"Welcome to you!"));/*输出返回值指向的内容*/
}
```

运行结果：

```
Hello, Welcome to you!
```

显然，在主调函数中，第一个实参必须是字符型数组，数组定义的长度必须足够，以保证调用字符串连接函数后数组能容纳下连接起来的字符串，不出现地址越界现象。

9.6　指针与链表

在各种信息管理系统的程序设计中，常需要用到大量的数据记录表格，如果采用结构体数组存储这些数据，会出现一些问题。其一是数组必须定义固定的长度，程序运行时数组元素的数目是固定的，即使比定义时多一个元素，程序也无法正确运行；所以必须按可能遇到的最大数目来定义数组的长度，这样会造成内存浪费。其二是在数组中插入、删除一个元素，需要移动数组中的很多元素，尤其是数组长度特大时需要移动的元素更多，这将占用大量的机时，效率很低。

为了更好地处理此类问题，可以采用动态存储分配的数据结构——链表。它的特点是：用则申请，不用则释放，插入和删除只需少量的操作，能大大提高空间利用率和时间效率。要实现动态链表，必须在程序的运行过程中能够根据需要来分配空间或释放空间。

9.6.1　存储空间的分配和释放

C 语言标准函数库中提供四个函数：malloc( )、calloc( )、realloc( ) 和 free( )，用来实现内存的动态分配与释放。前三个函数用于动态存储分配，第四个函数涉及动态存储释放，而最常用的是 malloc( )、free( ) 函数，下面分别予以介绍。

1. 申请存储空间函数 malloc( )

malloc( ) 函数的原型为

```
void *malloc(unsigned int size);
```

其功能是在内存的动态存储区申请一个长度为 size 字节的连续存储空间。并返回该存储空间的起始地址。如果没有足够的内存空间可分配，则函数的返回值为空指针 NULL。

说明：函数值为指针类型，由于基类型为 void，如果要将这个指针值赋给其他类型的指针变量，应当进行强制类型转换。

malloc()函数的参数中经常使用 C 语言提供的类型长度运算符 sizeof( )，通过它来计算申请空间的大小。由于不同机器的同一类型所占的字节数有可能不同，所以用 sizeof( ) 运算符使程序适应不同的机器，便于程序的移植。例如：

```
int  *p=(int *)malloc(sizeof(int));
```

申请一个 int 类型长度的存储空间，并将分配到的存储空间地址转换为 int 类型地址，赋给所定义的指针变量 p，基类型字节数为 int 型所占的空间 2 或 4（由机器决定）。

再例如：

```
struct stud  *p=(struct stud *)malloc(sizeof(struct stud));
```

申请可存放 struct stud 结构体类型数据的空间，将其地址存入指针 p 中，当 struct stud 结构体类型的定义改变时，本语句申请空间的大小会随之改变，程序适应性增强。

2. 申请存储空间函数 calloc( )

calloc( ) 函数的原型为：

```
void  *calloc(unsigned int n,unsigned int size);
```

其功能是在内存申请 n 个长度为 size 字节的存储空间。并返回该存储空间的起始地址。如果没有足够的内存空间可分配，则函数的返回值为空指针 NULL。它主要用于为动态数组申请存储空间，n 为元素的个数，size 为元素存储长度。例如：

```
int  *p=(int *)calloc(10, sizeof(int));
```

申请 10 个 int 类型长度的存储空间，并将分配到的存储空间地址转换为 int 类型地址，将其首地址赋给所定义的指针变量 p。此后，就可以将 p 作为 10 个元素的整型数组使用，此数组没有数组名，只能用指针变量 p 来访问。它也可用 malloc( ) 函数来实现：

```
int  *p=(int *)malloc(sizeof(int)*10);
```

3. 释放存储空间函数 free( )

free( )函数原型为：

```
void  free( void  * p);
```

其功能是将指针变量 p 指向的存储空间释放，交还给系统。free 函数无返回值。这里要说明的是，p 只能是程序中此前最后一次调用 malloc 或 calloc 函数所返回的地址。例如：

```
int  *p,*q=(int *)calloc(10,sizeof(int));
p=q;   q++;
free(p);                /* 将 p 指向的，此前调用 calloc 函数申请的存储空间释放*/
```

如果改用 free(q)，则会提示错误，因为执行了 q++；以后，q 已改变。

9.6.2 动态数据结构——链表

链表是一种最常见的采用动态存储分配方式的数据结构。在链表中，每个元素称为一个“结点”，每个结点除了存储需要使用的数据信息外，还必须包含指向另一个结点的指针。通过指针就可以将所有结点链接起来，成为链表。

如果每个结点只含有一个指针，所有结点都是单线联系，除了末尾结点指针为空外，每个结点的指针都指向下一结点，一环扣一环形成一条线性链，称此链表为单向线性链表或简称单链表，如图 9.8 所示。

单链表的特点：

1）有一个 head 指针变量，它存放第一个结点的地址，称之为“头指针”。

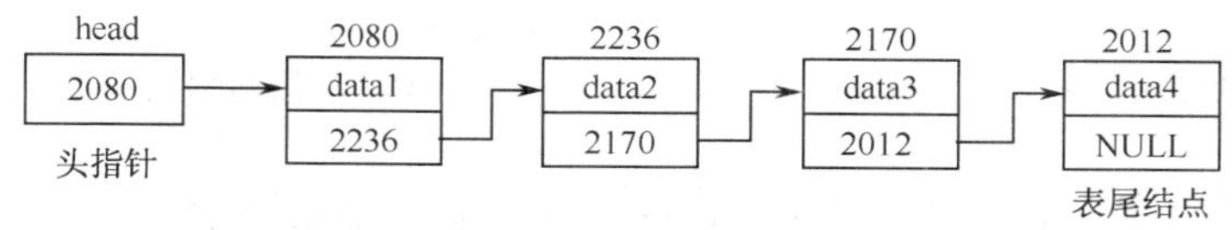

图 9.8　单向链表

2）每个结点都包含一个数据域和一个指针域，数据域存放用户需要的实际数据，指针域存放下一个结点的地址。从头指针 head 开始，head 指向第一个结点，第一个结点指向第二个结点……直到最后一个结点。所有结点都是单线联系环环相扣。

3）最后一个结点不再指向其他结点，称为“表尾” 结点，它的指针域为空指针“NULL”，表示链表到此结束。指向表尾结点的指针称为尾指针。

4）链表各结点之间的顺序关系由指针域来确定，并不要求逻辑上相邻的结点物理位置上也相邻，也就是说，链表依靠指针相连不需要占用一片连续的内存空间。

5）随着处理数据量的增加，链表可以不受程序中变量定义的限制无限地延长（仅受内存总量的限制）。在插入和删除操作中，只需修改相关结点指针域的链接关系，不需要像数组那样大量地改变数据的实际存储位置。链表的使用，可以使程序的内存利用率和时间效率大大提高。

也可以在单向链表第一个结点之前虚加一个“头结点”，头指针指向头结点，头结点的指针域指向第一个结点，头结点的数据域不使用，如图 9.9 所示。

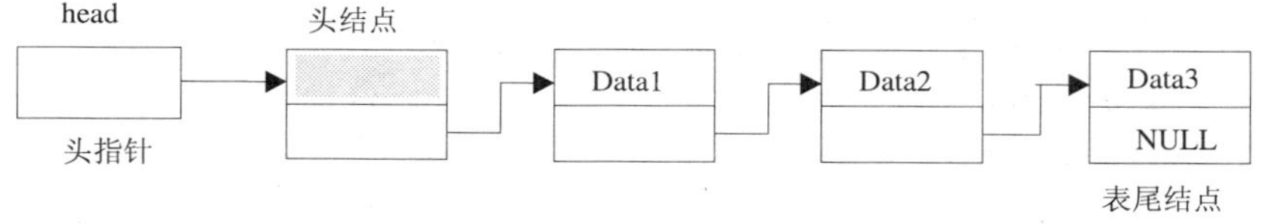

图 9.9　带头结点的单向链表

对带头结点的单向链表，空表还保留着头结点，头结点的指针域为 NULL，空表和非空表的形式统一，创建、插入和删除操作的代码都较为简洁。创建带头结点的单向链表新结点不需要判断是否为第一个结点。在插入和删除操作中，头指针永不改变，插入到空表与插入到尾结点之后形式相同，删除第一个结点和其他结点的形式也相同。

1. 建立和输出链表

由于链表的每个结点都包含数据域和指针域，即每个结点都要包含不同类型的数据，所以结点的数据类型必须选用结构体类型，该类型可包含多个各种类型的成员，其中必须有一个成员的类型是指向本结构体类型的指针类型。

对于这种结构体类型，C 语言允许递归定义。例如，建立一个学生成绩的链表，它的结点的结构体类型定义如下：

```
struct  stud
{
```

```
    ⋮                      /* 数据域 */
    struct  stud  *next;   /* next 的类型是指向本结构体类型的指针类型 */
};
```

注意：在 next 成员定义中，引用了本结构体类型，也就是说类型定义中采用了递归。

【例 9.20】 建立和输出有若干个学生记录的带头结点的单向链表，用指针类型的函数 creat() 创建链表，返回链表的头指针，函数中定义了 3 个指针变量，head 为头指针，p1 指向新结点，p2 为尾指针指向尾结点。

算法分析：

先产生头结点，head、p2 都指向它，输入它的数据。

产生第一个新结点，p1 指向它，输入它的数据。

当新结点的学号非 0 时进入循环，循环中，直接将新结点链接到表尾，再产生新结点，输入数据，学号为 0 则循环结束。

释放无效结点的存储空间，尾结点指针域置空，返回头指针。

程序如下：

```
#include  <stdio.h>
#define PT "学号:%ld 姓名:%-10s 成绩:%6.1f\n",p->num,p->name,p->score
#define  N  sizeof(struct stud)
struct stud
{
   long  num;
   char  name[11];
   float  score;
   struct  stud  *next;
};
void print(struct stud * p)
{
   p=p->next;
   while(p!=NULL)
   {
      printf(PT);
      p=p->next;
   }
}
struct stud *creat(void)
{
   struct  stud *p1,*p2,*head;
   head=p2=(struct stud *)malloc(N);    /* head,p2 指向头结点*/
   printf("请输入学号    姓名    成绩(学号输入 0 结束)\n");
   p1=(struct stud *)malloc(N);         /* p1 指向第一个结点*/
   scanf("%ld %s %f",&p1->num,p1->name,&p1-> score);
```

```
    while(p1->num!=0)
    {
        p2->next=p1;                        /* 将新结点链接到表尾 */
        p2=p1;                              /* p2 指向新的表尾 */
        p1=(struct  stud *)malloc(N);       /* p1 指向新申请的结点*/
        scanf("%ld%s%f",&p1->num,p1->name,&p1->score);
    }
    p2->next=NULL;                          /* 表尾结点 next 域置空 */
    free(p1);                               /* 释放无效结点*/
    return  head;
}
void main()
{
    struct stud *head;
    head=creat();
    print(head);
}
```

运行结果：

```
输入学号  姓名  成绩(学号输入 0 结束)
1001  zhang  89<回车>
1002  wang  95<回车>
1004  zhao  72<回车>
0 0 0<回车>
学号:1001 姓名: zhang     成绩: 89.0
学号:1002 姓名: whang     成绩: 95.0
学号:1004 姓名: zhao      成绩: 72.0
```

2. 链表的查找

链表的查找操作是在链表中查找某成员值为给定值的结点。可以定义一个查找函数，它的返回值为指针类型，返回指向查找到结点的指针；查找函数定义一个形参，它是指向结点的指针类型变量 p，它用来接收主调函数传来的链表的头指针。函数中的查找算法，先输入要查找的给定值，p 指向头结点，如果头结点所指的结点存在则进入循环，循环中 p 向前推进一步，则按链接顺序比较一次；当查找到给定值的结点时，返回指向该结点的指针；如果一直查到链表尾还未找到给定值的结点，则返回空指针。查找是单链表中常用的操作，插入和删除也要用到查找。

在例 9.20 中，增加一个查找函数 find() ，其代码如下：

```
struct stud * find(struct stud *p)
{
    long num;
    printf("请输入要查找的学号: ");
```

```
    scanf("%ld",&num);
    while(p->next!=NULL)
    {
        p=p->next;                          /* 指针后移，比较下一结点 */
        if(p->num==num) return p;           /* 找到则返回指向该结点的指针 p*/
    }
    return  NULL;                           /* 未找到则返回空指针 NULL */
}
```

3. 链表结点的删除

删除操作是在链表中删除某成员值为给定值的结点。同样，可以定义一个删除函数，它的返回值为整型，删除成功返回 1，失败返回 0。在删除函数中定义一个形参 p0，用来接收主调函数传来的链表头指针（指向头结点）。为了保证删除指定结点后链表保持正确的链接关系，在查找过程中，要用两个指针变量，其中 p0 始终指向前驱结点，另一个指针变量 p 始终指向当前结点。

删除算法也是先输入要查找的给定值，然后从头查找要删除的结点，找到后修改前驱结点的指针，让它链接到后一结点，再将被删除结点的存储空间释放，删除成功。

在例 9.20 中，增加一个删除函数 delete()，其代码如下：

```
int  delete(struct stud *p0)
{
    long num;
    struct stud *p;
    p=p0->next;
    if(p==NULL) return 0;              /* 只有头结点为空表，不能删除返回 0 */
    printf("请输入要删除的学号：DNo:");
    scanf("%ld",&num) ;
    while(p!=NULL)
    {
        if(p->num==num)                /* 找到要删除的结点 */
        {
            p0->next=p->next;          /* 后续结点链接到前驱结点之后 */
            free(p);
            return 1;
        }
        p0=p;                          /* 推移指针继续查找 */
        p=p->next;
    }
    return 0;                          /* 未找到要删除的结点返回 0 */
}
```

4. 链表结点的插入

结点的插入操作是在链表中的适当位置插入一个新结点。当原链表中有相同记录时不进行插入，函数返回值为 0，否则进行插入，返回 1。形参 p0，用来接收主调函数传来的链表的头指针（指向头结点）。操作步骤如下：

1）创建新结点，工作指针变量 p 指向新结点，输入新结点的数据。

2）反复比较 p0->next 指向结点和新结点的数据，查找插入位置。

3）找到插入位置，则将新结点插入在 p0 和 p0->next 两结点之间。将 p0->next 赋给 p->next，后续结点即链接到新结点之后。再将 p 赋给 p0->next，新结点就链接到前驱结点之后。如果新结点数据与某结点数据重复则不插入。

在例 9.20 中，增加一个插入函数 insert()。假设所有结点都是按学号的大小升序链接起来的，插入新结点后仍保持升序顺序，若新结点的学号与原有某结点的学号相同则不插入。函数 insert() 的代码如下：

```
int  insert (struct stud *p0)
{
    struct stud *p;
    p=(struct stud *)malloc(N);          /* p 指向新申请的结点*/
    printf("请输入要插入的学号     姓名     成绩\n");
    scanf("%ld%s%f",&p->num,p->name,&p->score);
    while(p0->next!=NULL && p0->next->num<p->num)
        p0=p0->next;                     /* 继续查找插入位置*/
    if(p0->next!=NULL && p0->next->num==p->num)      /* 找到重号 */
    {
        free(p);                         /* 释放新结点的存储空间 */
        return 0;                        /* 不插入返回 0 */
    }
    p->next=p0->next;                    /* 后续结点链接到新结点之后 */
    p0->next=p;                          /* 新结点链接到前驱结点之后 */
    return 1;
}
```

在例 9.20 中，增加 find()、delete()、insert() 函数后将 main() 函数改为：

```
void main()
{
    struct stud *head,*p;
    head=creat();                                    /* 建立链表 */
    print(head);                                     /* 输出 */
    p=find(head);                                    /* 查找 */
    if(p)  printf("找到学号:%ld 姓名:%-10s 成绩:%6.1f\n",
                        p->num,p->name,p->score);
    else  printf("没找到! \n");
```

```
    if(insert(head))  printf("已成功插入！\n");          /* 插入 */
    else printf("有重号插入失败！\n");
    print(head);
    if(delete(head))  printf("已正确删除！\n");          /* 删除 */
    else  printf("要删除的结点不存在！\n");
    print(head);
}
```

运行结果：

```
输入学号  姓名  成绩(学号输入 0 结束)
1001  zhang  89<回车>
1004  zhao  78<回车>
0 0 0<回车>
学号:1001 姓名: zhang      成绩: 89.0
学号:1004 姓名: zhao       成绩: 78.0
请输入要查找的学号：1004<回车>
找到学号:1004 姓名: zhao       成绩: 78.0
请输入要插入的学号    姓名    成绩
1002  wang  95<回车>
已成功插入！
学号:1001 姓名: zhang      成绩: 89.0
学号:1002 姓名: whang      成绩: 95.0
学号:1004 姓名: zhao       成绩: 78.0
请输入要删除的学号：1004<回车>
已正确删除！
学号:1001 姓名: zhang      成绩: 89.0
学号:1002 姓名: whang      成绩: 95.0
```

9.7 总结与提高

9.7.1 重点与难点

1. 指针概念

指针类型就是地址类型，而存放地址的变量就是指针类型的变量。

2. 指针运算

1）取地址运算符 & 和指向运算符 *（互为逆运算）。

2）指针变量加减一个整数，地址字节值的实际增减量等于该整数和基类型字节数的乘积。两个同类型指针可以相减得到一个整数，等于地址值的实际差值除以基类型字节数。9.7.3 节所介绍的指向函数的指针变量不能进行加减操作。

3）两个同类型指针可以用它们的地址值进行 6 种比较运算。空指针可以和任何类型的指针进行相等和不相等的比较运算。

3．指针与数组的关系

1）数组名是指向 0 号分量（数组元素或分数组）的指针类型符号常量，不能给它赋值。数组名不是指向整个数组的指针，而是指向分量的指针。

2）数组元素 a[i]中的“[ ]”是变址运算符，等价于*(　+　)，a[i]等价于*(a+i)。

4．指针与函数

1）若要将变量的修改结果返回到主调函数实现引用传递，则需要用指针变量作形参，通过指针的值传递实现所指向变量的引用传递。要想实现指针变量本身的引用传递，则要通过二级指针变量来实现。

2）可以定义返回值是指针类型的函数，通过该函数名可将指针值返回到主调函数。

5．指针与链表

1）动态存储分配的数据结构——链表。它的特点是：用则申请，不用则释放，插入和删除只需少量的操作，能大大提高空间利用率和时间效率。

2）链表结点必须定义为结构体类型。其中，有数据成员和链接成员。数据成员含所有的实际信息，而链接成员则是指向本结构体类型的指针类型。结点结构体类型是递归定义。

3）在链表的建立、插入和删除操作时链接关系尤为重要。一定要保证正确的赋值顺序，避免指针丢失。

9.7.2　典型题例

【例 9.21】　建立两个带头结点的学生链表，每个结点包含学号、姓名和成绩，链表都按学号升序排列，将它们合并为一个链表仍按学号升序排列。

算法分析：

合并链表用 merge()函数实现。函数中定义三个工作指针 a、b、c，其中 a、b 分别指向 La 链表、Lb 链表的当前结点，c 指向合并后的链表尾结点。合并后链表的头结点共用 La 链表的头结点。

① 合并前，首先让 a 和 b 分别指向两个链表的第一个结点，c 指向 La 链表的头结点。

② 合并时应该分三种情况讨论，即 La 和 Lb 都没有处理完；La 没处理完，但 Lb 处理完毕；Lb 没处理完，但 La 处理完毕。

③ 合并过程中应始终将 La 和 Lb 链表中较小的一个链接在 Lc 中，方能保持有序。

程序如下：

```
void merge(struct stud *La, struct stud *Lb)
{
  struct stud *a,*b,*c;
  c=La;
```

```
    a=La->next;                          /* 合并前 */
    b=Lb->next;
    while(a!=NULL && b!=NULL)            /* La 和 Lb 都没有处理完*/
    {
      if(a->num <= b->num)
      {
        c->next=a;
        c=a;
        a=a->next;
      }
      else
      {
        c->next=b;
        c=b;
        b=b->next;
      }
    }
    if(a!=NULL) c->next=a;            /*若 La 没有处理完*/
    else        c->next=b;            /*若 Lb 没有处理完*/
    free(Lb);  {释放 Lb 的头结点}
  }
```

将此函数加入例 9.20 中，并对 main()函数进行相应的修改，即可观察运行结果。

9.7.3 指向函数的指针和函数参数

指针变量除了可以指向各种类型的变量，还可以指向一个函数。C 语言中，每个函数在编译时都分配了一段连续的内存空间和一个入口地址，这个入口地址就称为“指向函数的指针”，简称函数指针。可以用变量来存储函数指针，称之为“指向函数的指针变量”或函数指针变量。通过函数指针变量可以调用所指向的函数，实现对函数的匿名调用，改变函数指针变量的值就可以动态地调用不同的函数。用它作参数就可以将不同的函数传递到被调用函数中。

1. 指向函数的指针变量

指向函数的指针变量定义的一般形式为：

类型说明符 (*变量名)( );

其中，将“*变量名”括起来的圆括号是必需的，否则就变成定义返回值为指针类型的函数。“*变量名”用圆括号括起来，表示该变量名首先被定义为指针变量；其后的空括号()表示该指针变量所指向的是一个函数；最前面的“类型说明符”，则定义了该函数的返回值的类型。例如：

```
int (*p)( );
```

定义 p 是一个指向函数的指针变量，该函数的返回值是整型。表示 p 是专门用来存放整型函数的入口地址的，但定义时它并不指向哪一个具体的函数，而是空指针。

要想通过 p 实现对函数的调用，就必须让 p 指向一个具体的函数，即将某一个函数的入口地址赋给它。函数名就代表函数的入口地址，是函数指针类型的符号常量(正如数组名是指针类型的符号常量一样)。所以给 p 赋值时，赋值运算符的右边，只写函数名不写后面的括号和实参，如：

```
p=fname;
```

此时仅仅是将 fname 函数的入口地址赋给 p，不牵扯到函数调用和虚实结合问题。

赋值后就可以通过 p 调用所指向的函数 fname。通过指针变量调用函数时，只要在应出现函数名的地方，用“(*指针变量名)”来代替函数名就可以了，函数名后的括号和实参表应照写不误。由于指向函数的指针变量存储的是函数的入口地址，而函数名存储的也是函数的入口地址，只不过函数名是符号常量，所以，通过指针变量调用函数也可以用指针变量名直接代替函数名，如：

```
y=(*p)(a,b); 或 y=p(a,b);
```

两句都表示“调用 p 指向的函数，返回的函数值赋给 y，调用的实参为(a,b)”。

由于各函数的入口地址之间没有固定的数量关系，所以对指向函数的指针变量不能进行诸如 p++和 p--这样的加减操作。

【例 9.22】 指向函数的指针程序举例。

```
#include <stdio.h>
int f(int x)
{
   return 3*x*x+5*x-7;
}
void main()
{
   int(*p)();                           /*定义 p 为指向函数的指针变量*/
   int a;
   p=f;                                 /*对指向函数的指针变量 p 赋值*/
   printf("Input x=");
   scanf("%d",&a);
   printf("(*p)(a)=%d\n",(*p)(a));/*用函数指针参数调用函数，相当于 f(a)*/
   printf("p(2a)=%d\n",p(2*a));    /*p(a)以指针变量名代替函数名来调用*/
}
```

运行结果：

```
Input x= 4<回车>
(*p)(a)=61
p(2a)=225
```

从本例中可以看出，通过指针变量调用函数的步骤如下：

1）定义指向函数的指针变量。

2）对指向函数指针变量赋值（用赋值语句或参数传递）。

3）用“(*指针变量名)(实参表)”形式调用函数，此时“(*指针变量名)”等价于函数名；或直接用“指针变量名”代替函数名，以“指针变量名(实参表)”形式调用函数。

2. 函数参数

函数的形参可以是各种类型的变量，用它可以接受实参传来的各种类型变量的值。形参也可以是指针变量和数组，用它可以传递实参所指向的各种类型变量本身。形参还可以是指向函数的指针变量，用这种指针变量可以接受实参传来的不同的函数，这种参数称为函数类型参数，简称函数参数。函数参数是用来传递不同函数的，用函数参数可以动态地将不同的函数传递到被调用函数中去，大大增强编程的灵活性。

【例 9.23】 用梯形法对 3 个不同的被积函数求定积分，步长可变。

算法分析：

从数学中可以知道，用梯形法求定积分是近似计算，当被积函数为 f(x)，积分区间为[a,b]，区间被等分为 n 份，每份的步长为 h 时，积分的近似值为：

$$S \approx h(f(a)+f(a+h)+f(a+2h)+\ldots+f(a+(n-1)h)+f(b))/2$$

步长越小越接近于积分值。初始值 n=2，步长 $h_0=(b-a)/2$，步长每趟减半，当两趟之间 S 的相对差小于 10^{-6} 时，可以认为最后一次计算结果为最终结果。

由于需要多次对不同的被积函数求定积分，为了提高代码的可重用性，把梯形法求定积分编写为积分函数 intgeral()，在 intgeral()的形参中定义一个函数参数 f(x)，在 main()函数中，以 3 个不同的被积函数为实参，调用 intgeral()，求出它们的积分值。

```
#include <math.h>
double f1(double x)                                    /* 被积函数 f1() */
{   return x*x*x-3*x*x+2*x+3;  }
double f2(double x)                                    /* 被积函数 f2() */
{   return exp(x/2);  }
double f3(double x)                                    /* 被积函数 f3() */
{   return (cos(2*x))*exp(x)+2;  }
/* 在 integral() 函数中，以指向函数的指针变量 f 作形参间接调用各被积函数 */
double intgeral(double(*f)(double),double a,double b)
{
   double s0,s,h;
   int n=1,i;
   s=(f(a)+f(b))*(b-a)/2;                             /* 积分初值为梯形面积 */
   do
   {
      s0=s;                                            /* s0 记录上趟 s 值 */
      s=(f(a)+f(b))/2.0;                               /* 本趟求累加和的初值 */
      n=2*n;                                           /* 本趟的等分数加倍 */
      h=(b-a)/n;                                       /* 本趟步长 */
      for(i=1;i<n;i++)  s=s+f(a+i*h);                  /* 本趟求累加和 */
      s=s*h;
```

```
    } while(fabs(s-s0)/(fabs(s)+fabs(s0))>0.000001 && n<10000);
    return  s;                                    /* 返回积分最终结果 */
}
main()
{
    printf("Sf1=%5.2f\n",intgeral(f1,0,2));
    printf("Sf2=%5.2f\n",intgeral(f2,1,5.5));
    printf("Sf3=%5.2f\n",intgeral(f3,0,3.5));
}
```

运行结果如下：

```
Sf1= 6.00
Sf2=27.99
Sf3=20.50
```

注意：1）函数指针不同于其他类型指针，函数指针是函数代码的入口地址，而其他类型指针则指某类型数据的地址。当需要在函数中调用另外一些不固定的函数，则需要用函数指针变量作形参，通过指针变量传递入口地址，将所指向的函数传递到被调用函数中。

2）函数指针与返回指针值的函数（指针函数）之间是完全不同的。指针函数是将被调函数中产生的指针值作为函数值带回给主调函数，而函数指针是函数的入口地址。

3）指向函数的指针变量是存储该函数入口地址的指针变量，用它作函数参数，可将不同的函数传递到被调用函数中去，实现动态调用不同的函数。

4）函数名是指向函数的常量，只能引用它，不能给它赋值；而指向函数的指针变量可以赋值，可将不同函数的入口地址赋给它。

习　题　9

9.1　写出下列程序的执行结果。

（1）
```
main()
{   int d[]={10,9,8,7,6,5,4,3,2,1,0},*p=d;
    printf("%5d %5d\n",*(p+5),*p+5);
}
```

（2）
```
main()
{   int d[10]={1,2,3,4,5,6,7,8,9,10},*p=d+8;
    printf("%d\n",*++p-8);
}
```

（3）
```
main()
{   int d[][4]={1,2,3,4,5,6,7,8,9,10,11};
    int *p[3],j;
```

```
    for(j=0;j<3;j++) p[j]=d[j];
    printf("%5d %5d\n",*(*(p+2)+3),*(*(p+1)+1));
}
```

(4)
```
main()
{   int k=2,m=4,n=6;
    int *p1=&k,*p2=&m,*p3=&n;
    *p1=*p3;*p3=*p1;
    if (p1==p3) p1=p2;
    printf("p1=%d  p2=%d  p3=%d\n",*p1,*p2,*p3);
}
```

(5)
```
void f(int a,int *b,int *c)
{   a=10;
    *b+=a;   c=b;
}
main()
{   int a=2,b=4,c=6;
    f(a,&b,&c);
    printf("%d, %d, %d\n",a,b,c);
}
```

(6)
```
struct st
{   int m;   int *n;}*p;
int  a[3]={100,300,500};
struct st s[3]={40,&a[0],60,&a[1],80,&a[2]};
main()
{   p=s+1;
    printf("%5d %5d\n",--(p->m),*++p->n);
}
```

(7)
```
main()
{   int i=2;
    static char s[][8]={"ABCD","0123","WXYZ"};
    char (*p)[8]=s;
    for(;p<s+3;p++,i--)
       printf("%c",*(*p+i));
    printf("\n");
}
```

(8)
```
main()
{   int i;
    char s[][10]={"abcd","12345","wxyz"},*p[3];
    for(i=0;i<3;i++) p[i]=s[i];
    printf("%s %s %s",s[1],p[2],*p);
}
```

9.2 指出下面程序中的问题：

```
main()
{   int  i,a[]={1,2,3,4,5},*p,*q;
    for(p=a;p<a+5;p++) printf("%5d ",*p);
    *q=a[3];
    printf("%5d %5d\n",*p,*q);
}
```

9.3 请说明下面程序在命令行状态下的运行时，参数的传递过程。

```
main(int argc,char argv[])
{
    while(argc--) printf("%s",argv[argc]);
}
```

9.4 为什么说数组名是指向分量（数组元素或分数组）的指针，而不是指向数组的指针？举出具体程序实例来说明。

9.5 编写对数组进行排序的程序，要求用函数实现，用参数传递数组。

9.6 编写求两个矩阵的乘积的函数，要求用函数参数传递矩阵。

9.7 编写函数实现字符串小写转大写函数 strupr () 的功能，用两种方法实现。

9.8 利用指向指针对 10 个字符串排序并输出。

9.9 编写源程序 come.c，编译后，生成 come.exe 文件，在命令行输入：

```
come ×××
```

则输出：

```
Hello ××× welcome to you
```

9.10 在结构体数组 s 中，按学号顺序存放 10 名学生的学号、姓名、成绩。让指针数组 p 的各元素指向 s 的各元素。利用二级指针，调整指针数组 p 各元素的值，在 s 的各元素顺序不改变的情况下，分别按学号和成绩的顺序输出各学生记录的内容。

9.11 编写一个用弦截法求方程根的通用函数，并用它求解方程：

（1）$x^7+3x^5-8x+1=0$ 在 [0,1] 区间的根。

（2）$e^x+2x-5=0$ 在 [0,2] 区间的根。

9.12 有 n 个小朋友，按 1，2，…，n 编号围坐一圈，从第一个开始从 1 到 m 报数，报 m 的退出，从下一个开始，继续从 1 开始循环报数，报到 m 的退出，如此重复，最后剩下的 1 个小朋友发给奖品。编程输出获得奖品的小朋友的序号，用循环链表处理（将单链表尾结点的指针指向第一个结点就成为循环链表）。

第 10 章 编译预处理和位运算及混合编程

在前面各章中已经使用过部分以“#”号开头的命令。如#include、#define 等。这些命令是在源程序编译前处理的，称为“编译预处理”命令。所谓预处理是指在词法扫描和语法分析之前所作的工作。预处理是C语言的一个重要功能，它由预处理程序负责完成。当对一个源文件进行编译时，系统将自动引用预处理程序对源程序中的预处理部分作处理，处理完毕自动进入对源程序的编译。编译预处理主要包括宏定义、文件包含、条件编译等。

位运算是一种对运算对象按二进制位进行操作的运算。该运算不允许只操作其中的某一位，而是对整个数据按二进制位进行运算。C语言提供了位运算的功能，这使得C语言也能像汇编语言一样用来编写系统程序。

大部分程序员使用高级语言编程，其目的是将程序员从大量的细节中解脱出来，加快项目的进程，提高程序的开发效率。而对一些运行速度要求很高的程序或直接访问硬件的程序，可以用汇编语言编写，以提高程序的运行效率。这时，用汇编语言编写的程序模块常常以子程序的形式或过程的形式被高级语言调用，于是便出现了不同程序设计语言之间的混合编程问题。

10.1 文件包含处理—— #include

文件包含命令是以#include 开头的编译预处理命令，文件包含是指一个源文件可以将另一个源文件的全部内容包含进来。

文件包含命令行的一般形式为：

```
#include "文件名"
```

或

```
#include <文件名>
```

编译预处理时，预处理程序将查找指定的被包含文件，并将其内容复制到#include 命令出现的位置上，使其全部内容成为源程序清单的一部分。

两种格式的区别如下所述。

1）使用双引号：系统首先到当前目录下查找被包含文件，如果没找到，再到系统指定的“包含文件目录”（由用户在配置环境时设置）去查找。

2）使用尖括号：直接到系统指定的“包含文件目录”去查找。

一般地，如果为调用库函数而用“#include”命令来包含相关的头文件，则用尖括号，以节省查找时间。如果要包含的是用户自己编写的文件（这种文件一般都在当前目录中），一般用双引号。

在前面已多次用此命令包含过某些头文件。例如：

```
#include "stdio.h"
#include <math.h>
```

在程序设计中，文件包含是很有用的。一个大程序，通常分为多个模块，并由多个程序员分别编程。有了文件包含处理功能，就可以将多个模块共用的数据（如符号常量和数据结构）或函数，集中到一个单独的文件中。这样，凡是要使用其中数据或调用其中函数的程序员，只要使用文件包含处理功能，将所需文件包含进来即可，不必再重复定义它们，从而减少重复劳动。

除以上功能外，文件包含还可以将多个源程序清单合并成为一个源程序后进行编译。

【例 10.1】 多源程序文件处理。

假定有下列三个源程序文件：file1.c、file2.c、file3.c，程序清单如下。

源程序文件 file1.c 的内容：

```
float maxtwo( float x,float y)  /*求两个数中最大值的函数*/
{ float z;
  z=x>y? x:y;
  return(z);
}
```

源程序文件 file2.c 的内容：

```
float maxthree( float x,float y,float z)  /*求三个数中最大值的函数*/
  { float max;
    max=maxtwo(maxtwo(x,y),z);
    return(max);
}
```

源程序文件 file3.c 的内容：

```
main()  /*主函数*/
  { float x1, x2, x3, max;
    scanf("%f,%f,%f",&x1,&x2,&x3);
    max=maxthree(x1,x2,x3);
    printf("The max number is:%f\n",max);
}
```

单独编译三个源程序文件 file1.c、file2.c、file3.c 中的任意一个都会出错，可以将 file3.c 改造为以下的 file4.c：

```
#include "file1.c"
#include "file2.c"
main()  /*主函数*/
  { float x1, x2, x3, max;
    scanf("%f,%f,%f",&x1,&x2,&x3);
    max=maxthree(x1,x2,x3);
    printf("The max number is:%f\n",max);
}
```

再编译运行 file4.c 就能正确执行。因为在编译预处理时，file4.c 程序清单已经用包含文件 file1.c、file2.c 的内容替代了两条文件包含命令，所以它当然是正确的程序了。

file1.c、file2.c 和 file3.c 还可编辑成如下内容的 file5.c：

```
#include "file1.c"
#include "file2.c"
#include "file3.c"
```

该程序编译预处理后的结果与 file4.c 编译预处理后的结果完全相同。

但如果将 file5.c 编辑成如下内容：

```
#include "file2.c"
#include "file1.c"
#include "file3.c"
```

则在编译时会出现错误，请读者分析一下出错的原因。

10.2 宏定义——#define

C 语言源程序中用一个“标识符”来表示一个“字符串”，称为宏定义。其中“标识符”称为“宏名”。在编译预处理时，对程序清单中所有出现的“宏名”，都用宏定义中的“字符串”去替换，称为“宏替换”或“宏展开”。宏定义是以“#define”开头的编译预处理命令。宏定义分为不带参数的宏和带参数的宏两种。

10.2.1 不带参数的宏定义

不带参数的宏定义的一般形式为：

#define 标识符 字符串

其中，“#define”为宏定义命令；“标识符”为所定义的宏名，一般是由大写字母组成的标识符，以便与变量区别；“字符串”可以是常量、表达式、格式串等。

注意：1）“字符串”是一个常量时，则相应的“宏名”就是一个符号常量。

2）“字符串”是表达式时，使用宏定义可减少源程序中重复书写字符串的工作量。

3）“字符串”是格式串时，使用宏定义可简化源程序清单。

【例 10.2】 输入圆的半径，求圆的周长、面积和球的体积。

```
#define PI 3.1415926    /*宏定义，PI 为符号常量*/
main()
{ float radius,length,area,volume;
  printf("Input a radius: ");
  scanf("%f",&radius);
  length=2*PI*radius;            /*求周长*/
  area=PI*radius*radius;         /*求面积*/
  volume=PI*radius*radius*radius*4/3;  /*求体积*/
  printf("length=%.2f,area=%.2f,volume=%.2f\n", length, area, volume);
```

```
} /* 编译预处理后，程序中的宏名 PI 均被字符串 3.1415926 所替换*/
```

【例 10.3】 求多项式 $(3x^2-4x+1)^2+(3x^2-4x+1)/2+5$ 的值。

```
#define  P  (3*x*x-4*x+1)    /* 宏定义 */
main()
  { float x, y;
    printf("input a number: ");
    scanf("%f",&x);
    y=P*P+P/2+5;
    printf("y=%f\n",y);
}
```

上例程序中首先进行宏定义，定义 P 为表达式(3*x*x–4*x+1),在预处理时经宏展开后语句 y=P*P+P/2+5;变为：y=(3*x*x–4*x+1)* (3*x*x–4*x+1)+ (3*x*x–4*x+1)/2+5。但要注意的是，在宏定义中表达式(3*x*x–4*x+1)两边的括号不能少。否则会发生错误。

【例 10.4】 “字符串”是格式串，程序清单如下：

```
#define FORMAT "%f, %f, %f, %f, %f"    /* 宏定义 */
main()
{ float  f1, f2, f3, f4, f5;
  scanf(FORMAT, &f1, &f2, &f3, &f4, &f5);
  printf(FORMAT, f1, f2, f3, f4, f5);
}
```

说明：

1）宏定义不是 C 语句，所以不能在行尾加分号。否则，宏展开时，会将分号作为字符串的 1 个字符，用于替换宏名。

2）在宏展开时，预处理程序仅按宏定义简单替换宏名，而不做任何检查。如果有错误，只能由编译程序在编译宏展开后的源程序时发现。

3）对双引号括起来的字符串内的字符，即使与宏名同名，也不进行宏展开。如：

```
#define PI  3.1415926
main()   /*已知半径，求圆的面积*/
{ float r=2.5,s;
  s=PI*r*r;
  printf("PI=%f,r=%f,s=%f",PI,r,s); /*双引号中的 PI 不被替换*/
}
```

4）宏定义允许嵌套，在宏定义的字符串中可以使用已经定义的宏名。在宏展开时由预处理程序层层替换。如：

```
#define PI 3.1415926  /*定义宏名*/
#define S PI*r*r      /* PI 是已定义的宏名*/
```

则语句 printf("%f",S);在宏替换后变为：

```
printf("%f",3.1415926*r*r);
```

5）宏定义命令“#define”出现在函数的外部，宏的作用域是：从定义命令之后，到本文件结束。通常，宏定义命令放在文件开头处。如要终止其作用域可使用“#undef”

命令。如：

```
# define PI 3.14159
main()                      
{…                           PI 的作用域
}
# undef PI
f1()
```

表示 PI 只在 main 函数中有效，在 f1 函数中无效。

10.2.2 带参数的宏定义

C 语言规定，定义、替换宏时，可以带有参数。宏定义可以带有形式参数（简称形参），程序中引用宏时，可以带有实际参数（简称实参）。对带参数的宏，宏替换时先用实参去替换形参，然后再进行宏替换，从而使宏的功能更强。

带参数的宏定义的一般形式：

#define 宏名(形参表) 字符串

在字符串中含有各个形参。

程序中引用宏的一般形式为：

宏名(实参表)；

【例 10.5】 求以 x 与 y 的和为半径的圆的面积。

```
#define  PI   3.1415926  /*不带参数的宏定义*/
#define  S(r)  PI*(r)*(r)   /*带参数的宏定义*/
main()
  { float x, y, area;
    x=2.5;
    y=1.2;
    area=S(x+y);               /*引用宏*/
    printf("r=%f\narea=%f\n", x+y, area);
  }
```

程序的执行过程为：先用 3.1415926 去替换 PI，将#define S(r) PI*(r)*(r)处理成#define S(r) 3.1415926*(r)*(r)，再用实参 x+y 去替换带参数的宏中定义的形参 r，得到#define S(x+y) 3.1415926*(x+y)*(x+y)，最后赋值语句 area=S(x+y);经宏展开后为

```
area=3.1415926*(x+y)*(x+y);
```

说明：

使用带参数宏时，除了前面在不带参数的宏使用时介绍的几个注意点外，还应该注意以下几点。

1）定义带参数的宏时，宏名与左圆括号之间不能留有空格。否则，C 编译系统将空格以后的所有字符均作为替代字符串，而将该宏视为无参宏。如上例中带参数的宏定义若改为：

```
#define S  (r)  PI*(r)*(r)
```

则赋值语句 area=S(x+y);经宏展开后为：

```
area=(r)  PI*(r)*(r)(x+y);
```

因为系统认为宏名 S 代表的是其后的字符串“(r) PI*(r)*(r)”，这显然是错误的。

2）使用带参数的宏时，如果宏的实参为表达式，则在定义带参宏时，字符串内的形参通常要用括号括起来以避免出错。如上例中带参数的宏定义若改为：

```
#define  S(r)  PI*r*r
```

则赋值语句 area=S(x+y);经宏展开后为：

```
area=3.1415926*x+y*x+y;
```

程序结果将出错。

从上面可以看出：定义了不带参数的宏，在编译预处理时，对程序清单中所有出现的“宏名”，都用宏定义中的“字符串”去替换；定义了带参数的宏，在编译预处理时先用实参去替换形参，然后再对程序清单中所有出现的“宏名”，都用宏定义中的处理过“字符串”去替换。它们均为简单替换。

10.3 条件编译

预处理程序提供了条件编译的功能。可以按不同的条件去编译不同的程序部分，产生不同的目标代码文件。条件编译可有效地提高程序的可移植性，并广泛地应用在商业软件中，为一个程序提供各种不同的版本。此外，条件编译还可以方便程序的逐段调试，简化程序调试工作。条件编译有三种形式。

1. # ifdef

```
#ifdef 标识符
    程序段 1;
#else
    程序段 2;
#endif
```

其功能是：如果“标识符”已经被#define 命令定义过，则编译程序段 1，否则编译程序段 2。命令中的#else 和其后的程序段 2 可以省略。省略时，如果“标识符”已经被#define 命令定义过，则编译程序段 1，否则不编译程序段 1。

【例 10.6】 下面程序中，如果是教师，则输出姓名和性别，否则输出学号和成绩。

```
#define  JOB  teacher
struct person
  { int  num;
    char *name;
    char sex;
    float score;
  } pers1;
main()
```

```
{ struct person  *ps=& pers1;
  ps->num=1001;
  ps->name="Liu Jingyi";
  ps->sex='F';
  ps->score=98.5;
  #ifdef  JOB
   printf("Name=%s\nSex=%c\n",ps-> name, ps-> sex);
  #else
   printf("Number=%d\nScore=%f\n",ps-> num,ps-> score);
  #endif
}
```

2. #ifndef

```
#ifndef 标识符
    程序段 1
#else
    程序段 2
#endif
```

其格式与“#ifdef”～“#endif”命令一样，功能正好与之相反：如果“标识符”未被“#define”命令定义过，则编译程序段 1，否则编译程序段 2。

3. # if

```
#if 常量表达式
    程序段 1
#else
    程序段 2
#endif
```

其功能是：当表达式为非 0（“逻辑真”）时，编译程序段 1，否则编译程序段 2。

【例 10.7】 根据需要设置条件编译，使之已知半径，能输出圆的面积，或仅输出球的体积。

```
#define  F  0          /*预置为输出球体积*/
#define  PI 3.1415926 /*宏定义，PI 为符号常量*/
main()
{ float radius,area,volume;
  printf("Input a radius:");
   scanf("%f",&radius);
  #if   F      /*条件编译*/
  area=PI*radius*radius; /*求面积*/
  printf("area=%.2f\n", area);
  #else
```

```
    volume=PI*radius*radius*radius*4/3;   /*求体积*/
    printf("volume=%.2f\n", volume);
    #endif
}
```

上例中的宏定义若改为：#define F 1 ，则输出圆面积。

上面介绍的条件编译当然也可以用条件语句来实现。但是用条件语句将会对整个源程序进行编译，生成的目标代码程序较长，而采用条件编译，则根据条件只编译其中的程序段 1 或程序段 2，生成的目标程序较短。如果条件选择的程序段很长，采用条件编译的方法是十分必要的。

10.4 位运算符和位运算

C 语言是为设计系统软件而设计的，C 语言中的位运算可以完成对内存中数据的直接操作，很适合于编写系统软件。位运算是一种对运算对象按二进制位进行操作的运算。位运算不允许只操作其中的某一位，而是对整个数据按二进制位进行运算。

位运算的对象只能是整型数据（包括字符型），其运算结果仍是整型。

C 语言提供的位运算符主要有以下 6 种：

& (按位“与”)　　| (按位“或”)　　^ (按位“异或”)

~ (按位“取反”)　　<< (“左移”)　　>> (“右移”)

1. &（按位“与”）

运算规则为：0&0=0、0&1=0、1&0=0、1&1=1。

参与运算的两个数均以补码形式出现。

如：

```
57&21=17                      -5&97=97
  0000000000111001              1111111111111011
& 0000000000010101            & 0000000001100001
  0000000000010001              0000000001100001
```

按位“与”运算通常用来对某些位清 0 或保留某些位。例如，把 a=123 清零，可作 a&0 运算；b=12901 的高八位清零 ，保留低八位，可作 b&255 运算。

```
清零                           保留低八位
  0000000001111011              0011001001100101
& 0000000000000000            & 0000000011111111
  0000000000000000              0000000001100101
```

2. |(按位“或”)

运算规则为：0|0=0、0|1=1、1|0=1、1|1=1。参与运算的两个数均以补码形式出现。

如：57|21=61　　　　　　-5|97=−5

```
  0000000000111001        1111111111111011
| 0000000000010101      | 0000000001100001
  0000000000111101        1111111111111011
```

按位“或”运算通常用来对某些位置 1。例如把 a=160 的低 4 位置 1，可作 a|15 运算；把 b=3 的 bit0、bit3 位置 1，其余位不变，可作 b|9 运算。

```
  低 4 位置 1              bit0、bit3 位置 1
  0000000010100000        0000000000000011
| 0000000000001111      | 0000000000001001
  0000000010101111        0000000000001011
```

3. ^ （按位“异或”）

运算规则为：0^0=0、0^1=1、1^0=1、1^1=0。参与运算的两个数均以补码形式出现。

如：57^21= 44　　　　　　-5^97=-102

```
  0000000000111001        1111111111111011
^ 0000000000010101      ^ 0000000001100001
  0000000000101100        1111111110011010
```

按位“异或”运算通常用来使特定位翻转或保留原值。例如，使 a=123 低四位翻转，可作 a^15 运算；使 b=12901 保持原值，可作 b^0 运算。

```
  特定位翻转               保留原值
  0000000001111011        0011001001100101
& 0000000000001111      & 0000000000000000
  0000000001110100        0011001001100101
```

4. ~ （按位“取反”）

运算规则为：～0=1、～1=0。

如：～57=-58　　　　　　～'a'=-98

```
~0000000000111001        ~01100001
 1111111111000110         10011110
```

按位“取反”运算通常用来间接地构造一个数，以增强程序的可移植性。如直接构造一个全 1 的数，在 IBM-PC 机中为 0xffff（2 字节），而在 VAX-11/780 上，却是 0xffffffff（4 字节）。如果用～0 来构造，系统可以自动适应。

以上位运算符的优先级由高到低依次为：

!(非)和～、算术运算符、关系运算符、&运算符、^运算符、|运算符、&&和||运算符。

5. <<（"左移"）

运算规则为：将操作对象各二进制位全部左移指定的位数，移出的高位丢弃，空出的低位补 0。

如 a<<4 指把 a 的各二进位向左移动 4 位，a=57，则

0000000000111001(十进制 57) 左移 4 位后为 0000001110010000 (十进制 912)。

若左移时丢弃的高位不包含 1，则每左移一位，相当于给该数乘以 2。

6. >>（"右移"）

运算规则为：将操作对象各二进制位全部右移指定的位数。移出的低位丢弃，空出的高位对于无符号数补 0。对于有符号数，右移时符号位将随同移动，空出的高位正数补 0，负数补 1。

如 a>>4 指把 a 的各二进位向右移动 4 位，a=57，则

0000000000111001(十进制 57) 右移 4 位后为 0000000000000011(十进制 3)。

每右移一位，相当于给该数除以 2，并去掉小数。

其优先级由高到低为：算术运算符、位移运算符、关系运算符。

7. 位运算赋值运算符

位运算符与赋值运算符结合，组成新的赋值运算符。如：&=、|=、^=、>>=、<<=。

例如：a&=b 相当于 a=a&b；而 a<<=b 相当于 a=a<<b。

10.5 位　　段

有时，存储 1 个信息不必占用 1 个字节，只需二进制的 1 个或几个位就够用。例如，"真"或"假"用 0 或 1 表示，只需 1 个二进制位即可。在某些应用中，特别是对硬件端口的操作，需要标志某些端口的状态或特征。这些状态或特征往往只占一个机器字中的一个或几个二进位，在一个字中放几个信息。为了节省存储空间，并使处理简便，C 语言提供了一种数据结构，称为"位段"或"位域"。

所谓位段是把一个字节中的二进制位划分为几个不同的区域，每个区域有一个域名（或成员名），是一种特殊的结构类型，其所有成员均以二进制位为单位定义长度，并称其成员为位段。

例如：

```
struct  bytedata      /*位段结构类型 */
{ unsigned  a:2;      /*位段 a，占 2 位 */
  unsigned  b:6;      /*位段 b，占 6 位 */
  unsigned  c:4;      /*位段 c，占 4 位 */
  unsigned  d:4;      /*位段 d，占 4 位 */
  int  i;             /*成员 i，占 16 位 */
```

```
} data;              /*位段变量 data */
```

位段的定义和位段变量的说明与结构体定义相仿，其形式为：

struct 位段结构名
{位段列表 };

位段的说明形式为：

类型说明符 位段名：位段长度

其中，类型说明符必须为 unsigned 或 int 类型。

对 16 位的 Turbo 而言，上例 data 变量的内存分配示意图见图 10.1。

位段 a	位段 b	位段 c	位段 d	成员 i
2 位	6 位	4 位	4 位	16 位

图 10.1　data 变量的内存分配示意图

位段的引用的一般形式为：

位段变量名.位段名

位段允许用各种格式输出。

【例 10.8】　位段的引用。

```
main()
{ struct packed_data
    { unsigned a: 1;
      unsigned b: 3;
      unsigned c: 4;
    } data,*pd;
    data.a=0;
    data.b=5;
    data.c=13;
    printf("%d,%o,%x\n", data.a, data.b, data.c);
    pd=&data;
    pd->a=1;
    pd->b=3;
    pd->c=15;
    printf("%d,%o,%x\n",pd->a,pd->b,pd->c);
}
```

说明：

1）对位段赋值时，要注意取值范围。一般地说，长度为 n 的位段，其取值范围是：0～（2n–1）。

2）一个位段必须存储在同一字节中，不能跨两个字节。如一个字节所剩空间不够存放另一位段时，应从下一字节起存放该位段。也可以有意使某位段从下一字节开始。使用长度为 0 的无名位段，可使其后续位段从下一字节开始存储。例如：

```
struct byted
```

```
{ unsigned a: 4   /*位段 a，占 4 位 */
  unsigned  : 0   /*无名位段，占 0 位*/
  unsigned b: 2   /*位段 b，占 2 位,从下一单元开始存放*/
  unsigned c: 6   /*位段 c，占 6 位 */
}
```

3）位段可为无位段名，这时它只用作填充或调整位置。无名位段是不能使用的。例如：

```
struct k
  { int a: 1
    int  : 2    /*无名位段，占 2 位，该 2 位不能使用*/
    int b: 3
    int c: 2
  };
```

10.6　位运算举例

【例 10.9】　编一程序，实现一整数二进制位的循环右移。如将 a = 586（二进制为 0000001001001010）二进制位右移 4 位，再将移出的 1010 置于前端空出的 4 个位中，成为 1010000000100100（十进制的 40996）。

算法为：将 a 的右端 n 位先放到中间变量 b 的高 n 位中，即 b=a<<(16-n)（左移 16-n 位），再将 a 右移 n 位放到 c 中，即 c=a>>n（右移 n 位），最后将 b 与 c 作位或运算，即 a=b|c。程序如下：

```
#include  <stdio.h>
main()
{  unsigned  a , b, c ;
   int n;
   printf("input a n:")
   scanf("%u", &a) ;  /*输入要处理的数*/
   scanf("%d", &n) ;  /*输入循环移动的位数*/
   b=a<<(16-n);
   c=a>>n;
   a=b|c;
   printf("a=%u \n" , a) ;
}
```

运行结果如下：

```
input a n: 586 4
a=40996
```

【例 10.10】　不使用中间变量，交换两整数 x，y 的值。程序如下：

```
#include  <stdio.h>
main()
```

```
{ unsigned  x , y ;
   printf("input x ,y: ") ;
   scanf("%u, %u ", &x, &y) ;
   x=x^y;
   y=y^x;
   x=x^y;
   printf("x=%u,y=%u\n" , x,y) ;
}
```

运行结果如下：

```
input x ,y:  3,4
x=4,y=3
```

三条赋值语句的执行过程说明如下：

```
x=x^y=(011^100)=111
y=y^x=(100^111)=011(十进进制的 3)
x=x^y=(111^011)=111(十进进制的 4)
```

x 得到了 y 原来的值，y 得到了 x 原来的值。

10.7 C 语言与汇编语言的混合编程

C 语言具有简洁、灵活等诸多特点，另外还有丰富的库函数和功能强大的调试手段，适用面非常广泛。但在实际应用中，有时为了完成特定的功能，或要缩短程序的运行时间，或要对硬件进行直接操作，或要利用操作系统的某些功能模块，这时往往需要使用汇编语言，汇编语言在配置硬件设备及优化程序的执行速度和程序大小等方面有它独特的优势，主要表现在以下几方面。

1）能执行 PUSH 和 POP 操作。

2）能访问 HP 堆寄存器和 SP 栈寄存器。

3）能对段寄存器进行初始化。

4）能直接控制硬件，实现与端口的 I/O 通信。

在 C 语言编写的应用程序中，若能加入汇编语言，则不但可以体现出 C 语言所具有的简洁、灵活等诸多优点，还可以体现出汇编语言独特的控制硬件等优点。因此实现 C 语言与汇编语言的混合编程势在必行。下面将详细介绍有关混合编程的内容。

实现 C 语言与汇编语言混合编程的方法有两种：一种是嵌入式汇编，即在 C 语言中直接使用汇编语言语句；另一种是模块化程序设计的方法，即将不同语言的程序分别编写，并在各自的开发环境中编译目标文件（.obj 文件），然后将他们连接在一起，形成可执行文件（.exe 文件）。不同程序设计语言之间的混合编程通常采用模块化程序设计的方法来实现。

在 C 语言与汇编语言混合编程中，肯定存在它们之间的参数传递与过程返回值的传递等问题。为了保证有效地进行传递，建立 C 语言与汇编语言的接口则成为混合编程中需要解决的关键问题。

10.7.1 内嵌汇编代码

内嵌汇编代码就是在 C 语言程序中嵌入汇编语言源代码，C/C++编译器能支持内嵌代码。与使用外部模块的形式来编写汇编语言源代码相比，编写内嵌汇编语言代码的优点在于它的简单和直接，程序员不必考虑外部连接、命名、参数传递等问题。

1. Turbo C 中内嵌汇编代码

内嵌汇编方法有很多种，Turbo C 语言程序中，只要在汇编语句前加“asm”，就可以在 C 语言中表示汇编语句，其格式为：

```
asm 汇编语句        /*注释*/
```

或为：

```
asm
{
    汇编语句序列  /*注释*/
}
```

当 C 语言编译程序遇到 asm 开始的语句时，会正确识别并自动调用汇编语言的编译程序，将它编译为机器代码再嵌入到 C 语言程序中。

【例 10.11】 在 C 语言中嵌入若干条汇编语句，用于对 I/O 端口的访问。

```
asm
{  int a1,80h
   and a1,0feh
   out 80h,a1
}
```

含嵌入汇编语句的 C 语言程序并不是一个完整的汇编语言程序，C 语言程序只允许使用有限的汇编语言指令。如在 Turbo C 语言程序中，可以直接嵌入 8086 汇编语言指令，包括数据传送指令、算术及逻辑运算指令、串操作指令、转移指令等，当需要嵌入 80286 指令时，必须使用 TCC 命令行选择项进行编译，使汇编程序能够识别这些指令。但这仅支持变量定义伪指令 db/dw/dd 和外部数据说明伪指令 extern，如：

```
asm val dw 100h
asm str db 'abcd'
```

内嵌的汇编语句除了可以使用指令允许的立即数、寄存器名外，还可以使用 C 语言程序中的任何标识符，如常量、变量、标号、函数名、寄存器变量等。C 语言的编译程序会自动将它们转换成相应的汇编语言指令的操作数，并在标识符前加下划线“_”。

Turbo C 需要独立的汇编系统，所以在目录下必须包括 TCC.exe、TASM.exe 和 TLINK.exe 文件。Turbo C 程序中的汇编程序默认使用 TASM.exe。当 C 语言程序中含有内嵌的汇编语句时，C 编译器会将 C 代码的源程序（*.c）编译成汇编语言源程序（*.asm），然后将产生的汇编语言源程序编译成目标文件（*.obj），再用 TLINK 将目标文件连接成可执行文件（*.exe）。在使用时，选择“开始”→“程序”→“附件”→“命令提示符”项，打开 DOS 命令提示符窗口，然后用 CD 命令转到源程序目录下，再使用命令：

```
TCC 文件名
```

就能生成可执行文件，在程序运行后输出结果。

2. Visual C++中内嵌汇编代码

Visual C++的嵌入汇编方式与其他 C/C++的编译系统的原理相同，在 Visual C++中直接支持嵌入汇编方式，不需要独立的汇编系统，也不需要其他的连接步骤，可以在一条汇编语句或一组汇编语句序列的开始用“_asm”标记，作为汇编语言源代码，其格式为：

```
_asm 汇编语句        /*注释*/
```

或

```
_asm
{
        汇编语句序列
}
```

注释可以放在汇编语句序列中任何语句的后面，可以使用汇编语言格式的注释或使用 C/C++格式的注释，但尽量避免使用汇编语言格式的注释，这可能与 C 宏相冲突。

例如：

```
_asm
{       mov eax,0fee0h
        mov dx,800h
        out dx,eax     /*将一个 32 位操作数送 I/O 端口*/
}
```

Visual C++程序中内嵌汇编代码时，允许：

- 使用 Intel 指令集中的指令。
- 使用寄存器操作数。
- 使用名字引用函数参数或变量。
- 可以引用在汇编语句序列外声明的标号和变量。
- 使用 MASM 表达式，产生一个数值或地址。
- 使用 C++的数据类型和数据对象。
- 使用汇编语言格式或 C++格式表示整数常量。
- 使用 ptr 操作符，如 inc word ptr[ebx]。
- 使用 length、size、type 操作符以获取 C++变量和类型的大小。
- 使用 even 和 align 伪指令。

但不能使用 MASM 的伪指令来定义数据。如程序员不能使用 DB、DW、DD、DQ、DT 伪指令和 DUP、THIS 操作符；不能使用 MASM 的结构和记录伪指令来定义结构和记录；不能使用 OFFSET 操作符，但可以使用 LEA 指令返回变量的偏移值；不能使用宏指令及宏操作符，如 MACRO、REPT、IRC、IRP、ENDM、< >、!、%、&等；不能引用段名。

对于具有内嵌汇编语句的 C/C++程序，C/C++编译器会调用汇编程序进行汇编。汇编程序在分析一条嵌入式汇编指令的操作数时，如果遇到一个标识符，就会在 C/C++程序的符号表中查找该标识符。

在 C/C++程序中内嵌汇编语句的方法，就是把插入的汇编语句作为 C/C++语言的组成部分，不使用完全独立的汇编模块比调用汇编语言子程序更方便、简单、快速。

内嵌汇编代码的缺点是缺乏可移植性。例如，运行于 Intel 微处理器上的内嵌汇编代码不能在 RISC 处理器上运行。

10.7.2 模块化连接方法

大部分程序员并不能使用汇编语言来编写大规模的应用程序，因为纯粹使用汇编语言编写程序需要熟悉很多机器内部的结构，编程效率很低。所以大部分程序员使用高级语言编程，其目的是将程序员从大量的细节中解脱出来，加快项目的进程，提高程序的开发效率。而对一些运行速度要求很高的程序或直接访问硬件的程序，可以用汇编语言编写，以提高程序的运行效率。这时，用汇编语言编写的程序模块常常以子程序的形式或过程的形式被高级语言调用。

当然可以使用汇编语言程序调用 C/C++语言函数，这种情况虽然用的不多，但要实现它也是非常容易的。就是将 C/C++语言函数看作是一个子程序，汇编语言程序中使用 CALL 指令调用这个函数。汇编语言程序也可以引用 C/C++语言中的一个变量。

模块化连接方法就是分别编写 C/C++语言源程序模块和汇编语言源程序模块，利用各自的开发环境，编译形成.obj 文件，再将它们各自的目标文件连接成一个可执行文件。这时，外部汇编语言模块很容易被不同的目标平台设计的连接库代替，这是内嵌汇编代码所没有的。

1. 约定

解决 C/C++语言与汇编语言的接口问题，其实就是要解决寄存器、变量的引用、子程序的调用等问题，按某种约定进行，保证各种程序模块之间正确的参数传递。这时，需要考虑以下一些因素。

（1）调用约定

1）子程序必须保护哪些寄存器。

2）参数传递的方法用于寄存器、堆栈或共享内存区，还有其他方式。

3）局部变量的约定。

4）子程序访问调用程序返回结果的方式。

（2）命名约定

C/C++语言调用汇编语言子程序时，外部标识符的命名约定必须兼容。汇编语言必须使用与 C/C++语言兼容的有关段与变量的命名约定。

1）在 C/C++程序中的所有外部名字都包含一个前导的下划线字符，汇编语言程序在引用 C/C++模块中的函数与变量时也必须用一个下划线“_”开始。

2）C/C++语言对大小写是有区别的，汇编模块对任何公共的变量名应该使用和 C/C++模块同样的大小写字母。

在汇编语言模块中，可以在.MODEL 伪指令中通过语言选择关键字，使用汇编语言，程序员能够创建与 C/C++兼容的汇编程序，如：

```
.MODEL SMALL,C
```

该语句表明，程序采用小型模式，是 C/C++的约定，即汇编语言程序采用 C/C++语言类型。

.MODEL 伪指令中使用的语言选项关键字有 C、BASIC、FORTRAN、PASCAL、SYSCALL、STDCALL。其中的 C、BASIC、FORTRAN、PASCAL 关键字是指与这些语言兼容的汇编程序，而 SYSCALL、STDCALL 关键字是指其他语言，如调用 MS-Windows 函数所使用的关键字。有了上述命名约定，C/C++程序调用的汇编语言源程序中所有的标识符自动加上下划线“_”，使两种语言的标识符一致。

在 C/C++语言程序与汇编语言子程序模块相连接时，段的名称及其属性必须兼容。如果使用 Microsoft 的简化段伪指令，如.CODE 和.DATA 等，就与 C/C++编译器生成的段名及其属性是兼容的。上述工作将由系统自动完成。

（3）内存模式的约定

调用程序和被调用的子程序必须使用同样的内存模式。在实地址模式下，可以选择小型（small）、紧凑（compat）、中型（medium）、大型（large）、巨型（huge）模式。保护模式下则必须使用 flat 模式。

程序使用的内存模式决定了段的大小（是 16 位段还是 32 位段），子程序是段内调用（near 型）还是段间调用（far 型）。

不同语言模块采用相同的存储模式将自动产生相互兼容的调用和返回类型。

要从 C/C++语言中调用汇编语言子程序，汇编模块必须采用和 C/C++模块一致的存储模式及兼容的段命名约定，才能实现正确的选择。

所以，为了保证 C/C++语言程序与汇编语言源程序两个模块文件能正确连接，必须对它们的接口进行一些约定。如参数传递、返回值的传递、变量的引用、寄存器的使用等，做出约定以保证连接程序得到必要的信息。同时还要保证汇编语言源程序以符合 C/C++语言的要求。

2. 模块化设计方法

（1）C/C++程序中引用汇编语言子程序

从 C/C++语言中调用汇编语言子程序的过程中，汇编语言被看作是函数，其地位与 C/C++语言中的其他函数一样，汇编语言程序名被认为是函数名，C/C++程序以汇编语言程序名调用汇编语言程序模块。但是在编写汇编语言程序的时候，有些特殊的要求及 C/C++特性会影响到汇编语言代码的编写方式，如：

1）参数 C/C++程序按照在参数列表中出现的顺序从右到左传递，过程返回后又调用程序负责清除堆栈，清除堆栈是可以给堆栈指针加上参数所占空间的大小或从堆栈中弹出足够数量的值。

2）过程名 C/C++程序自动在它调用的每个外部标识符前加一个下划线“_”。在编写一个能让 C/C++程序调用的汇编语言外部过程时，过程名 rsub 必须以下划线开头：

```
public _rsub
_rsub proc
```

编译包含外部过程的汇编模块时，使用的命令行选项必须保持大小写敏感，如 MASM 的/Cx 选项能确保外部过程名字的大小写敏感。

3）声明函数：在 C/C++程序中，可以使用 extern 来声明外部汇编语言函数。

C 程序调用汇编语言过程的方法如下：

1） 在汇编语言程序中应考虑：

① 使用与 C 程序中相同的存储模式定义各个段。

② 用 PUBLIC 声明 C 程序中需要引用的汇编语言子程序和变量。

③ 从堆栈中取得入口参数。

④ 处理入口参数并返回，返回值存入 AX 或 DS:AX 中。

⑤ 汇编源程序，生成目标文件。

2）在 C 语言程序中应考虑：

① 使用 EXTERN 声明汇编语言子程序和变量。

② 引用汇编语言过程和变量。

③ 编译源程序，生成目标程序。

④ 使用 TLINK 连接 C 语言和汇编语言程序的目标文件，产生可执行文件。

【例 10.12】 C 语言程序中调用汇编语言子程序。

```
/*建立 C 语言程序：ctest.c*/
extern void dis(void);        /*说明 dis 是外部函数*/
main()
{
  dis();
}
；建立汇编语言子程序：asmhello.asm
.model small,c                /*采用小型存储模式，C 语言类型*/
.data
mes db 'Hello,how are you!$'
.code
public dis                    /*可以被外部模块使用的子程序*/
dis proc
mov ah,9                      /*小型模式不必设置 DS，它只有一个数据段*/
lea dx,mes                    /*使 DS：DX 指向变量的地址*/
int 21h                       ；09 号功能调用
```

```
        ret
    dis endp
        end
```

分别编辑这两个源程序后，就可以进行编译和连接。

```
masm asmhello↙          汇编 asmhello.asm，生成目标文件 asmhello.obj
tcc-ms-c ctest↙         按小模式编译 ctest.c，生成目标文件 ctest.obj
tlink lib\c0s ctest asmhello,hello,lib\cs↙  连接目标文件生成 hello.exe
hello↙                  运行调用了汇编子程序的 C 程序
```

MASM.exe 文件必须在当前目录中。可以使用 TASM.exe 或 ML.exe 对.asm 文件进行汇编生成目标文件。

在 C 语言程序调用汇编语言子程序的过程中，C 语言程序可以通过堆栈将参数传递给被调用的汇编程序。但调用前，参数入栈的顺序与实参表中参数的顺序相反，即从右到左的顺序。当被调用的汇编程序运行结束时，C 程序会自动调整堆栈指针 SP，使堆栈恢复成调用前的状态。这样，子程序就不必在返回时来调整堆栈的指针。

被调用的汇编语言程序作为函数，如果其返回值为 16 位，则存入 AX 寄存器中；如果返回值为 32 位，则存入（DX，AX）寄存器中，DX 存高 16 位值，AX 存低 16 位值；如果返回值大于 32 位，则存入一个变量缓冲区中，用 AX 寄存器存放该缓冲区的偏移地址。

当然，也可以通过外部变量来传递参数。这时，该外部变量必须分别在汇编语言程序中和 C 语言程序中说明，并且，同一个变量的类型必须一致。在 C 语言程序中也可以使用汇编语言程序中的变量，这时，应在汇编程序中用 PUBLIC 说明，而在 C 程序中用 EXTERN 说明，并且数据类型一致。

（2）在汇编语言程序中引用 C/C++函数和变量

从汇编语言程序调用 C/C++语言函数，相对来说比较简单。将 C/C++语言函数看作是一个子程序，使用 CALL 指令调用这个函数，C/C++语言函数的属性可以是 NEAR 型（段内调用）或 FAR（段间调用），引用的变量的属性可以是 BYTE、WORD、DWORD、QWORD、TWORD。因为所有的 C/C++函数和全局变量都被自动声明为 PUBLIC，可以很方便地供外部使用，只需要在汇编语言程序中对使用的函数和变量用 EXTERN 进行说明即可。

```
EXTERN 函数名：函数属性
EXTERN 变量名：变量属性
```

声明的类型要一致。例如：汇编语言程序调用 C 子程序的方法如下。

1）在 C 语言程序中应考虑：

① 定义全局变量，被汇编语言程序引用。

② 声明被汇编语言程序引用的函数。

③ 编译生成目标文件。

2）在汇编语言程序中应考虑：

① 声明 C 子程序和变量。

② 按 C 语言调用协议将调用参数入栈。

③ 使用 CALL 指令调用 C 程序。

④ 从 AX 或 DX：AX 中取得返回参数。

⑤ 修改堆栈指针 SP，使调用参数清除出栈。

⑥ 汇编源程序，生成目标文件。

⑦ 使用 LINK 连接汇编语言和 C 语言程序的目标文件，形成可执行文件。

【例 10.13】 汇编语言程序调用 C 语言子程序。

```
/*建立 C 语言程序：max.c，作为被汇编语言程序调用的子程序*/
int max(int *a,int *b,int *c)
{
   int r;
   if(*a>*b)
      if(*a>*c)    r=*a;
      else         r=*c;
   else if(*b>*c)    r=*b;
        else         r=*c;
   return(r);
}
/*建立汇编语言程序：asmtest.asm*/
        .model small,c               /*采用小型存储模式，C 语言类型*/
        extern _max:near             /*声明被调用的函数及其类型*/
        .data
        a dw 0303h
        b dw 0202h
        c dw 0101h
        n dw ?
       .code
beg:lea ax,c
        push ax                      /*将参数 C 的地址入栈*/
        lea ax,b
        push ax                      /*将参数 b 的地址入栈*/
        lea ax,a
        push ax                      /*将参数 a 的地址入栈*/
        call _max                    /*调用 TC 子函数*/
mov n,ax                             /*取得返回参数*/
add sp,6                             /*将堆栈恢复成调用前的状态*/
mov ah,4ch
int 21h                              /*返回操作系统*/
end beg
```

分别建立 C 语言程序 max.c 和汇编语言程序 asmtest.asm 后，编译和连接：

```
masm asmtest↙             汇编 asmtest.asm，生成目标文件 asmtest.obj
tcc-ms-c max↙             按小模式编译 max.c，生成目标文件 max.obj
```

```
link asmtest + max↙          连接目标文件生成asmtest.exe
asmtest↙                     运行
```

从上例程序可以知道，汇编语言程序可以通过堆栈向 C 语言函数传递参数有两种方法：一种是直接把参数的值压入堆栈，另一种是利用参数地址压入堆栈的方式传递参数值，上例程序采用的是后一种方式。由于 C 程序是按参数的相反顺序（从右到左的顺序）入栈，所以汇编程序中参数的入栈顺序要与 C 程序接受参数的顺序相反。

当汇编语言程序调用 C 函数后，应该立即清除堆栈里的参数，将堆栈恢复成调用前的状态。

如果 C 语言程序向汇编语言程序送返回值，则 C 程序必须用 RETURN 返回。若返回值是一个字，则送 AX 寄存器中；若返回值是一个 32 位字，则低 16 位送 AX 中，高 16 位送 DX 中；而传送一个大于 32 位的数据作为返回值时，则利用（DX,AX）返回指针。

习　题　10

10.1 选择题。

（1）以下程序运行后，输出结果是（　　）。

```
#define PT 5
#define BT  PT+PT
main()
{ printf("BT=%d", BT);
}
```

A. 10=10　　B. BT=10　　C. 5=5　　D. BT=5

（2）以下程序的输出结果是（　　）。

```
#include<stdio.h>
#define MIN(x,y)  (x)<(y)?(x):(y)
main()
{   int i,j,k;
    i=10; j=15;
    k=10*MIN(i,j);
    printf("%d\n",k);
}
```

A. 15　　B. 100　　C. 10　　D. 150

（3）设有以下宏定义：

```
#define N 3
#define Y(n)((N+1)*n)
```

则执行语句 z=2 *(N+Y(5+1));后，z 的值为（　　）。

A. 出错　　B. 42　　C. 48　　D. 54

（4）以下说法中正确的是（　　）。

A.“#define”和“printf”都是 C 语句

B. “#define”是 C 语句，而“printf”不是

C.“printf”是 C 语句，但“#define”不是

D.“#define”和“printf”都不是 C 语句

（5）下面程序的输出是（　　）。

```
main()
{ char x=040;
  printf("%d\n",x=x<<1);}
```

A. 100　　B. 160　　C. 120　　D. 64

（6）以下程序的运行结果是（　　）。

```
main()
{   char a='a',b='b';
    int p,c,d;
    p=a;
    p=(p<<8)|b;
    d=p&0xff;
    c=(p&0xff00)>>8;
    printf("%d  %d  %d  %d\n",a,b,c,d);
}
```

A. 97 98 97 98　　B. 97 98 98 97　　C. 97 98 0 0　　D. 97 98 98 0

（7）在位运算中，操作数每右移一位，其结果相当于（　　）。

A. 操作数乘以 2　B. 操作数除以 2　C. 操作数乘以 4　D. 操作数除以 4

（8）表达式“12|012”的值是（　　）。

A. 1　　B.0　　C. 14　　D. 12

（9）设字符型变量 a=3,b=6，计算表达式 c=(a^b)<<2 后，c 的值是（　　）。

A. 00011100　　B. 00000111　　C. 00000001　　D. 00010100

（10）设有无符号整型变量 i、j、k，i 的值为 013，j 的值为 0x13，则计算表达式“k=~i|j>>3;”后，k 的值为（　　）。

A. 06　　B. 0177776　　C. 066　　D. 0177766

10.2　填空题。

（1）C 提供的预处理功能主要有______、______和______等三种。

（2）C 规定预处理命令必须以______开头。

（3）在预编译时将宏名替换成______的过程称为宏展开。

（4）下列程序执行后的输出结果是______。

```
#define  MA 1
main()
{    int a=10;
     #if MA
```

```
    a=a+10
    printf("%d \n", a);
    #else
    a=a-10
    printf("%d \n", a);
    #endif
}
```

（5）下列程序执行后的输出结果是______。

```
main()
{int a=10;
    #ifdef MA
    a=a-10
    printf("%d \n", a);
    #else
    a=a+10
    printf("%d \n", a);
    #endif
}
```

（6）设 int a=15，则表达式 a>>2 的值为______。

（7）设 int b=2;表达式(b>>2)/(b>>1)的值是______。

（8）设有如下运算符："&"、"|"、"~"、"<<"、">>"、"^"，则按优先级由低到高的排列顺序为______。

（9）设二进制数 i 为 00101101，若通过运算"i^j"，使 i 的高 4 位取反低 4 位不变，则二进制数 j 的值应为______。

（10）设无符号整型变量 a 为 6，b 为 3，则表达式 b&=a 的值为______。

10.3　判断题（正确的打 √，错误的打×）。

（1）"编译预处理"命令是 C 语句的一种形式。（　　）

（2）如果为调用库函数而用"#include"命令来包含相关的头文件，则用尖括号，以节省查找时间。（　　）

（3）语句#define PI 3.1415926；定义了符号常量 PI。（　　）

（4）宏定义可以带有形参，程序中引用宏时，可以带有实参。在编译预处理时，实参与形参之间的数据是单向的值传递。（　　）

（5）预处理命令是在程序运行时进行处理的，过多使用预处理命令会影响程序的运行速度。（　　）

10.4　编程题。

（1）编写一个函数，该函数的功能是：输入一个 16 位二进制数，取出该数的奇数位（即从左起的第 1、3、5、…、13、15 位）。

（2）编写一个函数，该函数的功能是：输入一个数的原码，函数的返回值为该数的补码。

第 11 章　文　　件

在前面的章节中我们使用的原始数据很多都是通过键盘输入的，并将输入的数据放入指定的变量或数组内，若要处理（运算、修改、删除、排序等）这些数据，可以从指定的变量或数组中取出并进行处理。但是当计算机的电源关掉或程序重新执行时，这些输入的数据都会丢失。如果处理的数据量较少或不重要时还影响不大，但是如果数据量很庞大时，一旦有一个输入错误，则全部数据都需要重新输入。另外，还有一些程序在编译运行之后会产生大量的输出结果，并且有些程序运行产生的输出结果是要反复查看或使用的，因此也有必要将输出的结果保存下来，以方便对输出结果进行查阅。为了解决以上问题，在 C 语言中引入了文件，将这些待处理的数据存储在指定的文件中，当需要处理文件中的数据时，可以通过文件处理函数，取得文件内的数据并存放到指定的变量或数组中进行处理，数据处理完毕后再将数据存回指定的文件中。因此有了对文件的处理，数据不但容易维护，而且同一份程序可处理数据格式相同但文件名不同的文件，增加了程序的使用弹性。

11.1　文件的概述

11.1.1　数据流

数据的输入与输出都必须通过计算机的外围设备，不同的外围设备对于数据输入与输出的格式和方法有不同的处理方式，这就增加了编写文件访问程序的困难程度，而且很容易产生外围设备彼此不兼容的问题。数据流（Data Stream）用来解决这个问题。数据流的性质比数据的各种输入和输出更单一，它将整个文件内的数据看作一串连续的字符（字节），而没有记录的限制，如图 11.1 所示。数据流借助文件指针的移动来访问数据，文件指针目前所指的位置即是要处理的数据，经过访问后文件指针会自动向后移动。每个数据文件后面都有一个文件结束符号（EOF），用来告知该数据文件到此结束，若文件指针指到 EOF 便表示数据已访问完毕。

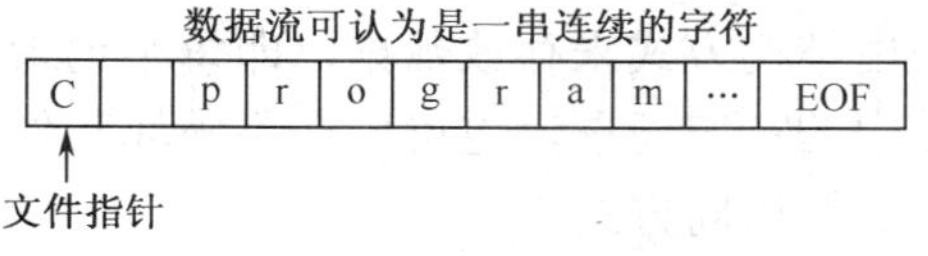

图 11.1　数据流示意图

11.1.2　文件

“文件”是指存放在外部存储介质（可以是磁盘、光盘、磁带等）上的数据集合。操作系统对外部介质上的数据是以文件形式进行管理的。当打开一个文件或者创建一个新文件时，一个数据流和一个外部文件（也可能是一个物理设备）相关联。为标识一个文件，每个文件都必须有一个文件名作为访问文件的标志，其一般结构为：

主文件名〖.扩展名〗

通常情况下应该包括盘符名、路径、主文件名和文件扩展名 4 部分信息。实际上在前面的各章中已经多次使用了文件，例如源程序文件、目标文件、可执行文件、库文件（头文件）等。程序在内存运行的过程中与外存（外部存储介质）交互主要是通过以下两种方法：

1）以文件为单位将数据写到外存中。

2）从外存中根据文件名读取文件中的数据。

也就是说，要想读取外部存储介质中的数据，必须先按照文件名找到相应的文件，然后再从文件中读取数据；要想将数据存放到外部存储介质中，首先要在外部介质上建立一个文件，然后再向该文件中写入数据。

C 语言支持的是流式文件，即前面提到的数据流，它把文件看作一个字节序列，以字节为单位进行访问，没有记录的界限，即数据的输入和输出的开始和结束仅受程序控制，而不受物理符号（如回车换行符）控制。

可以从不同的角度对文件进行分类，分别如下所述。

1）根据文件依附的介质，可分为普通文件和设备文件。

普通文件是指驻留在磁盘或其他外部介质上的一个有序数据集，可以是源文件、目标文件、可执行程序，也可以是一组待输入处理的原始数据，或者是一组输出的结果。对于源文件、目标文件、可执行程序可以称作程序文件，对输入和输出数据则可称作数据文件。

设备文件是指与主机相连的各种外部设备，如显示器、打印机、键盘等。在操作系统中，把外部设备也看作是一个文件来进行管理，把它们的输入和输出等同于对磁盘文件的读和写。

2）根据文件的组织形式，可分为顺序读写文件和随机读写文件。

顺序读写文件顾名思义，是指按从头到尾的顺序读出或写入的文件。通常在重写整个文件操作时，使用顺序读写；而要更新文件中某个数据时，不使用顺序读写。此种文件每次读写的数据长度不等，较节省空间，但查询数据时都必须从第一个记录开始找，较费时间。

随机读写文件大都使用结构方式来存放数据，即每个记录的长度是相同的，因而通过计算便可直接访问文件中的特定记录，也可以在不破坏其他数据的情况下把数据插入到文件中，是一种跳跃式直接访问方式。

3）根据文件的存储形式，可分为 ASCII 码文件和二进制文件。

ASCII 文件也称为文本文件，这种文件在磁盘中存放时每个字符对应一个字节，用于存放对应的 ASCII 码。

例如，数 1124 的存储形式为：

ASCII 码：　　00110001　00110001　00110010　00110100

　　　　　　　↓　　　　↓　　　　↓　　　　↓

十进制码：　　1　　　　1　　　　2　　　　4

共占用 4 个字节。ASCII 码文件可在屏幕上按字符显示，例如，源程序文件就是 ASCII 文件，用 DOS 命令中的 TYPE 可显示文件的内容。由于是按字符显示，因此能读懂文件内容。

二进制文件是按二进制的编码方式来存放文件的。例如，数 1124 的存储形式为：

00000100　01100100

只占两个字节。二进制文件虽然也可在屏幕上显示，但其内容无法读懂。C 系统在处理这些文件时，并不区分类型，都看成是字符流，按字节进行处理。

ASCII 码文件和二进制文件的主要区别在于：

1）从存储形式上看，二进制文件是按该数据类型在内存中的存储形式存储的，而文本文件则将该数据类型转换为可在屏幕上显示的形式存储的。

2）从存储空间上看，ASCII 存储方式所占的空间比较多，而且所占的空间大小与数值大小有关。

3）从读写时间上看，由于 ASCII 码文件在外存上是以 ASCII 码存放，而在内存中的数据都是以二进制存放的，所以，当进行文件读写时，要进行转换，造成存取速度较慢。对于二进制文件来说，数据就是按其在内存中的存储形式在外存上存放的，所以不需要进行这样的转换，则存取速度上较快。

4）从作用上看，由于 ASCII 文件可以通过编辑程序，如 edit、记事本等，进行建立和修改，也可以通过 DOS 中的 TYPE 命令显示出来，因而 ASCII 码文件通常用于存放输入数据及程序的最终结果。而二进制文件则不能显示出来，所以用于暂存程序的中间结果，供另一段程序读取。

在 C 语言中，标准输入设备（键盘）和标准输出设备（显示器）是作为 ASCII 码文件处理的，它们分别称为标准输入文件和标准输出文件。

11.1.3　文件的操作流程

文件的操作包括对文件本身的基本操作和对文件中信息的处理。首先，只有通过文件指针，才能调用相应的文件；然后才能对文件中的信息进行操作，进而达到从文件中读数据或向文件中写数据的目的。具体涉及的操作有：建立文件、打开文件、从文件中读数据或向文件中写数据、关闭文件等。一般的操作步骤为：

1）建立/打开文件。

2）从文件中读数据或着向文件中写数据。

3）关闭文件。

打开文件是进行文件的读或写操作之前的必要步骤。打开文件就是将指定文件与程序联系起来，为下面进行的文件读写工作做好准备。如果不打开文件就无法读写文件中的数据。当为进行写操作而打开一个文件时，如果这个文件存在，则打开它；如果这个文件不存在，则系统会新建这个文件，并打开它。当为进行读操作而打开一个文件时，如果这个文件存在，则系统打开它；如果这个文件不存在，则出错。数据文件可以借助常用的文本编辑程序建立，就如同建立源程序文件一样，当然，也可以是其他程序写操作生成的文件。

从文件中读取数据，就是从指定文件中取出数据，存入程序在内存中的数据区，如变量或数组中。

向文件中写数据，就是将程序中的数据存储到指定的文件中，即文件名所指定的存储区中。

关闭文件就是取消程序与指定的数据文件之间的联系，表示文件操作的结束。

在C语言中，所有的文件操作都是由文件处理函数来完成的。

11.1.4 文件和内存的交互处理

文件是存在外存的，而计算机在处理数据时，CPU 都是和内存进行交互的。在 CPU 处理数据之前，外存上的文件是如何放置到内存中的？按照操作系统对磁盘文件的读写方式，文件可以分为“缓冲文件系统”和“非缓冲文件系统”。C 语言的文件处理函数按照有无提供缓冲区分为提供缓冲区的标准输入、输出（Standard I/O）函数和不提供缓冲区的系统输入、输出（System I/O）函数。所谓缓冲区，是指数据在访问时，为了加快程序运行的速度，在内存中实现建立一块区域来存放部分数据，接着再通过这个区域来访问整块数据，而不直接对磁盘进行访问。即系统自动地在内存区为每一个正在使用的文件名开辟一个缓冲区，它是内存中的一块区域，用于进行文件读写操作时数据的暂存，大小一般为 512 字节，这与磁盘的读写单位一致。

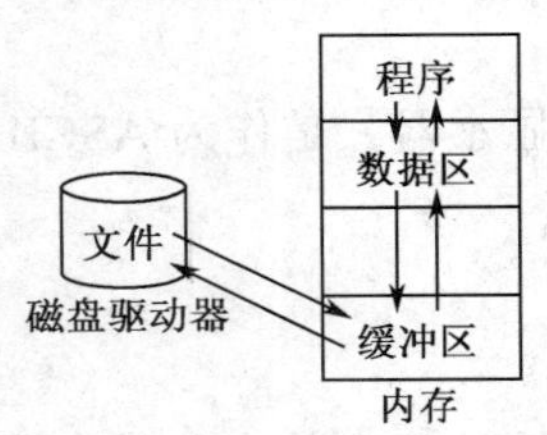

图 11.2 文件的读操作示意图

从内存中向磁盘输出数据必须先送到内存中的缓冲区，装满缓冲区后才一起送到程序数据区（程序变量）。在进行文件的读操作时，将磁盘文件中的一块数据一次读到文件缓冲区中，然后从缓冲区中取出程序所需的数据，送入程序数据区中的指定变量或数组元素所对应的内存单元中，如图 11.2 所示。

采用文件缓冲系统的原因在于：

1）磁盘文件的存取单位是“块”，一般为 512 字节。也就是说，从文件中读数据或向文件中写数据，就要一次读或写 512 字节。而在程序中，给变量或数组元素的赋值却是一个一个进行的。

2）与内存相比，磁盘的读写速度是很慢的，如果每读或写一个数据就要和磁盘打一次交道，那么即使 CPU 的速率很高，整个程序的执行效率也会大打折扣。显然，文件缓冲区可以减少与磁盘打交道的次数，从而提高程序的执行效率。

11.2　文件类型的指针

要调用一个文件，一般需要该文件的一些信息，例如：文件当前的读写位置、与该文件对应的内存缓冲区的地址、缓冲区中未被处理的字符串、文件操作方式等。缓冲文件系统会为每一个文件系统开辟这样一个“文件信息区”，包含在头文件 stdio.h 中，它被定义为 FILE 类型数据。

```
typedef struct
{  short level;                    /* 缓冲区“满”或“空”的程度 */
   unsigned flags;                 /* 文件状态标志 */
   char fd;                        /* 文件描述符 */
   unsigned char hold;             /* 如无缓冲区不读取字符 */
   short bsize;                    /* 缓冲区的大小 */
   unsigned char *baffer;          /* 数据缓冲区的读写位置 */
   unsigned char *curp;            /* 指针指向的当前文件的读写位置 */
   unsigned istemp;                /* 临时文件，指示器 */
   short token;                    /* 用于有效性检查 */
}FILE;
```

在编写源程序使用一个数据文件时，只需要先预包含 stdio.h 头文件，然后定义一个指向该结构体类型的指针，而不必关心 FILE 结构的细节。

例如：

```
FILE *fp;
```

其中，fp 是一个指向 FILE 类型结构体的指针变量。可以使 fp 指向某一个文件类型的结构体变量，从而通过该结构体变量中的文件信息访问该文件，也就是说通过该文件指针变量能够找到与它相关的文件。如果有 n 个文件，一般应设 n 个文件指针变量（指向 FILE 类型结构体的指针变量），使它们分别指向 n 个文件（确切地说明指向存放该文件信息的结构体变量），以实现文件的访问。

11.3　标准输入/输出函数

标准输入/输出函数，或称“数据流输入/输出”（Stream I/O）函数，提供一个缓冲区作为数据文件与程序的沟通管道。当使用标准输入函数读取文件内的数据时，若文件打开成功，会自动将磁盘驱动器指定文件最开始部分的数据先读入缓冲区，此时系统会自动赋予一个文件指针指到数据的起始位置。缓冲区内的数据通过标准输入函数，由文件指针所指的位置逐一读取数据放入指定的变量或数组中，再通过命令加以处理。当缓冲区的数据读取完毕，计算机会自动到磁盘中指定的数据文件中读取另一部分数据到缓冲区继续处理，一直到文件指针指到 EOF 文件结束符号才结束读取的动作。

若要将数据写入磁盘的文件内，其方式和读取文件相反，会先通过程序将数据区中的变量或数组，通过标准输入/输出函数将指定的数据由缓冲区内目前文件指针所指地址开始存放，放置完毕，文件指针会自动往下移动到一个空的位置，当缓冲区的数据填满时，计算机自动将缓冲区的数据写入磁盘驱动器中指定的文件，再将缓冲区释放，一直到关闭文件才结束写入的动作。

采用标准输入/输出函数访问文件可避免磁盘读写次数过于频繁的问题发生。但在使用这种方式进行写入模式时要注意，程序结束时若忘记关闭文件或计算机突然死机时，会导致缓冲区的数据无法写回文件，造成数据的丢失。标准输入/输出函数具有数据格式的转换功能，它可以将二进制格式的数据自动转换成 ASCII 格式的文本文件。

11.3.1　打开文件

文件在进行读写操作之前要先打开，所谓打开文件，实际上是建立文件的各种有关信息，并使文件指针指向该文件，以便进行其他操作。要打开指定的文件可使用 fopen( ) 函数。

fopen 函数原型为：

```
FILE *fopen(char *filename,char *mode);
```

功能为：使用 mode 模式打开指定的 filename 文件。如打开文件成功，则返回一个 FILE 类型的指针；打开文件失败，则返回 NULL。

其中，第一个参数 filename 用来设定打开的文件。若打开的文件与执行文件路径（文件夹）相同，只写文件名即可。若数据文件和程序文件分别存放在不同的文件夹，就必须指定完整的路径和文件名。第二个参数 mode 用来设定要打开的文件类型和指定文件的访问模式。第二个参数必须为字符串格式，头尾必须用双引号括起来。具体的访问模式参见表 11.1。

例如：打开一个和可执行文件在相同路径下的文本文件 test.txt。

```
FILE *fp;
fp=fopen("test.txt","r");
```

又如：打开一个 E 盘下 code 文件夹下的文本文件 test.txt。

方法 1：

```
FILE *fp;
fp=fopen("e:\\code\\test.txt", "rt");
```

方法 2：

```
FILE *fp;
fp=fopen("e:/code/test.txt", "rt");
```

其中方法 1 中指定路径时用了两个反斜线“\\”，第一个表示转义字符，第二个表示根目录。方法 2 改用“/”正斜线也可以。

这两种方法都属于嵌入式文件方法，即文件名及其所在路径已在程序中设定。此外，还可以采用交互式文件方法，即由键盘输入所要打开的文件名及其路径。

例如：

```
FILE *fp;
```

```
char filename[40];
gets(filename);
fp=fopen(filename, "r");
```

可以看出，在打开一个文件时，通知给编译系统以下三个信息：

1）需要打开的文件名，也就是准备访问的文件名。

2）使用文件的方式（“读”还是“写”等）。

3）让哪一个指针变量指向被打开的文件。

表 11.1　文件中的访问模式

文件使用方式	意　义
“rt”	只读打开一个文本文件，只允许读数据
“wt”	只写打开或建立一个文本文件，只允许写数据
“at”	追加打开一个文本文件，并在文件末尾写数据
“rb”	只读打开一个二进制文件，只允许读数据
“wb”	只写打开或建立一个二进制文件，只允许写数据
“ab”	追加打开一个二进制文件，并在文件末尾写数据
“rt+”	读写打开一个文本文件，允许读和写
“wt+”	读写打开或建立一个文本文件，允许读和写
“at+”	读写打开一个文本文件，允许读，或在文件末追加数据
“rb+”	读写打开一个二进制文件，允许读和写
“wb+”	读写打开或建立一个二进制文件，允许读和写
“ab+”	读写打开一个二进制文件，允许读，或在文件末追加数据

对于文件使用方式有以下几点说明：

1）文件使用方式由 r、w、a、t、b、+六个字符拼成，各字符的含义是：

r(read):　　读
w(write):　　写
a(append):　　追加
t(text):　　文本文件，可省略不写
b(binary):　　二进制文件
+:　　读和写

2）凡用“r”打开一个文件时，该文件必须已经存在，且只能从该文件读出。

3）凡用“w”打开的文件只能向该文件写入。若打开的文件不存在，则以指定的文件名建立该文件，若打开的文件已经存在，则将该文件删去，重建一个新文件。

4）若要向一个已存在的文件中追加新的信息，只能用“a”方式打开文件。若此时该文件不存在，则会新建一个文件。

5）在打开一个文件时，如果出错，fopen 将返回一个空指针值 NULL。在程序中可

以用这一信息来判别是否完成打开文件的工作，并作相应的处理。因此常用以下程序段打开文件：

```
FILE *fp;
fp=fopen("e:\\code\\test.txt","r");
if(fp==NULL)
{ printf("\n 不能打开 e:\\code\\test.txt file!");
  getch();
  exit(1);
}
```

这段程序的意义是：如果返回的指针为空，表示不能打开E盘code文件夹下的test.txt文件，则给出提示信息"不能打开 e:\\code\\test.txt file!"，下一行getch()的功能是从键盘输入一个字符，但不在屏幕上回显。在这里，该行的作用是等待，只有当用户从键盘按任意键时，程序才继续执行，因此用户可利用这个等待时间阅读出错提示。按键后执行exit(0)退出程序。

6）标准输入文件（键盘）、标准输出文件（显示器）和标准出错输出（出错信息）是由系统打开的，可直接使用。

11.3.2 关闭文件

文件打开后若不再继续使用，使用fclose( )函数将指定的文件关闭，并将FILE文件指针的相关资源及所占用的缓冲区归还给系统。

fclose函数的原型为：

```
int fclose(FILE *fp);
```

功能为：将文件指针fp所指的文件关闭。若返回0，则表示关闭成功；若返回非0值则表示有错误发生。

例如：

```
fclose(fp);
```

在程序中，一个文件使用完毕后，若采用读取模式打开文件，可以不必作关闭文件的操作；但若采用写入模式，一定要使用fclose( )函数关闭文件，否则最后放在缓冲区的数据无法写回文件，从而发生数据遗失的情况。这是因为，当向文件写数据时，是先将数据写到缓冲区，待缓冲区充满后再整块传送到磁盘文件中。如果程序结束时，缓冲区尚未充满，则其中的数据并没有传到磁盘上，必须使用fclose函数关闭文件，强制系统将缓冲区中的所有数据送到磁盘，并释放该文件指针变量；否则这些数据可能只是被送到了缓冲区中，而并没有真正写入到磁盘文件。

由系统打开的标准设备文件，系统会自行关闭。

11.3.3 获取文件的属性

打开一个文件时，系统都会自动赋予该文件一个文件描述字（File Handle Number），在程序中若使用该文件描述字来代替对应的文件，就可以在程序中以文件描述字取代该文件的全名。其效果与使用#define 定义符号常量一样。

如果想知道某一个文件的大小，可以使用 fileno( )和 filelengh( )函数来取得。

fileno 函数原型为：

```
int fileno(FILE *fp);
```

功能为：返回所打开文件指针 fp 对应的文件描述字（handle_no）。当打开文件成功后，操作系统会自动赋予一个号码，此号码用来代表所打开的文件。所在头文件为 stdlib.h。

filelength 函数原型为：

```
long filelength(int handle_no);
```

功能为：返回文件描述字（handle_no）对应的文件大小，以字节为单位。所在头文件为 io.h。

例如：取得 E 盘下 code 文件夹下 test.txt 文件的大小。

```
FILE *fp;
int fno,fsize;
fp=fopen("e:\\code\\test.txt","rt");
fno=fileno(fp);
fsize=filelength(fno);
fclose(fp);
```

【例 11.1】 采用交互式文件方式打开指定的文件，若文件打开成功，则显示该文件的大小（Byte）；若文件打开失败，则提示出错信息。

```
#include <stdio.h>
#include <stdlib.h>
#include <io.h>
#define LEN 100
main()
{   FILE *fp;
    char filename[LEN];
    int fno, fsize;
    printf(" 请输入要打开文件的完整路径及文件名: ");
    gets(filename);                 /*输入要打开的文件所在路径及其名称 */
    fp=fopen(filename, "r");        /* 打开已经存在的文件 */
    if(fp==NULL)                    /* 判断是否打开文件成功 */
    {   printf("\n 打开文件失败, %s 可能不存在\n", filename);
        exit(1);                    /* 错误退出 */
    }
    fno=fileno(fp);                 /* 取得文件描述字 */
    fsize=filelength(fno);          /* 取得文件大小, 以 Byte 为单位 */
    printf("\n %s 文件打开成功, 文件大小 %d Bytes\n", filename, fsize);
    fclose(fp);
}
```

11.3.4 文件的顺序读写

根据文件的读写方式不同，文件可分为文件的顺序读写和文件的随机读写。顺序读写是指将文件从头到尾逐个数据读出或写入。文件的读写是通过读写函数实现的，与前面学习的输入输出函数非常相似，它们是：

单字符读写函数：fgetc 和 fputc。

字符串读写函数：fgets 和 fputs。

格式化读写函数：fscanf 和 fprintf。

数据块读写函数：fread 和 fwrite。

1. 单字符读写函数

字符读写函数是以字符（字节）为单位的读写函数。每次可从文件读出或向文件写入一个字符。

（1）读单字符函数 fgetc( )

函数原型为：

```
int fgetc(FILE *fp);
```

功能为：读取文件指针 fp 目前所指文件位置中的字符，读取完毕，文件指针自动往下移一个字符位置，若文件指针已经到文件结尾，返回–1。

例如：

```
ch=fgetc(fp);
```

其意义是从 fp 所指的文件中读取一个字符并送入 ch 中。

对于 fgetc 函数的使用有以下几点说明：

1）在 fgetc 函数调用中，读取的文件必须是以读或读写方式打开的。

2）读取字符的结果也可以不给字符变量赋值。

例如：

```
fgetc(fp);
```

从文件中读出了一个字符，但并没有赋给任何变量。

3）在文件内部有一个位置指针。用来指向文件的当前读写位置。在文件打开时，该指针总是指向文件的第一个字节。使用 fgetc 函数后，该位置指针将自动向后移动一个字节。因此可连续多次使用 fgetc 函数，读取多个字符。应注意文件指针和文件内部的位置指针不是一回事。文件指针是指向整个文件的，需在程序中定义说明，只要不重新赋值，文件指针的值是不变的。文件内部的位置指针用以指示文件内部的当前读写位置，每读写一次，该指针自动向后移动，它不需在程序中定义说明，而是由系统自动设置的。

【例 11.2】 将例 11.1 中的文件内容显示出来。

```
#include <stdio.h>
#include <stdlib.h>
#include <io.h>
#define LEN 100
```

```
main()
{   FILE *fp;
    char filename[LEN] ;
    int fno, fsize;
    char ch;
    printf("请输入要打开文件的完整路径及文件名:");
    gets(filename);
    fp=fopen(filename, "rt");
    if(fp==NULL)
    {   printf("\n打开文件失败, %s 可能不存在\n", filename);
        exit(1);
    }
    fno=fileno(fp);
    fsize=filelength(fno);
    printf("\n%s 文件打开!\n", filename);
    printf("\n文件大小 %d Bytes\n", fsize);
    printf("\n文件内容为:");
    while((ch=fgetc(fp))!=EOF)
      printf("%c", ch);
    fclose(fp);
    printf("\n\n");
}
```

分析：本例程序的功能是从文件中逐个读取字符，在屏幕上显示。程序定义了文件指针 fp，以读文本文件方式打开键盘输入的指定文件，并使 fp 指向该文件。如打开文件出错，给出提示并退出程序。循环中只要读出的字符不是文件结束标志（每个文件末有一结束标志 EOF）就把该字符显示在屏幕上，再读入下一字符。每读一次，文件内部的位置指针向后移动一个字符，文件结束时，该指针指向 EOF。执行本程序将显示整个文件。

关于符号常量 EOF：

在对 ASCII 码文件进行读入操作时，如果遇到文件尾，则读操作函数返回一个文件结束标志 EOF，其值在头文件 stdio.h 已被定为值–1；

在对二进制文件进行读入操作时，必须使用库函数 feof( )来判断是否遇到文件尾。

（2）写单字符函数 fputc( )

函数原型为：

```
int fputc(char ch,FILE *fp);
```

功能为：把字符 ch 写入文件指针 fp 所指向文件的位置，成功时返回字符的 ASCII 码，失败时返回 EOF（在 stdio.h 中，符号常量 EOF 的值等于–1）。

例如：

```
FILE *fp;
fputc('a',fp);
```

其意义是把字符 a 写入 fp 所指向的文件中。

fputc 函数的使用说明如下：

1）被写入的字符可以用写、读写、追加方式打开。用写或读写方式打开一个已存在的文件时将清除原有的文件内容，写入字符从文件首开始。如需保留原有文件内容，希望写入的字符从文件末开始存放，必须以追加方式打开文件。被写入的文件若不存在，则创建该文件。

2）每写入一个字符，文件内部位置指针向后移动一个字节。

3）fputc 函数有一个返回值，如写入成功则返回写入的字符，否则返回一个 EOF。可用此来判断写入是否成功。

【例 11.3】 从键盘上输入字符串追加添写到指定的文件中。

```
#include <stdio.h>
#include <string.h>
#include <ctype.h>
#include <stdlib.h>
#include <io.h>
#define LEN 100
main()
{   FILE *fp;
    char filename[LEN], data[LEN];
    int fno, fsize, i;
    char ch;
    printf("写文件程序...\n");
    printf("请输入要打开文件的完整路径及文件名:");
    gets(filename);
    fp=fopen(filename, "a+");                /*文件以追加方式写*/
    if(fp==NULL)
    {   printf("\n打开文件失败, %s 可能不存在\n", filename);
        exit(1);
    }
    fno=fileno(fp);
    fsize=filelength(fno);
    printf("\n%s 文件打开!\n", filename);
    printf("\n文件大小 %d Bytes\n", fsize);
    printf("\n文件内容为:");
    while((ch=fgetc(fp))!=EOF)
      printf("%c", ch);
    while(1)
    {   printf("\n\n请问是否要添加数据(Y/N): ");
        if(toupper(getche())=='Y')    /*toupper()函数为大小写转换函数*/
        {   printf("\n\n请输入要添加的数据: ");
            gets(data);
```

```
            for(i=0; i<strlen(data) ; i++)
               fputc(data[i], fp);
         }
         else                              /*不添加新内容*/
        {   fclose(fp);
            break;
        }
    }
    fp=fopen(filename, "rt");
    if(fp==NULL)
    {   printf("\n\n打开文件失败, %s 可能不存在\n", filename);
        exit(1);
    }
    fno=fileno(fp);
    fsize=filelength(fno);
    printf("\n\n%s 文件打开!\n", filename);
    printf("\n文件大小 %d Bytes\n", fsize);
    printf("\n文件内容为:");
    while((ch=fgetc(fp))!=EOF)
      printf("%c", ch);
    fclose(fp);
    printf("\n\n");
}
```

分析：本例程序的功能是从键盘上输入字符串追加添写到指定文件中。程序定义了文件指针 fp，以追加写文件方式打开文件（文件名为 filename 字符数组中存放的字符串），并使 fp 指向该文件。如打开文件出错，给出提示并退出程序。否则，首先显示指定文件中的原始信息，然后进入 while 循环并提示是否进行数据添加。如果确定要添加，则输入要添加的内容并将其写入到指定文件中；如果不添加，关闭文件，跳出外层循环。最后，再将追加了新内容的文件信息读取显示出来。

2. 字符串读写函数

（1）读字符串函数 fgets( )

函数原型为：

```
char *fgets(char *str,int n,FILE *fp);
```

功能为：在文件指针 fp 所指文件位置读取 n 个字符并放入 str 字符数组中。如果读不到字符串时返回 NULL。

例如：

```
FILE *fp;
char str[10];
fp=fopen("e:\\code\\test.txt","rt");
```

```
while((fgets(str,10,fp)!=NULL))
  printf("%s",str);
```

其意义是从 fp 所指的文件中读取 10 个字符送入字符数组 str 中，接着再将 str 字符串打印出，若文件读不到数据时返回 NULL，此时会离开无限循环。

（2）写字符串函数 fputs( )

函数原型为：

```
int fputs(char *str,FILE *fp);
```

功能为：将字符串 str 写入文件指针 fp 所指文件的位置。写入数据成功时返回非 0 值，写入失败时返回 EOF。

其中字符串 str 可以是字符串常量，也可以是字符数组名或指针变量。

例如：

```
FILE *fp;
char str[10];
fp=fopen("e:\\code\\test.txt","rt");
gets(str);
fputs(str,fp);
```

其意义是把字符串 str 中的内容写入文件指针 fp 所指文件。

【例 11.4】 利用 fgets()函数和 fputs()函数重做例 11.3。

```
#include <stdio.h>
#include <string.h>
#include <ctype.h>
#include <stdlib.h>
#include <io.h>
#define LEN 100
main()
{  FILE *fp;
   char filename[LEN], data[LEN],temp[LEN];
   int fno, fsize, i;
   char ch;
   printf("写文件程序...\n");
   printf("请输入要打开文件的完整路径及文件名:");
   gets(filename);
   fp=fopen(filename, "a+");
   if(fp==NULL)
   {   printf("\n打开文件失败, %s 可能不存在\n", filename);
       exit(1);
   }
   fno=fileno(fp);
   fsize=filelength(fno);
   printf("\n%s 文件打开!\n", filename);
```

```
    printf("\n文件大小 %d Bytes\n", fsize);
    printf("\n文件内容为:");
    while((fgets(temp,LEN,fp))!=NULL)
       printf("%s", temp);
    while(1)
    {   printf("\n\n请问是否要添加数据(Y/N): ");
        if(toupper(getche())=='Y')
        {   printf("\n\n请输入要添加的数据: ");
            gets(data);
            fputs(data,fp);
         }
         else
        {   fclose(fp);
            break;
        }
    }
    fp=fopen(filename, "r");
    if(fp==NULL)
    {   printf("\n\n打开文件失败, %s 可能不存在\n", filename);
        exit(1);
    }
    fno=fileno(fp);
    fsize=filelength(fno);
    printf("\n\n%s 文件打开!\n", filename);
    printf("\n文件大小 %d Bytes\n", fsize);
    printf("\n文件内容为:");
    while((fgets(temp,LEN,fp))!=NULL)
      printf("%s", temp);
    fclose(fp);
    printf("\n\n");
}
```

【例 11.5】 有两个磁盘文件 string1 和 string2，各存放一行字母，要求把这两个文件中的信息合并后并按字母顺序输出到一个新的磁盘文件 string 中。

```
#include<stdlib.h>
main()
{ FILE *fp;
  int i,j,count,count1;
  char string[160]="",t,ch;
  fp=fopen("string1.txt","rt");
  if(fp==NULL)
  {   printf("不能打开文件 string1!\n");
```

```
        exit(1);
    }
    printf("\n 读取到文件 string1 的内容为:\n");
    fcr(i=0;(ch=fgetc(fp))!=EOF;i++)
    {   string[i]=ch;
        putchar(string[i]);
    }
    fclose(fp);
    count1=i;                /*记录连接数组 2 的位置*/
    fp=fopen("string2.txt","rt");
    if(fp==NULL)
    {   printf("不能打开文件 string2!\n");
        exit(1);
    }
    printf("\n 读取到文件 string2 的内容为:\n");
    for(i=count1;(ch=fgetc(fp))!=EOF;i++)
    {   string[i]=ch;
        putchar(string[i]);
    }
        fclose(fp);
    count=i;                     /*记录数组 string 的长度*/
    for(i=0;i<count;i++)     /*冒泡排序算法对数组内容进行排序*/
      for(j=i+1;j<count;j++)
      if(string[i]>string[j])
    { t=string[i];
      string[i]=string[j];
      string[j]=t;
    }
    printf("\n 排序后数组 string 的内容为:\n");
    printf("%s\n",string);
    fp=fopen("string.txt","wt");
    fputs(string,fp);     /*将数组 string 的内容写到 fp 所指的文件中*/
    printf("并已将该内容写入文件 string.txt 中!");
    fclose(fp);
}
```

分析：本例程序的功能是将两个文件中的字符串合并后按照字母顺序存入另外一个文件中。首先将第一个文件中的内容依次读入字符数组 string 中，并用 count1 记录下次要读入字符的位置，然后将第二个文件中的内容从 string[count1]的位置继续读入，此时已将两个文件中的字符串全部存入字符数组 string 中，接着利用冒泡排序算法将这些字符按照字母顺序进行排序，即 string 字符数组中现存的是已排好序的字符串。最后将字符数组 string 中的内容一次性写入到文件 string.txt 中。

3. 格式化字符串读写函数

（1）格式化字符串读函数 fscanf( )

函数原型为：

```
int fscanf(FILE *fp, "格式化字符串",〖输入项地址表〗);
```

功能为：从文件指针 fp 所指向的文件中按照格式字符串指定的格式将文件中的数据送到输入项地址表中。若读取数据成功会返回所读取数据的个数，并将数据按照指定格式存入内存中的变量或数组中，文件指针自动向下移动；若读取失败则返回 0。

例如：E 盘 code 文件夹下 test.txt 中存有以下数据，该数据有学号、姓名、性别三项数据，每个数据之间用空格间隔（□代表空格）。如图 11.3 所示，现从该文件中读取出该条数据给指定的变量。

04063037□王晓□女

图 11.3　效果图

```
char num[20],name[40],sex[5];
FILE *fp;
fp=fopen("e:\\code\\test.txt","rt");
fscanf(fp, "%s□%s□%s",num,name,sex);
```

首先，以读方式打开指定文件，然后将文件中的学号“04063037”，姓名“王晓”，性别“女”分别赋给字符数组 num、name 和 sex。

（2）格式化字符串写函数 fprintf( )

函数原型为：

```
int fprintf(FILE *fp,"格式化字符串",〖输入项地址表〗);
```

功能为：将输出项表中的变量值按照格式字符串指定的格式输出到文件指针 fp 所指向的文件位置。

例如：上例，在 e:\code\test.txt 文件最后再添加一条记录，如图 11.4 所示。

04063037□王晓□女
04063038□张瑶□女

图 11.4　添加一条记录

```
char num[20]="04063038",name[40]="张瑶",sex[5]="女";
FILE *fp;
fp=fopen("e:\\code\\test.txt","a+");
fputc('\n',fp);     /*写入一个回车换行*/
fprintf(fp,"%s□%s□%s",num,name,sex);
```

首先，初始化要追加的数据，然后以追加写方式打开指定文件，为了保持图中所示的文件格式，先写了一个回车换行，然后将追加的数据写入文件中。

【例 11.6】 从键盘上输入一个班 30 个学生的数据并保存到磁盘文件中，再读出该班学生的数据显示在屏幕上。

```
#include<stdio.h>
#include<stdlib.h>
#define N 30
struct stu
{ char num[20];
  char name[40];
  char sex[5];
}class[N];
main()
{ FILE *fp;
  int i;
  printf("\n 输入该班的数据:\n");
  fp=fopen("class_list.txt","wt");
  if(fp==NULL)
  { printf("不能打开此文件，按任意键退出!");
    getch();
    exit(1);
  }
  for(i=0;i<N;i++)
  { printf("\n 第%d 个人的信息:\n",i+1);
    printf("\n 学号:");
    gets(class[i].num);
    printf("\n 姓名:");
    gets(class[i].name);
    printf("\n 性别:");
    gets(class[i].sex);
    fprintf(fp,"%s %s %s\n",class[i].num,class[i].name,class[i].sex);
  }
   fclose(fp);
   fp=fopen("class_list.txt","rt");
   printf("该班数据为: \n");
   printf("学号  姓名 性别\n");
   i=0;
   while(fscanf(fp, "%s %s %s", class[i].num,class[i].name,class[i].sex)!=EOF)
   {   printf("%s %s %s\n",class[i].num,class[i].name,class[i].sex);
       i++;
   }
   fclose(fp);
}
```

分析：本程序中 fscanf 和 fprintf 函数每次只能读写一个结构体数组元素，因此程序采用了循环语句来读写全部数组元素。

注意：在本题中，如果输入的字符串不带空格，读和写都全部正确，但是如果输入的字符串中带有空格时，虽然向文件中写入的数据依然保持正确，但在读取数据时就会发生错误。这是由于 fscanf( )函数读取数据时以空格作为数据与数据之间的间隔，要解决输入含有空格数据的问题，就必须使用下面要介绍的数据块读写函数 fread( )和 fwrite( )来解决。

4. 数据块读写操作

（1）数据块读函数 fread( )

函数原型为：

```
int fread(void *buffer,int size,int count, FILE* fp);
```

功能为：从文件指针 fp 所指向的文件的当前位置开始，一次读入 size 个字节，重复 count 次，并将读取到的数据存到 buffer 开始的内存区中，同时将读写位置指针后移 size*count 次。该函数的返回值是实际读取的 count 值。

buffer：是一个指针，在 fread 函数中，它表示存放读入数据的首地址（即存放在何处）。在 fwrite 函数中，它表示要输出的数据在内存中的首地址（即从何处开始存储）。

size：表示数据块的字节数。

count：表示要读写的数据块块数。

fp：表示文件指针。

例如：

```
float fa[5];
fread(fa,4,5,fp);
```

其意义是从 fp 所指的文件中，每次读 4 个字节（一个实数）送入实型数组 fa 中，连续读 5 次，即读 5 个实数到 fa 中。

（2）数据块写函数 fwrite( )

函数原型为：

```
int fwrite(void *buffer,int size,int count, FILE* fp);
```

功能为：从 buffer 所指向的内存区开始，一次输出 size 个字节，重复 count 次，并将输出的数据存入到 fp 所指向的文件中，同时将读写位置指针后移 size*count 次。

例如：

```
float fa[5];
fwrite(fa,4,5,fp);
```

其意义是从 fa 实型数组中，每次读 4 个字节（一个实数）写入 fp 所指的文件中，连续读写 5 次，即将 5 个实数写到 fp 所指的文件中。

例如一个结构体类型数据：

```
struct student_type
{ char name[10];
```

```
    int num;
    int age;
    char addr[30];
  }stu[40];
```

写入文件（前提是 stu 数组中 40 个元素都已经有值存在）：

```
for(i=0; i<40; i++)                    /* 每次写一个学生 */
  fwrite(&stu[i], sizeof(struct student_type), 1, fp);
```

或只写一次

```
fwrite(stu, sizeof(struct student_type), 40, fp);
```

从磁盘文件读出（前提是 fp 所指向的文件中也有值存在）：

```
for(i=0; i<40; i++)
    fread(&stu[i], sizeof(struct student_type), 1, fp);
```

或

```
fread(stu, sizeof(struct student_type), 40, fp);
```

【例 11.7】　利用 fread( )和 fwrite( )函数实现例 11.6。

```
#include<stdio.h>
#include<stdlib.h>
#define N 30
struct stu
{ char num[20];
  char name[40];
  char sex[5];
}class[N];
main()
{ FILE *fp;
  int i;
  printf("\n输入该班的数据:\n");
  fp=fopen("class_list.txt","wt");
  if(fp==NULL)
  { printf("不能打开此文件，按任意键退出!");
    getch();
    exit(1);
  }
  for(i=0;i<N;i++)
  { printf("\n第%d个人的信息:\n",i+1);
    printf("\n学号:");
    gets(class[i].num);
    printf("\n姓名:");
    gets(class[i].name);
    printf("\n性别:");
    gets(class[i].sex);
```

```
        fwrite(&class[i],sizeof(struct stu),1,fp);
      }
      fclose(fp);
      fp=fopen("class_list.txt","rt");
      printf("该班数据为：\n");
      printf("学号　姓名 性别\n");
      i=0;
      while(fread(&class[i],sizeof(struct stu),1,fp)!=NULL)
      {   printf("%s %s %s\n",class[i].num,class[i].name,class[i].sex);
          i++;
      }
      fclose(fp);
    }
```

分析：使用 fread()和 fwrite()函数实现后，解决了在例 11.6 中提到的带有空格数据输出错误的问题。另外，还可以通过文件的大小和每个结构的大小计算出文件中实际含有的记录个数。即用文件的大小除以每个结构的大小。

```
fno=fileno(fp);
fsize=filelength(fno);
fnum=fsize/sizeof(struct stu);    /*fnum 为文件中记录数目*/
```

注意：对于 fscanf 和 fprintf 是成对出现，即 fprintf 写出的文件，要使用 fscanf 来读入；同理 fread 和 fwrite 也必须成对出现。

11.3.5　文件的随机读写

前面介绍的对文件的读写方式都是顺序读写，即读写文件只能从头开始，顺序读写各个数据。但在实际问题中常要求只读写文件中某一指定的部分。为了解决这个问题，可移动文件内部的位置指针到需要读写的位置，再进行读写，这种读写称为随机读写。实现文件的随机读写关键是要按要求移动位置指针，这称为文件的定位。

1. rewind( )函数

函数原型为：

```
void rewind(FILE *fp);
```

功能为：将文件内部的位置指针移到文件的开始位置。

【例 11.8】 实现在已存在的指定文件末尾追加一个可带空格的字符串。

```
#include<stdio.h>
#include<stdlib.h>
main()
{ FILE *fp;
  char ch,str[20];
  fp=fopen("string.txt","at+");    /*以追加方式打开文件*/
  if(fp==NULL)
```

```
    { printf("不能打开此文件，按任意键退出！");
      getch();
      exit(1);
    }
    printf("请输入一个字符串:\n");
    gets(str);
    fwrite(str,strlen(str),1,fp);    /*将数组 str 中的字符串写入文件中*/
    rewind(fp);                      /*将文件指针 fp 重新移回文件首部*/
    ch=fgetc(fp);
    while(ch!=EOF)
    { putchar(ch);
      ch=fgetc(fp);
    }
    printf("\n");
    fclose(fp);
}
```

分析：本例要求在指定文件末尾追加字符串，因此，首先以追加读写文本文件的方式打开文件 string；然后输入可带空格的字符串，并用 fwrite( )函数把该字符串写入文件 string.txt 末尾。再用 rewind( )函数把文件内部位置指针移到文件首部，进入循环逐个显示当前文件中的全部内容。

2. fseek( )函数

函数原型为：

```
int fseek(FILE *fp,long offset,int whence);
```

功能为：文件指针由 whence 地址移到 offset 的地址。

例如：读取文件中第 n 个记录的数据。

```
rewind(fp);
fseek(fp,sizeof(struct stu)*n,0);
fread(&student,sizeof(struct stu),1,fp);
```

其意义是把文件指针由 0 地址往后移 sizeof(struct stu)*n 地址，即表示文件指针后移 n 个数据记录的地址，读出当前文件指针所指的数据给 student。

又如：更新文件中第 n 个记录的数据。

```
rewind(fp);
fseek(fp,sizeof(struct stu)*n,0);
fwrite(&student,sizeof(struct stu),1,fp);
```

其意义是把文件指针由 0 地址后移 n 个数据记录的地址，将 student 中的数据写入当前文件指针所指的数据记录中。

【例 11.9】 在例 11.7 中的 class_list.txt 学生文件中读出第二个学生的数据。

```
#include<stdio.h>
#include<stdlib.h>
```

```
struct stu
{ char num[20];
  char name[40];
  char sex[5];
}q;
main()
{ FILE *fp;
  int i=1;
  printf("\n 输入该班的数据:\n");
  fp=fopen("class_list.txt","rt");
  if(fp==NULL)
  { printf("不能打开此文件，按任意键退出!");
    getch();
    exit(1);
}
  fseek(fp,i*sizeof(struct stu),0);
  fread(&q,sizeof(struct stu),1,fp);
  printf("\n 该班第二个学生的数据信息为: ");
  printf("\n\n 姓名 学号  年龄  地址\n");
  printf("%s %s %s\n",q.num,q.name,q.sex);
}
```

分析：文件 class_list 已由例 11.7 的程序建立，本程序用随机读出的方法读出第二个学生的数据。程序中定义 q 为 stu 类型的结构体变量，以读文本文件方式打开文件，程序第 18 行移动文件位置指针。其中的 i 值为 1，表示从文件头开始移动一个 stu 类型的长度，然后再读出的数据即为第二个学生的数据。

3. ftell( )函数

ftell( )函数的作用是得到流式文件的当前位置，用相对于文件开头的位移量来表示。由于文件中的位置指针经常移动，人们往往不容易知道其当前位置。用 fell 函数即可以得到当前位置。如果 ftell 函数返回值为-1L，表示出错。例如：

```
i=ftell(fp);
if(i==-1L) printf("Error!\n");
```

变量 i 存放在当前位置，如调用函数出错（如不存在此文件），则输出“Error!”。

4. 其他读写函数

大多数 C 编译系统都提供另外两个函数：putw 和 getw，用来对磁盘文件读一些字（整数）。

例如：

```
putw(10,fp);
```

它的作用是将整数 10 输出到 fp 指向的文件。

而　i=getw(fp)；的作用是从磁盘文件读一个整数到内存，赋给整型变量 i。

如果所用的 C 编译的库函数中不包括 putw 和 getw 函数,可以自己定义这两个函数。

putw 函数如下：

```
putw(int i,FILE *fp)
{
  char *s;
  s=&i;
  putc(s[0],fp);
  putc(s[1],fp);
  return(i);
}
```

当调用 putw 函数时，如果用“putw(10,fp);”语句，形参 i 得到实参传来的值 10，在 putw 函数中将 i 的地址赋予指针变量 s，而 s 是指向字符变量的指针变量，因此 s 指向 i 的第 1 个字节，s+1 指向 i 的第 2 个字节。由于*(s+0)就是 s[0]，*(s+1)就是 s[1]，因此，s[0]、s[1]分别对应 i 的第 1 个字节和第 2 个字节。顺序输出 s[0]、s[1]就相当于输出了 i 的两个字节中的内容。

getw 函数如下：

```
getw(FILE *fp)
{ char *s;
  int i;
  s=&i;
  s[0]=getc(fp);
  s[1]=getc(fp);
  return(i);
}
```

putw 和 getw 并不是 ANSI C 标准定义的函数。但许多 C 编译系统都提供这两个函数，不过有的 C 编译系统可能不以 putw 和 getw 命名此两函数，而用其他函数名，请读者使用时注意。

11.3.6　出错检查

C 语言中常用文件检测函数来检查输入/输出函数调用中的错误。通常这些函数有以下几个。

1. feof( )函数

函数原型为：

```
int feof(FILE *fp);
```

功能：判断文件指针 fp 是否处于文件结束位置，如文件结束，则返回值为 1，否则为 0。

【例 11.10】　将例 11.7 改为如下程序段。

```
#include<stdio.h>
#include<stdlib.h>
#define N 30
struct stu
{ char num[20];
  char name[40];
  char sex[5];
}class[N];
main()
{ FILE *fp;
  int i;
  printf("\n输入该班的数据:\n");
  fp=fopen("class_list.txt","wt");
  if(fp==NULL)
  { printf("不能打开此文件，按任意键退出!");
    getch();
    exit(1);
  }
  for(i=0;i<N;i++)
  { printf("\n第%d个人的信息:\n",i+1);
    printf("\n学号:");
    gets(class[i].num);
    printf("\n姓名:");
    gets(class[i].name);
    printf("\n性别:");
    gets(class[i].sex);
    fwrite(&class[i],sizeof(struct stu),1,fp);
  }
   fclose(fp);
   fp=fopen("class_list.txt","rt");
   printf("该班数据为: \n");
   printf("学号  姓名 性别\n");
   i=0;
   while(!feof(fp))
   {   fread(&class[i],sizeof(struct stu),1,fp);
       printf("%s %s %s\n",class[i].num,class[i].name,class[i].sex);
       i++;
   }
   fclose(fp);
}
```

2. ferror( )函数

函数原型为：

```
int ferror(FILE *fp);
```

功能：检查文件在用各种输入/输出函数进行读写时是否出错。如果 ferror 返回值为 0 表示未出错，否则表示有错。

应该注意，对同一个文件每一次调用输入/输出函数，均产生一个新的 ferror 函数值，因此，应当在执行 fopen 函数时，ferror 函数的初始值自动置 0。

3. clearerr( )函数

函数原型为：

```
int clearerr(FILE *fp);
```

功能：本函数用于清除出错标志和文件结束标志，使它们为 0 值。假设在调用一个输入/输出函数时出现错误，ferror 函数值为一个非 0 值。在调用 clearerr（fp）后，ferror(fp) 的值变为 0。

只要出现错误标志，就会一直保留，直到对同一文件调用 clearerr 函数或 rewind 函数，或任何其他一个输入/输出函数。

11.4　系统输入/输出函数

系统输入/输出函数，或称低级 I/O 函数，在内存访问数据并不提供缓冲区，因此只要一有数据需要做访问操作时，便直接向磁盘作 Disk I/O。此类文件函数的优点是不必占用内存空间作为缓冲区，直接向磁盘的数据文件进行读写的操作，如果不幸死机，只会影响目前正在读写的数据。其缺点就是数据访问时会造成磁盘 I/O 次数太过频繁而影响程序运行的速度，而且此类函数是以文件描述字来代替文件指针，且不提供格式化的处理功能。具体函数可参见附录 IV“C 库函数”，在实际使用时要包含在 io.h 头文件中。

由于现行的 C 版本，基本使用的都是缓冲文件系统，即标准输入/输出函数，所以，关于非缓冲文件系统的系统输入/输出函数在这里就不再详细介绍。

11.5　总结与提高

11.5.1　重点与难点

程序在运行时，程序本身和数据一般都放在内存中，当程序运行结束后，存放在内存中的数据就被释放。如果需要长期保存程序运行所需要的原始数据，或程序运行产生的结果，就必须用文件形式存储到外部存储介质上。本章介绍了 C 语言中对文件进行操作的函数，在具体操作时，必须遵守“打开（创建）—读/写—关闭”的操作流程，即首先调用 fopen 函数打开文件，然后调用 fprintf、fscanf、fgets、fputs、fread、fwrite 等函数进行数据读写，最后调用 fclose 函数关闭文件。要注意：打开文件时，一定要检查 fopen 函数返回的文件指针是否是 NULL。如果不做文件指针合法性检查，一旦文件打开失败，就会造成无效指针操作，严重时会导致系统崩溃。

重点：文件的基本知识和使用；文件的打开、读写和关闭函数。

难点：文件类型指针；文件的顺序读写函数和随机读写函数。

现在对介绍过的有关文件操作的函数做一个概括性的小结，以便于查阅。常用的缓冲文件系统函数如表 11.2 所示。

表 11.2 常用的缓冲文件系统函数

分 类	函数名	功 能
打开文件	fopen( )	打开文件
关闭文件	fclose( )	关闭文件
文件定位	fseek( )	改变文件位置的指针位置
	rewind( )	使文件位置指针重新置于文件开头
	ftell( )	返回文件位置指针的当前值
文件读写	fgetc( ),getc( )	从指定文件取得一个字符
	fputc( ),putc( )	把字符输出到指定文件
	fgets( )	从指定文件读取字符串
	fputs( )	把字符串输出到指定文件
	getw( )	从指定文件读取一个字（int 型）
	putw( )	把一个字（int 型）输出到指定文件
	fread( )	从指定文件中读取数据项
	fwrite( )	把数据项写到指定文件
	fscanf( )	从指定文件按格式输入数据
	fprintf( )	按指定格式将数据写到指定文件中
文件状态	fputs( )	把字符串输出到指定文件
	getw( )	从指定文件读取一个字（int 型）

11.5.2 典型题例

【例 11.11】 从键盘上输入一个班 30 个学生的基本信息，并保存到指定的磁盘文件中，再读出该班学生的基本信息，并显示在屏幕上。要求选取单链表作为数据结构，并且各功能通过调用函数实现。

```
#include<stdio.h>
#include<stdlib.h>
struct Node
{ char name[10];
  int num;
  int age;
```

```
    char addr[15];                          /*数据域*/
    struct Node *next;                      /*指针域*/
  };
  struct Node *creat_inf()                  /*尾插法建立带头结点的单链表*/
  { struct Node *head,*r,*stu;
    int i=0;
    char choice;
    head=(struct Node *)malloc(sizeof(struct Node));     /*创建头结点*/
    head->next=NULL;
    r=head;
    do
    { stu=(struct Node *)malloc(sizeof(struct Node));
      printf("\n\n 第%d 个人的信息:\n",++i);
      printf("\n 姓名:");
      scanf("%s",stu->name);
      printf("\n 学号:");
      scanf("%d",&stu->num);
      printf("\n 年龄:");
      scanf("%d",&stu->age);
      printf("\n 住址:");
      scanf("%s",stu->addr);
      r->next=stu;                    /*尾插新结点*/
      r=stu;                          /*指向尾结点*/
      printf("Continue?(Y/N)");
      choice=getche();
    }while(choice=='Y'||choice=='y');
    r->next=NULL;
    return(head);
  }
  save_inf(struct Node *h)              /*将单链表中的信息保存到指定的磁盘文件中*/
  { struct Node *stu;
    FILE *fp;
    char filename[40];
    printf("\n 请输入要保存的文件名: ");
    scanf("%s",filename);
    if((fp=fopen(filename,"wt"))==NULL)
    { printf("写文件出错，按任意键退出!");
      getch();
      exit(1);
    }
    for(stu=h->next;stu!=NULL;stu=stu->next)
```

```
    fprintf(fp,"%s %d %d %s\n",stu->name,stu->num,stu->age,stu->addr);
  printf("\n 文件已成功保存，按任意键返回！ ");
  getch();
  fclose(fp);
 }
 struct Node *read_inf()       /*从指定的磁盘文件中读取信息并存入单链表中*/
 { struct Node *head,*r,*stu;
   FILE *fp;
   char filename[40];
   printf("\n 请输入要打开的文件名：");
   scanf("%s",filename);
   if((fp=fopen(filename,"rt"))==NULL)
  { printf("读文件出错，按任意键退出！");
    getch();
    exit(1);
  }
   head=(struct Node *)malloc(sizeof(struct Node));
   head->next=NULL;
   r=head;
   while(!feof(fp))                  /*文件未结束*/
  { /*开辟空间，以存放读取的信息*/
    stu=(struct Node *)malloc(sizeof(struct Node));
        /*存放读取信息*/
    fscanf(fp,"%s %d%d %s",stu->name,&stu->num,&stu->age,stu->addr);
    r->next=stu;                     /*链接结点*/
    r=stu;
  }
  r->next=NULL;
  fclose(fp);
  printf("\n 文件中信息以正确读出，按任意键返回！ ");
  getch();
  return head;
 }
 print_inf(struct Node *h)                  /*将链表中的信息打印输出*/
 { struct Node *stu;
   printf("\n 该班数据为：\n");
   printf("姓名 学号 年龄  住址\n");
   for(stu=h->next;stu->next!=NULL;stu=stu->next)
     printf("%s %d %d %s\n",stu->name,stu->num,stu->age,stu->addr);
 }
main()
```

```
{ struct Node *head;
  head=creat_inf();              /*创建基本信息单链表*/
  save_inf(head);                /*保存基本信息到指定文件*/
  head=read_inf();               /*从指定文件中读取信息*/
  print_inf(head);               /*打印显示单链表中基本信息*/
}
```

本题中，首先，引入了一种建立单链表的方法——尾插法，该方法的核心在于增加了一个尾指针 r，该指针始终跟踪当前链表中的最后一个结点，即新链入（插入）的结点。其次，在 read_inf()函数中，从文件中读取信息，并依次存储在链表各结点中（即开辟空间，链接结点）。详细内容请参见第 9 章例题。该题如果输入带空格的字符串依然会出现前面例 11.6 题中提到的问题，请读者认真分析后，练习使用 fread( )和 fwrite( )函数重写此题，以解决问题。

【例 11.12】 一个文件 song.txt 存放了若干首歌曲的记录，每条记录由歌名（40 个字符）和演唱者（30 个字符）组成，如图 11.5 所示。现将该文件记录的结构改为如图 11.6 所示的格式，以减少文件的长度。其中，M 是歌名长度，N 是演唱者长度。编写一个程序，完成这种格式的转换，转换后的新格式记录放在 Newsong.txt 文件中。

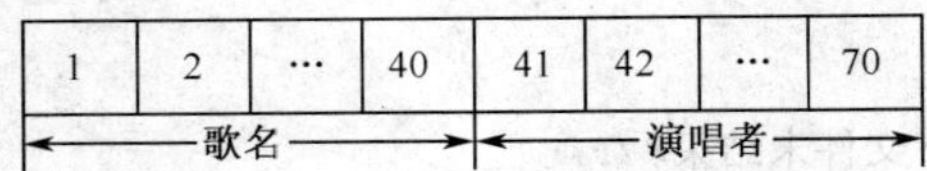

图 11.5 原文件数据项的定义

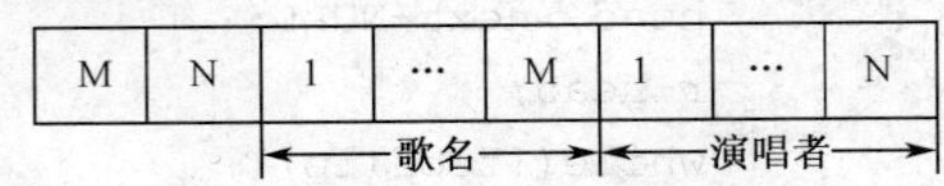

图 11.6 目标文件数据项的定义

```
#include<stdio.h>
#include<string.h>
#define N 30
typedef struct song
{  char sname[40];      /*歌名*/
   char pname[30];      /*演唱者*/
}REC;
main()
{ REC song[N],t;
  int M,N,i;
  char ch;
  FILE *fsource,*farget;
  fsource=fopen("song.txt","w+");
  farget=fopen("Newsong.txt","w");
  if(fsource==NULL||farget==NULL)
  { printf("打开文件出错，按任意键返回！\n");
    getch();
    exit(1);
  }
  for(i=0;i<N;i++)
```

```
{ printf("\n第%d首歌的信息:\n",i+1);
  printf("\n歌名:");
  gets(song[i].sname);
  printf("\n演唱者:");
  gets(song[i].pname);
  fwrite(&song[i],sizeof(REC),1,fsource);
  fputc('\n',fsource);          /*写一个回车换行*/
}
rewind(fsource);                /*回到文件开始*/
while(fread(&t,sizeof(REC),1,fsource)!=NULL)
{  fgetc(fsource);              /*读完回车换行*/
   M=strlen(t.sname);          /*歌名实际长度*/
   N=strlen(t.pname);          /*演唱者实际长度*/
   fprintf(farget,"%d",M);     /*向文件中写歌名长度*/
   fprintf(farget,"%d",N);     /*向文件中写演唱者长度*/
   fwrite(&t.sname,M,1,farget); /*向文件中写歌名*/
   fwrite(&t.pname,N,1,farget); /*向文件中写演唱者*/
   fputc('\n',farget);           /*写一个回车换行*/
}
fclose(fsource);
fclose(farget);
}
```

【例 11.13】 建立一个小型的超市管理系统。可对超市的库存和销售情况进行管理。在内容上，包括库存和销售两方面，要求如下。

库存应包括：商品的货号、名称、类别、总量、库存量上限、库存量下限、进货价格、零售价格、进货日期、进货量、生产日期、生产厂家、保质期等。

销售应包括：商品的货号、名称、销售日期、销售价格、销售数量、利润等。

数据必须以文件形式存放，分解为库存和销售两个文件。

分析：首先，进行资料录入及存储，录入库存和销售基本资料，然后分别存储在两个文件中。其次，做更新操作（插入、删除、修改），即商品的进货与销售过程。

进货时，如是新商品，则把新的商品信息直接插入到库存文件中；如是旧商品，根据商品库存量的上限和下限值确定进货的数量，然后将进货后的该商品的相关数据进行修改；如该商品已过保质期，则不再销售，资料全部删除。

销售时，当有商品被销售时，应首先将销售情况记录到销售文件中的相关信息，然后修改库存文件中的相关信息。

然后作查询、统计、排序等操作。

最后输出报表。

程序源代码如下：

```
#include <stdio.h>
#include <stdlib.h>
```

```
#define MAX 20
#define N 3
#define PAGE 3
 /*日期结构体类型*/
typedef struct
{   int year;
    int month;
    int day;
}DATE;
/*商品结构体类型*/
typedef  struct
{   int num;              /*商品号*/
    char name[10];        /*商品名称*/
    char kind[10];        /*商品类别*/
    DATE pro_time;        /*生产日期*/
    int save_day;         /*保质期*/
}GOODS;
int read_file(GOODS goods[])
{   FILE *fp;
    int i=0;
    if((fp=fopen("supermarket.txt","rt"))==NULL)
    {   printf("\n\n*****库存文件不存在!请创建");
        return 0;
    }
    while(feof(fp)!=1)
    {  fread(&goods[i],sizeof(GOODS),1,fp);
        if(goods[i].num==0)
            break;
        else
            i++;
    }
    fclose(fp);
    return i;
}
void save_file(GOODS goods[],int sum)
{   FILE *fp;
    int i;
    if((fp=fopen("supermarket.txt","wb"))==NULL)
    {   printf("读文件错误!\n");
        return;
    }
```

```
    for(i=0;i<sum;i++)
        if(fwrite(&goods[i],sizeof(GOODS),1,fp)!=1)
            printf("写文件错误!\n");
    fclose(fp);
}
/*输入模块*/
int input(GOODS goods[])
{   int i=0;
    clrscr();
    printf("\n\n                    录入商品信息  (最多%d种)\n",MAX);
    printf("                ----------------------------\n");
    do
    {   printf("\n                    第%d种商品",i+1);
        printf("\n              商品号:");
        scanf("%d",&goods[i].num);
        if(goods[i].num==0) break;
        printf("\n              商品名称:");
        scanf("%s",goods[i].name);
        printf("\n              商品类别:");
        scanf("%s",goods[i].kind);
        printf("\n              生产日期(yyyy-mm-dd):");
        scanf("%d-%d-%d",&goods[i].pro_time.year,
                &goods[i].pro_time.month,&goods[i].pro_time.day);
        printf("\n              保质期:");
        scanf("%d",&goods[i].save_day);
        i++;
    }while(i<MAX);
    printf("\n                --%d种商品信息输入完毕! --\n",i);
    printf("\n                按任意键返回主菜单! ");
    getch();
    return i;
}
/*输出模块*/
void output(GOODS goods[],int sum)
{   int i=0,j=0,page=1;
    clrscr();
    printf("\n\n     --商品信息表--          第%d页\n\n",page);
    printf("商品号--商品名称--商品种类--生产日期(年-月-日)--保质期\n");
    printf("-----------------------------------------------\n");
    do
    {   if(goods[i].num!=0)
```

```
        {   j++;
            if(j%PAGE!=0)
            { printf("%4d %8s %8s %15d-%2d-%2d %10d\n",goods[i].num,
                    goods[i].name,goods[i].kind,
                    goods[i].pro_time.year,
                    goods[i].pro_time.month,
                    goods[i].pro_time.day,
                    goods[i].save_day);
                printf("----------------------------------------\n");
            }
            else
            {   printf("按任意键继续!");
                getch();
                clrscr();
                printf("\n\n    --商品信息表--      第%d 页\n\n",++page);
            printf("商品号--商品名称--商品种类--生产日期(年-月-日)--保质期\n");
            printf("----------------------------------------\n");
            printf("%4d %8s %8s %15d-%2d-%2d %10d\n",goods[i].num,
                    goods[i].name,goods[i].kind,goods[i].pro_time.year,
                    goods[i].pro_time.month,
                    goods[i].pro_time.day,goods[i].save_day);
                printf("----------------------------------------\n");
            }
        }
            i++;
    }while(goods[i].num!=0);
    printf("按任意键返回主菜单!");
    getch( );
}
void append()  /*添加信息模块*/
{;}
void modify(GOODS goods[],int sum)
{ int i=0,choice,modify_num,flag;
  do
  { clrscr();
    printf("\n                        输入要修改的商品号:");
    scanf("%d",&modify_num);
    for(i=0;i<sum;i++)
    if(goods[i].num==modify_num)
    { printf("\n                        --商品信息--\n");
      printf("商品号--商品名称--商品种类--生产日期(年-月-日)--保质期\n");
```

```
printf("------------------------------------------------\n");
printf("%4d %8s %8s %15d-%2d-%2d %10d\n",goods[i].num,
goods[i].name,goods[i].kind,goods[i].pro_time.year,
goods[i].pro_time.month,goods[i].pro_time.day,goods[i].save_day);
printf("\n                    您要修改哪一项?\n");
printf("\n                      1.名称\n");
printf("\n                      2.种类\n");
printf("\n                      3.生产日期\n");
printf("\n                      4.保质期\n");
printf("\n                      请选择（1-4）:");
scanf("%d",&choice);
switch(choice)
{  case 1: printf("\n                    输入修改后的名称:");
           scanf("%s",goods[i].name);break;
   case 2: printf("\n                    输入修改后的种类:");
           scanf("%s",goods[i].kind);break;
   case 3: printf("\n                    输入修改后的生产日期:");
           scanf("%d-%d-%d",&goods[i].pro_time.year,
           &goods[i].pro_time.month,
           &goods[i].pro_time.day); break;
   case 4: printf("\n                    输入修改后的保质期:");
           scanf("%d",&goods[i].save_day);break;
}
printf("\n                    --商品信息--\n");
printf("商品号--商品名称--商品种类--生产日期（年-月-日）--保质期\n");
printf("------------------------------------------------\n");
printf("%4d %8s %8s %15d-%2d-%2d %10d\n",goods[i].num,
        goods[i].name,goods[i].kind,goods[i].pro_time.year,
        goods[i].pro_time.month,goods[i].pro_time.day,
        goods[i].save_day);
break;
}
if(i==sum)
{ printf("\n              该商品不存在！ ");
  bioskey(0);
}
printf("\n\n              继续修改吗？(Y/N)");
choice=getch();
if (choice=='Y'||choice=='y')
{ flag=1;
  printf("\n              继续!\n");
```

```
    }
    else flag=0;
  }while(flag==1);
  printf("\n          按任意键返回主菜单！");
  bioskey(0);
}
void del()    /*删除信息模块*/
{;}
void inquire()/*信息查询模块*/
{;}
void count()   /*信息统计模块*/
{;}
void sort(GOODS goods[],int sum)
{  GOODS t;
   int i,j,k;
   clrscr();
   printf("\n                  库存排行\n");
   printf("----------------------------------------\n");
   printf("\n 排名  商品号  商品名称   商品类别   库存量\n");
   for(i=0;i<sum;i++)
  {  k=i;
     for(j=i+1;j<sum;j++)
       if(goods[k].save_day>goods[j].save_day)  k=j;
     if (k!=i)
     {  t=goods[i];
        goods[i]=goods[k];
        goods[k]=t;
     }
  }
  output(goods,sum);
  bioskey(0);
}
void main()
{   GOODS goods[MAX];
    int choice, sum;
    sum=read_file(goods);
    if(sum==0)
    {   printf("并录入基本库存信息！ *****\n");
        getch();
        sum=input(goods);
     }
```

```
    do
    {  clrscr();
       printf("\n\n\n          ********超市管理系统********\n\n");
       printf("                          1. 添加商品信息\n\n");
       printf("                          2. 修改商品信息\n\n");
       printf("                          3. 删除商品信息\n\n");
       printf("                          4. 打印库存信息\n\n");
       printf("                          5. 查询商品信息\n\n");
       printf("                          6. 统计商品信息\n\n");
       printf("                          7. 商品排行信息\n\n");
       printf("                          0. 退出系统\n\n");
       printf("                           请选择（0-6）：");
       scanf("%d",&choice);
       switch(choice)
       {   case 1: append();            break;
           case 2: modify(goods,sum); break;
           case 3: del();               break;
           case 4: output(goods,sum);  break;
           case 5: inquire();           break;
           case 6: count();             break;
           case 7: sort(goods,sum);    break;
           case 0:                      break;
       }
    }while(choice!=0);
    save_file(goods,sum);
}
```

本例程序中只给出了需求分析中相关库存部分的程序片断，有些模块缺省，有关销售部分的程序全部省略，这些内容读者都可以在学习的基础上进一步补充使之完整。另外，有些部分的实现也只是给出了简单算法的实现，读者还可以用更加周密的算法实现。并且，还可做功能的扩充，例如，对数据的写操作应该加权限控制，有一定权限的人才可以进行，这个可以通过身份登录及验证功能来实现；还可以做数据备份和数据恢复功能等等。另外，此段程序的数据结构是用结构体数组实现的，读者还可以用链表来实现，这样系统所涉及到的更新（插入、删除等）操作会更加简洁。由于篇幅有限，这里就不再介绍了。

习 题 11

11.1 对文件操作有什么特点？什么是缓冲文件系统？

11.2 什么是文件类型指针？它在文件处理中的作用是什么？

11.3 程序中对文件操作的基本步骤是什么？

11.4　对文件的打开与关闭的含义是什么？为什么要打开和关闭文件？

11.5　试举例说明在什么情况下，打开文件操作可能出错。忘记关闭文件为什么可能造成数据的丢失。

11.6　编写一个比较两个文件内容是否相同的程序，若相同，显示“compare ok”，否则，显示“not eqal”。

11.7　从键盘上输入一行字符，将其中的大写字母全部转换为小写字母，然后输出到一个磁盘文件中保存。

11.8　将一个 C 语言的源程序文件删去注释信息后输出。

11.9　设计一个程序，可以将一个 ASCII 码文件连接在另一个 ASCII 码文件之后。

11.10　有 5 个学生，每个学生有 3 门课的成绩，从键盘输入以上数据（包括学号、姓名、三门课成绩），计算出平均成绩，将原有数据和计算出的平均分数存放在磁盘文件“stu_list”中。

11.11　将上题“stu_list”文件中的学生数据，按平均分进行排序处理，将已排序的学生数据存入一个新文件“stu_sort”。

11.12　将上题已排序的学生成绩文件进行插入处理。插入一个学生的 3 门课成绩，程序先计算新插入学生的平均成绩，然后将它按成绩高低顺序插入，插入后建立一个新文件。

第 12 章　C 语言图形程序设计

图形处理是计算机应用的一个重要方面，在计算机的系统软件及应用软件中都有着广泛的应用。用图形处理可使程序具有良好的人机界面，提升程序的实用性和趣味性。Turbo C 为软件开发者提供了绘制点、线、矩形、多边形、圆和椭圆等各种图形的库函数及输出各种字体的图形库函数，并具有丰富的对图形进行着色、填充的功能库函数，所有图形函数的原型声明均在 graphics.h 中。软件开发者设计图形程序时，只要在需要的地方，调用对应的功能函数并设置相应的参数即可。

本章主要介绍图形模式的初始化、基本绘画、图形填充、图形模式下的文本输出、视口等函数及屏幕操作。

12.1　图形显示的坐标和像素

12.1.1　图形显示的坐标

显示器的屏幕如同一张坐标纸，在其显示图形时，图形上任一点的位置均有确定的坐标，即可用 x，y 坐标值来表示。显示屏的坐标系统如图 12.1 所示，定义屏幕的左上角为其原点，水平向右的方向为 X 方向，垂直向下的方向为 Y 方向，如同一个倒置的直角坐标系，其 x 和 y 均为≥0 的整数值，其最大值则由显示器的类型和显示方式来确定，将在下一节详细讲述。

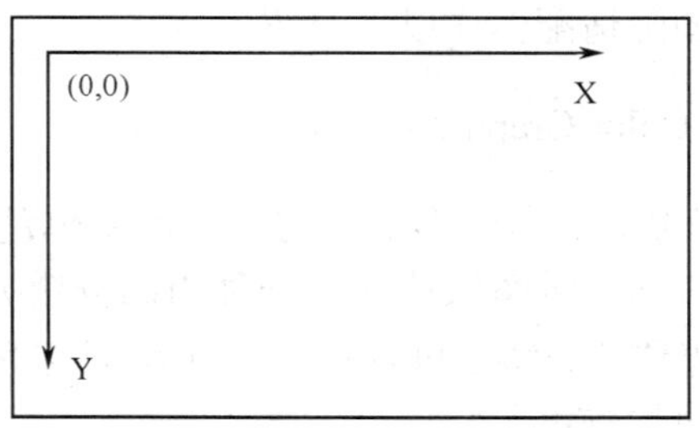

图 12.1　显示屏的坐标系统

12.1.2　像素

看电视时，屏幕上显示的画面，在走近看时，会发现均由一些圆点组成（其亮度、颜色不同），这些点称为像素（或称为像点），它们是组成图形的最小单位，显示器显示的图形也是由像素组成，不过像素的大小可以通过设置不同的显示方式来改变。像素在屏幕上的位置则可由其所在的坐标 x，y 来决定，例如图 12.2 显示了不同位置像素的坐标，其最大坐标 x，y 值由程序设置的显示方式来决定。满屏显示像素的多少，则决定了显示分辨率的高低，可以看出像素越小（或个数越多），则显示的分辨率越高。

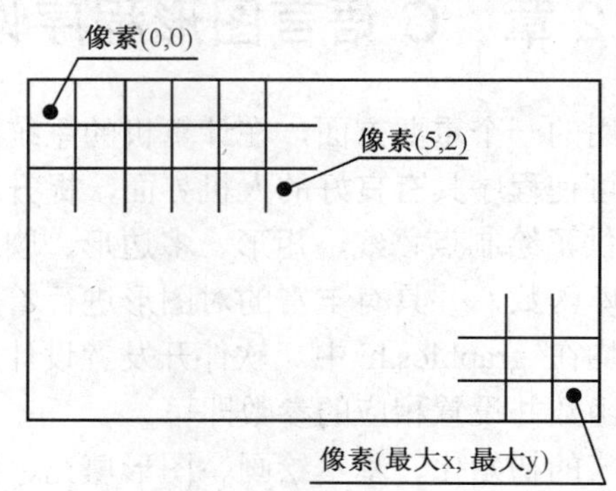

图 12.2　不同位置像素的坐标

12.2　Turbo C 支持的图形适配器和图形模式

计算机中要显示的字符和图形均以数字形式存储在存储器中，而显示器接收的应是模拟信号。例如常用的显示器有三条模拟红、绿、蓝颜色的模拟信号输入线，每条输入线的电压决定了颜色的亮度，只要能产生出可区别的电压来，它们不同的组合，便可使显示器显示出不同的颜色来。PC 机中的显示卡（即图形适配器），其作用就是将要显示的字符和图形以数字形式存储在卡上的视频存储器 VRAM 中，再将其变成视频模拟信号送往相应适配器的显示器进行显示，也就是适配器在计算机主机和显示器之间起到了信息转换和视频发送的作用。由于计算机配有的显示器种类不同，因而图形适配器种类不同。现就目前常用的几种图形适配器作以下介绍。

1. 彩色图形适配器（Color Graphic Adaptor，CGA）

这是 PC/XT 等微机配用的显示图形卡，它可以产生单色或彩色字符和图形。在图形方式下，Turbo C 支持两种分辨率供选择，一种为高分辨方式（CGAHI），像素数为 640×200，这时背景色是黑色（当然也可以重新设置），前景色可供选择，但前景色只是同一种，因而图形只显示两种颜色。

另一种为中分辨率显示方式，像素为 320×200，其背景色和前景色均可由用户选择，但仅能显示四种颜色。在该显示方式下，可有四种模式供选色，即 CGAC0、CGAC1、CGAC2、CGAC3，它们的区别是显示的四种颜色不同。

2. 增强型图形适配器（Enhanced Graphic Adaptor，EGA）

该适配器与之配接的相应显示器，除支持 CGA 的四种显示模式外，还增加了分辨率为 640×350 的高分辨率显示方式（EGAHI）和 640×200 的低分辨率显示方式

（EGALO），它们均可有 16 种显示颜色可供选择。

3. 视频图形适配器（Video Graphic Adaptor，VGA）

它是目前流行的 PC 微机显示标准，它除了支持 CGA、EGA 的所有显示方式外，还增加了分辨率为 640×480 的高分辨率显示方式（VGAHI），640×350 的中分辨率显示方式（VGAMED）和 640×200 的低分辨率显示方式（VGALO），它们均有 16 种显示颜色可供选择。

Turbo C 支持的各种适配器及其图形模式见表 12.1。

表 12.1 Turbo C 支持的各种图形适配器和图形模式

适配器	图形模式	模式值	颜色数	分辨率	显示页数
CGA	CGAC0	0	4	320×200	1
	CGAC1	1	4	320×200	1
	CGAC2	2	4	320×200	1
	CGAC3	3	4	320×200	1
	CGAHI	4	2	640×200	1
MCGA	MCGAC0	0	4	320×200	1
	MCGAC1	1	4	320×200	1
	MCGAC2	2	4	320×200	1
	MCGAC3	3	4	320×200	1
	MCGAMED	4	2	640×200	1
	MCGAHI	5	2	640×480	1
EGA	EGALO	0	16	640×200	4
	EGAHI	1	16	640×350	2
EGA64	EGA64LO	0	16	640×200	1
	EGA64HI	1	4	640×350	1
EGAMON	EGAMONHI	0	2	640×350	1
IBM8514	IBM8514LO	0	256	640×480	
	IBM8514HI	1	256	1024×768	
HERC	HERCMONOHI	0	2	720×348	2
ATT400	ATT400C0	0	4	320×200	1
	ATT400C1	1	4	320×200	1
	ATT400C2	2	4	320×200	1
	ATT400C3	3	4	320×200	1
	ATT400MED	4	2	640×200	1
	ATT400HI	5	2	640×200	1
VGA	VGALO	0	16	640×200	2
	VGAMED	1	16	640×350	2
	VGAHI	2	16	640×480	1
PC3270	PC3270HI	0	2	720×350	1

以上介绍了一些编制图形程序的必备知识，下面将介绍编制图形程序的各种库函数和相应的知识。

12.3 图形模式的初始化

显示器的屏幕显示模式有两类，分别是字符模式和图形模式。在字符模式下，显示单位是字符而不是图形方式下的像素，因而在屏幕上显示字符的位置就用行和列进行表示，如默认方式下，每屏为 25 行 80 列，Turbo C 规定屏幕左上角为第 1 行第 1 列，屏幕右下角为第 25 行第 80 列。

由于不同的图形适配器有不同的分辨率，同一适配器，在不同模式下也有不同的分辨率。因此，在屏幕做图之前，必须根据图形适配器种类将显示器设置成为某种图形模式，在未设置图形模式之前，系统默认屏幕为字符模式，Turbo C 图形函数不能工作。设置屏幕为图形模式，称为图形模式初始化。

12.3.1 图形系统的初始化函数

函数原型为：

```
void far initgraph(int far *gdriver, int far *gmode, char *path);
```

该函数将一个图形驱动程序装入内存，并将系统设置为图形模式。其中，gdriver 和 gmode 分别表示图形驱动器和图形模式，path 是指图形驱动程序所在的目录路径，默认值为当前目录。有关图形驱动器参数值及其含义见表 12.2，图形模式的符号常数及对应的分辨率见表 12.1，这些常量值定义在图形头文件 graphics.h 中。

图形驱动程序由 C 系统出版商提供，文件扩展名为.bgi。根据不同的图形适配器有不同的图形驱动程序。使用图形函数时要确保有显示器图形驱动程序*.bgi，同时将集成开发环境 options/Linker 中的 Graphics lib 选为 on，只有这样才能保证正确使用图形函数。例如，对于 EGA、VGA 图形适配器就调用驱动程序 EGAVGA.bgi。

表 12.2 有关图形驱动程序常量表及数值

图形驱动程序常量	数值	意 义
DETECT	0	根据硬件测试结果，自动装入相应驱动程序
CGA	1	CGA 显示器
MCGA	2	Multi color Graphics Array 显示器
EGA	3	EGA 显示器
EGA64	4	EGA64 显示器
EGAMONO	5	EGA 单色显示器
IBM8514	6	IBM8514 显示器
HERCMONO	7	Hercules 显示器
ATT400	8	A&T400 行图形显示器
VGA	9	VGA 显示器
PC3270	10	PC 3270 显示器

【例 12.1】 已知所用的图形适配器为 VGA，使用分辨率为 640×480 的 VGAHI 图形模式，则图形初始化如下：

```
#include <graphics.h>
main()
{   int gdriver,gmode;
    gdriver=VGA;                               /*规定显示器为 VGA*/
    gmode=VGAHI;                               /*选择 VGA 中的图形模式*/
    initgraph(&gdriver,&gmode,"c:\\tc");/*初始化图形系统*/
    bar3d(10,20,50,180,0,0);                   /*画出一实心的长方形*/
    getch();                                   /*等按一键结束*/
    closegraph();                              /*关闭图形系统返回字符模式*/
}
```

12.3.2 图形系统的自动检测函数

有时编程者并不知道所用的图形适配器的种类，或者需要将编写的程序用于不同图形驱动器，Turbo C 提供了一个自动检测显示器硬件的函数。

函数原型为：

```
void far detectgraph(int *gdriver, int *gmode);
```

其中，gdriver 和 gmode 的意义与上面相同。该函数完成对适配器的检测，获得显示器型号及相应的显示模式，并将相应的值分别赋给 gdriver 及 gmode。

【例 12.2】 自动进行硬件检测后进行图形初始化。

```
#include <graphics.h>
main()
{   int gdriver,gmode;
    detectgraph(&gdriver,&gmode);             /*自动检测硬件*/
    initgraph(&gdriver,&gmode,"c:\\tc");/*根据检测结果初始化图形*/
    bar3d(10,20,50,180,0,0);
    getch();
    closegraph();
}
```

上例程序中先对图形适配器自动检测，然后再用图形初始化函数进行初始化设置。

如果将 gdriver=DETECT 后，调用初始化 initgraph()函数会自动检测系统中硬件类型，选用最大可能的分辨率图形显示模式，并把 gdriver 及 gmode 设置成特定值。这是 Turbo C 提供的一种更简单的方法，采用这种方法后，上例可改为如下例子。

【例 12.3】 当 gdriver=DETECT 时，用 initgraph()函数初始化图形系统。

```
#include <graphics.h>
main()
{   int gdriver=DETECT,gmode;
    initgraph(&gdriver,&gmode,"c:\\tc");
    bar3d(10,20,50,180,0,0);
```

```
    getch();
    closegraph();
}
```

12.3.3 关闭图形模式函数

函数原型如下：

```
void far closegraph(void);
```

调用该函数后才能退出图形模式而进入字符模式（Turbo C 默认方式），并释放用于保存图形驱动程序和字体的系统内存。请注意，有关图形显示的程序是放在 initgraph()和 closegraph()之间的。

12.3.4 屏幕颜色的设置

图形模式的屏幕颜色设置，分为背景色和作图色的设置。屏幕上显示出的点、线、面等基本图形的颜色称为作图色，而衬托它们的颜色称为背景色。在 Turbo C 中分别用下面两个函数设置背景色和作图色：

设置背景色函数原型为：

```
void far setbkcolor( int color);
```

其中，color 默认为黑色。

设置作图色函数原型为：

```
void far setcolor(int color);
```

其中，color 默认为白色。

以上两函数中的 color 均为图形方式下颜色的规定数值，对 EGA、VGA 适配器，有关颜色的符号常量及数值见表 12.3。

对于 CGA 适配器，背景色可以为表 12.3 中 16 种颜色的一种，但前景色依赖于不同的调色板。在中分辨率显示方式下，有 4 种调色板，每种调色板上有 4 种颜色可供选择。不同调色板所对应的原色见表 12.4。

表 12.3 有关颜色的符号常量表

符号常量	数值	含义	符号常量	数值	含义
BLACK	0	黑色	DARKGRAY	8	深灰
BLUE	1	蓝色	LIGHTBLUE	9	淡蓝
GREEN	2	绿色	LIGHTGREEN	10	淡绿
CYAN	3	青色	LIGHTCYAN	11	淡青
RED	4	红色	LIGHTRED	12	淡红
MAGENTA	5	洋红	LIGHTMAGENTA	13	淡洋红
BROWN	6	棕色	YELLOW	14	黄色
LIGHTGRAY	7	淡灰	WHITE	15	白色

表 12.4　CGA 调色板与颜色值表

调色板		颜色值			
符号常量	数值	0	1	2	3
CGAC0	0	背景	绿	红	黄
CGAC1	1	背景	青	洋红	白
CGAC2	2	背景	淡绿	淡红	黄
CGAC3	3	背景	淡青	淡洋红	白

12.3.5　清屏函数

函数原型为：

```
void far cleardevice(void);
```

画图前一般需要清除屏幕内容，使得屏幕如同一张白纸，并且将当前位置移到屏幕原点（0,0）。该函数作用范围为整个屏幕。

12.4　基 本 绘 画

图形由点、线、面组成，Turbo C 提供了一些函数，以完成这些操作，而所谓面则可由对一封闭图形填充颜色来实现。本节主要对画点、线、矩形、多边形、圆和椭圆等基本图形函数作全面的介绍。

12.4.1　画点

1. 有关画点的函数

（1）画点函数

函数原型为：

```
void far putpixel(int x, int y, int color);
```

用 color 指定的颜色在屏幕（x，y）坐标位置上画一个点。color 是在图形模式下颜色的规定数值。color 的取值见表 12.3。

（2）获取指定点颜色值函数

函数原型为：

```
unsigned far getpixel(int x, int y);
```

该函数是获得当前点（x, y）的颜色值。

【例 12.4】　按如下要求画出若干点：在 y=20 的恒定位置上，沿 x 方向从 x=20 开始，连续画两个点（间距为 4 个像素位置），又间隔 16 个像素位置，再画两个点，如此循环，直到 x=300 为止。

```
#include <graphics.h>
main()
```

```
{ int gdriver=DETECT,gmode,x;
  initgraph(&gdriver,&gmode,"");
  cleardevice();
  for(x=20;x<=300;x+=16)
  { putpixel(x,20,1);     /*画出两点中的第一个点，颜色值设为 1*/
    putpixel(x+4,20,2);   /*画出两点中的第二个点，颜色值设为 2*/
  }
  getch();
  closegraph();
}
```

2. 有关坐标位置函数

在屏幕上画线时，如同在纸上画线一样。画笔要放在开始画图的位置，并经常要抬笔移动，以便到另一个位置再画。因此，可以想象在屏幕上作图时，有一个无形的画笔。Turbo C 提供了下列定位画笔、获取 x，y 坐标的最大值、获取当前画笔的位置等函数。

（1）绝对移动函数

函数原型为：

```
void far moveto(int x, int y);
```

移动画笔到指定的（x，y）位置，不是画点，在移动过程中不画点。

（2）相对移动函数

函数原型为：

```
void far moverel(int dx, int dy);
```

将画笔从现行位置（x，y）处移动到（x+dx，y+dy）的位置，移动过程中不画点。

（3）获取当前画笔的位置函数

函数原型为：

```
int far getx(void);
```

返回画笔在 x 轴的位置。

```
void far gety(void);
```

返回画笔在 y 轴的位置

（4）获取 x，y 坐标的最大值函数

函数原型为：

```
int far getmaxx(void);
```

返回 x 轴的最大值。

```
int far getmaxy(void);
```

返回 y 轴的最大值。

12.4.2 画直线函数

这类函数提供了从一个点到另一个点用设定的颜色画一条直线，起始点的设定方法不同，因而有下面不同的三种画线函数。

（1）两点之间画线函数 line

函数原型为：

```
void far line(int x0, int y0, int x1, int y1);
```

画一条从点（x0，y0）到（x1，y1）的直线。

（2）从现行画笔位置到某点画线函数 lineto

函数原型为：

```
void far lineto(int x, int y);
```

画一条从现行画笔位置到点（x，y）的直线。

（3）从现行画笔位置到一增量位置画线函数 linerel

函数原型为：

```
void far linerel(int dx, int dy);
```

画一条从现行画笔位置（x，y）到位置（x+dx，y+dy）的直线。

【例 12.5】 画直线的应用程序。

```
#include <graphics.h>
main()
{        int gdriver=DETECT,gmode;
         initgraph(&gdriver,&gmode,"");
         cleardevice();
         moveto(100,20);        /*将画笔移至(100,20)的位置*/
         lineto(100,80);        /*画一条从(100,20)到(100,80)的直线*/
         moveto(200,20);        /*将画笔移至(200,20)的点*/
         lineto(100,80);        /*画一条从(200,20)到(100,80)的直线*/
         line(100,90,200,90);/*画一条从(100,90)到(200,90)的直线*/
         linerel(0,20);         /*画一条从(100,80)到(100,100)的直线*/
         moverel(-100,0);       /*将画笔从(100,100)移动到(0,100)的位置*/
         linerel(30,20);        /*画一条从(0,100)到(30,120)的直线*/
         getch();
         closegraph();
}
```

以上程序的运行结果如图 12.3 所示。

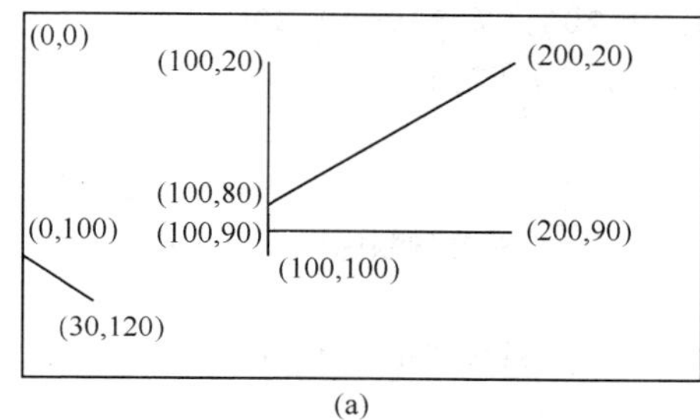

(a)

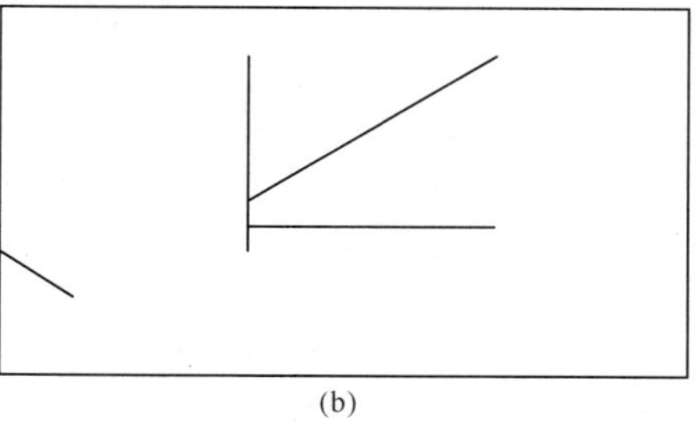

(b)

图 12.3　程序运行结果示意图

注意：1）用 lineto 和 linerel 画直线时，要求画线起点从当前画笔位置开始，而结束位置就是画线完成后停留的位置，故这两个函数将改变画笔的位置。例如 lineto(100,80);这条语句，就将画笔的位置修改为（100,80）。

2）用 line 函数画直线时，将不考虑画笔位置，同时也不影响画笔原来的位置。例如，以上程序中的 line(100,90,200,90); 这条语句，并没有改变画笔的原来位置（100,80）。

3）程序运行时的实际显示结果应如图 12.3(b)所示。但为了说明直线在运行结果中的相对位置，特在图 12.3(a)标明了直线的具体坐标，以便理解。本章的所有运行结果示意图均以带坐标、半径、区域范围等的示意图形式表示，但实际运行时应是不带此类附属说明的，请加以区分，以后不再说明。

12.4.3 画矩形和多边形函数

1. 画矩形函数 rectangle

函数原型为：

```
void far rectangle(int x1, int y1, int x2, inty2);
```

以（x1, y1）为左上角，（x2, y2）为右下角画一个矩形框。

2. 画多边形函数 drawpoly

函数原型为：

```
void far drawpoly(int numpoints, int far *polypoints);
```

画一个顶点数为 numpoints，各顶点坐标由 polypoints 给出的多边形。polypoints 整型数组必须至少有 2 倍于顶点个数的元素。每一个顶点的坐标都定义为（x,y），并且 x 在前，y 在后。应当注意的是当画一个封闭的多边形时，numpoints 的值取实际多边形的顶点数加 1，并且数组 polypoints 中第一个和最后一个点的坐标相同。

【例 12.6】 画矩形的应用程序，并用 drawpoly( )函数画一个箭头。

```
#include <graphics.h>
int main()
{       int gdriver, gmode;
        int arw[16]={100,82,200,82,200,87,230,80,200,73,
                    200,78,100,78,100,82};
        gdriver=DETECT;
        initgraph(&gdriver, &gmode, "");
        setbkcolor(BLUE);              /*设置背景颜色*/
        cleardevice();
        setcolor(12);                  /*设置作图颜色*/
        rectangle(10,20,60,120);
        drawpoly(8, arw);              /*画一箭头*/
        getch();
```

```
            closegraph();
    }
```

以上程序的运行结果参见如图 12.4 所示的矩形和箭头。

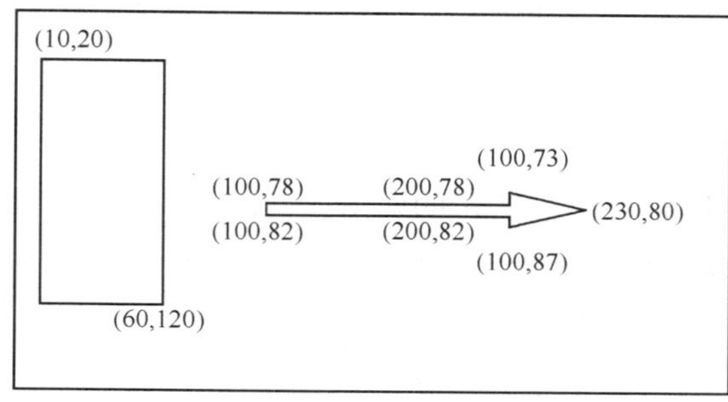

图 12.4 程序运行结果示意图

12.4.4 画圆和椭圆函数

1. 画圆函数 circle

函数原型为：

```
void far circle(int x, int y, int radius);
```

以（x，y）为圆心，radius（用像素个数表示）为半径，以实线画一个圆。

2. 画椭圆函数 ellipse

函数原型为：

```
void far ellipse(int x,int y,int stangle,int endangle,
                                   int xradius,int yradius);
```

以（x，y）为中心，xradius、yradius 为 x 轴和 y 轴半径，以 stangle、endangle 为起止角（用度表示）画一段椭圆线。当 stangle=0，endangle=360 时，画出一个完整的椭圆。

3. 画圆弧函数 arc

函数原型为：

```
void far arc(int x, int y, int stangle, int endangle,int radius);
```

以（x，y）为圆心，radius 为半径，以 stangle、endangle 为起止角(用度表示)画一段圆弧线。

上面提到的画圆、画椭圆和圆弧函数及后面章节的函数中，关于角度的概念，在 Turbo C 中规定如下：角度以 360 表示一圆周，以 X 轴正向为 0 度，逆时针表示为正方向。

【例 12.7】 画圆、椭圆、弧线的应用程序。

```
#include <graphics.h>
main()
{       int gdriver=DETECT,gmode;
```

```
        initgraph(&gdriver,&gmode,"");
        circle(50,50,30);                     /*画圆*/
        ellipse(200,50,0,360,50,30);          /*画椭圆*/
        arc(110,110,180,270,30);              /*画弧线*/
        getch();
        closegraph();                         /*关闭图形系统返回字符模式*/
    }
```

以上程序的运行结果参见如图 12.5 所示的圆形、椭圆和弧线。

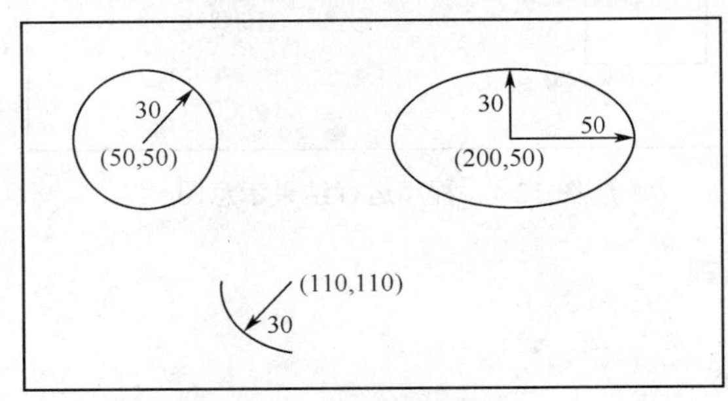

图 12.5　程序运行结果示意图

12.4.5　设定线形函数

上述画线、画矩形、画圆等函数的所用线型默认值是线宽为 1 个像素点的实线，Turbo C 提供了一个可以改变线型的函数。线型包括：宽度和形状。

（1）设定线型函数 setlinestyle

函数原型为：

```
void far setlinestyle(int linestyle,unsigned upattern,int thickness);
```

其中，linestyle 是线形状的规定，其数值和意义见表 12.5；当线的形状不设定时，取默认值，即实线。thickness 是线的宽度，数值和意义见表 12.6；当线的宽度不设定时，取默认值，即线宽为 1 个像素点。

表 12.5　有关线的形状（linestyle）

符号常量	数值	意　义
SOLID_LINE	0	实线
DOTTED_LINE	1	点线
CENTER_LINE	2	中心线
DASHED_LINE	3	点画线
USERBIT_LINE	4	用户定义线

表 12.6　有关线宽(thickness)

符号常量	数值	意　义
NORM_WIDTH	1	一点宽
THICK_WIDTH	3	三点宽

upattern 参数表示用于自定义线图样，只有在 linestyle 取 4 或为 USERBIT_LINE 时才有意义。该参数是 16 位二进制数，每一位代表一个像素，如果该位是“1”时，代表对应的屏幕位置使用作图色（前景色）显示；如果该位是“0”时，代表对应的屏幕位置

使用背景色显示。当使用 setlinestyle(4,0xF3C0,1);设置线型时，它表示用户自定义线型，upattern 为十六进制 F3C0。如图 12.6 所示，16 位二进制数中值为 1 的位有斜划线，表示对应的这些像素将用作图色显示；16 位二进制数中值为 0 的位是空白，表示对应的这些像素将用背景色不显示。即开始的 4 个像素为作图色显示，接着的两个像素为背景色不显示，再接着 4 个像素为作图色显示，最后 6 个像素为背景色不显示。这些像素即构成一个由 16 个像素组成的线段，线宽为 1 个像素点。因此，若 upattern=0xFFFF，则画实线；若 upattern=0x9999，则画每隔两个像素交替显示的虚线；如果要画长虚线，那么 upattern 的值可为 0xFF00 和 0xF00F。当 linestyle 不为 USERBIT_LINE 时，虽然 upattern 的值不起作用，但仍需为它提供一个值，一般取为 0。

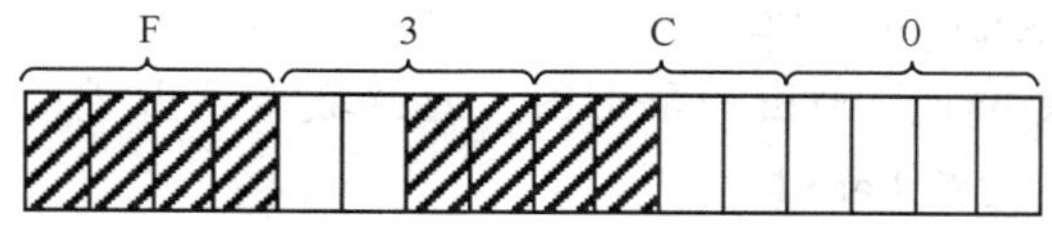

图 12.6　用 setlinestyle(4,0xF3C0,1)设置的线型

（2）获取当前线型设置函数 getlinesettings

函数原型为：

```
void far getlinesettings(struct linesettingstype far *lineinfo);
```

该函数调用后，当前的线型、线图样和线宽值被装入 lineinfo 指向的结构里，从而可从该结构中获得线型设置。其中 linesettingstype 的结构是:

```
struct linesettingstype
{    int linestyle;
     unsigned upattern;
     int thickness;
};
```

例如：下面两句程序可以读出当前线的特性。

```
struct linesettingstype info;
getlinesettings(&info);
```

（3）设定画线模式函数 setwritemode

该函数规定画线的方式，函数原型为：

```
void far setwritemode(int mode);
```

如果 mode=0，则表示画线时将所画位置的原来信息覆盖(Turbo C 的默认方式)。

如果 mode=1，则表示画线时用现在特性的线与所画之处原有的线进行异或(XOR)操作，然后输出到屏幕上。使用这种画线输出模式，实际上画出的线是原有线与现在规定的线进行异或后的结果。因此，当线的特性不变，进行两次画线操作相当于没有画线。

12.5　图 形 填 充

Turbo C 除了提供基本图形的库函数外，还提供了画填充图函数。基本图形的填充都是先绘制出基本图形轮廓，再按规定填充图样和颜色填充封闭图形。在没有改变填充方式时，Turbo C 的默认方式是填充。

12.5.1 画填充图函数

（1）画条形图函数 bar

函数原型为：

```
void far bar(int x1, int y1, int x2, int y2);
```

画一个以（x1，y1）为左上角、以（x2，y2）为右下角的条形图，没有边框，填充图样和颜色可以设定。若没有设定，则使用默认模式。

注意： 矩形函数 rectangle 是画出一个矩形框，只有框体，没有填充；

条形图函数 bar 是画出一条形图，此函数不画出边框，所以填充色为边框。

（2）画三维条形图函数 bar3d

函数原型为：

```
void far bar3d(int x1, int y1, int x2, int y2, int depth, int topflag);
```

其中参数（x1，y1）为左上角坐标，（x2，y2）为右下角坐标；参数 depth 为第三维的深度，以像素为单位，如图 12.7 所示。

当 topflag 为非 0 时，画出一个三维的长方体；

当 topflag 为 0 时，三维图形不封顶，实际上很少这样使用。

说明：在 bar3d 函数中，长方体深度的方向不随任何参数而变，即始终为 45°的方向。深度方向通过屏显纵横比调节约为 45°，即使 depth 和 dy 的比被设置为 1：1。

注意： 条形图函数 bar 是画出一个没有边框的条形；

如果要画有边框的条形，可以调用 bar3d 来实现，并将深度参数设为 0，同时 topflag 参数要设置为非 0（真值），否则该条形无顶边线，即调用 bar3d(x1, y1, x2, y2,0,0)来实现。

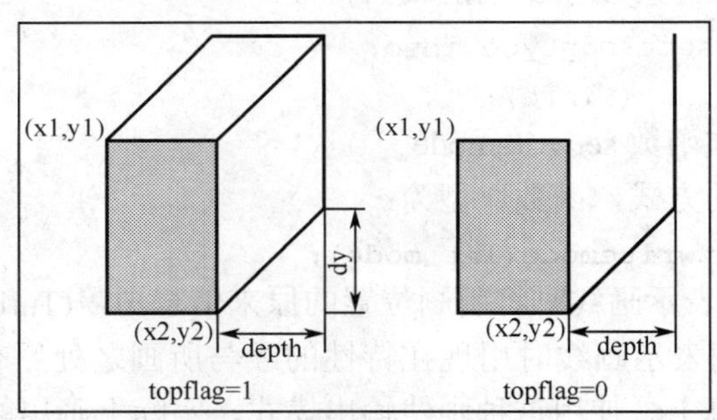

图 12.7 画三维条形图函数的参数名定义

（3）画填充扇形函数 pieslice

函数原型为：

```
void far pieslice(int x, int y, int stangle, int endangle, int radius);
```

该函数使用前景色，以（x，y）为圆心，radius 为半径，stangle、endangle 为起止角度画一扇形轮廓，并按当前填充图样和颜色进行填充，即得到扇区。当 stangle=0，endangle=360 时变成一个完整的圆区。

（4）画填充椭圆扇形函数 sector

函数原型为：

```
void far sector(int x, int y, int stangle, int endangle,
                int xradius, int yradius);
```

该函数使用前景色，以（x，y）为圆心，以 xradius、yradius 为 x、y 轴半径，stangle、endangle 为起止角的椭圆扇形轮廓，并按当前填充图样和颜色进行填充，即得到椭圆扇区。当 stangle=0，endangle=360 时，变成一个完整的椭圆区。

12.5.2 设定填充方式函数

前面已经涉及到了用填充图样和颜色填充图形的问题，例如调用 pieslice()画扇区就要用填充图样与颜色来填充区域。Turbo C 提供了设定填充图样和颜色的函数。

1. 设定填充图样和颜色函数 setfillstyle

函数原型为：

```
void far setfillstyle(int pattern, int color);
```

其中，参数 pattern 的值为填充图样，它们在头文件 graphic.h 中定义，详见表 12.7。参数 color 的值是填充颜色，其值及其符号常量见表 12.3，它必须为当前显示模式所支持的有效值。填充式样与填充色是独立的，可以是不同的值。

表 12.7 关于填充式样 pattern 的规定

符号常量	数 值	意 义
EMPTY_FILL	0	以背景颜色填充
SOLID_FILL	1	以实填充
LINE_FILL	2	以直线填充(—)
LTSLASH_FILL	3	以斜线填充(///)
SLASH_FILL	4	以粗斜线填充(///)
BKSLASH_FILL	5	以粗反斜线填充(\\\)
LTBKSLASH_FILL	6	以反斜线填充(\\\)
HATCH_FILL	7	以直方网格填充
XHATCH_FILL	8	以斜网格填充
INTTERLEAVE_FILL	9	以间隔点填充
WIDE_DOT_FILL	10	以稀疏点填充
CLOSE_DOS_FILL	11	以密集点填充
USER_FILL	12	以用户定义式样填充

当 pattern 选用 USER_FILL 用户定义样式填充时，setfillstyle 函数对填充的图样和颜色设定不起任何作用，若要选用 USER_FILL 样式填充时，需选用下面的函数设定。

2. 设定用户填充图样函数 setfillpattern()

函数原型为：

```
void far setfillpattern(char * upattern, int color);
```

其中参数 color 设置填充图样的颜色。参数 upattern 是一个指向 8 个字节的指针或数组，这 8 个字节表示了一个 8×8 像素点阵组成的填充图样，它是由用户自定义的，它将用来对封闭图形填充。8 个字节的图样是这样形成的：每个字节的 8 位二进制数表示水平 8 个点，8 个字节表示 8 行。而每一位代表一个像素，如果该位是“1”时，代表对应的屏幕位置使用作图色（前景色）显示；如果该位是“0”时，代表对应的屏幕位置使用背景色显示。

例如：

定义 char tc[8]= {0x00,0x70,0x20,0x27,0x24,0x07,0x00,0x00};并用 setfillpattern 函数设置后的图样如图 12.8(a)中的图样 1 所示。

定义 char diamond[8]={0x10,0x38,0x7c,0xfe,0x7c,0x38,0x10,0x00};并用 setfillpattern 函数设置后的图样如图 12.8(b)中的图样 2 所示。

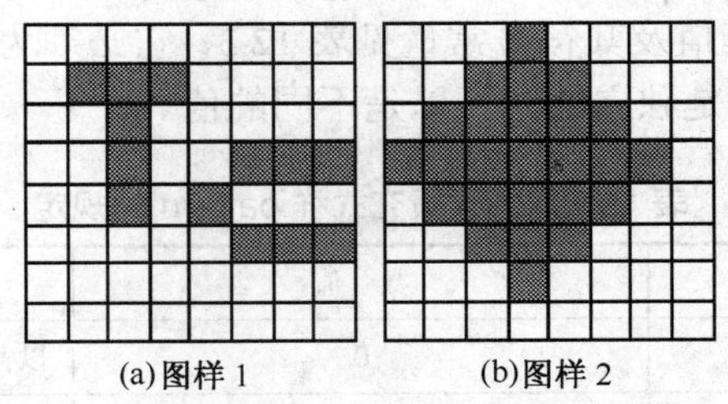

(a)图样 1　　(b)图样 2

图 12.8　用户自定义图样设置

3. 获取填充图样函数 getfillsetings

函数原型为：

```
void far getfillsetings(struct fillsettingstype far *fillinfo);
```

获得当前填充图样和颜色并存入结构指针变量 fillinfo 中，从而在该结构变量中获得当前填充设置。其中 fillsettingstype 结构定义如下：

```
struct fillsettingstype
{ int pattern;          /* 当前填充模式 */
  int color;            /* 当前填充颜色 */
};
```

例如：下面两句程序可以读出当前填充图样和填充色的特性。

```
struct fillsettingstype fillinfo;
```

```
getfillsettings(&fillinfo);
```

4. 获取用户图样函数 getfillpattern

函数原型为：

```
void far getfillpattern(char *upattern);
```

函数一旦调用，就会把定义当前用户填充图样的 8 个字节填入 upattern 所指向的数组，该数组必须至少 8 字节长，用户图样以 8 个 8 位字节的模式排列。如果还没有调用 setfillpattern()设置用户定义的填充图样，那么函数将填入数组元素的值全部置为 0xff。

12.5.3 可对任意封闭图形填充的函数

前面讲述的填充函数，只能对由上述特定形状的封闭图形进行填充，但不能对任意封闭图形进行填充。为此，Turbo C 提供一个可对任意封闭图形填充的函数。

函数原型为：

```
void far floodfill(int x, int y, int border);
```

该函数将对一封闭图形进行填充，其填充图样和颜色将由设定的或默认的图样和颜色决定。其中（x，y）为封闭图形内的任意一点，border 为封闭图形边界的颜色。编程时该函数位于画图形的函数之后，即要填充该图形。

注意： 1）若（x,y）位于封闭图形边界上，则不进行填充。

2）若对非封闭图形进行填充，则填充会从没有封闭的地方溢出去，填满其他地方。

3）若（x,y）位于封闭图形外，则填充封闭图形外的屏幕区域。

4）由参数 border 指定的颜色必须与封闭图形轮廓线的颜色相同，否则会填充到别的地方去。

【例 12.8】 一个图形填充的应用程序。

```
#include <graphics.h>
main()
{   int gdriver=DETECT,gmode;
    char tc[8]={0x00,0x70,0x20,0x27,0x24,0x07,0x00,0x00};
    char diamond[8]={0x10,0x38,0x7c,0xfe,0x7c,0x38,0x10,0x00};
    initgraph(&gdriver,&gmode,"");
    cleardevice();
    setbkcolor(WHITE);                  /*设置背景色为白色*/
    setcolor(BLUE);                     /*设置前景色为蓝色*/
    setfillstyle(LTSLASH_FILL,YELLOW);  /*设置填充图样和颜色*/
    bar3d(30,50,90,150,20,1);           /*画长方体并填充正面*/
    setfillstyle(SOLID_FILL,BLUE);      /*设置填充图样和颜色*/
    floodfill(60,40,BLUE);              /*填充长方体顶部*/
    setfillpattern(diamond,RED);        /*设置用户自定义填充图样和颜色*/
    floodfill(100,120,BLUE);            /*填充长方体侧面*/
```

```
        setfillpattern(tc,GREEN);            /*设置用户自定义填充图样和颜色*/
        pieslice(200,100,90,180,40);         /*画扇面并填充*/
        getch();
        closegraph();
    }
```

以上程序的运行结果参见如图 12.9 所示的长方体、扇面。

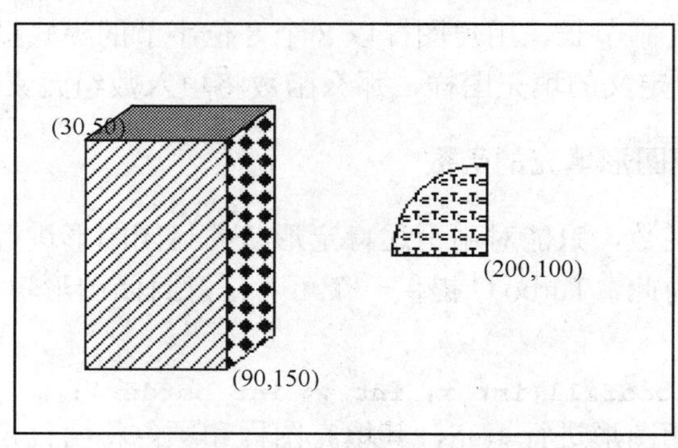

图 12.9　例 12.8 程序运行结果示意图

12.6　图形模式下的文本输出

在图形模式下，系统提供的标准输出函数 printf()，putchar()，puts()虽然可以使用，但只能在屏幕上用白色显示，无法选择输出的颜色，如果要想在屏幕规定的位置上输出文本，更是困难，并且输出格式也不能变为 80 列×25 行形式。

图形模式下的文本输出比较复杂，因此，Turbo C 2.0 提供了几个专用于图形模式下的文本输出函数，它们可以用来选择输出位置，输出字型、大小，输出方向等。

12.6.1　文本输出函数

1. 文本输出函数 outtext

函数原型为：

```
void far outtext(char far *textstring);
```

该函数在当前位置上输出由 textstring 所指的字符串，其颜色为当前作图色。

2. 文本定位输出函数 outtextxy

函数原型为：

```
void far outtextxy(int x, int y, char far *textstring);
```

该函数在指定的（x，y）位置输出为由 textstring 所指的字符串。若 x、y 越界则无输出。

3. 格式化输出函数 sprintf

以上两个文本输出函数都是输出字符串。如果遇到输出数值或其他类型的数据，则需先用 sprintf()格式化输出函数，将格式化输出到一个字符串中去，然后再调用 outtext()或 outtextxy()函数将此字符串显示输出。

函数原型为：

```
int sprintf(char *str, char *format, variable-list);
```

该函数将按 format 所指的格式化规定的内容写入 str 所指的字符串中，函数返回值是写入的字符个数。

例如：

```
char *s;
int x=128;
float y=3.1416;
char ch='A';
sprintf(s, "The number x=%d y=%f ch=%c", x, y, ch);
outtextxy(10, 100, s);        /*在(10, 100)处输出格式化后的字符串 s*/
```

12.6.2 字体格式和输出方式的设置

在图形模式下的文本输出函数，可以通过 setcolor()函数设置输出文本的颜色。另外，也可以改变文本字体大小及选择是水平方向输出还是垂直方向输出。

1. 设置文本属性函数 settextstyle

函数原型为：

```
void far settextstyle(int font, int direction, int charsize);
```

该函数用来确定文本的基本属性，其中由 font 指定输出字符的字形、direction 指定输出方向、charsize 指定字符大小。有关参数的规定见表 12.8～表 12.10。

表 12.8 font 的取值

符号常量	数值	意　义
DEFAULT_FONT	0	8×8 点阵字(缺省值)
TRIPLEX_FONT	1	三倍笔画字体
SMALL_FONT	2	小号笔画字体
SANSSERIF_FONT	3	无衬线笔画字体
GOTHIC_FONT	4	黑体笔画字

表 12.9 direction 的取值

符号常量	数值	意　义
HORIZ_DIR	0	从左到右（水平输出）
VERT_DIR	1	从底到顶（垂直输出）

表 12.10 charsize 的取值

符号常量	意　义
1	8×8 点阵
2	16×16 点阵
3	24×24 点阵
4	32×32 点阵
5	40×40 点阵
6	48×48 点阵
7	56×56 点阵
8	64×64 点阵
9	72×72 点阵
10	80×80 点阵
USER_CHAR_SIZE=0	用户定义的字符大小

2. 设置文本对齐方式函数 settextjustify

函数原型为：

```
void far settextjustify(int horiz, int vert);
```

若使用文本输出函数 outtext 或 outtextxy 输出字符串时，其中字符串的哪个点对应指定坐标（x,y）或当前坐标，在 Turbo C 中是有规定的。如果把一个字符串看成一个长方形的图形，则字符串长方形按水平方向可分为左、中、右三个位置，按垂直方向可分为顶部、中部和底部三个位置，两者结合就有 9 个位置。

其中参数 horiz 确定水平方向，指出水平方向三个位置中的一个；参数 vert 确定垂直方向，指出垂直方向三个位置中的一个。有关参数 horiz 和 vert 的取值参见表 12.11。当规定了位置后，调用文本输出函数时，字符串长方形的这个规定位置就对准 outtextxy 函数中的（x,y）位置或 outtext 当前位置。例如：字符串输出时对于水平方向，若取 LEFT_TEXT，垂直方向若取 CENTER_TEXT，则字符串的左边中间位置与（x,y）或当前位置对准显示。horiz 和 vert 默认值为 LEFT_TEXT 和 TOP_TEXT。

表 12.11　参数 horiz 和 vert 的取值

水平方向符号常量	数　值	垂直方向符号常量	数　值
LEFT_TEXT	0	BOTTOM_TEXT	0
CENTER_TEXT	1	CENTER_TEXT	1
RIGHT_TEXT	2	TOP_TEXT	2

【例 12.9】　一个图形模式下的文本输出程序。

```
#include <graphics.h>
main()
{   int gdriver=DETECT,gmode,x=100;
    char *s;
    initgraph(&gdriver,&gmode,"");
    cleardevice();
    settextstyle(1,VERT_DIR,2);             /*设置以垂直方向显示文本*/
    outtextxy(10,20,"Turbo C");             /*输出字符串到(10, 20)的位置*/
    settextstyle(1,HORIZ_DIR,1);            /*设置以水平方向显示文本*/
    settextjustify(CENTER_TEXT,TOP_TEXT);   /*设置文本对齐方式*/
    sprintf(s,"The number is %d",x);        /*将数字转化为字符串*/
    outtextxy(150,20,s);
    getch();
    closegraph();
}
```

以上程序的运行结果参见如图 12.10 所示的图形文本。

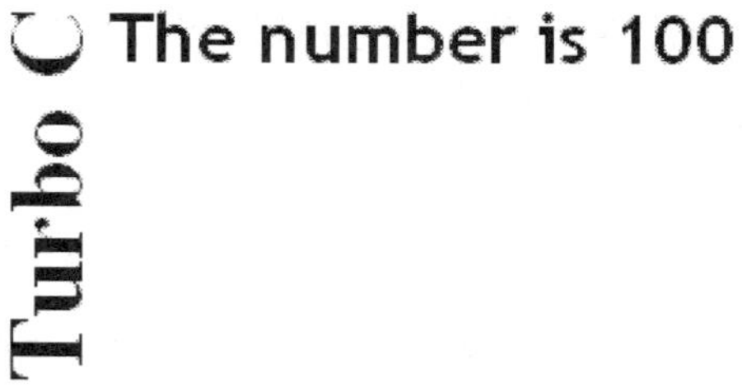

Turbo C The number is 100

图 12.10 例 12.9 的输出文本结果示意图

12.7 视口和视口函数

为了便于绘图，TC 支持用户在屏幕上自定义一个矩形区域作为当前的绘图区域，该区域称为视口。在视口内绘图时，使用相对于视口左上角的相对坐标（即视口左上角作为坐标原点（0，0）），而避免了直接使用物理坐标（即屏幕左上角作为坐标原点（0，0））。如图 12.11 所示。在视口内画的图形将显示出来，超出视口的图形可以以剪裁方式不让其显示出来，也可以以不剪裁方式让其显示出来。在没有定义视口的情况下，视口隐含为整个屏幕。以下是有关视口的函数。

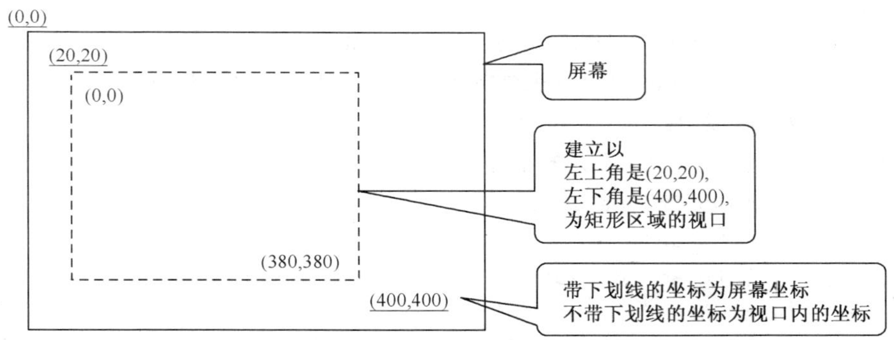

图 12.11 屏幕上的视口

1. 在屏幕上设置视口的函数 setviewport

函数原型为：

```
void far setviewport(int left,int top,int right,int bottom,int clip);
```

设定一个以 (left，top)为左上角，以 (right，bottom)为右下角的视口，其中 left，top，right，bottom 都是相对于整个屏幕的坐标（即物理屏幕坐标）。参数 clip 如果为 1，则超出视口的输出图像自动被剪裁掉，即所有作图限制于当前图形视口之内；如果 clip 为 0，则不被剪裁，即作图将无限制地扩展于视口界之外，直到屏幕边界。

用户可以通过视口设置函数，在屏幕上设置不同的视口，甚至部分视口可以重叠。在这些不同的视口中，当前视口只有一个，即最近一次设置的视口，后面的图形操作都在当前视口中进行，其他视口均无效。但若不清除其他视口的内容，则它们仍在屏幕上保持，当要对它们进行处理时，可重新将其他视口中的某一个设置为当前视口。

2. 清除图形视口函数 clearviewport

函数原型为：

```
void far clearviewport(void);
```

该函数清除当前图形视口，并把光标从当前位置移到屏幕原点（0，0），执行后，当前图形视口将不复存在。

3. 获取图形视口设置函数 getviewsettings

函数原型为：

```
void far getviewsettings(struct viewporttype *info);
```

该函数返回当前图形视口坐标和裁剪标志，并把有关当前视口的信息装入 info 指向的 viewporttype 型结构中。坐标是绝对屏幕坐标，裁剪标志是 1 或 0。

viewporttype 结构定义如下：

```
struct viewporttype
{  int left, top, right, bottom;
   int clip;
};
```

其中（left，top）中存放视口左上角坐标，（right，bottom）中存放视口右下角坐标，clip 中存放裁剪标志，若 clip 为 1，执行裁剪以防止超出视口边界；如果 clip 为 0，则不对超出边界的输出作裁剪。

例如，显示当前视口的左上角和右下角坐标：

```
struct viewporttype info;
getviewsettings(&info);
printf("left:%d top:%d\n",info.left,info.top);
printf("right:%d bottom:%d\n",info.right,info.bottom);
```

【例 12.10】 建立一个带有剪裁功能的视口，在该视口中作图并输出，再建立一个不带有剪裁功能的视口，在该视口中作图并输出。

```
#include <graphics.h>
main()
{    int gdriver=DETECT,gmode;
     initgraph(&gdriver,&gmode,"");
     cleardevice();
     setviewport(20,20,100,100,1);    /*设置视口*/
     rectangle(20,20,150,60);         /*画方框，方框超出部分被剪裁*/
     circle(80,30,20);               /*画圆，圆形框超出部分被剪裁*/
                                     /*运行结果如图 12.12(a)所示*/
     getch();
     clearviewport();                /*清除视口*/
```

```
    setviewport(50,50,100,100,0);    /*又设置视口*/
    rectangle(20,20,150,60);         /*画方框，方框超出部分不被剪裁切掉*/
    circle(80,30,20);                /*画圆，圆形超出部分不被剪裁*/
                                     /*运行结果如图 12.12(b)所示*/
    getch();
    clearviewport();            /*清除视口，运行结果如图 12.12 (c) 所示*/
    getch();
    closegraph();
}
```

以上程序分段的运行结果参见图 12.12。

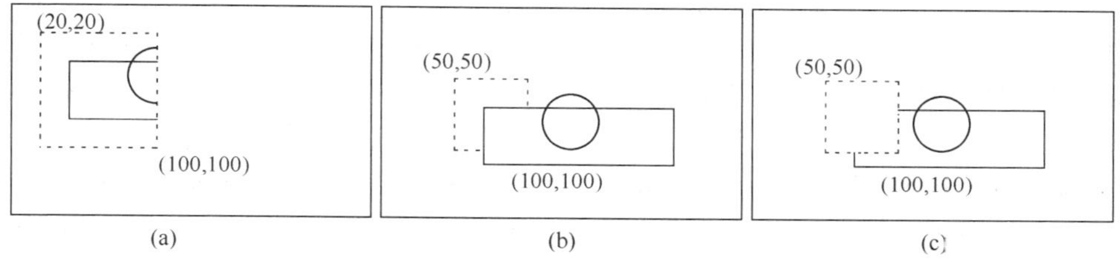

图 12.12　视口设置程序结果示意图

利用视口设置技术，可以实现视口动画效果，例如：可以在不同视口中设置同样的图像，并让视口沿 x 轴方向移动，且在设置当前视口前先清除上次视口内容，这样便会出现图像沿 x 轴移动的效果。

【例 12.11】　通过改变视口，实现一个立方体的连续移动。

```
#include <graphics.h>
void movebar(int x)
{   int maxx=getmaxx();              /*获得屏幕 x 轴的最大值*/
    int maxy=getmaxy();              /*获得屏幕 y 轴的最大值*/
    setviewport(x,0,maxx,maxy,1);    /*设置视口*/
    setcolor(5);
    bar3d(10,120,60,150,40,1);
    delay(2000);                     /*延迟 2000ms*/
    clearviewport();
}
main()
{   int i;
    int gdriver=DETECT,gmode;
    initgraph(&gdriver,&gmode,"");
    cleardevice();
    for(i=0;i<11;i++)
    {   setfillstyle(1,i);           /*调用填充图样*/
        movebar(i*50);               /*调用函数*/
    }
```

```
        closegraph();
    }
```

以上程序不断地沿 x 轴开辟视口，就像视口沿着 x 方向在移动，并且总是有 clearviewport 函数清除视口的相同立方体，因而视觉效果上，就像一个立方体从左向右移动一样。

12.8 屏 幕 操 作

12.8.1 设置显示页函数

存储在图像存储器 VRAM 中的一满屏图像信息称为一页。每一页一般为 64KB，VRAM 可以存储要显示的图像页数由其容量而定，最大可达 8 页。Turbo C 支持页的功能有限，按在图形方式下显示的模式最多支持 4 页，一般为两页。详见表 12.1。存储图像的页显示时，一次只能显示一页，因此必须设定某页为当前显示的页（又称可视页），默认时定位为第 0 页，也可以设定其他页为可视页，如图 12.13 所示，位面 3 为可视页。

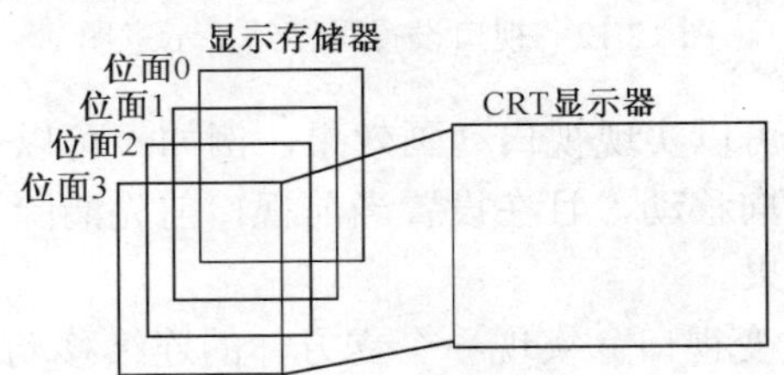

图 12.13　VRAM 中显示页与显示器的关系

由用户编辑图形的页成为当前编辑页（也称激活页），这个页不等于显示页，即若用户不设定该页为当前显示页，则该页编辑的图形将不会在屏幕上显示出来。默认时以第 0 页作为当前编辑页。

设置编辑页和显示页的函数如下。

1. 设置编辑页函数 setactivepage

函数原型为：

```
void far setactivepage(int pagenum);
```

该函数为图形输出选择编辑页。

2. 设置显示页函数 setvisualpage

函数原型为：

```
void far setvisualpage(int pagenum);
```

该函数使 pagenum 所指定的页面变成可见页，仅在图形驱动程序及其显示模式支持多个显示页时才有效。

如果先用 setactivepage() 函数激活不同页面，每页画出一幅图像，再用 setvisualpage() 函数交替显示，只需切换显示页号即可实现动画效果。

【例 12.12】 显示页设置函数应用举例。

```
#include <graphics.h>
main()
{   int gdriver=DETECT,gmode,page;
    initgraph(&gdriver,&gmode,"");
    cleardevice();
    circle(130,210,30);            /*默认第 0 页为编辑页，画白色圆形*/
    setactivepage(1);              /*设置第 1 页为编辑页*/
    setfillstyle(1,5);
    bar(100,210,160,270);          /*在第 1 页上画洋红色方条*/
    page=1;
    do
    {   setvisualpage(page);       /*设置显示页*/
        delay(2000);               /*延迟 2000ms*/
        page=1-page;               /*循环交替显示两个页面*/
    }while(!kbhit());              /*敲击键盘，循环结束*/
    getch();
    closegraph();
}
```

以上程序先在第 0 页上画一个白色圆形(默认作图色为白色)，接着用 setactivepage(1) 设置第 1 页为编辑页，并在上面画出一个用洋红色填充的方块，此图并不显示出来（因为默认时，定义第 0 页为可视页）。进入循环，设置第 1 页为可视页，因而其上洋红色方块便在屏幕上显示出来，用 delay（2000）将方块图像保持 2000 毫秒（即 2 秒），下一次循环又将第 0 页设为可视页，此时洋红色方块图像消失，白色圆形将在屏幕上显示出来。保持 2 秒后，又重复刚开始的过程，直至敲击键盘结束。这样就会看到屏幕上同一位置上洋红色方块和白色圆形交替出现，出现动画效果。

12.8.2 屏幕图像处理存储和显示函数

1. 将图像存入内存函数 getimage

函数原型为：

```
void far getimage(int x1, int y1, int x2, int y2, void far *mapbuf);
```

该函数将把屏幕左上角为（x1,y1），右下角为（x2,y2）矩形区内的函数保存到指针 mapbuf 指向的内存区中。调用 getimage()保存屏幕图像，可用 imagesize()函数确定保存图像所需字节数，再用 malloc()函数分配存储图像的内存（内存分配必须小于 64KB）。

2. 测定图像所需的字节数函数 imagesize

函数原型为：

```
unsined far imagesize(int x1, int y1, int x2, int y2);
```

该函数将得到屏幕左上角为（x1,y1），右下角为（x2,y2）矩形区图像所占的字节数。对于 imagesize()函数，只能返回字节数小于 64KB 的图像区域，否则将会出错，出错时返回-1。

3. putimage()将存在内存的图像送回屏幕函数

函数原型为：

```
void far putimage(int  x, int  y, void * mapbuf, int op);
```

该函数将把指针 mapbuf 所指向的内存区中图像，与屏幕上以（x,y）为左上角的矩形区内的图像进行参数 op 规定的操作后，显示在屏幕上，关于 op 定义见表 12.12。

表 12.12 putimage()函数中的 op 值

符号常量	数 值	意 义
COPY_PUT	0	复制
XOR_PUT	1	与屏幕图像异或后复制
OR_PUT	2	与屏幕图像或后复制
AND_PUT	3	与屏幕图像与后复制
NOT_PUT	4	复制反像的图形

该函数进行各种图像的逻辑操作，如同二进制操作一样。假设取图像中的 4 个像素，1 为显示（用斜线表示），0 为不显示（即和背景色相同），下面的分别表示取屏幕上 4 个像素（1011），如图 12.14(a)所示；再取内存缓冲区同一位置的 4 个像素（0110），如图 12.14(b)所示，进行逻辑操作运算后的图像如图 12.14(c)～图 12.14(g)所示。

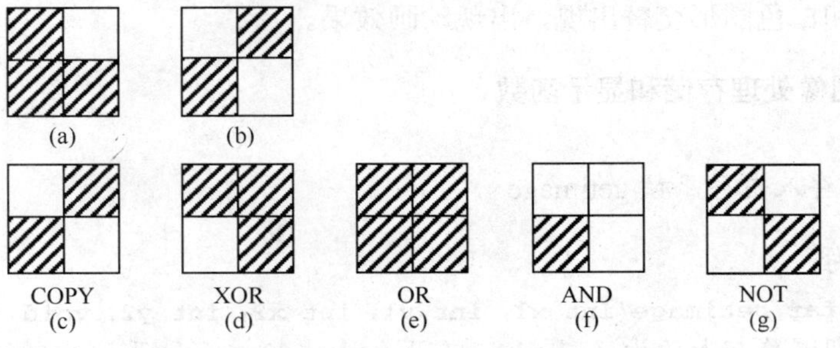

图 12.14 两个图像的逻辑运算

从以上逻辑运算结果可以反映出：COPY 和 NOT 操作和屏幕上的图像无关，经过这两种操作，将覆盖掉原始屏幕上的图像。

以上介绍的函数在图像动画处理、菜单设计技巧中非常有用。

【例 12.13】 图像处理函数举例。

```
#include <graphics.h>
#include <stdlib.h>
main()
{   int graphdriver=DETECT,graphmode;
    void *mapbuf;
    int size;
    initgraph(&graphdriver,&graphmode," ");
    size=imagesize(0,0,20,10);          /*测试保存图像区域所需的字节*/
    mapbuf=malloc(size);                /*申请保存图像所需的空间*/
    if(mapbuf==NULL)                    /*存储空间申请失败*/
    {   printf("Memory allocation failure, press any key to exit!");
        getch();
        exit(0);
    }
    setcolor(14);
    bar(0,0,20,10);
    getimage(0,0,20,10,mapbuf);              /*图像存入内存*/
    cleardevice();
    getch();
    setcolor(3);
    setbkcolor(1);
    bar(100,165,180,180);
    outtextxy(103 ,168,"C PROGRAM");
    getch();
    putimage(80,100,mapbuf,COPY_PUT);   /*将图像从内存复制到屏幕*/
    getch();
    putimage(120,100,mapbuf,XOR_PUT);   /*将图像与屏幕图像异或后复制*/
    getch();
    putimage(120,100,mapbuf,XOR_PUT);   /*两次 XOR 将擦除该图像*/
    getch();
    putimage(180,100,mapbuf,OR_PUT);    /*将图像与屏幕图像或后复制*/
    free(mapbuf);
    getch();
    closegraph();
}
```

12.8.3 键盘对屏幕的控制操作

前面已经介绍过标准输入函数 getch、gets 和 scanf 等，这些函数对键盘上的一些特殊键（如 Alt、Ctrl、Shift、左移箭头、右移箭头等）都无法处理，而这些特殊键在程序中往往有着特殊的用途。bioskey() 函数可帮助读者获取这些信息。

函数原型为:

```
int bioskey(int cmd);
```

其功能是直接使用 BIOS 服务的键盘接口。其中参数 cmd 用以确定实际的操作。

cmd 为 0 时，返回下一个按键等待序列中的按键或从键盘输入的字符，若低 8 位非 0，则为 ASCII 字符；若低 8 位为 0，则高 8 位为扩展 ASCII 码。有关扩充码见表 12.13。

cmd 为 1 时，测试键盘是否被按下过，若按下，则返回一个非 0 值，否则返回 0。

表 12.13　IBM PC 标准键盘扩充码

扩充码	按下的键	扩充码	按下的键	扩充码	按下的键
59	F1	18	Alt+E	48	Alt+B
|	|	19	Alt+R	49	Alt+N
68	F10	20	Alt+T	50	Alt+M
84	Shift+F1	21	Alt+Y	15	Shift+Tab
|	|	22	Alt+U	71	Home
93	Shift+F10	23	Alt+I	72	Up
94	Ctrl+F1	24	Alt+O	73	PgUp
|	|	25	Alt+P	75	Left
103	Ctrl+F10	30	Alt+A	77	Right
104	Alt+F1	31	Alt+S	79	End
|	|	32	Alt+D	80	Down
|	|	33	Alt+F	81	PgDn
113	Alt+F10	34	Alt+G	82	Inse
120	Alt+1	35	Alt+H	83	Del
|	|	36	Alt+J	114	Ctrl+Prtsc
128	Alt+9	37	Alt+K	115	Ctrl+Left
129	Alt+0	38	Alt+L	116	Ctrl+Right
130	Alt+-	44	Alt+Z	117	Ctrl+End
131	Alt+=	45	Alt+X	118	Ctrl+PgDn
16	Alt+Q	46	Alt+C	119	Ctrl+Home
17	Alt+W	47	Alt+V	132	Ctrl+PgUp

【例 12.14】 在屏幕上画一个 100×24 像素的方框，在方框中输出文字“MOVE-U-D-L-R”，然后在屏幕上移动方框及文字，按 Alt+X 键退出。程序如下:

```
#include <graphics.h>
#include <bios.h>
main()
{   int x=1,y=1,key=0;
    int gdriver=DETECT,gmode;
    initgraph(&gdriver,&gmode,"");
    while(key!=45)                          /*当按下 Alt+X 键时退出循环*/
```

```
    {   cleardevice();
        key=bioskey(0);                       /*获取键值赋给 key*/
        key=key&0xff?0:key>>8;                /*只取扩充码*/
        if(key==75)
        {    x=(x==1)?0:x-110;                /*左箭头处理*/
             if(x<0)     x=0;
        }
        if(key==77)
        {    x=(x==1)?0:x+110;                /*右箭头处理*/
             if(x>550) x=550;
        }
        if(key==72)
        {    y=(y==1)?0:y-30;                 /*上箭头处理*/
             if(y<0) y=0;
        }
        if(key==80)
        {    y=(y==1)?0:y+30;                 /*下箭头处理*/
             if(y>450) y=450;
        }
        setbkcolor(1);
        setcolor(14);
        setfillstyle(1,14);
        bar(x,y,x+100,y+24);                      /*在新位置处画方框*/
        setcolor(0);
        outtextxy(x+5,y+10,"MOVE-U-D-L-R");/*在方框中输出文字*/
        delay(2000);                              /*延时 2 秒*/
    }
    closegraph();
}
```

12.9 总结与提高

12.9.1 重点与难点

1）理解屏幕显示的两种模式：字符模式和图形模式。注意屏幕显示默认为字符模式，若要在屏幕上作图，则必须进行图形模式初始化。

2）明确有关图形显示的程序均是放在图形初始化函数 initgraph()和图形模式关闭函数 closegraph()之间。

3）熟练掌握基本图形函数操作，例如绘制点、线、矩形和多边形、圆和椭圆等功能函数，并且能根据实际要求熟练设置图形的线型。

4）熟练掌握填充图函数操作，例如绘制条形图、三维条形图、扇形、椭圆形的功能函数，并且能根据实际要求对图形的填充方式进行熟练设置。绘图函数在处理问题时至关重要，因为再复杂的图形也无非是由基本的图形组成的。

5）熟练掌握在图形模式下的文本输出函数，并能对字体格式和输出方式进行设置。注意对于图形设计操作，往往是要图文并茂，因此要将图形和文本紧密地结合使用。

6）理解图形视口设置函数、屏幕图像处理函数和键盘对屏幕的操作函数，为解决图形动画处理问题、菜单设计问题提供方法。

12.9.2 典型题例

【例 12.15】 图像处理函数列举某学校的管理系共有 10 门限选课，分别为限选课 1，限选课 2……限选课 10；其中选课的人数对应分别为 36，48，66，24，30，39，60，52，27，57。现要求用扇形统计图表示出选课学生的比例情况。

问题分析：

1）此类问题的普遍性。在工程计算中，经常需要用图表示各个量所占的百分比。例如，学校教职员工和学生占学校总人数的百分比，工厂中各个车间的产值占全厂产值的百分比，百货公司下属各个商店在全年公司总销售额中所占的份额，诸如此类情况颇为多见，若用带有颜色的扇形组成的一个整圆图形表示，则一目了然。

2）选课种类，选课人数的存储。在程序使用 char *course[10];数组代表 10 门限选课；使用 int values[10];数组代表 10 门限选课对应的选课学生人数。

3）整个圆形代表总人数，利用变量 total 来存放，采用一个循环计算出学生总人数。每一个扇形代表特定限选课对应的选课人数占总人数的比例（即百分比）。

4）扇形的绘制。调用绘制扇形函数 pieslice 来实现，10 个扇形有同一个圆心（300，240），同一个半径（radius=140）。每个扇形的起始角 stangle 总是前一个扇形的终止角 endangle，每个扇形的终止角可通过圆周角 360 度乘以该扇形所占比例来求得。在画扇形时，在 pieslice 函数中的 endangle 参数中加 6，是为了调整由于计算过程中舍入误差而加的调整量，从而使得 10 个扇形组合后刚好是一个完整的圆。

5）比例文本的输出。为了标出扇形所占百分比，要知道该扇形在视口中的位置，可以通过半径在 x 轴和 y 轴的投影得到，即 x=r*cos(α)，y=r*sin(α)。由于 Turbo C 中 cos 和 sin 函数角用弧度，因而要注意将角度转换为弧度来求投影。

6）为了标注不同扇形所代表的课程，在屏幕中画了 10 个与扇形相同颜色的长条，并标有相应的扇形号，以说明哪个颜色扇形代表哪门限选课。

源程序如下：

```
#include <graphics.h>
#include <math.h>
#define PI 3.14
main()
{   int gdriver=DETECT,gmode;
    char *s;
    int values[10]={36,48,66,24,30,36,60,52,27,57}, total=0;
    char *course[10]={"1","2","3","4","5","6","7","8","9","10"};
```

```
    double x,y;
    int radius,stangle,endangle,midangle, i;
    initgraph(&gdriver,&gmode," ");
    cleardevice();
    setviewport(10,10,getmaxx(),getmaxy(),1);  /*建立一个视口*/
    setcolor(3);
    rectangle(20,20,600,460);                  /*画一矩形框*/
    for(i=0;i<=9;i++)
        total=total+values[i];             /*计算学生总人数*/
    stangle=0;                             /*起始角为 0 度*/
    radius=140;                            /*设置圆形的半径为 140*/
    rectangle(530,40,590,180);
    settextstyle(1,0,1);                   /*设置文本属性*/
    settextjustify(1,1);                   /*设置文本对齐方式属性*/
    for(i=0;i<=9;i++)
    {   endangle=360.0*values[i]/total+stangle;/*计算扇形的终止角*/
        midangle=(stangle+endangle)/2;         /*得到扇形的中间角*/
        x=300+cos(midangle*PI/180)*radius*1.2; /*计算文本输出位置*/
        y=240-sin(midangle*PI/180)*radius*1.1;
        sprintf(s,"%3.2f%%",values[i]/total*100.0);/*计算所占比例*/
        setcolor(WHITE);
        outtextxy(x,y,s);                             /*输出比例*/
        setfillstyle(1,i+2);
        pieslice(300,240,stangle,endangle+6,radius);/*画各扇形*/
        bar3d(540,55+12*i,560,60+12*i,0,0);/*画代表各扇形的颜色条*/
        outtextxy(570,55+12*i,course[i]);      /*标注课程代号*/
        stangle=endangle;   /*上一个扇形的结束角，就是下一个扇形的开始角*/
    }
    getch();
    closegraph();
}
```

运行结果示意图如图 12.15 所示。

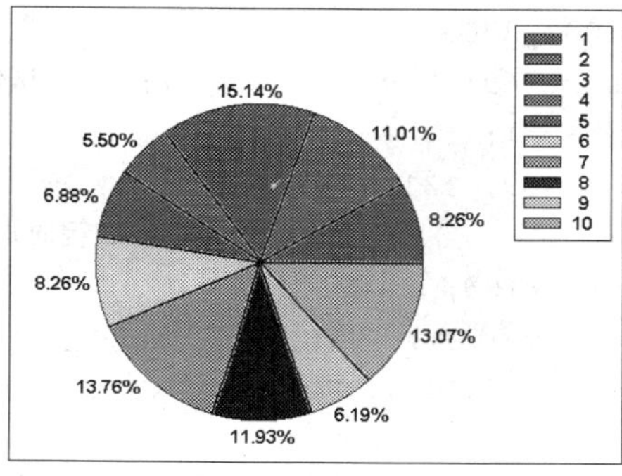

图 12.15　例 12.15 运行结果示意图

【例 12.16】 图像处理函数举例模拟两个小球动态碰撞的过程，当按 Alt+X 键时退出模拟过程。

问题分析：

1）调用画圆操作，先绘制好变化的小球，即 circle（100, 200, 30），也就是在屏幕的左上角为（70,170），右下角为（130,230）的区域上画一个圆形。

2）动态实现技术。动态过程的实现，其实是在不同时刻和不同的位置上画出相同的图像，并且同时将原始位置的图像擦除而实现的。在此程序中每次都在相邻的下一个像素的地方显示圆形，这样便可达到视觉上不间断的移动效果。即 putimage(70+i, 170, buf, COPY_PUT);，其中显示的位置沿 x 轴方向上每次移动一个像素点。

3）图像的选取。在显示新图像的同时一定要擦除原始图像，否则屏幕上就会有多个图像同时出现。由于此程序在移动时每次都移动一个像素点，因此在选取图像时就可以在整个圆形的外围多一个像素点，这个像素点和背景色相同。这样在复制的同时，就可以将周边的像素点的图像擦除掉，这也是程序设计的关键之一，即 size=imagesize(69, 169, 131, 231);。

4）模拟过程的结束。题目要求按 Alt+X 键时方可退出模拟过程，因此在设计的过程中还涉及键盘对屏幕的控制操作。

源程序：

```
#include <stdio.h>
#include <graphics.h>
main()
{   int i, gdriver=DETECT, gmode, size,key=0;
    void *buf;
    initgraph(&gdriver, &gmode, "");
    setbkcolor(BLUE);
    cleardevice();
    setcolor(LIGHTRED);
    setlinestyle(0,0,1);
    setfillstyle(1, 10);
    circle(100, 200, 30);                /*画圆形*/
    floodfill(100, 200, 12);
    size=imagesize(69, 169, 131, 231); /*测试保存图形区域所需字节*/
    buf=malloc(size);
    getimage(69, 169, 131, 231,buf);
    while(key!=45)           /*当按下 Alt+X 键时退出循环*/
    {   for(i=0; i<185; i++)
        {   putimage(70+i, 170, buf, COPY_PUT); /*1 号小球，向右移动*/
            putimage(500-i,170, buf, COPY_PUT); /*2 号小球，向左移动*/
        }
        for(i=0;i<185; i++) /*当两小球碰撞后，紧接着向相反的方向移动*/
```

```
        {    putimage(255-i, 170, buf, COPY_PUT);/*1 号小球，向左移动*/
             putimage(315+i, 170, buf, COPY_PUT);/*2 号小球，向右移动*/
        }
        key=bioskey(0);                     /*获取键值赋给 key*/
        key=key & 0xff ? 0 : key>>8;        /*只取扩充码*/
    }
    getch();
    closegraph();
}
```

运行结果如图 12.16 所示。

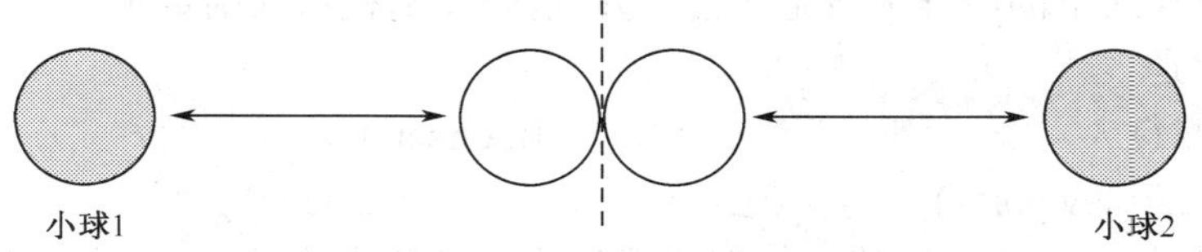

图 12.16　例 12.16 运行结果示意图

当程序开始运行时，小球 1 向右移动，同时小球 2 向左移动；当两球相撞时，各自分开沿着相反的方向移动，即小球 1 向左移动，同时小球 2 向右移动；当用户按 Alt+X 键时，则退出小球碰撞模拟运行过程。

习　题　12

12.1　选择题。

（1）在 VGA 适配器中，图形模式为 VGAHI，则其分辨率为（　　）。

A. 640×200　　B. 640×350　　C. 640×480　　D. 1024×768

（2）初始化图形系统时，initgraph(&graphdriver，&graphmode，" ")；语句中的" "是指（　　）。

A. 参数为空　　B. 在当前目录中查找图形驱动程序

C. 以标准形式初始化图形系统　　D. 语句有错误

（3）如果上题语句中的 graphdriver=（　　），则 initgraph()函数会自动检测系统中硬件类型，选用最大可能的分辨率图形显示模式，并把 graphdriver 及 graphmode 设置成特定值。

A. DEFAULT　　B. DARKGRAY　　C. DELETE　　D. DETECT

（4）在图形模式下，程序是利用（　　）的位置来设置纵横坐标的。

A. 光标　　B. 字符的位置　　C.像素　　D. 行列

（5）以下选项在画线函数中能对线宽进行设置的是（　　）。

A. SOLID_LINE　　B. CENTER_LINE

C. USERBIT_LINE　　D. THICK_WIDTH

（6）在设定填充图形式样和颜色时，属用户自定义的是（　　）。

A. LINE_FILL　　B. INTTERLEAVE_FILL

C. USER_FILL　　D. WIDE_DOT_FILL

（7）图形模式下要输出文字，应选用（　　）函数。

A. cputs()　　B. printf()　　C. putch()　　D. outtext()

（8）图形模式下用于设置文本对其方式的函数是（　　）；用于设定文本的字形、输出方向、字符大小的函数是（　　）；用于输出文本到指定坐标位置的函数是（　　）。

A. outtextxy()　　B. settextstyle()

C. outtext()　　D. settexjustify()

（9）图形模式下的清屏函数是（　　）；清除图形视口的函数是（　　）；字符模式下的清屏函数是（　　）。

A. cls ()　　B. clrscr()

C. clearviewport ()　　D. cleardevice ()

（10）图形模式下输出数值时，需要用到的一组函数是（　　）。

A. sprintf()，outtextxy()　　B. settexjustify()，outtextxy()

C. sprintf()，settextstyle()　　D. settextstyle ()，outtextxy()

12.2　填空题。

（1）显示器的屏显方式有两种，一种是______方式，一种是______方式。

（2）用户所编图形处理程序中必须包含______文件。

（3）函数 moverel(dx，dy)是将光标从现行位置(x，y)移动到位置______。

（4）在设定线型函数 setlinestyle(linestyle，upattern，thickness)中，只有当 linestyle=______时，upattern 的值才有意义；当 linestyle 不为该值时，虽然 upattern 的值不起作用，但仍须为它提供一个值，一般取为______。

（5）画圆弧函数中，用______表示起止角。

（6）在屏幕上设置视口的函数 setviewport(int left，int top，int right，int bottom，int clip)，如果 clip 为________则超出视口的输出自动被剪裁掉；如果 clip 为______则不被剪裁。

（7）Alt+X 的标准键盘扩充码为______；F8 的标准键盘扩充码为______。

（8）下面程序的功能是，在屏幕上绘制以(x，y)为圆心，radius 为半径的圆及以（x，y）、（100，200）为端点的直线，请填空。

```
#include <graphics.h>
main()
{    int x=200，y=200，radius=100；
     int graphdriver=______，graphmode；
     ________________________________；
     setlinestyle(0，0，3)；
     ________________；  /*画直线*/
     ________________；  /*画圆*/
```

```
    getch();
    closegraph();
}
```

12.3 判断题（正确的打√，错误的打×）。

（1）不同的图形适配器有不同的分辨率，但同一图形适配器，在不同模式下分辨率相同。

（2）有关图形显示的程序是放在 initgraph()和 closegraph()之间的。

（3）语句 putpixel(x，y，4)；是用红色在屏幕（x，y）坐标位置上画一个像素点。

（4）对画圆函数 circle()，给定实线则以实线画一个圆，给定点线则以点线画一个圆。

（5）线宽设置对函数 circle()所画圆的效果无影响。

12.4 简述题。

（1）视口与屏幕、视口坐标与屏幕坐标的联系与区别。

（2）使用任意封闭图形填充函数 floodfill()时应注意哪些事项？

（3）int bioskey(int cmd)函数中的参数 cmd 的取值除取 0、1 外还可取何值？其含义是什么？

12.5 编程题。

（1）绘制一条弧线。

（2）通过改变坐标位置移动视口，实现一个圆形图的连续移动。

（3）通过屏幕图像处理函数，实现一个三维条形图的连续移动。

（4）查阅学习有关文本窗口的输入和输出函数的知识，结合 bioskey()函数，设计一个简单的下拉式菜单。

第 13 章　C++面向对象程序设计

程序设计语言是任何计算机进行信息交流的工具。自 20 世纪 40 年代计算机诞生到今天，程序设计语言也在随着计算机技术的发展而不断升级换代。有机器语言、汇编语言、高级语言。而在本书的前 12 章所讲述的 C 语言是结构化和模块化语言，它是面向过程的高级语言。C 程序的设计者必须细致地设计程序中每一个细节，准确地考虑到程序运行时每一时刻发生的事情，例如，各个变量的值是如何变化的？什么时候应该进行哪些输入？在屏幕上应该输出什么等？这样在处理小规模程序时，程序员用 C 比较得心应手，但当问题比较复杂、规模比较大时，程序员便会感到力不从心。因此在 20 世纪 80 年代提出了面向对象程序设计（Object-Oriented Programming，OOP），在这种情况下，C++也应运而生。

本章将首先介绍面向对象程序设计的基本概念（数据封装、继承、多态性），其次将较详细地介绍面向对象程序设计语言 C++的编程规则和特点，目的是为了让读者在学完面向过程程序设计语言 C 之后，对于第四代计算机编程语言——面向对象程序设计语言也有所了解，激发读者学习编程的热情，起到抛砖引玉的作用。

13.1　面向对象程序设计

13.1.1　面向对象程序设计的产生背景

在第 1 章中，介绍了程序设计语言的发展历史，第四代面向对象程序设计语言主要是对第二、三代程序设计语言进行了发展。第二代语言采用结构化程序设计（Structured Programming，SP）。SP 模式解决问题的思路是：首先为其要解决的问题确定一个算法，然后为算法构造适当的数据结构，最后在计算机上具体实现，即：

程序＝算法＋数据结构

算法是一个独立的整体，数据结构（包含数据类型与数据）也是一个独立的整体，两者分开设计，以算法（函数或过程）为主，如图 13.1 所示。

面向过程的设计方法存在一些固有的问题，主要表现在以下几点。

1）由于对实现算法所定义的数据及对数据的操作方法是分开的，不符合人们对现实世界的认识，从而产生了功能和数据的相容性不一致的问题。

2）SP 模式这种自顶向下的设计方法，很难实现代码的重用，降低了开发效率，导致最后开发出来的系统难以维护，无法实现程序的可重用性。

3）基于模块的设计方式，导致软件维护和修改困难重重。

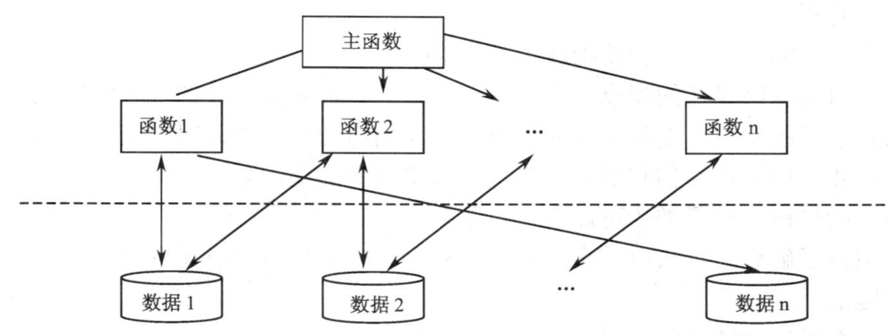

图 13.1　算法与数据结构的关系

正是由于 SP 模式的缺点暴露得越来越多，面向对象程序设计（Object-Oriented Programming，OOP）应运而生。软件系统的开发也由第二、三代的结构化程序设计方法（“算法＋数据结构”）向着第四代的面向对象的程序设计方法（“对象＋类＋继承＋通信”）改进。面向对象的程序设计方法将数据和处理这些数据的算法函数封装在一个类中。使用类的变量称为对象，对象也最终通过类实例化。

面向对象的程序设计吸取了结构化程序设计的精华，提出了一些全新的概念，如类、封装、继承和多态性等，是一种全新的软件开发技术。与传统的面向过程的程序设计相比，面向对象的设计方法的优点主要表现在以下几点：

1）面向对象程序易于阅读和理解，程序的可维护性好。

2）程序易于修改，可通过添加或删除对象来完成。

3）可重用性好，可以随时将保存的类和对象插入到应用程序中。

13.1.2　类和对象

对象作为认识世界的基本单元，例如，一个人，一次运动会，一支笔。每一个对象作为现实世界的一个实体有自己独特的名字、特征和一组操作（每一个操作决定对象的一种行为）。而“类”是对一组具有共同的属性特征和行为特征对象的抽象。例如，由一个个的人构成了人类，所以说，类是对多个对象进行抽象的结果，而对象是类的个体实物，如下所示。

小刚是一个对象。

对象名：小刚。

对象的属性：

　　性别：男

　　年龄：20

　　班级：计算机科学与技术 2007 级 3 班

对象的操作：

　　做早操

　　上课

吃饭

一个个像小刚这样的学生就构成了学生类。

以面向对象程序设计的观点来看，一个对象是由描述其属性的数据和定义在其上面的一组操作组成的实体，是数据单元和过程单元的组合体。类是对一组对象的抽象，这组对象具有相同的属性结构和操作行为，在对象所属的类中要说明这些结构和行为。类是创建对象的样板，有了类才可以创建对象。

从中可以了解到，类只有一个，而类的实例——对象可以有无数个，对象是可以被创建和销毁的。

定义一个类的语法格式如下：

```
class  类名
{
private:
    私有成员数据及函数;
protected:
    保护成员数据及函数;
public:
    公共成员数据及函数;
};
```

其中，class 是定义类的关键字，后面的类名是用户自定义的。类中的数据和函数是类的成员。一个类中可以有三种不同性质的成员（private、protected、public）。如果不作 protected、public 声明，系统将其成员默认为 private。

private 私有成员只允许在本类的成员函数访问，而类外部的任何访问都是非法的。一般一个类的数据成员都声明为私有成员。该类的派生类成员函数不能访问它们。

protected 保护成员和私有成员的性质类似，其差别在于继承过程中对产生的新类影响不同。该类的派生类成员函数可以访问它们。

public 公共成员可以被程序中的任何代码访问，类似一个外部接口。

定义好类之后，就可以定义类的对象，定义格式如下：

```
类名  对象名表;
```

类的成员函数可以在类的内部定义，也可以在类的外部定义。如果类的成员函数定义在类的外部，则定义成员函数时必须把类名放到函数前，且中间用“::”作用域运算符隔开，定义格式如下：

```
类名::成员函数
```

【例 13.1】 建立一个矩形对象，输出矩形的面积。

```
#include <iostream.h>
class rect
{
private:
    float len;
    float width;
```

```
    float area;
public:
    rect(float x,float y);       /*声明构造函数*/
    void cal_area();             /*声明成员函数*/
};
rect::rect(float x,float y)      /*定义构造函数*/
{
    len=x;
    width=y;
}

void rect::cal_area()            /*定义成员函数，计算面积并输出*/
{
    area=len*width;
    cout<<"area is "<<area<<endl;
}
void main()
{
    rect  rectangle(14,20);      /*定义对象，并自动执行构造函数*/
    rectangle.cal_area();        /*从对象外面调用 cal_area 函数*/
}
```

运行结果：

```
area is 280
```

注意：例 13.1 是采用面向对象语言 C++来实现的，关于 C++的知识详见 13.2 节。

13.1.3 构造函数和析构函数

在建立对象时，常需要作某种初始化工作；当函数结束或程序结束时，常要释放分配给对象的存储空间。因此，C++提供了两种重要的函数。构造函数（constructor）是一种特殊的成员函数，用来为对象分配内存空间，对类的数据成员进行初始化。而如果一个类中含有析构函数（destructor），则在删除该类的对象时系统会自动调用它，用来释放分配给对象的存储空间。

构造函数由用户自定义，必须和类名同名，以便系统能识别它并自动调用它。详见例 13.1。

析构函数名也应该与类名相同，只是在函数名前加一个波浪符号“～”。析构函数不允许有返回值，且不能带任何参数。析构函数不能重载，因此一个类中只能有一个析构函数。如果用户没有编写析构函数，系统自动生成一个默认的析构函数，但不进行任何操作。

13.1.4 继承

继承是面向对象程序设计的一个重要特性，它允许在已有类的基础上创建新的类，新类可以从一个或多个已有类中继承函数和数据，而且可以重新定义或加进新的数据和函数，从而新类不但可以共享原有类的属性，同时也具有新的特性，这样就形成类的层次或等级。

可以让一个类拥有全部的属性，还可以通过继承让另一个类继承它的全部属性。被继承的类称为基类或者父类，而继承的类或者说是派生出来的新类称之为派生类或者子类。

对于一个派生类，如果只有一个基类，称为单继承。如果同时有多个基类，称为多重继承。单继承可以看成是多重继承的一个最简单特例，而多重继承可以看成是多个单继承的组合。

如图 13.2（a）所示是单继承，运输汽车类和专用汽车类就是从汽车类中派生而来；如图 13.2（b）所示则是多继承，孩子类从母亲类和父亲类两个类综合派生而来。

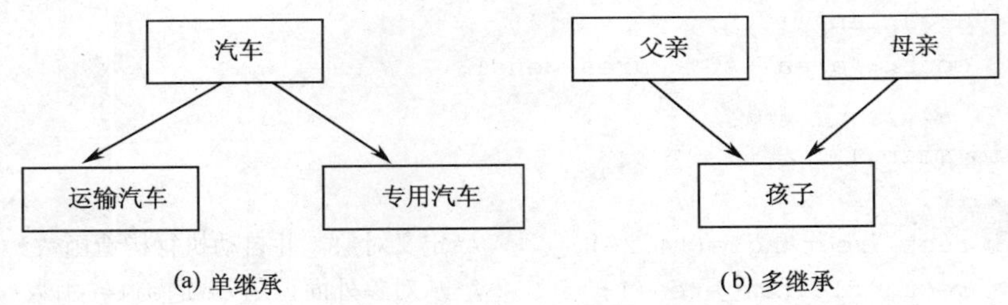

图 13.2　单继承与多继承

13.1.5　多态性

一个语言如果不支持多态性，此语言就不能称之为面向对象的程序设计语言。那么，什么是多态性？多态性（polymorphism）一词来源于希腊，从字面上理解，poly（表示多的意思）和 morphos（意为形态）即“many forms”，是指同一种事物具有多种形态。在自然语言中，多态性是“一词多义”，是指相同的动词作用到不同类型的对象上。例如，驾驶摩托车、驾驶汽车、驾驶飞机、驾驶轮船、驾驶火车等这些行为都具有相同的动作——“驾驶”，但它们各自作用的对象不同，其具体的驾驶动作也不同。但却都表达了同样的一种含义——驾驶交通工具。试想如果用不同的动词来表达“驾驶”这一含义，那将会在使用中产生很多麻烦。

简单地说，多态性是指类中具有相似功能的不同函数使用同一名称，从而使得可以用相同的调用方式达到调用具有不同功能的同名函数的效果。在面向对象程序设计语言中，多态性是指不同对象接收到相同的消息时产生不同的响应动作，即对应相同的函数名，却执行不同的函数体，从而用同样的接口去访问功能不同的函数，实现“一个接口，多种方法”。

例如，两个数比较大小。虽然可以针对不同的数据类型（整型、浮点数、双精度数），写出多个不同名称的函数来实现。但事实上，由于它们的功能几乎完全相同。故可以利用多态性来完成此功能。如下所示：

```
int  Max( int  i , int  j)
{
   return i>j ? i : j;
}
float  Max( float  i , float  j)
{
   return i >j ? i : j;
}
```

此刻，如果 2、7 或 4.3、5.8 比较大小，那么，Max(2，7)和 Max(4.3，5.8)被调用时，编译器会自动判断出应该调用哪一个函数。

由此可以看到在面向对象的方法中，对一个类似的操作，使用相同消息的能力与求解问题中人的思维模式是一致的。当人们在处理问题时就不需要去涉及具体的数据结构和类型，只需着重于揭示系统的逻辑合理性，从而使得对问题的分析和设计站在较高的层次上进行，简化了处理问题的复杂度，使得问题的解法具有良好的可扩充性。

在面向对象的语言中，多态性的实现与编联这一概念是密不可分的。所谓编联（binding，又称为绑定或装配）是将一个标识符名和一个存储地址联系在一起。一个源程序经过编译、连接，最后生成可执行的代码，就是将执行代码编联在一起的过程。例如，把函数的名字和其具体的实现代码相关联，当调用函数时可以通过使用不同的参数个数或者不同的参数类型，实现在不同情况下对不同函数体的调用，从而达到多态的目的。

一般而言，编联方式有两种：静态编联（static binding）和动态编联（dynamic binding）。静态编联是指编联在一个源程序经过编译、连接，成为可执行文件这个过程中的编译阶段完成，即编联过程在程序运行之前完成的，故又称为前期编联或早期编联（early binding）。动态编联是指编联在一个源程序经过编译、连接，成为可执行文件这个过程中的程序执行阶段完成，即编联过程在程序运行时才动态完成的，故又称为晚期编联或后期编联（late binding）。

不同的语言对什么时候进行编联处理的方式不同。传统的程序设计语言大多数都是在编译时进行编联，因为它是在程序运行之前进行的，因此，称之为静态编联，也称早编联。静态编联要求在程序编译时就知道调用函数的全部信息，因此，这种编联类型的函数调用速度快、效率高。

在面向对象的语言中，编联是把一条消息和一个对象的方法相结合，而这种结合是对象首先接收消息，然后把方法和消息相结合在一起的。由于在面向对象的方法中，处理消息的方法常常存储在高层的类中，直到程序运行时才确定调用函数的全部信息，因此，面向对象的语言提供了更好的灵活性、问题的抽象性和程序的易维护性。当然，为了这种好处也付出一定的代价，如执行速度慢、会发生在动态运行时才出现消息与方法的类型不匹配而产生错误等问题。纯的面向对象语言（Visual C++，Java，C#等）完全采用动态编联的方式。而 C++采取了一个折中的方法，在编译时能确定的信息就采用静态编联，而不能确定的信息则采用动态编联，这一措施大大加快了程序的运行速度，同时也使得程序的灵活性和运行效率较为合适。

13.2 C++

C++继承了 C 的原有精髓，如高效率、灵活性等，同时增加了对开发大型软件颇为有效的面向对象机制，弥补了 C 语言代码复用支持不力的缺陷。C++不但可用于表现过程模型，也可用于表现对象模型。由于学好 C++很容易对其他编程语句触类旁通，所以 C++架起了通向强大、易用、真正的软件开发应用的桥梁，从而使得人们对 C++的兴趣越来越浓，C++已经成为众多程序设计语言的首选之一。本节将主要介绍 C++对 C 功能的扩充。

13.2.1 C++语言的特点

C++不但继承了 C 语言的优点，而且具有面向对象的特点，主要表现在以下几点。

1）C++保持与 C 兼容，C 程序中的表达式、语句、函数和程序的组织方法等在 C++中仍可以使用，许多 C 代码不经修改就可以为 C++所用，用 C 编写的众多库函数均可用于 C++中。

2）用 C++编写的程序可读性更好，代码结构更为合理，可直接在程序中映射出问题空间的结构。

3）生成代码的质量高，运行效率仅比汇编语言慢 10%到 20%。

4）支持面向对象的机制（包括对象所有的特性，如封装等），提供继承机制，可方便地构造和模拟现实问题的实体并对其进行操作。

总之，面向对象开发的软件方式比面向过程开发的软件方式有了较大的提高，从而使得大中型的程序开发变得更加容易。

13.2.2 输出流、输入流

C 语言的编译系统对输入（输出）函数缺乏类型检查机制。在 C 语言中，输入（输出）函数的格式控制符的个数或类型与输入项地址表（输出项表）中参数的个数或类型不相同，编译时不会出错，但运行时却不能得到正确的结果或程序出错不能继续执行。

C++除了可以利用 C 语言中的输入和输出函数进行数据的输入和输出外，还增加了标准的输入流 cin 和标准的输出流 cout，它们是在头文件 iostream 中定义。cin 和 cout 是预先定义的流对象，分别代表标准的输入设备（键盘）和标准的输出设备（显示器）。

1. 输出流 cout

输出函数格式如下：

```
cout<<变量 1<<变量 2<<变量 3<<…<<变量 n;
```

运算符“<<”是用来将内存中的数据或常量插入到输出流 cout，也就是输出在标准输出设备上，以便用户查看。在 C++中，这种输出操作称为“插入”（inserting）或“放

到”（putting），因此“<<”通常称为插入运算符。

【例 13.2】 不同数据类型数据的输出。

```
#include <iostream.h>
void main()
{
    int a=10;
    float b=5.5;
    char ch='A';
    char string[10]="Hello!";
    cout<<"a="<<a<<",b="<<b<<endl;
    cout<<"char is "<<ch<<endl;
    cout<<"string is "<<string<<endl;
}
```

运行结果：

```
a=10,b=5.5
char is A
string is Hello!
```

说明：

cout 的输出数据可以是整数、实数、字符和字符串，不需要在本语句中指定数据类型（用 printf 函数输出时要指定输出格式符，如%d，%c 等）。

插入运算符“<<”后面可以跟一个要输出的常量、变量、转义字符及表达式等。

插入运算符“<<”的结合方向为自左向右，因此各输出项按自左向右顺序插入到输出流中。

程序中的 endl（含义是 end of line）代表回车换行操作，作用与'\n'相同。

每输出一项要用一个插入运算符“<<”。因此，程序中的第一条输出行不能写成 cout<<"a=", a, ",b=",b,<<endl;

2. 输入流 cin

输入函数格式如下：

cin>>变量 1>>变量 2>>变量 3>>…>>变量 n;

运算符“>>”是用来从输入设备去的数据送到输入流 cin 中，然后送到内存变量中。在 C++中，这种输入操作称为“提取”（extracting）或“得到”（getting），因此“>>”通常称为提取运算符。

【例 13.3】 不同数据类型数据的输入。

```
#include <iostream.h>
void main()
{   int a;
    float b;
    char ch;
```

```
    char string[10];
    cin>>a>>b>>ch>>string;
}
```

若从键盘输入：

10 5.5 A Hello!（数据间以空格分隔）

则变量 a 的值是 10；变量 b 的值是 5.5；变量 ch 的值是'A'；字符串 string 的值是"Hello!"。

说明：

用 cin 输入数据时，同样不需要在本语句中指定数据类型（用 scanf 函数输入时要指定输入格式符，如%d，%c 等）。

提取运算符“>>”后面除了变量名外不得有其他数字、字符串或字符，否则系统会报错。

例如：

```
cin>>"x=">>x;    /*错误，因为含有字符串"x="*/
cin>>'x'>>x;     /*错误，因为含有字符'x'*/
cin>>x>>10;      /*错误，因为含有常量10*/
```

每输入一项要用一个提取运算符“>>”。因此，程序中的输入行不能写成

```
cin>>a, b, ch, string;
```

3. 格式控制符

C++为输入和输出流提供了格式控制符（manipulator），要在程序中使用这些流的控制符，须在程序前添加头文件#include <iomanip.h>。输入和输出流的常用控制符及其功能见表 13.1。

表 13.1 输入和输出流的常用控制符

控制符	功 能
dec	十进制输出
hex	十六进制输出，默认时为 10 进制输出
oct	八进制输出
setw(n)	设置域宽为 n 个字符
setfill(c)	在给定的输出域宽内填充字符 c
setprecision(n)	设置显示小数精度为 n 位
setiosflags(ios::fixed)	输出数据以固定的浮点显示
setiosflags(ios::scientific)	输出数据以指数显示
setiosflags(ios::left)	输出数据左对齐，默认时为右对齐
setiosflags(ios::right)	输出数据右对齐
setiosflags(ios::skipws)	忽略前导空白格
setiosflags(ios::uppercase)	十六进制大写输出
setiosflags(ios::lowercase)	十六进制小写输出

【例 13.4】 不同数据类型数据的格式控制符。

```
#include <iostream.h>
#include <iomanip.h>
void main()
{   int a,b;
    float x;
    char str[10];
    cout<<"Please input the a,b,x:";
    cin>>a>>b>>x;
    cout<<"Please input str:";
    cin>>setw(5)>>str;/*str 的值为"abcd"，因为结束标志'0'占输入格式的一个域宽*/
    cout<<setfill('*');
    cout<<"a="<<setw(5)<<a<<",b="<<b<<endl;
    cout<<"x="<<setiosflags(ios::fixed)<<x<<endl;
    cout<<"x="<<setiosflags(ios::scientific)<<x<<endl;
    cout<<"string is "<<setw(8)<<str<<endl;
}
```

运行结果：

```
Please input the a,b,x:1□2□123.25↙
Please input str:abcdefg↙
a=****1,b=2
x=123.250000
x=1.232500e+002
string is ****abcd
```

注意：1）hex 或 oct 一旦设置成某种进制计数制后，数据输出就以该数值为主，可以利用 dec 将数值重新设置为十进制。

2）setw(n)括号中的 n 必须是一个给定的正整数或值为正整数的表达式。

setw(n)域宽设置仅对其后的一个输出项有效。一旦按设定的宽度输出其后的一个数据后，程序会回到系统的默认输出方式。若在一条输出语句中要输出多个数据，且保持相同的格式宽度时，则需在每一个输出项前加 setw(n) 函数进行设置。

setw(n)域宽设置中，当 n 大于输出数据实际位数，输出时前面补足填充字符或空格；如果 n 小于输出数据实际位数，按实际位数输出。

3）setfill(c)函数对所有被输出的数据均起作用。

由以上可知，C++的输入和输出不再需要对变量类型加以说明，比 C 的输入和输出简单易用。关于变量的类型系统会自动识别，这一点是利用面向对象的重载技术实现的。

13.2.3 函数内联

1. 内联的概念

在传统的C语言中，调用函数的时候，系统要将程序当前的状态信息、断点信息保存到堆栈中，同时转到被调函数的代码处执行，这样参数的保存和恢复都需要系统时间和空间开销，从而使程序执行效率降低。特别是对于那些代码较短而又频繁调用的函数，这个问题尤为严重。

在 C++中引入了内联函数（inline）。在使用时，C++编译器直接将被调函数的函数体中的代码插入到调用该函数的语句处，在程序运行过程中不再进行函数调用和返回，从而取消函数调用和返回的系统开销，提高程序执行效率。定义的语法形式如下：

```
inline  类型名  函数名(形参类型说明表)
{
}
```

指定内联函数的方法很简单，只需要在函数首部左端加一个关键字“inline”即可。

2. 内联函数的使用

【例 13.5】 使用内联函数求平方值。

```
#include <iostream.h>
inline double sqr(double x)
{
    return  x*x;
}
void main()
{   double x,r;
    cout<<"please input the x: ";
    cin>>x;
    r=sqr(x);
    cout<<"square of "<<x<<" = "<<r<<endl;
}
```

执行结果：

```
please input the x: 2.5
square of 2.5 = 6.25
```

当编译系统在遇到调用函数 sqr(x)时，就用 sqr 函数体的代码代替 sqr(x)。同时将实参代替形参，这样 r=sqr(x);就被置换为：r=x*x;。

注意：1）内联函数与宏定义有着相同的作用和相似的处理。但宏展开只作简单的字符替换而不作语法检查处理；内联函数除了代码替换，还对其进行语法检查等处理。

2）内联函数的函数体内不允许有循环语句和 switch 语句，否则按普通函数处理。

3）内联函数的函数体中语句不宜过长，一般在 1 到 5 行为宜。因为若内联函数较长，当调用太频繁时，程序的目标代码将加长很多。

13.2.4 函数重载

1. 重载的概念

在传统的 C 语言中，函数名必须是唯一的，不允许出现同名函数的多次定义。例如：编写函数分别求两个整数、两个单精度数、两个双精度数的最大值，若采用 C 语言来编写，则必须编写三个函数，并且不允许同名。如下所示：

```
int max_int(int a,int b);                    /*求两个整数的最大值*/
float max_float(float a,float b);            /*求两个单精度数的最大值*/
double max_double(double a,double b);        /*求两个双精度数的最大值*/
```

在 C++中，两个或两个以上的函数在定义时可以取相同的函数名，但要求函数的形参类型或个数不同，这种共享同名的函数定义称为函数重载（overloading）。重载函数的意义在于，可以用一个相同的函数名访问多个功能相近的函数，编译器根据实参和形参的类型及个数找出最佳匹配的一个函数，并自动确定调用此函数。13.2.2 小节中的插入运算符“<<”和提取运算符“>>”，本来是标识左移运算符和右移运算符，现就是使用重载的形式让它作为输入和输出流运算符。

2. 函数重载的使用

【例 13.6】 编写函数求两个数的最大值，分别考虑整数、单精度数、双精度数的情况及求三个整数的最大值。

```
#include <iostream.h>
int max(int a,int b)
{
    return  a>b ? a: b;
}
float max(float a,float b)
{
    return  a>b ? a: b;
}
double max(double a,double b)
{
    return  a>b ? a: b;
}

int max(int a,int b,int c)
{
  if(b>a)
```

```
        a=b;
      if(c>a)
        a=c;
      return a;
    }
    void main()
    {
        int a=7,b=9,c=20;
        float x=5.6f,y=7.4f;
        double m=78.25,n=6.75;
        cout<<"the max between "<<a<<" and "<<b<<" is "<<max(a,b)<<endl;
        cout<<"the max between "<<x<<" and "<<y<<" is "<<max(x,y)<<endl;
        cout<<"the max between "<<m<<" and "<<n<<" is "<<max(m,n)<<endl;
        cout<<"the max in"<<a<<","<<b<<" and"<<c<<"is "<<max(a,b,c)<<endl;
    }
```

运行结果：

```
the max between 7 and 9 is 9
the max between 5.6 and 7.4 is 7.4
the max between 78.25 and 6.75 is 78.25
the max in 7, 9 and 20 is 20
```

在 main()函数中四次调用了 max()函数，实际上是四次调用了四个不同的重载版本，由系统根据传送的不同实参类型和个数来决定调用哪个重载函数。

注意：1）函数重载的形参必须不同，即或者是个数不同，或者是类型不同。

2）编译器不以形参名来区分函数，也不以函数返回值来区分函数，否则会出现语法错误。例如：

```
int max(int a,int b);
void max(int x,int y);
```

3）应使所有的重载函数的功能相同。否则，会破坏程序的可读性。

3. 运算符重载

C++所提供的运算符，包括赋值运算符(=)、算术运算符(+、-、*、/)、关系运算符（<、>、= =）等，这些运算符可以参与的数据类型有 int、float、char 等，均是 C++所规定的基本数据类型。但对于一个自定义的类型而言，若贸然使用这些运算符，则会产生错误信息。例如：

```
typedef struct
{   float real;
    float image;
}complex;
complex  a,b,c;
c=a+b;
```

运算符重载就是对已有运算符赋予多重含义，使同一个运算符作用于不同类型的数据，导致不同类型的行为，它实质上是函数的重载。定义的语法形式如下：

返回值类型　operator 运算符名称(参数类型　参数名称)
{
　　运算符处理;
}

【例 13.7】　求两个复数的乘积及两个复数的和。

```
#include <iostream.h>
typedef struct
{   float real;
    float image;
}complex;
void display(complex  a)
{   if(a.image>0)
        cout<<a.real<<"+"<<a.image<<"i"<<endl;
    else
        cout<<a.real<<"-"<<-a.image<<"i"<<endl;
}
complex operator * (complex a,complex b)
{   complex r;
    r.real=a.real*b.real - a.image*b.image;
    r.image=a.real*b.image + a.image*b.real;
    return r;
}
complex operator + (complex a,complex b)
{   complex r;
    r.real=a.real + b.real;
    r.image=a.image + b.image;
    return r;
}
void main()
{  complex s1,s2,mul,sum;
    s1.real=2;  s1.image=3;
    s2.real=3;  s2.image=4;
    mul=s1*s2;
    sum=s1+s2;
    cout<<"complex s1 is: ";
    display(s1);
    cout<<"complex s2 is: ";
    display(s2);
    cout<<"the mult of complex s1 and s2 is: ";
```

```
        display(mul);
        cout<<"the sum  of complex s1 and s2 is: ";
        display(sum);
    }
```

执行结果：

```
complex s1 is: 2+3i
complex s2 is: 3+4i
the mult of complex s1 and s2 is: -6+17i
the sum  of complex s1 and s2 is: 5+7i
```

注意：1）只能重载 C++中有的运算符，除了少数几个外（“.”，“*”，“::”，“?:”，“sizeof”），均可以重载。

2）重载后运算符的优先级和结合性都不会改变。

3）一般来讲，重载的功能应当与原有功能相类似，不能改变原运算符的操作对象个数，同时至少要有一个操作对象是自定义类型。

13.2.5 引用

1. 引用的概念

引用（reference）是 C++中的一种特殊的变量类型，是对 C 的一个重要扩充，通常被认为是另一个已经存在的变量的别名。应用的值是相关变量的存储单元中的内容，对引用的操作实际上是对相关变量的操作。定义格式如下：

基类型名 &引用变量名 ＝ 变量名

例如：

```
int a=15,m=10;         /*定义变量 a，并初始化值为 15*/
int &b=a;              /*声明 b 是 a 的“引用”，即 a 的别名*/
                       /*使 a 或 b 的作用相同，都代表同一变量*/
b=20;                  /*给 b 赋值，使得 a 的值变为 20*/
b=m;                   /*企图使 b 变成 m 的引用(别名)是不行的*/
                       /*这样导致 a 和 b 的值都变成了 10*/
```

注意：1）在声明中，&是“引用声明符”，并不代表地址，不能理解为“把 a 的地址赋给 b 的地址”。

2）声明引用并不另辟内存单元，b 和 a 都代表同一变量单元。

3）在声明一个变量的引用后，在本函数执行期间，该引用一直与其代表的变量相关联，不能再作为其他变量的引用（别名）。

引用和指针不能混淆，它们的区别如下：

1）引用被创建的同时必须被初始化（指针则可以在任何时候被初始化）。

例如：将以上代码写为，则会出现错误。

```
int a=15;    /*定义变量 a，并初始化值为 15*/
int &b;      /* 出错信息：error 'b' : references must be initialized*/
```

2）不能有 NULL 引用，引用必须与合法的存储单元关联（指针则可以是 NULL）。
3）一旦引用被初始化，就不能改变引用的关系（指针则可以随时改变所指的对象）。

2. 引用的使用

C++之所以增加“引用”，主要是把它作为函数参数，以扩充函数传递数据的功能。
在 C 语言中，函数的参数传递有两种情况：
1）将变量名作为实参，这时传给形参的是变量的值。
2）将变量的指针作为实参，这时传给形参的是变量的地址值。
以上两种情况详见 9.2.3 小节中的例 9.2 的分析。
C++提供向函数传递数据的第三种方法，即传送变量的引用（别名）。

【例 13.8】 输入两个整数，按从小到大的顺序输出，利用“引用形参”实现两个变量的值交换。

```
#include <iostream.h>
void swap(int &a,int &b)
{
    int t;
    t=a;
    a=b;
    b=t;
}
void main()
{   int m,n;
    cout<<"Input m,n:";
    cin>>m>>n;
    if(m>n)
        swap(m,n);
    cout<<"Sorted: "<<m<<" "<<n<<endl;
}
```

运行结果：

```
Input m,n: 9  5 <回车>
Sorted: 5  9
```

在 swap 函数的形参表中声明变量 a 和 b 是整型的引用变量，在此处&a 并不是“a 的地址”，而是指“a 是一个引用型变量”。此时并没有对其初始化，即未指定它们是哪个变量的别名。当调用执行 swap(m,n)时由实参 m、n 把变量名传递给形参，此时 m 的名字传给引用变量 a，这样 a 就成了 m 的别名。同理 b 就成了 n 的别名。因此 a 和 m 代表同一个变量，b 和 n 代表同一个变量。在 swap 函数中使 a，b 的值交换，显然 m 和 n 的值同时也随之改变了，然后回到 main()函数。这样就通过“引用传递”实现了数值的交换，如图 13.3 所示。

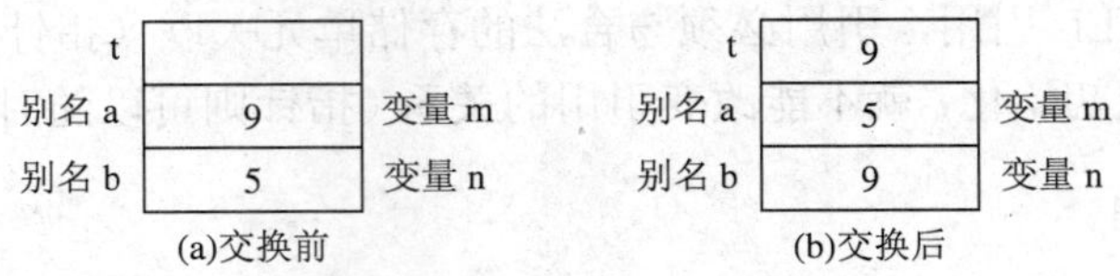

图 13.3　通过引用形参实现了 m 和 n 的交换

13.2.6　C++增加的运算符、数据类型、注释

1. 增加的运算符

（1）作用域运算符　“::”

在 C++中，可以用作用域运算符“::”指定变量的作用域。“::”是一个单目运算符，其右边的操作数是一个全局作用于范围内的标识符。

【例 13.9】　利用作用域运算符输出全局变量。

```
#include <iostream.h>
int x=20;          /*全局变量*/
void main()
{    float x=9.8;/*局部变量*/
     cout<<"x="<<x<<endl;           /*输出局部变量*/
     cout<<"x="<<::x<<endl;         /*输出全局变量*/
}
```

运行结果：

```
x=9.8
x=20
```

（2）动态内存分配运算符 new 和释放运算符 delete

在 C 语言中一般用 malloc()函数动态分配内存，最后用 free()函数释放所分配的内存空间。在使用 malloc()函数时，必须指定需要开辟内存空间的大小“sizeof”和“强制类型转换”使其返回的指针指向具体的数据。

C++提供了较简便的运算符 new 和 delete 来取代 malloc 和 free 函数（为了与 C 兼容，仍保留 malloc 和 free 函数）。这样则不需要使用运算符 sizeof 为不同类型的变量计算所需内存大小，而是自动为变量分配正确长度的内存空间；也不需要进行类型转换。

new 运算符的一般格式如下：

new　类型[初值]

delete 运算符的一般格式如下：

delete　[ ]指针变量

【例 13.10】　使用运算符 new 和 delete 的实例。

```
#include <iostream.h>
#include <stdlib.h>
#define N 30
```

```
typedef struct
{   char name[20];
    int num;
    char sex;
}student;
void main()
{   student *p;
    p=new student[N];/*为指针 p 分配 10 个 student 类型的内存单元*/
    if(!p)
    {   cout<<"Memory allocation failure!"<<endl;
        exit(0);
    }
    for(int i=0;i<N;i++)
    {
        p[i].num=i+1;
    }
    delete []p;      /*释放为 p 分配的内存单元*/
}
```

说明：

new 和 delete 是运算符，而不是函数，因此执行效率高。

运算符 delete 必须用于先前 new 分配的有效指针，不能与 malloc 函数混合使用，否则可能会引起程序运行错误。

如果要释放为数组分配的内存，就必须在指针变量前面加上“[]”一对方括号。

2. 增加的数据类型

C++增加了一些数据类型，例如 bool 类型，用来存储逻辑型数据，即逻辑常量 true 和 false，对应于逻辑的“真”和“假”。bool 型数据占用一个字节的存储空间，当为 true 时在计算机中存储的值是 1，而为 false 时则存储 0。C++之所以要加入 bool 类型，目的是为了让程序员在处理那些只用于表示“真或假”、“是或否”等数据时，可以用直观的 true 和 false 来表示。

3. 注释

在 C 语言中，用“/*”及“*/”作为注释分界符号。C++在除保留了 C 语言的这种注释方式外，还提供了一种更有效的注释方式，该注释以“//”开始到行尾结束，从而更加简洁方便。

13.2.7 C++程序的集成开发环境

C++源程序和 C 源程序一样，也要经过编写源代码、编译、连接和运行等过程。这些过程都可以在集成开发环境中完成。集成开发环境（Integrated Developing Environment，

IDE）是用于程序开发的应用程序，一般包括代码编辑器、资源编辑器、集成调试工具、调试器和图形用户界面工具等，可以完成创建、调试、编辑程序等操作的编程环境。C++集成开发环境有 Visual C++、Builder C++等。Visual C++ 6.0 是在 Windows 平台下运行 C++的集成开发环境，目前使用较为广泛，如图 13.4 所示。

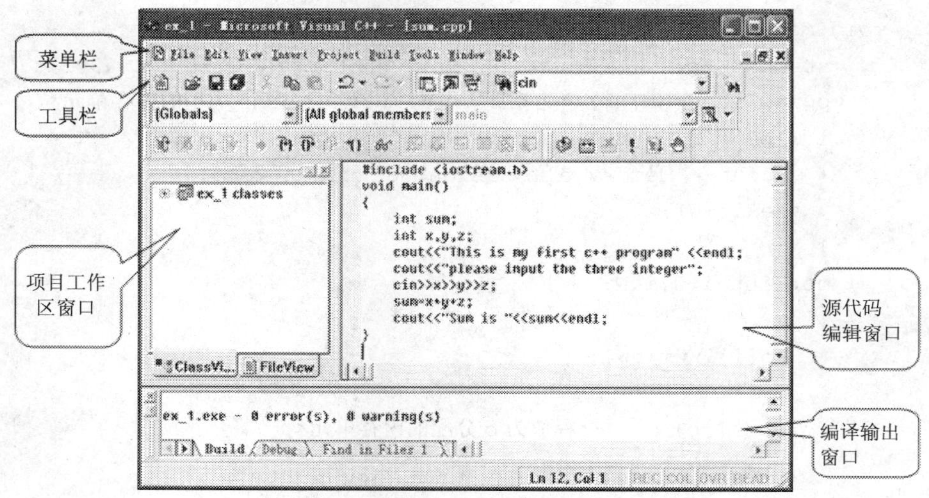

图 13.4　Visual C++ 6.0 的集成开发环境

13.3　C#　语　言

13.3.1　C#简介

C#（读作 C Sharp）是 Microsoft 公司为.NET 平台引入的一种新型编程语言，C#吸取了 C 语言 30 余年的过程开发经验和 C++语言 10 余年面向对象的开发经验，综合了 Visual Basic 高产和 C++底层控制能力强的特性，并继承了 Java 的优点，成为一种简单的、现代的、类型安全和完全面向对象的编程语言。

C#是 C++的进一步发展，对 C++中的语法语义进行了简化和改良。摒弃了 C++中函数及其参数的 const 修饰、宏替换、全局变量、全局函数等华而不实内容；在继承方面，采用了更安全、更容易理解的单继承和多接口实现的方式；在源代码组织上，支持声明与实现一体的逻辑封装。它保留了 C++ 中好的特性，如枚举类型、引用参数、输出参数、数组参数等。C#是一种简单的、现代的、类型安全和完全面向对象的编程语言，它将会充分发挥面向对象的所有优点。

13.3.2　C#的特点

C#是一种面向对象的程序开发语言，虽然外表上似乎雷同于 C、C++，但其语言的实质应用效果却与 Java 有些相似。一方面，它们都是跨平台的语言。另一方面，C#也与

Java 的编译过程雷同。用 C#编写的代码首先通过 C#编译器编译为一种特殊的字节代码（中间语言，Microsoft Intermediate Language，MSIL），运行的时候再通过特定的编译器（JIT 编译器，Just In Time，JITer）编译为机器代码从而供操作系统执行。C＃是微软专门为.NET 应用而开发的语言，从根本上保证了 C＃与.NET Framework 的完美结合。因此，C＃主要有以下特点：

1）简单和类型安全。在 C#中，不允许直接进行内存操作，指针已经消失，并且继承了.NET 平台的自动内存管理和垃圾回收功能，因此增加了类型的安全性，确保应用的稳定性。在 C++中“::”、“->”和“.”操作符，在 C#中只保留一个“.”，所有访问只需理解为名字的嵌套，这便使得程序的编写变得更为简单。

2）完全面向对象。C#支持数据封装、继承、多态和对象界面，每种实体都是对象。例如 int、float、double 在 C# 中都是对象。C#中没有全局变量、全局常量和全局函数，一切都必须封装在一个类中，减少了命名冲突的可能。

3）灵活性和兼容性。C#允许将某些类或方法设为非安全模式，在该范围内能使用指针。C# 有极强的交互作用性，VB.NET 和任何.NET Framework 中的程序设计语言的 XML、SOAP、COM、DLL 等都可以在 C#中直接使用。

4）与 Web 紧密结合。C#与 Web 标准完全统一，用 C#可以开发控制台应用程序，类库，Windows 应用程序、Windows 服务程序、Windows 控件库、ASP.NET Web 应用程序、ASP.NET Web 服务程序，Web 控件库。C#能将任何组件转换成 Web Service，任何平台上的任何应用程序都可以通过互联网来使用这个服务。

总之，C#语言是由 C 和 C++演变而来，继承了 C 和 C++的各种优点。C＃采用快速应用程序（Rapid Application Development，RAD）的思想和简洁的语法，让不熟悉 C 和 C++的程序设计人员可以在短期内就成为一名较熟练的开发人员。

13.4 总结与提高

13.4.1 重点与难点

1）熟练掌握 C++对 C 的功能扩充，包括标准输入流 cin 和输出流 cout 的用法、新增加的类型等。

2）深入理解 C++中引用的知识，并能区分引用和指针。

3）熟练掌握重载和内联函数，并能灵活运用重载和内联技术。

4）了解面向对象程序设计的特点。

5）理解类、对象、构造函数、析构函数、继承等相关知识点。

6）了解 C#语言的特点。

13.4.2 典型题例

【例 13.11】 电子日历综合案例，编写一个程序，设计一个电子日历类，满足以下要求：

1）可以根据用户要求设置日期。

2）用年/月/日格式输出日期。

3）编写函数计算当前日期的下一天，并显示。

问题分析：

1）类的成员数据分析。根据要求可知成员数据分别有：年 m_year、月 m_month、日 m_day。为了达到信息隐藏的目的，将这些成员数据均设定为 private 私有的。

2）类的成员函数分析。根据题目要求可知成员函数分别有：

构造函数 mydate(int a,int b,int c);

设置日期函数 setdate(int a,int b,int c);

显示日期函数 display();

增加天数函数 addday();

对于以上这些成员函数都设置为了 public 公共的，以便在类外访问它。

3）在增加天数时，必须根据年的不同（是否为闰年），月份的不同（每月的最大天数不同）来计算。因此为了程序的可读性及移植性，在类的成员函数中增加了一个判断闰年函数 isleap()。对于判断闰年的结果只有两种情况：是闰年或不是闰年，所以函数的返回类型为 bool 类型；同时，将其设置为 private 私有的。

源程序：

```
#include <iostream.h>
class mydate              //定义电子日历类
{
private:                  //设定私有数据成员年、月、日
    int m_year;
    int m_month;
    int m_day;
public:
    mydate(int a,int b,int c);              //声明构造函数
    void display();                         //声明显示日期函数
    void addday();                          //声明增加天数函数
    void setdate(int a,int b,int c);        //声明设置日期函数
private:
    bool isleap();                          //声明闰年判断函数
};
void mydate::setdate(int a,int b,int c)       //定义设置日期函数
{   m_year=a;
    m_month=b;
    m_day=c;
}
mydate::mydate(int a,int b,int c)             //定义构造函数
```

```
{   setdate(a,b,c);
}
void mydate::display()                        //定义显示日期函数
{
    cout<<m_year<<"/"<<m_month<<"/"<<m_day<<endl;
}

void mydate::addday()                         //定义增加天数函数
{   bool flag;
    flag=isleap();
    if(m_month==1||m_month==3||m_month==5||
                    m_month==7||m_month==8||m_month==10)
    {
        if(m_day==31)
        {   m_month++;
            m_day=1;
        }
        else
            m_day++;
    }
    else if(m_month==4 || m_month==6 ||m_month==9 ||m_month==11)
    {   if(m_day==30)
        {   m_month++;
            m_day=1;
        }
        else
            m_day++;
    }
    else if(m_month==2)
    {   if((flag && m_day==29) || (!flag && m_day==28))
        {   m_month++;
            m_day=1;
        }
        else
            m_day++;
    }
    else if(m_month==12)
    {   if(m_day=31)
        {   m_year++;
            m_month=1;
            m_day=1;
```

```
            }
            else
                m_day++;
        }
    }
bool mydate::isleap()                   //定义闰年判断函数
{   if(m_year%400==0)
        return true;
    else if(m_year%4==0 && m_year%100!=0)
        return true;
    else
        return false;
}
void main()
{   mydate d(2008,8,8);
    int a,b,c;
    cout<<"current data(year/month/day) is: ";
    d.display();
    d.addday();
    cout<<"add one day to current date is: ";
    d.display();
    cout<<"please input data(year/month/day): ";
    cin>>a>>b>>c;
    d.setdate(a,b,c);
    d.addday();
    cout<<"after set data(year/month/day) is: ";
    d.display();
}
```

执行结果：

```
current data(year/month/day) is: 2008/8/8
add one day to current date is: 2008/8/9
please input data(year/month/day): 2007 2 28
after set data(year/month/day) is:  2007/3/1
```

习　题　13

13.1　写出下面程序代码的输出结果。

```
#include <iostream.h>
#include <iomanip.h>
void main()
{
```

```
        cout<<setprecision(2)<<setfill('*')<<setw(6)<<1.82<<",";
        cout<<setfill('#')<<setw(6)<<1.8258<<endl;
    }
```

13.2　使用函数重载的方法定义两个重名函数，分别求出矩形面积和圆面积。

13.3　自定义复数类 complex，并在其中重载运算符“+”，运算符“-”，以实现两个复数的相加、相减运算并输出。

13.4　指出下面类定义中错误及其原因。

```
#include <iostream.h>
class MyClass
{
private:
    int x;
    int y;
public:
    MyClass(int a=0,int b=1);
    Print();
};
MyClass::MyClass(int a=0,int b=1)
{
    x=a;
    y=b;
}
void MyClass::Print()
{
    cout<<"x= "<<x<<endl;
    cout<<"y= "<<y<<endl;
}
void main()
{
    MyClass  a;
    a.Print();
}
```

13.5　请设计程序，使其实现以秒计时的功能。首先定义一个 watch 类，它有两个私有成员数据 begin、end 分别表示开始时间、结束时间，有成员函数 start()、stop()、show()分别用来设置开始时间、结束时间、显示持续时间。

13.6　什么是面向对象程序设计？面向对象程序设计具有几大特点？

13.7　C++语言具有什么特点？

13.8　C#与其他语言相比有哪些突出特点？

附　录

附录 I　常用字符与 ASCII 码对照表

ASCII 码由三部分组成。

第一部分从 00H 到 1FH 共 32 个，一般用来通信或作为控制之用，有些字符可显示于屏幕，有些则无法显示在屏幕上，但可以从附表 I.1 看到效果（例如换行字符、归位字符）。

附表 I.1　ASCII 码（一）

ASCII 码	字　符	控制字符	ASCII 码	字　符	控制字符
000	null	NUL	016	►	DLE
001	☺	SOH	017	◄	DC1
002	●	STX	018		DC2
003	♥	ETX	019	!!	DC3
004	◆	EOT	020	╖	DC4
005	♣	END	021	§	NAK
006	♠	ACK	022	▬	SYN
007	Beep	BEL	023		ETB
008	Bs	BS	024	↑	CAN
009	Tab	HT	025	↓	EM
010	换行	LP	026	→	SUB
011	(home)	VT	027	←	ESC
012	(form feed)	FF	028	∟	PS
013	回车	CR	029	←→	GS
014	♫	SO	030	▲	RS
015	☼	SI	031	▼	US

其中，第二部分从 20H 到 7FH 共 96 个，除 32H 表示的空格和 79H 表示的 DEL 删除外，其余这 94 个字符用来表示阿拉伯数字、英文字母大小写和底线、括号等符号，都可以显示在屏幕上，见附表 I.2。

附表 I.2　ASCII 码（二）

ASCII 值	字　符	ASCII 值	字　符	ASCII 值	字　符
032	（space）	064	@	096	’
033	!	065	A	097	a
034	“	066	B	098	b
035	#	067	C	099	c
036	$	068	D	100	d
037	%	069	E	101	e
038	&	070	F	102	f
039	′	071	G	103	g
040	（	072	H	104	h
041	）	073	I	105	i
042	*	074	J	106	j
043	+	075	K	107	k
044	,	076	L	108	l
045	-	077	M	109	m
046	•	078	N	110	n
047	/	079	O	111	o
048	0	080	P	112	p
049	1	081	Q	113	q
050	2	082	R	114	r
051	3	083	S	115	s
052	4	084	T	116	t
053	5	085	U	117	u
054	6	086	V	118	v
055	7	087	W	119	w
056	8	088	X	120	x
057	9	089	Y	121	y
058	：	090	Z	122	z
059	；	091	[	123	{
060	<	092	\	124	¦
061	=	093	]	125	}
062	>	094	∧	126	~
063	?	095	—	127	DEL

第三部分从 80H 到 0FFH 共 128 个字符，一般称为“扩充字符”，这 128 个扩充字符是由 IBM 制定的，并非标准的 ASCII 码。这些字符是用来表示框线、音标和其他欧洲非英语系的字母，如附表 I.3 所示。

附表 I.3 ASCII 码 (三)

ASCII 值	字 符	ASCII 值	字 符	ASCII 值	字 符	ASCII 值	字 符
128	ç	160	á	192	└	224	α
129	ü	161	í	193	┴	225	β
130	é	162	ó	194	┬	226	Γ
131	â	163	ú	195	├	227	π
132	ä	164	ń	196	─	228	Ξ
133	à	165	<u>a</u>	197	┼	229	σ
134	å	166	<u>o</u>	198	╞	230	μ
135	ç	167	ƍ	199	╟	231	τ
136	ê	168		200	╚	232	
137	ë	169	┌	201	╔	233	θ
138	è	170	┐	202	╩	234	Ω
139	Ï	171	1/2	203	╦	235	δ
140	Î	172	1/4	204	╠	236	∞
141	Ì	173	!	205	═	237	∮
142	Ã	174	《	206	╬	238	∈
143	Å	175	》	207	╧	239	∩
144	É	176	░	208	╨	240	≡
145	ac	177	▒	209	╤	241	±
146	ÅE	178	▓	210	╥	242	≥
147	ô	179	│	211	╙	243	≤
148	ö	180	┤	212	╘	244	⌠
149	ò	181	╟	213	╒	245	⌡
150	û	182	╢	214	╓	246	÷
151	ù	183	┐	215	╫	247	≈
152	ÿ	184	┐	216	╪	248	°
153	Ö	185	╣	217	┘	249	▪
154	ü	186	║	218	└	250	·
155		187	┐	219	█	251	
156	{	188	┘	220	▄	252	Π
157	¥	189	┘	221	▌	253	Z
158	Pt	190	┘	222	▐	254	■
159	f	191	┐	223	▀	255 (blank 'FF')	

附录II C语言中的关键字表

auto	break	case	char
const	continue	default	do
double	else	enum	extern
float	for	goto	if
int	long	register	return
short	signed	sizeof	static
struct	switch	typedef	union
unsigned	void	volatile	while

附录III C语言中的运算符的优先级与结合性一览表

<table>
<tr><th>优先级</th><th>运算符</th><th>含 义</th><th>参与运算对象的数目</th><th>结合方向</th></tr>
<tr><td>1</td><td>()
[]
->
•</td><td>圆括号运算符
下标运算符
指向结构体成员运算符
结构体成员运算符</td><td></td><td>自左至右</td></tr>
<tr><td>2</td><td>!
~
++
--
-
(类型)
*
&
sizeof</td><td>逻辑非运算符
按位取反运算符
自增运算符
自减运算符
负号运算符
类型转换运算符
指针运算符
取地址运算符
求类型长度运算符</td><td>单目运算符</td><td>自右至左</td></tr>
<tr><td>3</td><td>*
/
%</td><td>乘法运算符
除法运算符
求余运算符</td><td rowspan="10">双目运算符</td><td rowspan="10">自左至右</td></tr>
<tr><td>4</td><td>+
—</td><td>加法运算符
减法运算符</td></tr>
<tr><td>5</td><td><<
>></td><td>左移运算符
右移运算符</td></tr>
<tr><td>6</td><td><
<=
>
>=</td><td>关系运算符</td></tr>
<tr><td>7</td><td>==
! =</td><td>判等运算符
判不等运算符</td></tr>
<tr><td>8</td><td>&</td><td>按位与运算符</td></tr>
<tr><td>9</td><td>^</td><td>按位异或运算符</td></tr>
<tr><td>10</td><td>|</td><td>按位或运算符</td></tr>
<tr><td>11</td><td>&&</td><td>逻辑与运算符</td></tr>
<tr><td>12</td><td>||</td><td>逻辑或运算符</td></tr>
</table>

续表

优先级	运算符	含　义	参与运算对象的数目	结合方向
13	? :	条件运算符	三目运算符	自右至左
14	= += -= *= /= %= >>= <<= &= ^= |=	赋值运算符	双目运算符	自右至左
15	,	逗号运算符 （顺序求值运算符）		自左至右

附录Ⅳ　C 库 函 数

先后顺序依照字典序列。

1. 内存分配函数，所在函数库为 alloc.h（见附表Ⅳ.1）

附表Ⅳ.1　函数

函数名	函数原型	函数功能及返回值
calloc	void *calloc (unsigned n,unsigned size);	动态分配 n 个数据项的连续内存空间，内存量为 n*size 个字节。返回分配的内存块的起始地址；若无 n*size 个字节的内存空间返回 NULL
free	void free(void *block);	释放以前分配的首地址为 block 的内存块
malloc	void *malloc(unsigned size);	分配长度为 size 个字节的内存块。返回指向新分配内存块首地址的指针；否则返回 NULL
realloc	void *realloc(void *block, unsigned size);	将 bolck 所指出的已分配内存区的大小改为 size，size 可以比原来分配的空间大或小。返回指向该内存区的指针

2. Bios 键盘接口函数，所在函数库为 bios.h（见附表Ⅳ.2）

附表Ⅳ.2　函数

函数名	函数原型	函数功能
bisokey	int bisokey(int cmd);	直接使用 bios 服务的键盘接口

3. 控制台输入输出函数，所在函数库为 conio.h（见附表Ⅳ.3）

附表Ⅳ.3　函数

函数名	函数原型	函数功能
clreol	void clreol(void);	在文本窗口中清除字符到行末
clrscr	void clrscr(void);	清除文本模式窗口
cprintf	int cprintf(const char *format[,argument,...]);	送格式化输出至屏幕
cputs	void cputs(const char *string);	写字符到屏幕
getch	int getch(void);	从控制台取一个字符（无回显）
getche	int getche(void);	从控制台取一个字符（带回显）
gotoxy	void gotoxy(int x,int y);	在文本窗口中设置光标
kbhit	int kbhit(void);	检查当前是否有键按下
textattr	void textattr(int attribute);	设置文本属性
textbackground	void textbackground(int color);	在文本模式中选择新的文本背景颜色
textcolor	void textcolor(int color);	在文本模式中选择新的字符颜色
wherex	int wherex(void);	返回窗口内水平光标位置
wherey	int wherey(void);	返回窗口内垂直光标位置

4. 字符函数，所在函数库为 ctype.h（见附表Ⅳ.4）

附表Ⅳ.4　函数

函数名	函数原型	函数功能及返回值
isalpha	int isalpha(int ch);	检查 ch 是否是字母('A' ~ 'Z', 'a' ~ 'z')。若是返回非 0 值，否则返回 0
isalnum	int isalnum(int ch);	检查 ch 是否是字母('A' ~ 'Z', 'a' ~ 'z')或数字('0'~'9')。若是返回非 0 值，否则返回 0
isascii	int isascii(int ch);	检查 ch 是否是 ASCII 码中的 0~127 的字符。若是返回非 0 值，否则返回 0
iscntrl	int iscntrl(int ch);	检查 ch 是否是字符(0x7F)或普通控制字符(0x00~0x1F)。若是返回非 0 值，否则返回 0
isdigit	int isdigit(int ch);	检查 ch 是否为十进制数('0' ~ '9')。若是返回非 0 值，否则返回 0
isgraph	int isgraph(int ch);	检查 ch 是否是 ASCII 码中的 0x21~0x7E 的可打印字符（不含空格）。若是返回非 0 值，否则返回 0
islower	int islower(int ch);	检查 ch 是否是小写字母('a' ~ 'z')。若是返回非 0 值，否则返回 0
isprint	int isprint(int ch);	检查 ch 是否是 ASCII 码中的 0x20~0x7E 的可打印字符（含空格）。若是返回非 0 值，否则返回 0
ispunct	int ispunct(int ch);	检查 ch 是否是标点字符，即除字母、数字和空格以外的所有可打印字符。若是返回非 0 值，否则返回 0
isspace	int　isspace(int ch);	检查 ch 是否是空格(' ')，水平制表符('\t')，回车符('\r')，走纸换行('\f')，垂直制表符('\v')，换行符('\n')。若是返回非 0 值，否则返回 0
isupper	int isupper(int ch);	检查 ch 是否是大写字母('A' ~ 'Z')。若是返回非 0 值，否则返回 0
isxdigit	int isxdigit(int ch);	检查 ch 是否是一个 16 进制数('0' ~ '9', 'A' ~ 'F', 'a' ~ 'f')。若是返回非 0 值，否则返回 0

续表

函数名	函数原型	函数功能及返回值
toasscii	int toasscii(int ch);	将字符 ch 转换成 ASCII 字符并返回
tolower	int tolower(int ch);	将字符 ch 转换为小写字母。返回 ch 所代表的字符的小写字符
toupper	int toupper(int ch);	将字符 ch 转换为大写字母。返回 ch 所代表的字符的大写字符

5. 延时函数，所在函数库为 dos.h（见附表Ⅳ.5）

附表Ⅳ.5 函数

函数名	函数原型	函数功能
delay	void delay (unsigned milliseconds);	将程序的执行暂停一段时间（毫秒）

getdate	void getdate(date *d);	用来取得目前系统日期并返回 date 结构，此结构有 da_year, da_mon,da_day 字段，分别用来表示系统日期的年、月、日。
		struct date d;
		getdate(&d);
		printf("%d-%d-%d",d.da_year,d.da_mon,d.da_day);

6. 图形输出，所在函数库为 graphics.h（见附表Ⅳ.6）

附表Ⅳ.6 函数

函数名	函数原型	函数功能
arc	void arc(int x, int y, int stangle,int endangle, int radius);	画一弧线
bar	void bar(int left,int top,int right, int bottom);	画一个二维条形图
bar3d	void bar3d(int left,int top,int right, int bottom, int depth, int topflag);	画一个三维条形图
circle	void circle(int x,int y,int radius);	在给定半径以（x,y）为圆心画圆
cleardevice	void cleardevice(void);	清除图形屏幕
closegraph	void closegraph(void);	关闭图形系统
drawpoly	void drawploy(int numpoints, int *polypoints);	画多边形
ellipse	void ellipse(int x,int y,int stangle, int endangle, int xradius, int yradius);	画一椭圆
fillellipse	void fillellipse(int x,int y, int xradius, int yradius);	画出并填充一个椭圆
fillpoly	void fillpoly(int numpoints,int *polypoints);	画出并填充一个多边形
getcolor	int getcolor(void);	返回当前画线颜色
getimage	void getimage(int left,int top,int right,int bottom,void *bitmap);	将指定区域内的一个位图存到主存中
getmaxx	int getmaxx(void);	返回屏幕的最大 x 坐标
getmaxy	int getmaxy(void);	返回屏幕的最大 y 坐标
imagesize	unsigned imagesize(int left,int top,int right,int bottom);	返回保存位图像所需的字节数
initgraph	void initgraph(int *graphdriver,int *graphmode,char *pathtodriver);	初始化图形系统
line	void line(int x0,int y0,int x1,int y1);	在指定两点间画一直线

续表

函数名	函数原型	函数功能
outtextxy	void outtextxy(int x,int y,char *textstring);	在指定位置显示一个字符串
pieslice	void pieslice(int x,int y,int stanle,int endangle,int radius);	绘制并填充一个扇形
putimage	void putimage(int x,int y,void *bitmap, int op);	在屏幕上输出一个位图
rectangle	void rectange(int left,int top, int right, int bottom);	画一个矩形
registerbgidriver	int registerbgidriver(void *(driver) (void));	登录已连接进来的图形驱动程序代码
setcolor	void setcolor(int color);	设置当前画线颜色
setfillstyle	void setfillstyle(int pattern, int color);	设置填充模式和颜色
setlinestyle	void setlinestyle(int linestyle, unsigned upattern);	设置当前画线宽度和类型
settextjustify	void settextjustify(int horiz, int vert);	为图形函数设置文本的对齐方式
settextstyle	void settextstyle(int font, int direction,char size);	为图形输出设置当前的文本属性
setwritemode	void setwritemode(int mode);	设置图形方式下画线的输出模式

7. 数学计算函数，所在函数库为 math.h（见附表Ⅳ.7）

附表Ⅳ.7　函数

函数名	函数原型	函数功能
abs	int abs(int i);	求整数的绝对值
acos	double acos(double x);	反余弦函数，返回余弦函数 x 的角度
asin	double asin(double x);	反正弦函数，返回正弦函数 x 的角度
atan	double atan(double x);	反正切函数，返回正切函数 x 的角度
atan2	double atan2(double x,double y);	返回正弦值 x/y 的角度
atof	double atof(char *str);	将字符串转换成双精度浮点数并返回。转换失败时返回 0
cabs	double cabs(struct complex znum)	返回复数 znum 的绝对值
ceil	double ceil(double x);	向上舍入
cos	double cos(double x);	余弦函数，返回 x 角度的余弦值
cosh	double cosh(double x)	双曲余弦函数
exp	double exp(double x)	返回指数函数 e^x 的值
fabs	double fabs(double x);	求浮点数的绝对值
f loor	double floor(double x);	向下舍入
fmod	double fmod(double x,double y);	计算 x 对 y 的模
log	double log(double x);	返回 lnx 的值
log10	double log10(double x);	返回 $\log_{10}{}^{x}$ 的值
labs	long labs(long n);	求长整型数绝对值
poly	double poly(double x,int n,double c[]);	从参数产生一个多项式
pow	double pow(double x,double y);	指数函数，求 x 的 y 次方，即 x^y 的值
pow10	double pow10(int p);	返回 10^p 的值
rand	int rand( );	产生一个随机数并返回这个数

续表

函数名	函数原型	函数功能
sin	double sin(double x);	正弦函数，返回 x 角度的正弦值
sinh	double sinh(double x)	双曲正弦函数
sqrt	double sqrt(double x);	计算 x 的平方根，即+$\sqrt{x}$ 的值
srand	void srand(unsigned seed);	初始化随机数发生器
tan	double tan(double x);	正切函数
tanh	double tanh(double x)	双曲正切函数

8. 内存操作函数，所在函数库为 mem.h（见附表Ⅳ.8）

附表Ⅳ.8　函数

函数名	函数原型	函数功能
close	int close(int handle_no);	将文件描述字 handle_no 所指的文件关闭，若返回 0 表示关文件成功；返回−1 表示失败
creat	int creat(char *filename,int mode);	使用 mode 模式建立指定的 filename 文件。若文件建立成功则返回文件描述字 handle_no；否则返回−1
eof	int eof(int handle_no);	判断文件描述字代表的数据文件的文件指针是否已经指到文件结尾（EOF）。若返回 0 表示文件尚未结束，返回 1 表示文件已经结束，返回−1 表示有错误发生
lseek	int lseek(int handle_no,long offset,int whence);	handle_no 文件描述字所代表的文件指针由 whence 移到 offset B
open	int open(char *filename,int int mode);	使用 mode 打开模式指定的 filename 文件。若打开文件成功则返回文件描述字，否则返回−1
read	int read(int handle_no,void *buffer,unsigned count);	从文件描述字 handle_no 所代表的文件中读取 count 个数据并放入 buffer 数组，读取成功返回读出数据的 B 数；否则返回−1
tell	long tell(int handle_no);	返回文件描述字 handle_no 所代表的目前文件指针所指的位置
write	int write(int handle_no, void *buffer,unsigned count);	将 buffer 数组的 count 个数据写入文件描述字 handle_no 所代表的文件中。写入成功文件指针会往后移 count 并返回写入数据的 B 数；否则返回−1

9. 系统输入输出函数，所在函数库为 io.h（见附表Ⅳ.9）

附表Ⅳ.9　函数

函数名	函数原型	函数功能
memcpy	void *memcpy(void *destin,void *source,unsigned n);	从源 source 中复制 n 个字节到目标 destin 中
memmove	void *memmove(void *destin,void *source,unsigned n);	移动一块字节
memset	void *memset(void *s,char ch,unsigned n);	设置 s 中的所有字节为 ch，s 数组的大小由 n 给定

10. 标准输入和输出函数，所在函数库为 stdio.h（见附表Ⅳ.10）

附表Ⅳ.10 函数

函数名	函数原型	函数功能
clearer	void clearer(FILE *staream);	把由 stream 指定的文件的错误指示器重新设置成 0，文件结束标记也重新设置，无返回值
creat	int creat(char *path,int amode);	以 amode 指定的方式创建一个新文件或重写一个已经存在的文件。创建成功时返回非负整数给 handle；否则返回−1
eof	int eof(int handle);	检查与 handle 相连的文件是否结束。若文件结束返回 1，否则返回 0；返回值为−1 表示出错
exit	void exit(int);	结束程序之前将缓冲区内的数据写回赋值的文件，最后再关闭文件并结束程序
fclose	int fclose(FILE *stream);	关闭 stream 所指的文件并释放文件缓冲区。操作成功返回 0，否则返回非 0
feof	int feof(FILE *stream);	检测所给的文件是否结束。若检测到文件结束，返回非 0 值；否则返回值为 0
ferror	int ferror(FILE *stream);	检测 stream 所指向的文件是否有错。若有错返回非 0，否则返回 0
fflush	int fflush(FILE *stream);	把 stream 所指向的文件的所有数据和控制信息存盘。若成功返回 0，否则返回非 0
fgetc	int fgetc(FILE *stream);	从 stream 所指向的文件中读取下一个字符。操作成功返回所得到的字符；当文件结束或出错时返回 EOF
fgetchar	int fgetchar(void);	从流中读取字符
fgets	char *fgets(char *string,int n, FILE *stream);	从输入流 stream 中读取 n−1 个字符，或遇到换行符'\n'为止，并把读出的内容存入 s 中。操作成功返回所指的字符串的指针；出错或遇到文件结束符时返回 NULL
fopen	FILE *fopen (char *filename, char *type);	以 mode 指定的方式打开以 filename 为文件名的文件。操作成功返回相连的流；出错时返回 NULL
fprintf	int fprintf(FILE *stream, char *format[,argument,…]);	照原样输出格式串 format 的内容到流 stream 中，每遇到一个%，就按规定的格式依次输出一个 argument 的值到流 stream 中。返回所写字符的个数；出错时返回 EOF
fputc	int fputc(int ch,FILE *stream);	写一个字符到流中。操作成功返回所写的字符；失败或出错时返回 EOF
fputs	int fputs (char *string, FILE *stream);	把 s 所指的以空字符结束的字符串输出到流中，不加换行符'\n'，不复制字符串结束标记'\0'。操作成功返回最后写的字符；出错时返回 EOF
fread	int fread(void *ptr,int size,int n, FILE *stream);	从所给的流 stream 中读取 n 项数据，每一项数据的长度是 size 字节，放到由 ptr 所指的缓冲区中。操作成功返回所读的数据项数（不是字节数）；遇到文件结束或出错时返回 0
freopen	FILE *freopen (char *filename, char *mode,FILE *stream);	用 filename 所指定的文件代替与打开的流 stream 相关联的文件。若操作成功返回 stream；出错时返回 NULL
fscanf	int fscanf(FILE* stream,char * format,address,….);	从流 stream 中扫描输入字段，每读入一个字段，就按照从 format 所指定的格式串中取一个从%开始的格式进行格式化，之后存入对应的地址 address 中。返回成功地扫描、转换和存储的输入字段的个数；遇到文件结束返回 EOF；如果没有输入字段被存储则返回为 0
fseek	int fseek(FILE *stream,long offset, int fromwhere);	设置与流 stream 相联系的文件指针到新的位置，新位置与 fromwhere 给定的文件位置的距离为 offset 个字节。调用 fseek 之后，文件指针指向一个新的位置，成功的移动指针时返回 0；出错或失败时返回非 0 值
ftell	long ftell(FILE* stream);	返回当前文件指针的位置，偏移量是从文件开始处算起的字节数。返回流 stream 中当前文件指针的位置

续表

函数名	函数原型	函数功能
fwrite	int fwrite(void *ptr,int size,int n, FILE* stream);	把指针 ptr 所指的 n 个数据输出到流 stream 中，每个数据项的长度是 size 个字节。操作成功返回确切写入的数据项的个数（不是字节数）；遇到文件结束或出错时返回 0
getc	int getc(FILE *stream);	getc 是返回指定输入流 stream 中一个字符的宏，它移动 stream 文件的指针，使之指向一个字符。操作成功返回所读取的字符；文件结束或出错时返回 EOF
getchar	int getchar();	从标准输入流读取一个字符。操作成功返回输入流中的一个字符；遇到文件结束（Ctrl+Z）或出错时返回 EOF
gets	char* gets(char *s);	从标准输入流中读取一个字符串，以换行符结束，送入 s 中，并在 s 中用'\0'空字符代替换行符。操作成功返回指向字符串的指针；出错或遇到文件结束时返回 NULL
getw	int getw(FILE *stream);	从输入流中读取一个整数，不应用于当 stream 以 text 文本方式打开的情况。操作成功时返回输入流 stream 中的一个整数，遇到文件结束或出错时返回 EOF
lseek	long lseek(int handle,long offset, int fromwhere);	lseek 把与 handle 相联系的文件指针从 fromwhere 所指的文件位置移到偏移量为 offset 的新位置。返回从文件开始位置算起到指针新位置的偏移量字节数；发生错误返回–1L
max	<type> max(<type> x,<type> y);	返回 x,y 两数中的最大值
min	<type> min(<type> x,<type> y);	返回 x,y 两数中的最小值
open	int open(char *path,int mode);	根据 mode 的值打开由 path 指定的文件。调用成功返回文件句柄为非负整数；出错时返回–1
printf	int printf(char *format [,argu,…]);	照原样复制格式串 format 中的内容到标准输出设备，每遇到一个%，就按规定的格式，依次输出一个表达式 argu 的值到标准输出设备上。操作成功返回输出的字符值；出错返回 EOF
putc	int putc(int c,FILE *stream);	将字符 c 输出到 stream。操作成功返回输出字符的值；否则返回 EOF
putchar	int putchar(int ch);	向标准输出设备输出字符。操作成功返回 ch 值；出错时返回 EOF
puts	int puts(char *s);	输出以空字符结束的字符串 s 到标准输出设备上，并加上换行符。返回最后输出的字符；出错时返回 EOF
putw	int putw(int w,FILE *stream);	输出整数 w 的值到流 stream 中。操作成功返回 w 的值；出错时返回 EOF
rand	int rand(void);	返回介于 0~32767 之间的随机数
read	int read(int handle, void *buf,unsigned len);	从与 handle 相联系的文件中读取 len 个字节到由 buf 所指的缓冲区中。操作成功返回实际读入的字节数，到文件的末尾返回 0；失败时返回–1
remove	int remove(char *filename);	删除由 filename 所指定的文件，若文件已经打开，则先要关闭该文件再进行删除。操作成功返回 0 值，否则返回–1
rename	int rename(char *oldname,char *newname);	将 oldname 所指定的旧文件名改为由 newname 所指定的新文件名。操作成功返回 0 值；否则返回–1
rewind	void rewind(FILE *address,…);	把文件的指针重新定位到文件的开头位置
scanf	int scanf(char *format, address,…);	scanf 扫描输入字段，从标准输入设备中每读入一个字段，就依次按照 format 所规定的格式串中取一个从%开始的格式进行格式化，然后存入对应的一个地址 address 中。操作成功返回扫描、转换和存储的输入的字段的个数；遇到文件结束，返回值为 EOF
setbuf	void setbuf(FILE *stream,char *buf);	把缓冲区和流联系起来。在流 stream 指定的文件打开之后，使得 I/O 使用 buf 缓冲区，而不是自动分配的缓冲区
setvbuf	int setvbuf(FILE *stream,char *buf);	在流 stream 指定的文件打开之后，使得 I/O 使用 buf 缓冲区，而不是自动分配的缓冲区。操作成功返回 0；否则返回非 0

续表

函数名	函数原型	函数功能
sprintf	int sprintf(char *buffer, char format, [argu,…]);	本函数接受一系列参数和确定输出格式的格式控制串（由 format 指定），并把格式化的数据输出到 buffer。返回输出的字节数；出错返回 EOF
srand	void srand(unsigned int x);	以 x 当随机数产生器的种子。 通常都是以时间作为随机数产生器种子 srand((unsigned)time(NULL));
sscanf	int sscanf(char *buffer,char *format,address,…);	扫描输入字段，从 buffer,所指的字符串每读入一个字段，就依次按照由 format 所指的格式串中取一个从%开始的格式进行格式化，然后存入到对应的地址 address 中。操作成功返回扫描、转换和存储的输入字段的个数；遇到文件结束则返回 EOF
tell	long tell(int handle);	取得文件指针的当前位置。返回与 handle 相联系的文件指针的当前位置，并把它表示为从文件头算起的字节数；出错时返回–1L
tmpfile	FILE *tmpfile(time_t *timer);	以二进制方式打开暂存文件。返回指向暂存文件的指针；失败时返回 NULL
tmpnam	char *tmpnam(char *s);	创建一个唯一的文件名。若 s 为 NULL，返回一个指向内部静态目标的指针；否则返回 s
write	int write(int handle,void *buf, unsigned len);	从 buf 所指的缓冲区中写 len 个字节的内容到 handle 所指定的文件中。返回实际所写的字节数；如果出错返回–1

11. 标准库操作函数，所在函数库为 stdlib.h（见附表Ⅳ.11）

附表Ⅳ.11　函数

函数名	函数原型	函数功能
atoi	double atoi(char *nptr)	将字符串 nptr 转换成整数并返回这个整数
atol	double atol(char *nptr)	将字符串 nptr 转换成长整数并返回这个整数
ecvt	char *ecvt(double value,int ndigit,int *decpt, int *sign)	将浮点数 value 转换成字符串并返回该字符串
exit	void exit(int status);	终止程序
fcvt	char *fcvt(double value,int ndigit, int *decpt,int *sign)	将浮点数 value 转换成字符串并返回该字符串
gcvt	char *gcvt(double value,int ndigit,char *buf)	将数 value 转换成字符串并存于 buf 中，并返回 buf 的指针
itoa	char *itoa(int value,char *string,int radix)	将整数 value 转换成字符串存入 string，radix 为转换时所用基数
ltoa	char *ltoa(long value,char *string,int radix)	将长整型数 value 转换成字符串并返回该字符串，radix 为转换时所用基数
random	int random(int num);	随机数发生器
randomize	void randomize(void);	初始化随机数发生器
strtod	double strtod(char *str,char **endptr)	将字符串 str 转换成双精度数，并返回这个数
strtol	long strtol(char *str,char **endptr,int base)	将字符串 str 转换成长整型数，并返回这个数
system	int system(char *commamd);	发出一个 dos 命令
ultoa	char *ultoa(unsigned long value,char *string,int radix)	将无符号整型数 value 转换成字符串并返回该字符串，radix 为转换时所用基数

12. 字符串操作函数，所在函数库为 string.h（见附表Ⅳ.12）

附表Ⅳ.12　函数

函数名	函数原型	函数功能及返回值
strcat	char *strcat(char *str1, char *str2);	把字符串 str2 接到 str1 后面，str1 最后面的'\0'被取消。返回 str1 指向的字符串
strchr	char*strchr (char *str,int ch);	找出 str 指向的字符串中第 1 次出现字符 ch 的位置，并返回该值，若找不到返回 NULL
strcmp	int strcmp(char *str1,char *str2);	比较串 str1 和 str2，从首字符开始比较，接着比较随后对应的字符，直到发现不同，或到达字符串的结束为止。s1<s2，返回值<0；s1=s2，返回值=0；s1>s2，返回值>0
strcpy	char*strcpy(char *str1, char *str2);	把串 str2 指向的字符串的内容复制到 str1 中。返回 str1 指向的字符串
strcspn	size_t strcspn(char *str1,char *str2);	寻找第 1 个不包含 str2 的 str1 的字符串的长度。返回完全不包含 str2 的 str1 的长度
strlen	unsigned int　strlen(char *str);	统计字符串 str 中字符（不包括'\0'）的个数。返回 str 的长度
strlwr	char *strlwr(char *str);	将字符串 str 中的所有英文字母转换成小写字母
strncat	char *strncat(char *str1, char *str2, size_t maxlen);	把串 str2 最多 maxlen 个字符添加到串 str1 后面，再加一个空字符。返回 str1 指向字符串
strncmp	int strncmp(char *str1,char *str2, size_t maxlen);	比较串 str1 和 str2 中前 maxlen 个字符。s1<s2，返值<0；s1=s2，返值=0；s1>s2，返值>0
strncpy	char *strncpy(char *str1,char *str2, size_t maxlen);	将 str2 中前 maxlen 个字符复制到 str1 中。返回 str1 指向字符串
strpbrk	char *strpbrk(char* str1,char *str2);	扫描字符串 str1,搜索出串 str2 中的任一字符的第 1 次出现。若找到，返回指向 str1 中第 1 个与 str2 中任何一字符相匹配的字符的指针，否则返回 NULL
strrchr	char*strrchr (char *str,int ch);	找出 str 指向的字符串中最后出现字符 ch 的位置，并返回该值，若找不到返回 NULL
strrev	char *strrev(char *str);	将 str 字符串进行前后顺序反转
strspn	size_t strspn(char *str1, char *str2);	搜索给定字符集的子集在字符串中第 1 次出现的段。返回字符串 str1 中开始发现包含 str2 中全部字符的起始位置的初始长度
strstr	char *strstr(char *s1,char *s2);	搜索给定子串 str2 在 str1 中第 1 次出现的位置。返回 str1 中第 1 次出现子串 str2 位置的指针；如果在串 str1 中找不到子串 str2，返回 NULL
strtok	char *strtok(char *s1,*s2);	使用 s2 作为定界字符串，将 s1 字符串中有 s2 字符串之前的字符串取出后赋给 s1 字符串
strupr	char *strupr(char *str);	将字符串 str 中的所有英文字母转换成大写字母
strxfrm	size_t strxfrm(char *str1,char *str2,size_t);	将 str2 前面 size_t 个字符替换成 str1 前面的 size_t 个字符，并返回 str2 字符串的长度

13. 时间函数，所在函数库为 time.h（见附表Ⅳ.13）

附表Ⅳ.13　函数

函数名	函数原型	函数功能及返回值
clock	clock_t colck(void);	返回从某个时刻开始至这次调用所经历的处理时间数
ctime	char *ctime(const time_t *timer);	将 timer 所指向的日历时间转换成当地时间的字符串形式
localtime	struct tm *localtime(const time_t *timer);	将 timer 所指向的日历时间转换成当地时间的分解形式
gmtime	struct tm *gmtime(const time_t *timer);	将 timer 所指向的日历时间转换成格林尼治标准时间的分解形式
time	time_t time(time_t *timer);	取得格林尼治时间 1970 年 1 月 1 日 00:00:00 到目前系统时间所经过的秒数，然后再将该秒数放到 t 指针所指向的内存地址

附录Ⅴ　Turbo C 2.0 菜单介绍

1. Turbo C 2.0 基本配置要求

Turbo C 2.0 可运行于 IBM-PC 系列微机，包括 XT、AT 及 IBM 兼容机。此时需要 448KB 的 RAM，可在任何彩、单色 80 列监视器上运行。支持数字协处理器芯片，也可进行浮点仿真，这将加快程序的执行。

2. Turbo C 2.0 主要文件简介

INSTALL.EXE　安装程序文件
TCEXE　集成编译
TCINST.EXE　集成开发环境的配置设置程序
TCHELP.TCH　帮助文件
THELP.COM　读取 TCHELP.TCH 的驻留程序
README　关于 Turbo C 的信息文件
TCCONFIG.EXE　配置文件转换程序
MAKE.EXE　项目管理工具
TCC.EXE　命令行编译
TLINK.EXETurbo　C 系列连接器
TLIB.EXETurbo　C 系列库管理工具
C0?.OBJ　不同模式启动代码
C?.LIB　不同模式运行库
GRAPHICS.LIB　图形库
EMU.LIB　8087 仿真库
FP87.LIB　8087 库
*.H　Turbo C 头文件

*.BGI　　　　不同显示器图形驱动程序
*.C　　　　Turbo C 例行程序（源文件）

其中，上面的“?”分别为:

T　　　　Tiny（微型模式）
S　　　　Small（小模式）
C　　　　Compact（紧凑模式）
M　　　　Medium（中型模式）
L　　　　Large（大模式）
H　　　　Huge（巨大模式）

3. Turbo C 2.0 集成开发环境

进入 Turbo C 2.0 集成开发环境中后，屏幕上显示如附图Ⅴ.1 所示界面，其中最上面一行为 Turbo C 2.0 主菜单，中间窗口为编辑区，接下来是信息窗口，最底下一行为参考行。这些构成了 Turbo C 2.0 的主屏幕，以后的编程、编译、调试及运行都将在这个主屏幕中进行。

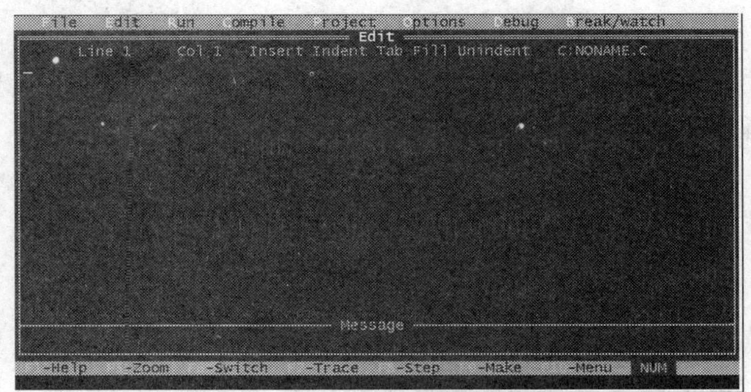

附图Ⅴ.1　Turbo C 2.0 的主界面

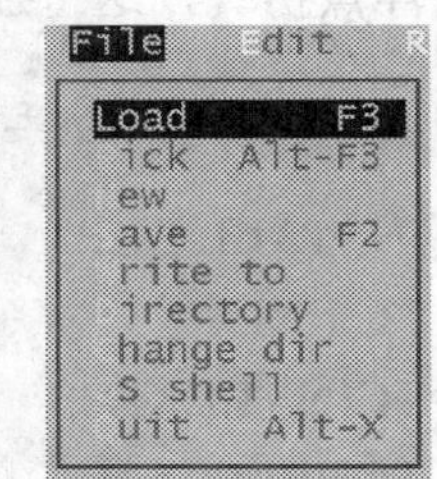

附图Ⅴ.2　File 菜单

主菜单在 Turbo C 2.0 主屏幕最上面一行，显示下列内容:

File　Edit　Run　Compile　Project　Options　Debug　Break/watch

除 Edit 外，其他各项均有子菜单，只要用 Alt 加上某项中第一个字母，就可进入该项的子菜单中。

（1）File 菜单

按 Alt+F 键可进入 File 菜单，如附图Ⅴ.2 所示。

File 菜单的子菜单共有 9 项，分别叙述如下。

Load：装入一个文件，可用类似 DOS 的通配符（如*.C）来进行列表选择。也可装入其他扩展名的文件，只要给出文件名（或只给路径）即可。该项的热键为 F3，即只要按 F3 键即可进入该项，而不需要先进入 File 菜单再选此项。

Pick：将最近装入编辑窗口的 8 个文件列成一个表让用户选择，选择后将该程序装入编辑区，并将光标置在上次修改过的地方。其热键为 Alt+F3。

New：新建文件，默认文件名为 NONAME.C，存盘时可改名。

Save：将编辑区中的文件存盘，若文件名是 NONAME.C 时，将询问是否更改文件名，其热键为 F2。

Write to：可由用户给出文件名将编辑区中的文件存盘，若该文件已存在，则询问要不要覆盖。

Directory：显示目录及目录中的文件，并可由用户选择。

Change dir：显示当前默认目录，用户可以改变默认目录。

Os shell：暂时退出 Turbo C 2.0 到 DOS 提示符下，此时可以运行 DOS 命令，若想回到 Turbo C 2.0 中，只要在 DOS 状态下键入 EXIT 即可。

Quit：退出 Turbo C 2.0，返回到 DOS 操作系统中，其热键为 Alt+X。

注意：以上各项可用光标键移动色棒进行选择，回车则执行。也可用每一项的第一个大写字母直接选择。若要退到主菜单或从它的下一级菜单列表框退回均可用 Esc 键，Turbo C 2.0 所有菜单均采用这种方法进行操作，以下不再说明。

（2）Edit 菜单

按 Alt+E 键可进入编辑菜单，若再回车，则光标出现在编辑窗口，此时用户可以进行文本编辑。可用 F1 键获得有关编辑方法的帮助信息。与编辑有关的功能键见附表Ⅴ.1。

附表Ⅴ.1　与编辑有关的功能键

功能键	功　能
F1	获得 Turbo
F5	扩大编辑窗口到整个屏幕
F6	在编辑窗口与信息窗口之间进行切换
F10	从编辑窗口转到主菜单

编辑命令见附表Ⅴ.2。

附表Ⅴ.2　编辑命令

功能键	功　能
PageUp	向前翻页
PageDn	向后翻页
Home	将光标移到所在行的开始
End	将光标移到所在行的结尾
Ctrl+Y	删除光标所在的一行
Ctrl+T	删除光标所在处的一个词
Ctrl+KB	设置块开始
Ctrl+KK	设置块结尾
Ctrl+KV	块移动

续表

功能键	功　能
Ctrl+KC	块复制
Ctrl+KY	块删除
Ctrl+KR	读文件
Ctrl+KW	存文件
Ctrl+KP	块文件打印
Ctrl+F1	如果光标所在处为 Turbo C 2.0 库函数，则获得有关该函数的帮助信息

（3）Run 菜单

按 Alt+R 键可进入 Run 菜单，该菜单有以下各项，如附图Ⅴ.3 所示。

Run：运行由 Project/Project name 项指定的文件名或当前编辑区的文件。如果对上次编译后的源代码未做过修改，则直接运行到下一个断点（没有断点则运行到结束）。否则先进行编译、连接后才运行，其热键为 Ctrl+F9。

Program reset：中止当前的调试，释放分配给程序的空间，其热键为 Ctrl+F2。

Go to cursor：调试程序时使用，选择该项可使程序运行到光标所在行。光标所在行必须为一条可执行语句，否则提示错误，其热键为 F4。

Trace into：在执行一条调用其他用户定义的子函数时，若用 Trace into 项，则执行长条将跟踪到该子函数内部去执行，其热键为 F7。

Step over：执行当前函数的下一条语句，即使用户函数调用，执行长条也不会跟踪进函数内部，其热键为 F8。

User screen：显示程序运行时在屏幕上显示的结果，其热键为 Alt+F5。

（4）Compile 菜单

按 Alt+C 键可进入 Compile 菜单，该菜单有以下几个内容，如附图Ⅴ.4 所示。

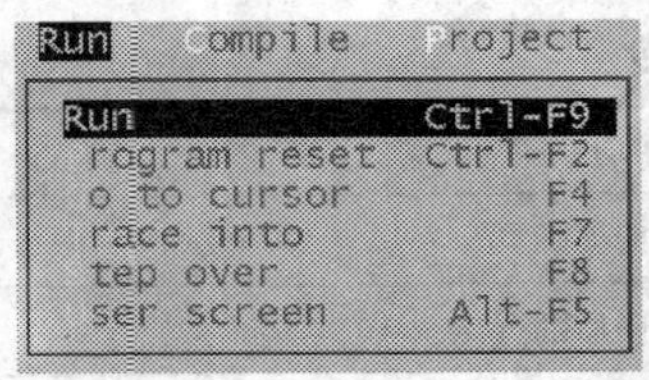

附图Ⅴ.3　Run 菜单

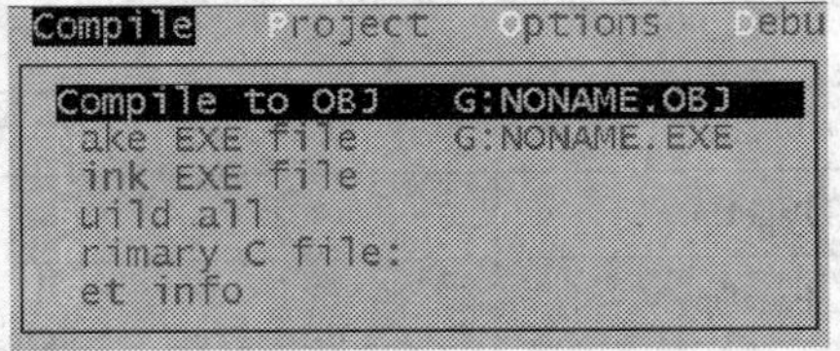

附图Ⅴ.4　Compile 菜单

Compile to OBJ：将一个 C 源文件编译生成.OBJ 目标文件，同时显示生成的文件名，其热键为 Alt+F9。

Make EXE file：此命令生成一个.EXE 的文件，并显示生成的.EXE 文件名。其中.EXE 文件名是下面几项之一：

1）Project/Project name 说明的项目文件名。

2）若没有项目文件名，则默认为由 Primary C file 说明的源文件。

3）若以上两项都没有文件名，则为当前窗口的文件名。

Link EXE file：把当前.OBJ 文件及库文件连接在一起生成.EXE 文件。

Build all：重新编译项目里的所有文件，并进行装配生成.EXE 文件。该命令不作过时检查（上面的几条命令要作过时检查，即如果目前项目里源文件的日期和时间与目标文件相同或更早，则拒绝对源文件进行编译）。

Primary C file：当在该项中指定了主文件后，在以后的编译中，如没有项目文件名则编译此项中规定的主 C 文件，如果编译中有错误，则将此文件调入编辑窗口，不管目前窗口中是不是主 C 文件。

Get info：获得有关当前路径、源文件名、源文件字节大小、编译中的错误数目、可用空间等信息，如附图Ⅴ.5 所示。

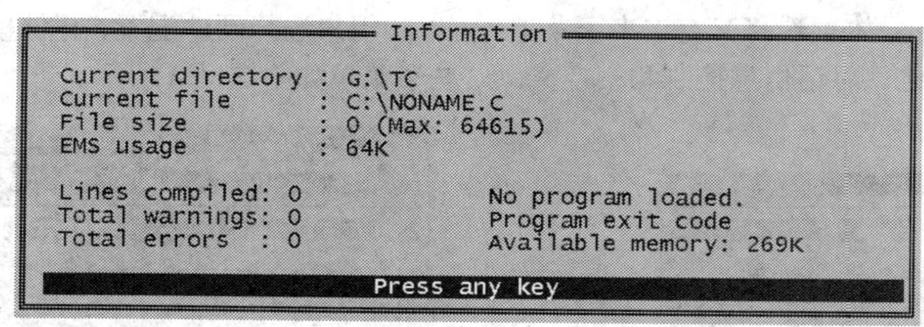

附图Ⅴ.5　各种信息

（5）Project 菜单

按 Alt+P 键可进入 Project 菜单，该菜单包括以下内容，如附图Ⅴ.6 所示。

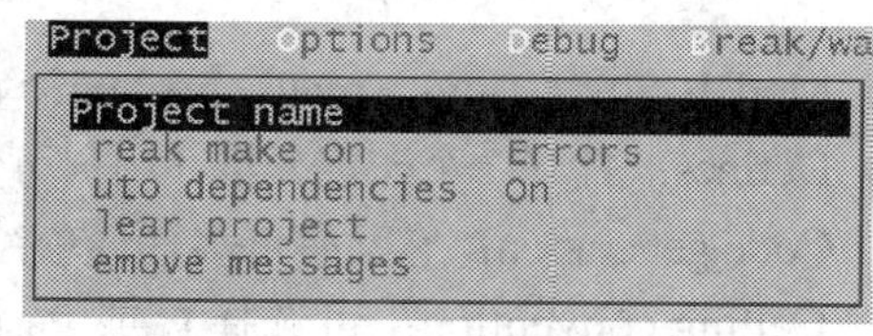

附图Ⅴ.6　Project 菜单

Project name：项目名，具有.PRJ 的扩展名，其中包括将要编译、链接的文件名。例如，有一个程序由 file1.c、file2.c、file3.c 组成，要将这 3 个文件编译装配成一个 file.exe 的执行文件，可以先建立一个 file.prj 的项目文件，其内容如下：

```
file1.c
file2.c
file3.c
```

此时将 file.prj 放入 Project name 项中，以后进行编译时将自动对项目文件中规定的三个源文件分别进行编译。然后连接成 file.exe 文件。如果其中有些文件已经编译成.OBJ 文件，而又没有修改过，可直接写上.OBJ 扩展名。此时将不再编译而只进行链接。例如：

```
file1.obj
file2.c
file3.c
```

将不对 file1.c 进行编译，而直接连接。

说明：当项目文件中的每个文件无扩展名时，均按源文件对待，另外，其中的文件也可以是库文件，但必须写上扩展名.LIB。

Break make on：由用户选择是否在有 Warning、Errors、Fatal Errors 时或 Link 之前退出 Make 编译。

Auto dependencies：当开关置为 on，编译时将检查源文件与对应的.OBJ 文件日期和时间，否则不进行检查。

Clear project：清除 Project/Project name 中的项目文件名。

Remove messages：把错误信息从信息窗口中清除掉。

（6）Options 菜单

按 Alt+O 键可进入 Options 菜单，该菜单对初学者来说要谨慎使用，该菜单有以下几个内容，如附图Ⅴ.7 所示。

Compiler：本项选择又有许多子菜单，可以让用户选择硬件配置、存储模型、调试技术、代码优化、对话信息控制和宏定义。这些子菜单如附图Ⅴ.8 所示。

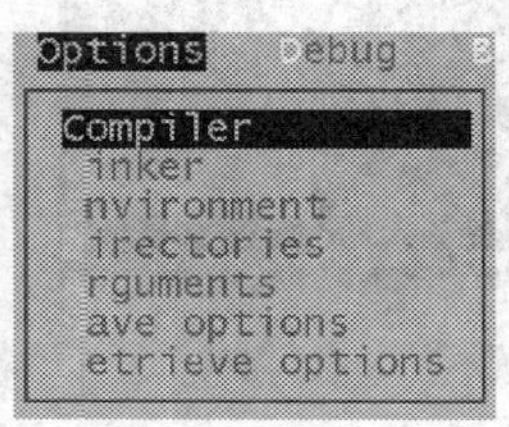

附图Ⅴ.7　Options 菜单

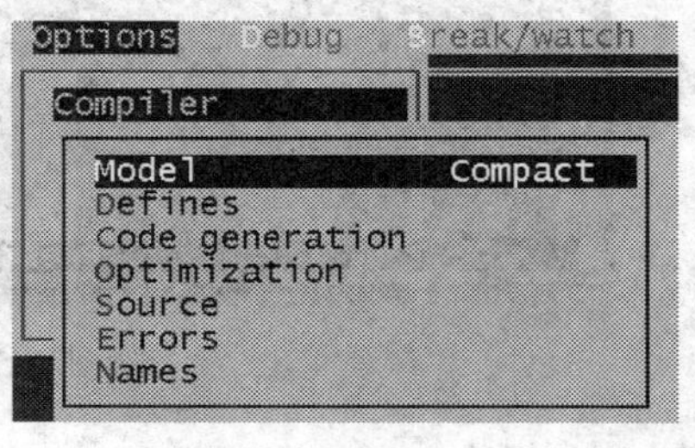

附图Ⅴ.8　子菜单

Model：共有 Tiny、small、medium、compact、large、huge 六种不同模可由用户选择。

Defines：打开一个宏定义框，用户可输入宏定义。多重定义可同分号，赋值可用等号。

Code generation：它又有许多任选项，这些任选项告诉编译器产生什么样的目标代码。

Calling convention：可选择 C 或 Pascal 方式传递参数。

Instruction set：可选择 8088/8086 或 80186/80286 指令系列。

Floating point：可选择仿真浮点、数字协处理器浮点或无浮点运算。

Default char type：规定 char 的类型。

Alignonent：规定地址对准原则。

Standard stack frame：产生一个标准的栈结构。

Merge duplicate strings：作优化用，将重复的字符串合并在一起。

Test stack overflow：产生一段程序运行时检测堆栈溢出的代码。

Line number：在.OBJ 文件中放进行号以供调试时用。

OBJ debug information：在.OBJ 文件中产生调试信息。

Optimization：它有许多任选项。

Optimize for：选择是对程序小型化还是对程序速度进行优化处理。

Use register variable：用来选择是否允许使用寄存器变量。

Register optimization：尽可能使用寄存器变量以减少过多的取数操作。

Jump optimization：通过去除多余的跳转和调整循环与开关语句的办法，压缩代码。

Source：它有许多任选项。

Indentifier length：说明标识符有效字符的个数，默认为 32 个。

Nested comments：是否允许嵌套注释。

ANSI keywords only：是只允许 ANSI 关键字，还是也允许 Turbo C2.0 关键字。

● Errors

Error stop after：多少个错误时停止编译，默认为 25 个。

Warning stop after：多少个警告错误时停止编译，默认为 100 个。

● Display warning

Portability warning：移植性警告错误。

ANSI Violations：侵犯了 ANSI 关键字的警告错误。

Common error：常见的警告错误。

Less common error：少见的警告错误。

Names：用于改变段（segment）、组（group）和类（class）的名字，默认值为 CODE、DATA、BSS。

Linker：本菜单设置有关连接的选择项，它有以下内容，如附图Ⅴ.9 所示。

Map file menu：选择是否产生.MAP 文件。

Initialize segments：是否在连接时初始化没有初始化的段。

Default libraries：是否在连接其他编译程序产生的目标文件时去寻找其默认库。

Graphics library：是否连接 graphics 库中的函数。

Warn duplicate symbols：当有重复符号时产生警告信息。

Stack warning：是否让连接程序产生 No stack 的警告信息。

Case-sensitive link：是否区分大、小写字母。

Environment：菜单规定是否对某些文件自动存盘及制表键和屏幕大小的设置，它有以下内容，如附图Ⅴ.10 所示。

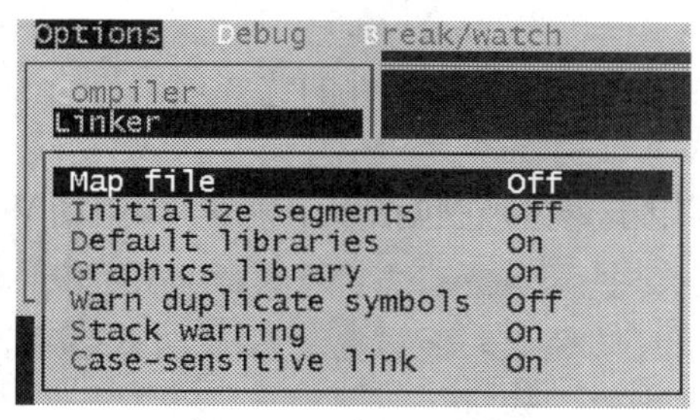

附图Ⅴ.9 与 Linker 相关的选择项

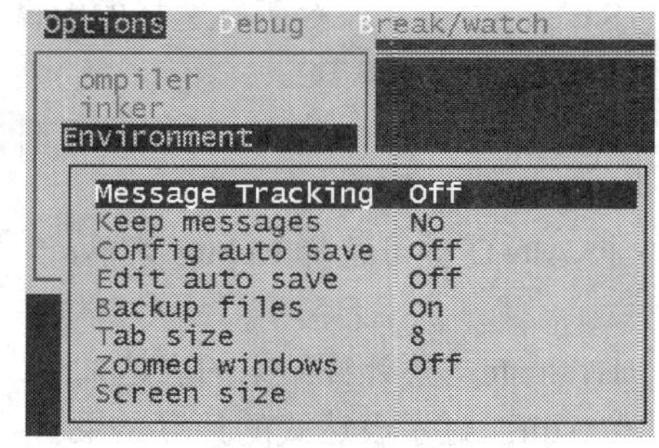

附图Ⅴ.10 Environment 的相关设置

● Message tracking

Current file：跟踪在编辑窗口中的文件错误。

All files：跟踪所有文件错误。

Off：不跟踪。

Keep message：编译前是否清除 Message 窗口中的信息。

Config auto save：选 on 时，在 Run、Shell 或退出集成开发环境之前，如果 Turbo C 2.0 的配置被改过，则所做的改动将存入配置文件中。选 off 时不存储。

Edit auto save：是否在 Run 或 Shell 之前，自动存储编辑的源文件。

Backup file：是否在源文件存盘时产生后备文件（.BAK 文件）。

Tab size：设置制表键大小，默认为 8。

Zoomed windows：将现行活动窗口放大到整个屏幕，其热键为 F5。

Screen size：设置屏幕文本大小。

Directories：规定编译、连接所需文件的路径，有下列各项，如附图Ⅴ.11 所示。

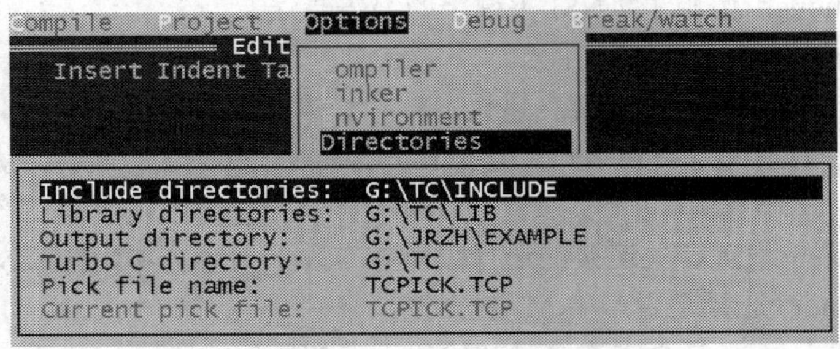

附图Ⅴ.11　路径

Include directories：包含文件的路径，多个子目录用“;”分开。

Library directories：库文件路径，多个子目录用“;”分开。

Output directoried：输出文件（.OBJ，.EXE，.MAP 文件）的目录。

Turbo C directoried：Turbo C 所在的目录。

Pick file name：定义加载的 pick 文件名，如不定义则从 currentpick file 中取。

Arguments：允许用户使用命令行参数。

Save options：保存所有选择的编译、连接、调试和项目到配置文件中，默认的配置文件为 TCCONFIG .TC。

Retrive options：装入一个配置文件到 TC 中, TC 将使用该文件的选择项。

（7）Debug 菜单

按 Alt+D 键可选择 Debug 菜单，该菜单主要用于查错，它包括以下内容，如附图Ⅴ.12 所示。

Evaluate：要计算结果的表达式。

Result：显示表达式的计算结果。

New value：赋给表达式的新值。

Call stack：该项不可接触。而在 Turbo C debugger 时用于检查堆栈情况。

Find function：在运行 Turbo C debugger 时用于显示规定的函数。

Refresh display：如果编辑窗口偶然被用户窗口重写了，可用此恢复编辑窗口的内容。

（8）Break/watch 菜单

按 Alt+B 键可进入 Break/watch 菜单，该菜单有以下内容，如附图Ⅴ.13 所示。

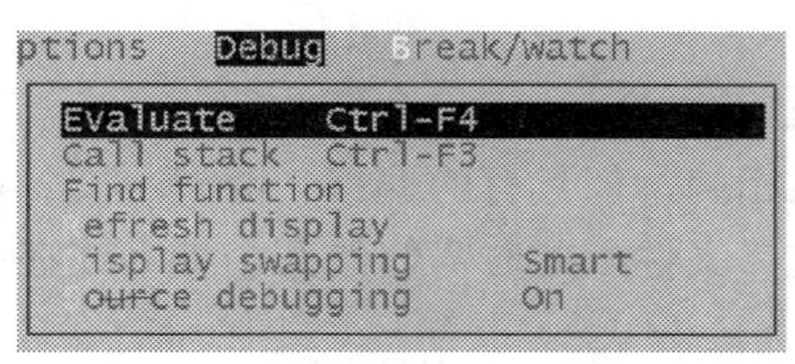

附图Ⅴ.12 Debug 菜单

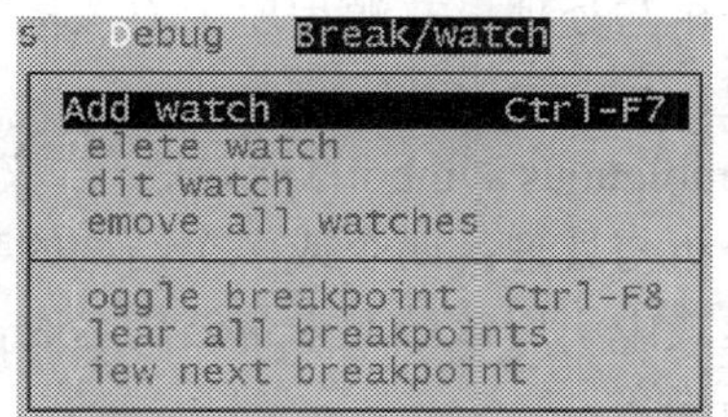

附图Ⅴ.13 Break/watch 菜单

Add watch：向监视窗口插入一监视表达式。

Delete watch：从监视窗口中删除当前的监视表达式。

Edit watch：在监视窗口中编辑一个监视表达式。

Remove all：watches 从监视窗口中删除所有的监视表达式。

Toggle breakpoint：对光标所在的行设置或清除断点。

Clear all breakpoints：清除所有断点。

View next breakpoint：将光标移动到下一个断点处。

4. Turbo C 2.0 的配置文件

所谓配置文件是指包含 Turbo C 2.0 有关信息的文件，其中存有编译、连接的选择和路径等信息。可以用下述方法建立 Turbo C 2.0 的配置。

1）建立用户自命名的配置文件：可以从 Options 菜单中选择 Options|Save options 命令，将当前集成开发环境的所有配置存入一个由用户命名的配置文件中。下次启动 Turbo C 时只要在 DOS 下键入：“tc/c<用户命名的配置文件名>”就会按这个配置文件中的内容作为 Turbo C 2.0 的选择。

2）设置 Options/Environment/Config auto save 为 on：退出集成开发环境时，当前的设置会自动存放到 Turbo C 2.0 配置文件 TCCONFIG .TC 中。Turbo C 在启动时会自动寻找这个配置文件。

3）用 TCINST 设置 Turbo C 的有关配置，并将结果存入 TC.EXE 中：Turbo C 在启动时，若没有找到配置文件，则取 TC.EXE 中的默认值。

附录Ⅵ Turbo C 2.0 编译错误信息介绍

Turbo C 的源程序错误分为三种类型：致命错误、一般错误和警告。其中，致命错误通常是内部编译出错；一般错误指程序的语法错误、磁盘或内存存取错误或命令行错误等；警告则只是指出一些值得怀疑的情况，它并不妨碍编译的进行。

一般错误信息英汉对照及处理方法如下所示。

#operator not followed by maco argument name（#运算符后没跟宏变元名）

分析与处理：在宏定义中，#用于标识一宏变串。“#”号后必须跟一个宏变元名。

'xxxxxx' not anargument（'xxxxxx'不是函数参数）

分析与处理：在源程序中将该标识符定义为一个函数参数，但此标识符没有在函数中出现。

Ambiguous symbol 'xxxxxx'（二义性符号'xxxxxx'）

分析与处理：两个或多个结构的某一域名相同，但具有的偏移、类型不同。在变量或表达式中引用该域而未带结构名时，会产生二义性，此时需修改某个域名或在引用时加上结构名。

Argument # missing name（参数#名丢失）

分析与处理：参数名已脱离用于定义函数的函数原型。如果函数以原型定义，该函数必须包含所有的参数名。

Argument list syntax error（参数表出现语法错误）

分析与处理：函数调用的参数间必须以逗号隔开，并以一个右括号结束。若源文件中含有一个其后不是逗号也不是右括号的参数，则出错。

Array bounds missing（数组的界限符“]”丢失）

分析与处理：在源文件中定义了一个数组，但此数组没有以下右方括号结束。

Array size too large（数组太大）

分析与处理：定义的数组太大，超过了可用内存空间。

Assembler statement too long（汇编语句太长）

分析与处理：内部汇编语句最长不能超过 480 字节。

Bad configuration file（配置文件不正确）

分析与处理：TURBOC.CFG 配置文件中包含的不是合适命令行选择项的非注解文字。配置文件命令选择项必须以一个短横线开始。

Bad file name format in include directive（包含指令中文件名格式不正确）

分析与处理：包含文件名必须用引号（“filename.h”）或尖括号（<filename>）括起来，否则将产生本类错误。如果使用了宏，则产生的扩展文本也不正确，因为无引号没办法识别。

Bad ifdef directive syntax（ifdef 指令语法错误）

分析与处理：#ifdef 必须以单个标识符（只此一个）作为该指令的体。

Bad ifndef directive syntax（ifndef 指令语法错误）

分析与处理：#ifndef 必须以单个标识符（只此一个）作为该指令的体。

Bad undef directive syntax（undef 指令语法错误）

分析与处理：#undef 指令必须以单个标识符（只此一个）作为该指令的体。

Bad file size syntax（位字段长语法错误）

分析与处理：一个位字段长必须是 1～16 位的常量表达式。

Call of non-functin（调用未定义函数）

分析与处理：正被调用的函数无定义，通常是由于不正确的函数声明或函数名拼错而造成的。

Cannot modify a const object（不能修改一个长量对象）

分析与处理：对定义为常量的对象进行不合法操作（如常量赋值）引起本错误。

Case outside of switch（Case 语句出现在 switch 语句外）

分析与处理：编译程序发现 Case 语句出现在 switch 语句之外，这类故障通常是由于括号不匹配造成的。

Case statement missing（Case 语句漏掉）

分析与处理：Case 语句必须包含一个以冒号结束的常量表达式，如果漏了冒号或在冒号前多了其他符号，则会出现此类错误。

Character constant too long（字符常量太长）

分析与处理：字符常量的长度通常只能是一个或两个字符长，超过此长度则会出现这种错误。

Compound statement missing（漏掉复合语句）

分析与处理：编译程序扫描到源文件未时，未发现结束符号（大括号），此类故障通常是由于大括号不匹配所致。

Conflicting type modifiers（类型修饰符冲突）

分析与处理：对同一指针，只能指定一种变址修饰符（如 near 或 far）；而对于同一函数，也只能给出一种语言修饰符（如 Cdecl、pascal 或 interrupt）。

Constant expression required（需要常量表达式）

分析与处理：数组的大小必须是常量，本错误通常是由于#define 常量的拼写错误引起。

Could not find file 'xxxxxx.xxx'（找不到'xxxxxx.xx'文件）

分析与处理：编译程序找不到命令行上给出的文件。

Declaration missing（漏掉了说明）

分析与处理：当源文件中包含了一个 struct 或 union 域声明，而后面漏掉了分号，则会出现此类错误。

Declaration needs type or storage class（说明必须给出类型或存储类）

分析与处理：正确的变量说明必须指出变量类型，否则会出现此类错误。

Declaration syntax error（说明出现语法错误）

分析与处理：在源文件中，若某个说明丢失了某些符号或输入多余的符号，则会出现此类错误。

Default outside of switch（Default 语句在 switch 语句外出现）

分析与处理：这类错误通常是由于括号不匹配引起的。

Define directive needs an identifier（Define 指令必须有一个标识符）

分析与处理：#define 后面的第一个非空格符必须是一个标识符，若该位置出现其他字符，则会引起此类错误。

Division by zero（除数为零）

分析与处理：当源文件的常量表达式出现除数为零的情况，则会造成此类错误。

Do statement must have while（do 语句中必须有 while 关键字）

分析与处理：若源文件中包含了一个无 while 关键字的 do 语句，则出现本错误。

DO while statement missing（（Do while 语句中漏掉了符号 “(”）

分析与处理：在 do 语句中，若 while 关键字后无左括号，则出现本错误。

Do while statement missing;（Do while 语句中掉了分号）

分析与处理：在 Do 语句的条件表达式中，若右括号后面无分号则出现此类错误。

Duplicate Case（Case 情况不唯一）

分析与处理：Switch 语句的每个 case 必须有一个唯一的常量表达式值，否则导致此类错误发生。

Enum syntax error（Enum 语法错误）

分析与处理：若 enum 说明的标识符表格式不对，将会引起此类错误发生。

Enumeration constant syntax error（枚举常量语法错误）

分析与处理：若赋给 enum 类型变量的表达式值不为常量，则会导致此类错误发生。

Error Directive : xxxx（Error 指令：xxxx）

分析与处理：源文件处理#error 指令时，显示该指令指出的信息。

Error Writing output file（写输出文件错误）

分析与处理：这类错误通常是由于磁盘空间已满，无法进行写入操作而造成。

Expression syntax error（表达式语法错误）

分析与处理：本错误通常是由于出现两个连续的操作符，括号不匹配或缺少括号、前一语句漏掉了分号引起的。

Extra parameter in call（调用时出现多余参数）

分析与处理：本错误是由于调用函数时，其实际参数个数多于函数定义中的参数个数所致。

Extra parameter in call to xxxxxx（调用 xxxxxxxx 函数时出现了多余参数）

File name too long（文件名太长）

分析与处理：#include 指令给出的文件名太长，致使编译程序无法处理，则会出现此类错误。通常 DOS 下的文件名长度不能超过 64 个字符。

For statement missing)（For 语句缺少 “)”）

分析与处理：在 for 语句中，如果控制表达式后缺少右括号，则会出现此类错误。

For statement missing (（For 语句缺少 “(”）

For statement missing;（For 语句缺少 “;”）

分析与处理：在 for 语句中，当某个表达式后缺少分号，则会出现此类错误。

Function call missing)（函数调用缺少 “)”）

分析与处理：如果函数调用的参数表漏掉了右括号或括号不匹配，则会出现此类错误。

Function definition out ofplace（函数定义位置错误）

Function doesn't take a variable number of argument（函数不接受可变的参数个数）
Goto statement missing label（Goto 语句缺少标号）
If statement missing（　（if 语句缺少“(”）
If statement missing）　（if 语句缺少“)”）
Illegal initialization（非法初始化）
Illegal octal digit（非法八进制数）
分析与处理：此类错误通常是由于八进制常数中包含了非八进制数字所致。
Illegal pointer subtraction（非法指针相减）
Illegal structure operation（非法结构操作）
Illegal use of floating point（浮点运算非法）
Illegal use of pointer（指针使用非法）
Improper use of a typedef symbol（typedef 符号使用不当）
Incompatible storage class（不相容的存储类型）
Incompatible type conversion（不相容的类型转换）
Incorrect command line argument:xxxxxx（不正确的命令行参数：xxxxxxx）
Incorrect command file argument:xxxxxx（不正确的配置文件参数：xxxxxxx）
Incorrect number format（不正确的数据格式）
Incorrect use of default（default 不正确使用）
Initializer syntax error（初始化语法错误）
Invalid indirection（无效的间接运算）
Invalid macro argument separator（无效的宏参数分隔符）
Invalid pointer addition（无效的指针相加）
Invalid use of dot（点使用错）
Macro argument syntax error（宏参数语法错误）
Macro expansion too long（宏扩展太长）
Mismatch number of parameters in definition（定义中参数个数不匹配）
Misplaced break（break 位置错误）
Misplaced continue（位置错）
Misplaced decimal point（十进制小数点位置错）
Misplaced else（else 位置错）
Misplaced else directive（clse 指令位置错）
Misplaced endif directive（endif 指令位置错）
Must be addressable（必须是可编址的）
Must take address of memory location（必须是内存一地址）
No file name ending（无文件终止符）
No file names given（未给出文件名）
Non-portable pointer assignment（对不可移植的指针赋值）

Non-portable pointer comparison（不可移植的指针比较）

Non-portable return type conversion（不可移植的返回类型转换）

Not an allowed type（不允许的类型）

Out of memory（内存不够）

Pointer required on left side of（操作符左边须是一指针）

Redeclaration of ′xxxxxx′（'xxxxxx'重定义）

Size of structure or array not known（结构或数组大小不定）

Statement missing;（语句缺少“;”）

Structure or union syntax error（结构或联合语法错误）

Structure size too large（结构太大）

Subscription missing] （下标缺少‘]’）

Switch statement missing （ （switch 语句缺少“(”）

Switch statement missing)（switch 语句缺少“)”）

Too few parameters in call（函数调用参数太少）

Too few parameter in call to ′xxxxxx′（调用'xxxxxx'时参数太少）

Too many cases（cases 太多）

Too many decimal points（十进制小数点太多）

Too many default cases（default 太多）

Too many exponents（阶码太多）

Too many initializers（初始化太多）

Too many storage classes in declaration（说明中存储类太多）

Too many types in declaration（说明中类型太多）

Too much auto memory in function（函数中自动存储太多）

Too much global define in file（文件中定义的全局数据太多）

Two consecutive dots（两个连续点）

Type mismatch in parameter #（参数“#”类型不匹配）

Type mismatch in parameter # in call to ′XXXXXXX′（调用'XXXXXXX'时参数#类型不匹配）

Type mismatch in parameter ′XXXXXXX′（参数'XXXXXXX'类型不匹配）

Type mismatch in parameter ′YYYYYYYY′ in call to ′YYYYYYYY′（调用'YYYYYYY'时参数'XXXXXXXX'数型不匹配）

Type mismatch in redeclaration of ′XXX′（重定义类型不匹配）

Unable to creat output file ′XXXXXXXX.XXX′（不能创建输出文件'XXXXXXXX.XXX'）

Unable to create turboc.lnk（不能创建 turboc.lnk ）

Unable to execute command ′xxxxxxxx′（不能执行'xxxxxxxx'命令）

Unable to open include file ′xxxxxxx.xxx′（不能打开包含文件'xxxxxxxx.xxx'）

Unable to open inputfile 'xxxxxxx.xxx'（不能打开输入文件'xxxxxxxx.xxx'）

Undefined label 'xxxxxxx'（标号'xxxxxxx'未定义）

Undefined structure 'xxxxxxxxx'（结构'xxxxxxxxxx'未定义）

Undefined symbol 'xxxxxxx'（符号'xxxxxxxx'未定义）

Unexpected end of file in comment started on line #（源文件在某个注释中意外结束）

Unexpected end of file in conditional stated on line #（源文件在#行开始的条件语句中意外结束）

Unknown preprocessor directive 'xxx'（不认识的预处理指令：'xxx'）

Unterminated character constant（未终结的字符常量）

Unterminated string（未终结的串）

Unterminated string or character constant（未终结的串或字符常量）

User break（用户中断）

Value required（赋值请求）

While statement missing (　（While 语句漏掉“(”）

While statement missing)（While 语句漏掉“)”）

Wrong number of arguments in of 'xxxxxxxx'（调用'xxxxxxxx'时参数个数错误）

主要参考文献

鲍有文等．2000．C 程序设计（二级）样题汇编．北京：清华大学出版社

陈维兴，林小茶．2002．C++面向对象程序设计教程．北京：清华大学出版社

成岩，周露，杨嘉伟．2002．C++语言与应用基础．北京：科学出版社

冯博琴，刘路放．1997．精讲多练 C 语言．西安：西安交通大学出版社

高枚，杨志强，许丽华．2001．C 语言程序设计教程．上海：同济大学出版社

顾元刚等．2004．C 语言程序设计教程．北京：机械工业出版社

黄维通，姚瑞霞．2001．Visual C++程序设计教程．北京：机械工业出版社

李春葆．2004．C 程序设计教程．北京：清华大学出版社

李凤霞．2001．C 语言程序设计教程．北京：北京理工大学出版社

李剑．2002．Visual C++．NET 实用教程．北京：人民邮电出版社

刘加海．2002．高级语言程序设计．杭州：浙江大学出版社

卢凤双，张律．2002．C 语言程序设计案例教程．北京：北京科海电子出版社

齐勇等．1999．C 语言程序设计．修订本．西安：西安交通大学出版社

谭浩强．2002．C 程序设计．第二版．北京：清华大学出版社

王斌君，卢安国．2000．面向对象的方法学与 C++语言．西安：西北大学出版社

王曙燕. 2005. C 语言程序设计．北京：科学出版社

杨健霜．2002．C 语言程序设计．武汉：武汉大学出版社

姚庭宝．2001．C 语言及编程技巧．长沙：国防科技大学出版社

张毅坤，曹锰，张亚玲等．2003．C 语言程序设计教程．西安：西安交通大学出版社

郑莉，刘慧宁，孟威．2001．C++程序设计教程．北京：机械工业出版社

Consor Sexton．1998．C++简明教程．张红译．北京：机械工业出版社